工程结构可靠度理论与应用学术丛书

工程结构可靠度
—— 理论、方法及其应用

Engineering Structural Reliability
—Theory, Method and Its Application

金伟良　著

科学出版社

北京

内 容 简 介

本书分为上、下两篇，共 16 章。上篇 8 章主要介绍了结构可靠度的基本理论与分析计算方法，下篇 8 章着重探讨了可靠度理论在实际工程中的应用。内容主要为：可靠度理论发展概述及基本概念、不确定性分析方法、可靠度计算方法、可靠度数值模拟方法、结构体系的可靠度、结构时变可靠度、基于可靠度的荷载组合、可靠度理论在规范中的应用、海洋平台结构可靠度、海洋结构物疲劳可靠度、桥梁结构可靠度、临时性结构可靠度、水工结构可靠度、边坡结构可靠度、施工期的人为影响分析和混凝土结构耐久性的路径概率模型。

本书可以作为高等院校土木、水利、公路、铁道、港口、船舶与海洋工程等专业的研究生和高年级本科生的教学参考书，也可以供从事民用与工业建筑、市政设施、桥梁、道路(公路与铁道)、港口和海洋工程领域研究、设计等方面的工程技术人员参考。

图书在版编目(CIP)数据

工程结构可靠度：理论、方法及其应用＝Engineering Structural Reliability: Theory, Method and Its Application/ 金伟良著. —北京：科学出版社，2022.8
（工程结构可靠度理论与应用学术丛书）
ISBN 978-7-03-072627-8

Ⅰ. ①工… Ⅱ. ①金… Ⅲ. ①工程结构-结构可靠性-研究 Ⅳ. ①TU311.2

中国版本图书馆 CIP 数据核字(2022)第 106615 号

责任编辑：吴凡洁　乔丽维 / 责任校对：王萌萌
责任印制：吴兆东 / 封面设计：赫　健

科学出版社 出版
北京东黄城根北街 16 号
邮政编码：100717
http://www.sciencep.com

北京捷迅佳彩印刷有限公司 印刷
科学出版社发行　各地新华书店经销

*

2022 年 8 月第 一 版　开本：787×1092 1/16
2023 年 2 月第二次印刷　印张：25 1/2
字数：535 000

定价：238.00 元
(如有印装质量问题，我社负责调换)

谨以此书献给我的导师

赵国藩　教授

前　言

工程结构可靠性是指结构在规定的时间内、在规定的条件下完成预定功能的能力，而结构可靠度则是可靠性的数学度量。根据定义，工程结构可靠性应包含三方面内容，第一是结构自身部分，包括结构抗力、结构形式和结构的再利用；第二是结构遭受的外部作用，包括对结构的直接作用、间接作用和作用的组合问题；第三则涉及结构可靠性的基本方法，包括可靠度的计算方法、体系可靠度的分析、动力可靠度的计算等问题。因此，工程结构可靠度主要涉及可靠性的基本方法，这也是本书的主要内容。同时，针对不同工程问题的结构可靠度分析方法也存在差异，本书专门列举了不同结构的可靠度应用案例，供读者参考。

结构可靠度的理论研究在20世纪70年代随着结构设计规范由许用应力设计法向基于概率的极限状态设计法过渡而得到蓬勃发展，国内则与国外同步开展相关的研究工作。但是，在结构可靠度的基本理论研究方面，国内的研究与国外存在较大差距，基本上是按照国外的规范体系进行修改，也就是与国际同类研究处于"跟跑"阶段。随着国内学术界和工程界对结构可靠度理论的认识和研究不断深入，尤其是20世纪90年代对结构可靠度的大讨论，在工程结构应用中既要基于可靠度的结构规范的理论体系，又要注重结构的实际功能要求，这主要体现在21世纪初结构设计可靠性统一标准的制定，把"结构可靠度"改为"结构可靠性"是统一标准制定的最大亮点，与国际同类研究处于"并进"阶段。随着我国科技工作者对结构可靠度理论的研究不断取得进步，以及工程技术人员对工程结构可靠度问题的深入了解，我国规范体系的建立和工程结构可靠度的应用必将更加完善，完全可以实现在国际同类研究中处于"领跑"阶段。这也是本书撰写的目的。

我接触到结构可靠度理论是在1982年攻读研究生阶段。当时，大连理工大学的结构工程专业学位课程中设有结构可靠度的选修课，是由赵国藩教授和陈慰如老师讲授。那时课程的内容仅仅涉及一次二阶矩理论、概率论基础知识和有关数理统计方法，而且没有教材，只有油印讲稿，但是概念很新，作为规范制定的理论基础，曾吸引了许多人的关注；同时，作为一门课程讲授，这在国内高校也是最早的一批。尽管我对结构可靠度方面的研究很感兴趣，但是我真正进入结构可靠度理论的研究是在我攻读完博士学位以后。1989年4月完成博士答辩以后，我一直在琢磨自己以后的学术道路与研究方向，如何选择一个既具有学科前沿性，可以使自己致力终身，同时具有工程应用前景，可以理论联系实际、解决工程问题的研究方向，这也是许多年轻教师面临的困惑。经过大量的文献阅读、与同行的交流和专业发展的需要，毫无疑问，结构可靠度的研究方向是最佳选择。经过与导师赵国藩教授沟通和交流，1991年我在申请德国洪堡基金会和挪威皇家基金会时选择的就是结构可靠度理论与应用的研究方向。赵国藩教授把我引入结构可靠度理论与应用的研究大门，并且此后在从事海洋结构可靠度、混凝土结构的耐久性，以及其他工程结构可靠度研究中一直给予我大力支持和帮助，令我终生难忘。谨以此书献给我敬爱的导师赵国藩教授。

我在德国 Stuttgart 大学从事 Humboldt 研究工作的主要内容是结构可靠度中不确定性研究和可靠度的数值模拟研究，合作导师 Luz 教授给予了我宽松而愉快的工作环境，我对不确定性的相对信息熵方法和可靠度的重要抽样法做了一些工作，第一次在国际刊物上发表学术论文，第一次参加国际结构安全与可靠度学术会议（ICOSSAR'1993）并做学术报告，可以说 Humboldt 的研究经历教育了我如何从事科学研究工作。1994 年夏，我到挪威科技大学海洋技术中心做 NRC（Norwegian Research Council）学者，与合作导师 Moan 教授在海洋结构可靠度方向开展了考虑二次曲面可靠度的重要抽样法和海洋导管架结构体系可靠度的实用方法的研究，使我在结构可靠度的理论与应用方面找到了新的突破点。

结构可靠度不仅需要在理论上寻求突破，更重要的是在工程应用上找到结合点。无疑，海洋结构物所处的环境极为恶劣，不确定性更为明显，可靠度理论最适合应用。于是，我和我的团队与中国海洋石油总公司合作完成了我国第一座海洋平台标准化设计的体系可靠度研究，第一次开展了中国海洋导管架平台设计规范的可靠度标定、渤海 BZ28-1 海上结构物（导管等平台、单点系泊结构和海底管道结构）的可靠度评估和南海某油田导管架碰撞分析与可靠性评估等研究工作，同时开展了面向南海 3500m 水深的深水平台结构和海底管道的结构可靠性评估。在此，我要特别感谢中海油研究总院时忠民博士的大力支持，他对工作一丝不苟、认真负责的态度给我留下了深刻的印象，也要感谢中国海洋石油总公司曾恒一院士及李不德、李玉珊、白秉仁、栾湘东、李志刚、赵冬岩等教授级高级工程师给予的大力帮助。

感谢中国土木工程学会工程可靠度专业委员会的陈基发研究员、徐有邻研究员、刘西拉教授、赵基达研究员、史志华研究员、金新阳研究员、贡金鑫教授等专家二十多年来的关心和支持，使中国的结构可靠度在结构设计规范中达到合理的应用，有力地推进了结构可靠度理论与应用的发展。

1993 年夏，我正式入职浙江大学，开辟了结构可靠度的研究方向，新设了"结构可靠度"课程，培养了一大批博士研究生和硕士研究生，他们都在各自岗位上发挥着重要的作用，本书也集中反映了他们在结构可靠度研究领域取得的研究成果。在此，我谨以此书向他们表示衷心的感谢，特别感谢我的学生崔磊博士、叶谦博士和肖官衍博士生对本书出版的大力帮助，历时二十几年的努力，终于形成了本书。

本书以《结构可靠度理论》（赵国藩、金伟良、贡金鑫著）、《工程荷载组合理论与应用》（金伟良著）和《工程结构全寿命设计方法》（金伟良著）等专著为基础，结合作者近二十年在可靠度方面取得的最新研究成果，形成本书的主要内容。全书共 16 章，第 1～8 章主要介绍结构可靠度的基本理论与分析计算方法，第 9～16 章着重探讨可靠度理论在实际工程中的应用。

本书的特点是理论与实际工程相结合，较为系统地阐述可靠度理论及工程应用的最新研究成果，推动可靠度理论在工程中的应用和发展，可为结构可靠性统一标准完善和修订提供参考。本书的研究工作得到国家自然科学基金委员会、科技部等的大力支持，在此表示感谢；感谢浙江大学结构可靠性研究团队的老师和研究生，还要感谢社会各界朋友对本书出版给予的大力支持和帮助。

由于作者水平有限，书中难免存在不足之处，敬请读者不吝赐教。

金伟良

2022 年 1 月于求是园

目 录

前言
符号列表
第 1 章 绪论 ·· 1
  1.1 结构可靠度理论发展概述 ··· 4
    1.1.1 可靠度计算方法 ·· 4
    1.1.2 体系可靠度分析方法 ·· 8
    1.1.3 荷载与荷载组合方法 ·· 8
    1.1.4 工程应用 ··· 11
  1.2 基本概念 ··· 12
  1.3 本书内容安排 ··· 14
  参考文献 ··· 16
第 2 章 不确定性分析方法 ··· 23
  2.1 不确定性分类 ··· 25
  2.2 概率论分析方法 ·· 27
  2.3 模糊数学分析方法 ··· 27
  2.4 灰色理论分析方法 ··· 29
  2.5 相对信息熵分析方法 ·· 31
  2.6 人工智能分析方法 ··· 32
    2.6.1 神经网络 ··· 32
    2.6.2 支持向量机 ··· 34
  参考文献 ··· 38
第 3 章 可靠度计算方法 ·· 41
  3.1 一次二阶矩方法 ·· 45
  3.2 二次二阶矩方法 ·· 51
  3.3 随机变量不服从正态分布的可靠度计算 ·· 61
  3.4 响应面方法 ·· 65
  参考文献 ··· 67
第 4 章 可靠度数值模拟方法 ·· 69
  4.1 Monte Carlo 法 ··· 71
    4.1.1 随机数的产生 ··· 73
    4.1.2 随机数序列的检验 ·· 74
    4.1.3 非均匀随机数的产生 ··· 74
  4.2 方差缩减技术 ··· 75
    4.2.1 对偶抽样技巧 ··· 75

4.2.2 条件期望抽样技巧···75
4.2.3 重要抽样技巧···76
4.2.4 分层抽样技巧···77
4.2.5 控制变数法··79
4.2.6 相关抽样法··79
4.3 复合重要抽样法··80
4.4 V 空间的重要抽样法··85
4.4.1 V 空间··85
4.4.2 重要抽样区域···87
4.4.3 重要抽样函数···89
4.4.4 模拟过程··89
4.4.5 评价···90
4.5 SVM 重要抽样法··90
参考文献··91

第 5 章 结构体系的可靠度···93
5.1 结构体系失效模式···95
5.1.1 结构体系模型···95
5.1.2 解决方法··98
5.1.3 结构体系失效的理想化··100
5.1.4 结构体系失效的实用化分析···103
5.2 体系可靠度计算方法··104
5.2.1 体系可靠度边界··104
5.2.2 隐式极限状态——响应曲面··110
5.2.3 复杂结构系统···112
5.2.4 物理综合法··117
参考文献··117

第 6 章 结构时变可靠度··121
6.1 时间积分方法···125
6.1.1 基本概念··125
6.1.2 非时变可靠度转化法··127
6.2 离散化方法··128
6.2.1 离散事件数量已知···128
6.2.2 离散事件数量未知···129
6.2.3 重现期··130
6.2.4 风险函数··131
6.3 时变可靠度的计算··133
6.3.1 引言···133
6.3.2 非条件失效概率的抽样方法···133
6.3.3 一次二阶矩方法··135
6.4 结构动力分析··136
6.4.1 结构动力的随机性···136
6.4.2 平稳随机过程的若干问题··136

　　　　6.4.3　随机响应谱 ………………………………………………………………………138
　6.5　疲劳分析 …………………………………………………………………………………139
　　　　6.5.1　一般公式 ……………………………………………………………………………139
　　　　6.5.2　S-N 模型 ……………………………………………………………………………139
　　　　6.5.3　断裂力学模型 …………………………………………………………………………140
　参考文献 …………………………………………………………………………………………141

第 7 章　基于可靠度的荷载组合 …………………………………………………………………143
　7.1　荷载组合 …………………………………………………………………………………145
　　　　7.1.1　一般形式 ……………………………………………………………………………145
　　　　7.1.2　离散随机过程 …………………………………………………………………………147
　　　　7.1.3　简化方法 ……………………………………………………………………………149
　7.2　荷载组合系数 ……………………………………………………………………………152
　7.3　结构设计分项系数计算 ……………………………………………………………………160
　　　　7.3.1　结构设计分项系数表达式 ……………………………………………………………160
　　　　7.3.2　结构设计分项系数确定原则 …………………………………………………………161
　　　　7.3.3　荷载-抗力分项系数确定方法 ………………………………………………………162
　7.4　荷载组合系数及设计表达式确定 …………………………………………………………164
　　　　7.4.1　采用组合值系数的设计表达式 ………………………………………………………164
　　　　7.4.2　海洋工程荷载组合系数确定方法 ……………………………………………………167
　参考文献 …………………………………………………………………………………………169

第 8 章　可靠度理论在规范中的应用 ……………………………………………………………173
　8.1　结构设计规范的要求 ………………………………………………………………………176
　　　　8.1.1　结构设计要求 …………………………………………………………………………176
　　　　8.1.2　作用的分类 ……………………………………………………………………………177
　　　　8.1.3　目标可靠度 ……………………………………………………………………………177
　　　　8.1.4　结构设计的极限状态 …………………………………………………………………179
　8.2　设计规范中结构可靠度的表达方式 ………………………………………………………180
　　　　8.2.1　分项系数设计表达式 …………………………………………………………………180
　　　　8.2.2　承载能力极限状态设计表达式 ………………………………………………………181
　　　　8.2.3　正常使用极限状态设计表达式 ………………………………………………………183
　　　　8.2.4　耐久性极限状态设计表达式 …………………………………………………………183
　参考文献 …………………………………………………………………………………………184

第 9 章　海洋平台结构可靠度 ……………………………………………………………………187
　9.1　海洋固定式平台可靠度 ……………………………………………………………………189
　　　　9.1.1　概述 …………………………………………………………………………………189
　　　　9.1.2　计算模型及单桩承载力 ………………………………………………………………190
　　　　9.1.3　单桩承载力的概率分析 ………………………………………………………………193
　　　　9.1.4　海洋平台结构体系承载能力及可靠度 ………………………………………………196
　9.2　海洋半潜式平台可靠度 ……………………………………………………………………200
　　　　9.2.1　概述 …………………………………………………………………………………200
　　　　9.2.2　不确定性分析 …………………………………………………………………………201

9.2.3 体系可靠度评估 ···202
参考文献 ···206

第10章 海洋结构物疲劳可靠度 ···209
10.1 海底管道疲劳可靠度 ···211
10.1.1 引言 ···211
10.1.2 分析流程 ··212
10.1.3 有限元模型 ···212
10.1.4 随机升举力模型 ··213
10.1.5 结构模态分析 ···214
10.1.6 悬跨管道随机振动响应 ··215
10.1.7 悬跨管道随机疲劳寿命和疲劳可靠度分析 ·······························217
10.1.8 悬跨管道随机振动影响因素敏感性分析 ···································219
10.2 导管架平台疲劳可靠性 ···223
10.2.1 疲劳荷载的概率模型 ···223
10.2.2 疲劳寿命评估 ···227
10.3 深水半潜式平台结构的疲劳可靠性 ···230
10.3.1 疲劳可靠性分析流程 ···230
10.3.2 平台关键节点的疲劳可靠性分析 ··230
10.3.3 疲劳参数敏感性分析 ···237
参考文献 ···240

第11章 桥梁结构可靠度 ··243
11.1 拱桥的可靠度 ···245
11.1.1 桥梁概况 ··245
11.1.2 计算模型 ··246
11.1.3 构件可靠度分析 ··248
11.1.4 体系可靠度计算 ··253
11.2 桥梁的目标可靠度与可靠度标定 ···255
11.2.1 基本问题 ··255
11.2.2 规范比较 ··256
11.2.3 参数分析 ··257
11.2.4 标定目标可靠度 ··258
11.2.5 工况及参数 ···259
11.2.6 荷载效应比 ···259
11.2.7 可靠度标定流程 ··260
11.2.8 可靠度标定计算结果 ···261
参考文献 ···263

第12章 临时性结构可靠度 ··265
12.1 施工期临时性结构 ··267
12.1.1 施工期结构形状 ··267
12.1.2 主要失效模式 ···268
12.2 荷载和抗力概率模型 ··270
12.2.1 荷载概率模型 ···270

		12.2.2 抗力概率模型	271
12.3	体系可靠度分析		275
	12.3.1	体系可靠度分析方法	275
	12.3.2	算例分析	275
	12.3.3	讨论与结果分析	278
12.4	模板支架施工风险评估		278
	12.4.1	施工风险评估系统的建立	278
	12.4.2	指标的权重	280
	12.4.3	专家评分结果及风险评估等级	280
	12.4.4	扣件式钢管支模架评估	282
	12.4.5	讨论与分析	285

参考文献 285

第13章 水工结构可靠度 287

13.1 渡槽结构可靠度 289
   13.1.1 基本情况 289
   13.1.2 渡槽三维有限元模型 291
   13.1.3 抗裂可靠度 292
   13.1.4 挠度可靠度 297
   13.1.5 讨论与结论 298

13.2 海塘结构可靠度 299
   13.2.1 基本情况 299
   13.2.2 基本方法 299
   13.2.3 案例分析 302
   13.2.4 讨论与结论 304

参考文献 305

第14章 边坡结构可靠度 307

14.1 土性参数随机场 309

14.2 土性参数的空间相关性模型 310

14.3 滑动面上随机场局部平均计算模型 311
   14.3.1 二维滑弧的平面问题 312
   14.3.2 三维滑面的空间问题 314

14.4 边坡稳定极限状态方程 316
   14.4.1 二维极限状态方程 316
   14.4.2 三维极限状态方程 317

14.5 基于随机场局部平均的可靠度模型 318

14.6 土性参数相关性对可靠度的影响 319
   14.6.1 单一材料边坡算例 319
   14.6.2 多层材料边坡算例 320
   14.6.3 算例结果分析 321

14.7 算例 322
   14.7.1 单层土坡算例 322

14.7.2 南水北调中线某渠道边坡算例·················322
参考文献·················324

第15章 施工期的人为影响分析·················325
15.1 人为影响的可靠性分析·················327
15.1.1 无人为影响的参数·················327
15.1.2 施工中存在的人为错误影响·················328
15.1.3 人为错误率与人为错误影响程度及其分布·················328
15.1.4 施工中人为错误的模拟·················330
15.2 算例·················335
15.3 讨论与结论·················338
参考文献·················338

第16章 混凝土结构耐久性的路径概率模型·················339
16.1 路径概率模型·················341
16.2 多重路径概率模型·················342
16.2.1 基本概念·················342
16.2.2 氯盐侵蚀下的概率预测模型·················344
16.2.3 混凝土碳化概率预测模型·················344
16.2.4 碳化和氯离子共同作用下的概率预测模型·················346
16.2.5 钢筋锈蚀扩展·················347
16.2.6 保护层开裂和裂缝宽度确定·················348
16.2.7 锈蚀混凝土构件承载力·················348
16.3 任意点的路径概率模型·················349
16.4 工程实例·················351
16.4.1 氯盐环境下的钢筋锈蚀·················351
16.4.2 碳化和氯盐侵蚀共同作用下的钢筋锈蚀·················354
参考文献·················357

附录 从事工程结构可靠度理论与应用研究方向的研究生名单及其论文列表·················359
名词索引·················363

CONTENTS

Preface

List of Notation

Chapter 1 Introduction ··1
   1.1 An overview of the development of structural reliability theory ·················4
      1.1.1 Reliability calculation method ···4
      1.1.2 Reliability analysis method of structural systems ···························8
      1.1.3 Load and loads combination method ··8
      1.1.4 Engineering applications ··11
   1.2 Basic concepts ···12
   1.3 Content arrangement of this book ··14
   Reference ···16

Chapter 2 Uncertainty Analysis Method ···23
   2.1 Classification of uncertainty ··25
   2.2 Probability analysis method ··27
   2.3 Fuzzy mathematical analysis method ···27
   2.4 Grey theory analysis method ··29
   2.5 Relative information entropy analysis method ··31
   2.6 Artificial intelligence analysis method ···32
      2.6.1 Neural network ··32
      2.6.2 Support vector machine ··34
   Reference ···38

Chapter 3 Reliability Calculation Method ···41
   3.1 First-order second-moment method ··45
   3.2 Second-order second-moment method ···51
   3.3 Reliability analysis of random variables with non-normal distribution ·······61
   3.4 Response surface method ··65
   Reference ···67

Chapter 4 Numerical Simulation Method of Reliability ···69
   4.1 Monte Carlo method ···71
      4.1.1 Generation of random number ··73
      4.1.2 Test of random number sequence ···74
      4.1.3 Generation of non-uniform random number ······························74
   4.2 Variance reduction techniques ··75
      4.2.1 Dual sampling technique ··75

4.2.2　Conditional expectation sampling technique ··· 75
　　4.2.3　Importance sampling technique ··· 76
　　4.2.4　Stratified sampling method ··· 77
　　4.2.5　Control variates method ·· 79
　　4.2.6　Correlated sampling method ·· 79
　4.3　Composite importance sampling method ··· 80
　4.4　Importance sampling method in V space ··· 85
　　4.4.1　V space ··· 85
　　4.4.2　Importance sampling area ·· 87
　　4.4.3　Importance sampling function ·· 89
　　4.4.4　Simulation procedure ·· 89
　　4.4.5　Evaluation ··· 90
　4.5　SVM importance sampling method ·· 90
　Reference ·· 91

Chapter 5　Reliability of Structural System ··· 93
　5.1　Failure mode of structural system ··· 95
　　5.1.1　Structural system model ··· 95
　　5.1.2　Solution ·· 98
　　5.1.3　Idealization of structural system failure ··· 100
　　5.1.4　Practical analysis of structural system failure ·· 103
　5.2　Calculation method of system reliability ··· 104
　　5.2.1　System reliability boundary ·· 104
　　5.2.2　Implicit limit state: response surface ··· 110
　　5.2.3　Complex structural system ·· 112
　　5.2.4　Physically-based synthesis method ··· 117
　Reference ·· 117

Chapter 6　Time-dependent Structural Reliability ······························· 121
　6.1　Time integral method ··· 125
　　6.1.1　Basic concept ··· 125
　　6.1.2　Time-dependent reliability transformation method ···································· 127
　6.2　Discrete method ··· 128
　　6.2.1　Known discrete events number ··· 128
　　6.2.2　Unknown discrete events number ·· 129
　　6.2.3　Return period ·· 130
　　6.2.4　Risk function ·· 131
　6.3　Calculation of time-dependent reliability ·· 133
　　6.3.1　Introduction ·· 133
　　6.3.2　Sampling method of unconditional failure probability ································ 133
　　6.3.3　First-order second-moment method ··· 135
　6.4　Structural dynamic analysis ··· 136
　　6.4.1　Random of Structural dynamic ··· 136
　　6.4.2　Several issues of stationary random process ·· 136

6.4.3 Random response spectrum ······ 138
6.5 Fatigue analysis ······ 139
  6.5.1 General formulas ······ 139
  6.5.2 *S-N* model ······ 139
  6.5.3 Fracture mechanics model ······ 140
Reference ······ 141

Chapter 7 Load Combination Based on Reliability ······ 143
7.1 Load combination ······ 145
  7.1.1 General form ······ 145
  7.1.2 Discrete stochastic process ······ 147
  7.1.3 Simplified method ······ 149
7.2 Load combination factor ······ 152
7.3 Calculation of partial coefficient of structural design ······ 160
  7.3.1 Expression of design partial coefficient ······ 160
  7.3.2 Determination principle of partial coefficient in structural design ······ 161
  7.3.3 Determination method of load-resistance partial coefficient ······ 162
7.4 Determination of load combination coefficient and design expression ······ 164
  7.4.1 Design expression using coefficient for combination value ······ 164
  7.4.2 Method for determining load combination coefficient ocean engineering ······ 167
Reference ······ 169

Chapter 8 Application of Reliability Theory in Specification ······ 173
8.1 Requirements of structural design specification ······ 176
  8.1.1 Requirements of structure design ······ 176
  8.1.2 Classification of actions ······ 177
  8.1.3 Target reliability ······ 177
  8.1.4 Limit state of structural design ······ 179
8.2 Expression of structural reliability in design specification ······ 180
  8.2.1 Design expression of partial coefficient ······ 180
  8.2.2 Design expression of ultimate limit state ······ 181
  8.2.3 Design expression of serviceability limit state ······ 183
  8.2.4 Design expression of durability limit state ······ 183
Reference ······ 184

Chapter 9 Structural Reliability of Offshore Platform ······ 187
9.1 Reliability of offshore fixed platform ······ 189
  9.1.1 Introduction ······ 189
  9.1.2 Calculation model and bearing capacity of single pile ······ 190
  9.1.3 Probability analysis of single pile bearing capacity ······ 193
  9.1.4 Bearing capacity and reliability of offshore platform structural system ······ 196
9.2 Reliability of semi-submersible platform ······ 200
  9.2.1 Introduction ······ 200
  9.2.2 Uncertainty analysis ······ 201

9.2.3　System reliability assessment ··202

Reference ···206

Chapter 10　Fatigue Reliability of Marine Structures ··209

10.1　Fatigue reliability of submarine pipeline ··211
　10.1.1　Introduction ···211
　10.1.2　Analysis procedure ··212
　10.1.3　Finite element model ··212
　10.1.4　Random lift force model ···213
　10.1.5　Structure modal analysis ··214
　10.1.6　Random vibration response of suspended pipeline ··215
　10.1.7　Random fatigue life and fatigue reliability analysis of suspended pipeline ·······217
　10.1.8　Sensitivity analysis of influencing factors on random vibration of suspended pipeline ····219

10.2　Fatigue reliability of jacket platform ··223
　10.2.1　Probability model of fatigue load ··223
　10.2.2　Fatigue life assessment ··227

10.3　Fatigue reliability of deep-water semi-submersible platform structure ··············230
　10.3.1　Analysis procedure of fatigue reliability ··230
　10.3.2　Fatigue reliability analysis of key nodes of platform ··230
　10.3.3　Sensitivity analysis of fatigue parameters ··237

Reference ···240

Chapter 11　Reliability of Bridge Structure ···243

11.1　Reliability of arch bridge ···245
　11.1.1　Overview of bridges ···245
　11.1.2　Calculation model ··246
　11.1.3　Member reliability analysis ···248
　11.1.4　System reliability calculation ···253

11.2　Target reliability and reliability calibration of bridges ··255
　11.2.1　Basic problem ··255
　11.2.2　Specification comparison ···256
　11.2.3　Parametric analysis ··257
　11.2.4　Calibration target reliability ···258
　11.2.5　Construction conditions and parameters ··259
　11.2.6　Load effect ratio ···259
　11.2.7　Reliability calibration procedure ···260
　11.2.8　Reliability calibration calculation results ···261

Reference ···263

Chapter 12　Reliability of Temporary Structure During Construction ·······························265

12.1　Temporary structure during construction ··267
　12.1.1　Structure shape during construction ···267
　12.1.2　Main failure model ··268

12.2　Load and resistance probability models ··270
　12.2.1　Load probability model ··270

	12.2.2 Probabilistic model of resistance	271
12.3	System reliability analysis	275
	12.3.1 System reliability analysis method	275
	12.3.2 Case analysis	275
	12.3.3 Discussion and result analysis	278
12.4	Risk assessment of formwork support construction	278
	12.4.1 Establishment of construction risk assessment system	278
	12.4.2 Weight of index	280
	12.4.3 Expert scoring results and risk assessment grades	280
	12.4.4 Evaluation of fastener steel pipe formwork support	282
	12.4.5 Discussion and analysis	285
Reference		285

Chapter 13 Reliability of Hydraulic Structure 287

13.1	Reliability of aqueduct structure	289
	13.1.1 Background	289
	13.1.2 Three-dimensional finite element model of aqueduct	291
	13.1.3 Crack resistance reliability	292
	13.1.4 Deflection reliability	297
	13.1.5 Discussion and conclusions	298
13.2	Reliability of seawall structure	299
	13.2.1 Background	299
	13.2.2 Basic method	299
	13.2.3 Case analysis	302
	13.2.4 Discussion and conclusions	304
Reference		305

Chapter 14 Reliability of Slope Structural 307

14.1	Random field of soil parameters	309
14.2	Spatial correlation model of soil parameters	310
14.3	Local average calculation model of random field on sliding surface	311
	14.3.1 Plane problem of two dimensional slip arc	312
	14.3.2 Spatial problem of three dimensional sliding surface	314
14.4	Limit state equation of slope stability	316
	14.4.1 Two-dimensional limit state equation	316
	14.4.2 Three-dimensional limit state equation	317
14.5	Reliability model based on random field local average	318
14.6	Influence of correlation of soil parameters on reliability	319
	14.6.1 Computational example of single slope material	319
	14.6.2 Computational example of multilayer slope material	320
	14.6.3 Analysis of computational example results	321
14.7	Computational examples	322
	14.7.1 Computational example of single-layer soil slope	322

  14.7.2 Computational example of a channel slope in the middle route of South-to-North Water Diversion ···322

 Reference ···324

Chapter 15 Analysis of Human Influence During Construction ································325

 15.1 Reliability analysis of human influence ··327

  15.1.1 Parameters without human influence ··327

  15.1.2 Influence of human error during construction ···328

  15.1.3 Human error rate, influence degree and distribution of human error ······················328

  15.1.4 Simulation of human error in construction ··330

 15.2 Computational examples ··335

 15.3 Discussion and conclusions ··338

 Reference ···338

Chapter 16 Path Probability Model of Concrete Structure Durability ·······················339

 16.1 Path Probability Model ··341

 16.2 Multiple Path Probability Model ··342

  16.2.1 Basic concept ··342

  16.2.2 Probability Prediction Model (PPM) under chloride erosion ·····································344

  16.2.3 Probability Prediction Model (PPM) of concrete carbonation ···································344

  16.2.4 Probability Prediction Model (PPM) under the coupled effect carbonization and chloride ions ···346

  16.2.5 Corrosion expansion of steel bars ··347

  16.2.6 Cover cracking and determination of crack width ···348

  16.2.7 Bearing capacity of corroded concrete members ···348

 16.3 Multiple Path Probability Model (M-PPM) of arbitrary point ···349

 16.4 Engineering cases ··351

  16.4.1 Corrosion of steel bar in chloride environment ···351

  16.4.2 Steel corrosion under the coupled effect of carbonation and chloride corrosion ···············354

 Reference ···357

Appendix List of Graduate Students and Their Theses in the Field of Engineering Structural Reliability Theory and Application ···359

Noun Index ···363

表 目 录

表 2-1	隶属函数的表示	28
表 2-2	灰度的数字表述	30
表 3-1	可靠指标 β 和失效概率 P_f 的关系	47
表 4-1	当 $G(X)=3.0-x$ 时 σ_1 随 σ 的变化模拟结果	83
表 4-2	采用不同抽样模拟方法的结果	84
表 4-3	抽样椭圆的面积比 δ_0 值和 k_0 的关系	88
表 7-1	造成穿越的不同状态组合	148
表 7-2	各类随机荷载参数	159
表 8-1	我国现行建筑结构目标可靠指标	178
表 8-2	结构重要性系数 γ_0	182
表 8-3	结构设计使用年限的荷载调整系数 γ_L	182
表 8-4	各类结构的耐久性极限状态的标志	184
表 9-1	土的参数	193
表 9-2	土的参数不确定性	193
表 9-3	土的计算模型的不确定性	193
表 9-4	单桩承载力	194
表 9-5	不同支承边界条件下的海洋平台结构体系极限承载力	197
表 9-6	结构抗剪承载力及模拟分析的统计结果	198
表 9-7	不同可靠度计算方法所得的平台结构的破坏概率	199
表 9-8	100 年重现期的波浪参数	200
表 9-9	各工况的截面力和弯矩统计	201
表 9-10	各工况极限状态参数统计	201
表 9-11	计算变量分布类型统计	202
表 9-12	计算变量及其分布类型	202
表 9-13	半潜式平台可靠指标及失效概率统计	204
表 9-14	半潜式平台节点截面力计算值	204
表 9-15	半潜式结构节点抗力参数	205
表 9-16	局部节点可靠度统计	205
表 9-17	目标平台整体可靠度	206
表 10-1	海底管道设计参数	212
表 10-2	计算工况	214
表 10-3	结构模态分析结果	214

表10-4	各工况悬跨管道疲劳寿命和失效概率	219
表10-5	不同悬跨长度下管道疲劳寿命和失效概率	220
表10-6	不同波高下管道疲劳寿命和失效概率	220
表10-7	不同水深下管道的疲劳寿命和失效概率	221
表10-8	不同外径管道疲劳寿命和失效概率	222
表10-9	不同残余应力下管道疲劳寿命和失效概率	223
表10-10	高频系泊力范围的统计标准差	224
表10-11	低频系泊力范围的统计标准差	224
表10-12	不同有效波高下的系泊力离散序列	225
表10-13	高频系泊力循环次数	226
表10-14	低频系泊力循环次数	227
表10-15	主要管节的疲劳损伤与疲劳寿命	229
表10-16	中国南海某海域波浪散布图(ΣP=100)	232
表10-17	S-N曲线法中疲劳可靠性分析参数	233
表10-18	断裂力学法中疲劳可靠性分析参数	234
表10-19	基于S-N曲线法的各关键节点的疲劳可靠指标和失效概率	236
表10-20	基于断裂力学法的各关键节点的疲劳可靠指标和失效概率	237
表10-21	不同环境下的S-N曲线	238
表10-22	不同S-N曲线下1号连接部位各关键节点的疲劳可靠指标	238
表11-1	工况1各失效模式可靠度结果	249
表11-2	工况2各失效模式可靠度结果	250
表11-3	工况3各失效模式可靠度结果	250
表11-4	失效模式间的相关系数(工况1实际)	253
表11-5	失效模式间的相关系数(工况1设计)	253
表11-6	失效模式间的相关系数(工况2实际)	254
表11-7	失效模式间的相关系数(工况2设计)	254
表11-8	失效模式间的相关系数(工况3实际)	254
表11-9	失效模式间的相关系数(工况3设计)	254
表11-10	主拱体系可靠度结果	255
表11-11	规范计算结果比较	257
表11-12	承载能力极限状态的年目标可靠度和年失效概率	258
表11-13	正常使用极限状态的年目标可靠度和年失效概率	258
表11-14	标定工况	259
表11-15	作用分布及参数	259
表11-16	荷载效应比	260
表11-17	可靠度标定建议值	262
表12-1	3层模板支撑的施工步骤和荷载传递	268

表 12-2	施工期荷载的统计参数	270
表 12-3	材料性能不确定性 K_M 的统计特征量	271
表 12-4	几何参数不确定性 K_A 的统计参数	272
表 12-5	K_P 的统计特征量	273
表 12-6	等效计算长度系数 μ 的值	275
表 12-7	施工方案对模板支撑体系失效概率的影响	277
表 12-8	扣件式钢管支模架施工风险评估系统的指标及相对权重	279
表 12-9	评分等级表	280
表 12-10	个体差异性的权重	280
表 12-11	专家评分值	281
表 12-12	扣件指标的相对权重与关联系数矩阵	282
表 12-13	立杆指标的相对权重与关联系数矩阵	282
表 12-14	材料和搭设指标的相对权重和关联系数矩阵	283
表 12-15	支模架施工风险指标的相对权重和关联系数矩阵	283
表 13-1	抗裂可靠度分析基本变量统计参数	292
表 13-2	设计水位工况主要受力构件极限状态方程参数	294
表 13-3	加大水位工况主要受力构件极限状态方程参数	295
表 13-4	设计水位工况下槽身主要承重结构抗裂可靠度计算成果	296
表 13-5	加大水位工况下槽身主要承重结构抗裂可靠度计算成果	296
表 13-6	设计水位工况主要失效模式相关系数	297
表 13-7	加大水位工况主要失效模式相关系数	297
表 13-8	窄界限法渡槽抗裂体系可靠度界限	297
表 13-9	挠度可靠度分析基本变量统计参数	298
表 13-10	各土层物理力学性质指标	302
表 13-11	海塘整体稳定安全系数、可靠指标及失效概率	303
表 13-12	不同滩地高度的海塘整体稳定的安全系数及可靠指标	304
表 13-13	不同内摩擦角的海塘整体稳定安全系数及可靠指标	304
表 14-1	条分法边坡二维静态稳定平衡计算方法考虑平衡条件对比表	316
表 14-2	单一材料边坡土性参数指标	320
表 14-3	多层材料边坡土性参数指标	321
表 14-4	三维边坡可靠指标计算结果	321
表 14-5	土坡体系可靠度计算	322
表 14-6	土体物理力学性质指标	323
表 14-7	某土坡体系可靠度计算	323
表 15-1	无人为错误时构件几何尺寸分布	327
表 15-2	混凝土强度标准差	327
表 15-3	错误系数的估计准则	329

表 15-4 人为错误率及其影响程度分布参数 ……………………………………… 329
表 15-5 E8 和 E9 的人为错误率 ……………………………………………… 333
表 15-6 不同部位扣件螺栓拧紧力矩分布 ……………………………………… 333
表 15-7 不同人为错误对模板支撑体系稳定承载力影响程度 ………………… 333
表 15-8 不同扣件螺栓拧紧力矩下扣件的抗滑承载力平均值 ………………… 335
表 15-9 失效概率的比较 ………………………………………………………… 337
表 16-1 混凝土表面氯离子浓度 ………………………………………………… 344
表 16-2 混凝土立方体抗压强度标准值分布 …………………………………… 345
表 16-3 计算参数及分布类型 …………………………………………………… 352
表 16-4 分析计算参数 …………………………………………………………… 355

图 目 录

图 2-1 三种传递函数 ··33
图 2-2 两隐层 BP 神经网络结构图 ··33
图 2-3 支持向量示意图 ··34
图 2-4 回归支持向量机示意图 ··35
图 3-1 结构失效概率示意图 ··44
图 3-2 响应面函数 ··66
图 4-1 截尾型分布概率密度函数 ···83
图 4-2 V 空间的近似抛物曲面 ···86
图 4-3 V 空间的重要抽样区域 ···87
图 4-4 主曲率 κ 与抽样椭圆参数 a、b 和 k 的关系($\beta=3$,$\Delta\beta=1.0$,$\delta_0=0.8$) ····88
图 4-5 不同置信系数 α 对模拟结果的影响 ··························89
图 5-1 荷载-路径关系 ···96
图 5-2 不同强度-变形(R-Δ)关系 ···96
图 5-3 故障树 ··97
图 5-4 结构的事件树 ···98
图 5-5 结构的失效图 ···99
图 5-6 串联体系 ··101
图 5-7 基本结构体系可靠度问题的二维失效区域 $D(D_1)$ ······101
图 5-8 两种简单的并联体系 ···102
图 5-9 条件体系 ··104
图 5-10 关联性对系统安全指标的影响 ·····································109
图 5-11 双变量的简单试验设计 ··110
图 5-12 系统化枚举过程 ···113
图 6-1 荷载效应随机过程的样本函数 ·······································123
图 6-2 安全极限状态过程 $Z(t)$ 的样本函数以及失效时间 ·······124
图 6-3 随机过程向量 $X(t)$ 的超越 ···124
图 6-4 非平稳荷载效应与抗力的样本函数 ································125
图 6-5 荷载效应与抗力的样本函数(抗力时不变的情形) ·········126
图 6-6 典型风险函数 ···132
图 6-7 风险函数在结构不同阶段的变化趋势 ····························132
图 6-8 向量随机过程的样本函数 ··135
图 6-9 随机过程的样本函数和谱密度 ·······································137

图 6-10 瑞利分布概率密度函数 ··· 138
图 6-11 海洋平台结构输入与输出谱密度函数关系分析 ······················· 139
图 7-1   随机过程的组合 ··· 146
图 7-2   给定概率密度函数下混合矩形更新随机过程的典型样本函数 ······ 148
图 7-3   Borges 过程组合 ·· 150
图 7-4   三个荷载组合的 Turkstra 组合示意图 ··································· 157
图 7-5   三个矩形波过程组合 ·· 158
图 7-6   几种组合规则比较 ··· 160
图 7-7   规范方法一的流程图 ·· 163
图 7-8   规范方法二的流程图 ·· 164
图 8-1   结构设计的极限状态 ·· 180
图 9-1 t-z 曲线 ·· 190
图 9-2 Q-z 曲线 ··· 190
图 9-3   黏性土的 P-y 曲线 ··· 191
图 9-4   砂性土的 P-y 曲线 ··· 192
图 9-5   桩的计算模型 ··· 192
图 9-6   轴向受压的承载力和承载力的概率分布模拟 ·························· 194
图 9-7   轴向受拉的承载力和承载力的概率分布模拟 ·························· 195
图 9-8   不同桩顶侧向位移下承载力的概率分布模拟 ·························· 195
图 9-9   不同桩顶约束的侧向承载力 ··· 195
图 9-10 计算结构模型确定性分析 ·· 196
图 9-11 计算工况 1 的抗剪和抗弯承载力与结构位移图 ······················· 197
图 9-12 承载力概率分布的拟合和概率分析统计结果 ·························· 198
图 9-13 半潜式平台三维有限元模型 ··· 200
图 9-14 半潜式平台结构可靠度分析单元 ··· 202
图 9-15 半潜式平台可靠度评估流程 ··· 203
图 10-1 英国北海海底管道失效原因统计 ··· 211
图 10-2 某输油管道原型截面图 ·· 212
图 10-3 管道节点力谱 ··· 215
图 10-4 管道跨中位移响应谱 ·· 215
图 10-5 各工况悬跨管道线性和非线性计算跨中截面最大应力谱 ··········· 217
图 10-6 不同水深时管道振动位移响应谱 ··· 220
图 10-7 不同水深时管道振动应力响应谱 ··· 220
图 10-8 不同水深时管道可靠指标和应力谱峰值 ································ 221
图 10-9 不同管道外径振动位移响应谱图 ··· 221
图 10-10 不同外径管道振动应力谱 ··· 221
图 10-11 不同外径管道可靠指标和应力谱峰值 ·································· 222

图 10-12	不同残余应力下管道振动位移响应谱	222
图 10-13	不同残余应力下管道振动应力响应谱	222
图 10-14	不同残余应力下管道可靠指标和应力谱峰值	223
图 10-15	单点系泊海洋导管架平台结构坐标体系	224
图 10-16	BZ28-1 SPM 平台结构模型	230
图 10-17	深水半潜式平台结构的疲劳可靠性分析流程	231
图 10-18	深水半潜式平台疲劳可靠性分析部位	231
图 10-19	平台立柱与横撑连接部位示意图	232
图 10-20	疲劳可靠指标的计算结果对比	237
图 11-1	某钢管混凝土拱桥主孔钢管混凝土拱	246
图 11-2	某钢管混凝土拱桥主桥	246
图 11-3	主拱计算模型	247
图 11-4	钢管阶段计算模型	247
图 11-5	桥面系阶段计算模型	248
图 11-6	CCDFIT 设计结果-G_1 灵敏度图	251
图 11-7	CCDFIT 设计结果-G_2 灵敏度图	251
图 11-8	CCDFIT 设计结果-G_3 灵敏度图	252
图 11-9	CCDFIT 设计结果-G_4 灵敏度图	252
图 11-10	CCDFIT 设计结果-G_5 灵敏度图	252
图 11-11	CCDFIT 设计结果-G_6 灵敏度图	253
图 11-12	某大桥风速跨阈率分布曲线	257
图 11-13	标定流程	261
图 12-1	混凝土强度、弹性模量的时变规律	272
图 12-2	μ_0 和 h/l_a、h/l_b 的关系曲面	274
图 12-3	施工期结构体系可靠度计算流程图	276
图 12-4	施工活荷载分布参数的影响	278
图 12-5	评分值模糊化	281
图 12-6	评价等级的隶属函数	282
图 13-1	渡槽纵向侧视图	290
图 13-2	渡槽槽身横断面示意图	291
图 13-3	渡槽三维实体网格剖分示意图	291
图 13-4	渡槽三维实体力筋法示意图	291
图 13-5	渡槽槽身第一主应力分布图	293
图 13-6	海塘及土层剖面图	302
图 13-7	各因素变异性对可靠指标影响的敏感性分析	304
图 14-1	二维空间滑弧土性参数随机场	313
图 14-2	三维空间滑面土性参数随机场	315

图 14-3	边坡稳定分析二维毕肖普法示意图	317
图 14-4	三维毕肖普法分条示意图	318
图 14-5	算例1边坡剖面图	319
图 14-6	二维可靠指标随相关距离的变化	320
图 14-7	三维可靠指标随相关距离的变化	320
图 14-8	边坡断面图	321
图 14-9	某渠坡断面图	323
图 15-1	人为错误事件树	330
图 15-2	E3和E7人为错误模拟程序框图	331
图 15-3	E1(a)、E1(b)和E2人为错误模拟程序框图	332
图 15-4	E8和E9人为错误影响程度模拟程序框图	334
图 15-5	人为错误影响下施工期结构体系可靠度计算流程图	336
图 15-6	整体结构失效概率	337
图 16-1	锈蚀路径模型	341
图 16-2	锈胀路径模型	342
图 16-3	碳化示意图	345
图 16-4	pH与临界氯离子浓度关系曲线	346
图 16-5	模拟流程图	350
图 16-6	系统一维和二维离散模型	351
图 16-7	某大桥结构	352
图 16-8	墩柱裂缝数量统计图	352
图 16-9	主筋锈蚀率的概率密度函数	353
图 16-10	主筋锈蚀率的条件概率密度函数	353
图 16-11	锈胀裂缝宽度的概率密度函数	353
图 16-12	锈胀裂缝宽度的条件概率密度函数	353
图 16-13	主筋锈蚀率的条件概率密度函数的时变特性	354
图 16-14	锈胀裂缝宽度的条件概率密度函数的时变特性	354
图 16-15	清港桥	355
图 16-16	临界氯离子浓度的概率密度函数	356
图 16-17	钢筋锈蚀时间的概率密度函数	356
图 16-18	混凝土锈胀开裂时间的概率密度函数	356
图 16-19	钢筋锈蚀率的概率密度函数	357
图 16-20	钢筋锈蚀率的条件概率密度函数	357
图 16-21	锈胀裂缝宽度的概率密度函数	357
图 16-22	锈胀裂缝宽度的条件概率密度函数	357

符 号 列 表

1. 英文字符

A_{whole}	抽样区域
a_0	初始裂缝长度
a	断裂力学模型中的当前裂缝长度
A_s	钢筋初始面积
A	结构体系的挠度；经验调整系数
A_{limit}	结构体系的最大挠度
a_a	结构在设计使用年限 t_L 内承受 N 次循环荷载后满足一定功能下对裂缝长度的限制
A_{vc}	锈蚀箍筋剩余面积
A_{sc}	锈蚀纵筋剩余面积
A_{eff}	有效样本区域
A_q	桩端毛面积
A_s	桩身表面积
B_{SC}	SC 的偏差系数
B_Q	Q 的偏差系数
$b(X)$	结构体系任意位置处的应力
b	截面有效宽度
B	新试验结果所支持的命题
C_{kX}	峰度系数
C	荷载转化为效应的效应系数；结构或构件体达到正常使用要求的规定限值
$C(x,t)$	距离混凝土表面距离为 x 处的氯离子浓度（占混凝土质量的百分比）
C_{sX}	偏态系数

C_L	升力系数
C, m	断裂力学模型中的试验常数
$\boldsymbol{d}^e$	单元所有节点的位移矢量
d_{ij}	第 j 波浪方向第 i 子海况由波浪、低频和高频组合应力 S_i 计算的疲劳损伤
d	钢筋直径；截尾型分布函数中的截尾值
D	恒荷载引起的效应；桩的外径
$\overline{D}$	恒载平均值引起的效应
D_f	结构破坏区域
D_S	随机过程在结构全寿命中的安全域
EF	错误系数
E	地震荷载的标准值效应
E_k	第 k 个失效模式的塑性破坏
e_{jk}	由空间平均导致的误差项
E_i	主观不确定性
$f(x)$	SVM 重要抽样法中变量的联合概率密度函数
f_{Wi}	波浪跨零率
f_k	材料性能的标准值
$f(\alpha)$	承载力下降系数的无条件概率密度函数
f	单位面积上表层摩擦力
f_{Li}	低频系泊力跨零率
$F_{Ri}(\cdot)$	第 i 个环节强度的累积分布函数
F_i	第 i 个失效模式
$f_X(x,t)$	概率密度函数
f_y	钢筋屈服强度
$f(\eta)$	钢筋锈蚀率的无条件概率密度函数
f_{Hi}	高频系泊力跨零率
$F_{Mi}(x)$	各种组合的最大荷载效应的概率分布函数

$f_{X_2\|X_1}$	给定 X_1 下 X_2 的条件概率密度函数
f_t	混凝土抗拉强度
f_c	混凝土立方体抗压强度标准值
f'_c	混凝土圆柱体抗压强度标准值
F_s	结构失效
$f_R(t)$	结构时变抗力的瞬时概率密度函数
f_i	平均跨零率
$f_{X_i}(x_i)$	任意时点分布
$f_S(t)$	时变荷载效应的瞬时概率密度函数
$F_N(n)$	时间积分方法中 N 的累积分布函数
$F(t_i)$	t_i 时刻发生初锈的累积概率
$f(\eta\|t_i)$	t_i 时刻发生初锈的条件下，钢筋锈蚀率的条件概率密度函数
f_{yc}	锈蚀钢筋的名义屈服强度
$f(w)$	锈胀裂缝宽度的无条件概率密度函数
F_{ij}	在第 i 个失效模式中的第 j 个失效构件
$F_R(\cdot)$	整根链条的累积分布函数
$F_{\max X}(\cdot)$	X 最大值的累积分布函数
$g_j(X,t)$	第 j 个单元的极限状态方程
$G_{\max}$	结构体系的最大容许应力
$g(\cdot)$	由单个极限状态函数组成的功能函数空间
$G(\cdot)$	由多个极限状态函数组成的功能函数空间
G_i	主观不确定性的重要性
$h(x)$	SVM 重要抽样法中的重要抽样密度函数
$h_T(t)$	风险函数
$H(x)$	阶梯函数
h_0	截面有效高度

$H(\omega)$	频率响应函数
$h_N(n)$	时间积分方法中的风险函数
H_k	特征波高
$h_V(\cdot)$	重要抽样概率密度函数
I	常用海洋工程结构构件和管结点的总误差
i_{corr}	钢筋腐蚀电流密度
i	回转半径
J_{ij}	雅可比矩阵
k_{CO_2}	CO_2 浓度影响系数
K_a	Rankine 主动土压力系数
k_b	工作应力影响系数
K_{limit}	极限结构刚度
K_{mc}	计算模式不确定变量
k_p	浇筑面修正系数
k_j	角部修正系数
K	结构刚度；侧向土压力系数
K_A	结构构件几何特征的实际值和标准值之比
K_0	静止土压力系数
$K_{N,n}$	区域内不同单元组合数量占临界比例单元数量的百分比
k	碳化系数；土壤的初始模量
k_s	协同工作系数
K, m	描述构件或者结构在常应力幅作用下疲劳寿命的传统模型中的随机变量
l	SVM 重要抽样法中的支持向量个数
L_i	持久性活荷载
L	单元的长度；活荷载引起的效应
l_{ij}	第 i 个有效模式的构件数量
$\overline{L}_T$	活荷载的使用期最大值分布平均值引起的效应

$\bar{L}_{\text{apt}}$	活荷载任意时点分布平均值引起的效应
L_V	梁抗剪承载力降低系数
L_M	梁抗弯承载力降低系数
L_r	临时性活荷载；屋面活载的标准值效应
$L_N(n)$	时间积分方法中的可靠度函数
$\max\limits_{t\in\tau_{i-1}} S_i(t)$	表示第 i 个荷载效应在第 $i-1$ 荷载效应持续时间 τ_{i-1} 时段上的最大值分布
m_i	第 i 个组合涉及的单元数
m_E	人为错误影响程度
M_0	未锈蚀钢筋混凝土梁的抗弯承载力
M_j	在 j 段的塑性抵抗弯矩
M_i	主观不确定性的大小
n_{Wi}	波浪的循环次数
$N(s)$	材料疲劳参数关系式
n_{Li}	低频的循环次数
n_{Hi}	高频系泊力的循环次数
n	构成临界比例单元的数量；失效模式法中在第 i 个失效模式中的构件数量；时间积分方法中某个给定的施加荷载的次数
n_L	基本时段数
N_0	结构满足设计要求必须能够承受的循环次数
N_c	黏性土的无量纲承载能力系数
N_q	砂性土的无量纲承载能力系数
N	抽样模拟数目；时间积分方法中通过在对结构分别施加相互独立的荷载后引起结构失效的次数；线性损伤累积法则中变幅循环的总次数
n_i	随机过程 $X_i(t)$ 在时间区间 $[0, t_L]$ 内脉冲个数；在常应力幅 S_i 作用下的实际循环次数；组合应力循环次数
N	位移插值形函数矩阵

N_i	在常应力幅下的应力循环数量
$\Pr(F_{10\text{th}})$	10%错误率分布值
$\Pr(F_{90\text{th}})$	90%错误率分布值
$p(x_i)$	变量x的第i个离散点的分布概率
P_{jk}	第k个失效模式的概率
P_0	计算点处土的有效覆盖压力
P_S	结构的概率可靠度
P_f	结构失效概率
P^*	结构最大可能失效概率对应的设计验算点
P_{error}	截断的失效模式的概率
$P_f(t)$	某个时刻t的瞬时失效概率
$P(\overline{A})$	人对命题A的主观否定程度
$P(A)$	人对命题A的主观相信程度
$P_p(s)$	随机应力的概率分布密度函数
$P(A_i)$	先验概率
$P(A_iB)$	修正后的后验概率
$P_f(t_L|r)$	在给定结构抗力$R=r$下的条件失效概率
P_s	在规定的条件下结构完成预定功能的安全概率
$P_k(t)$	在时间区间$[0,t]$内发生k个事件的概率
p_s, p_X	平方和平方根法(SRSS)中的峰值因子
Q_1	单参数荷载系统
q	单位桩端承载力
Q	动态桩端承载力,海洋平台结构体系所承受的外部作用
Q_e^*	给定荷载
Q_i	外荷载
Q_p	桩端的支承力
Q_f	桩身的摩擦力

$R^*_{K_{ij}}$	第 i 种结构构件在第 j 种荷载效应比值情况
r_k	荷载增量
$R_{f_L}(\tau)$	横向波浪力的自相关函数
$R(\cdot)$	结构构件的抗力函数
R_K	结构构件抗力标准值
R^*	结构构件抗力的设计验算点坐标
R	结构抗力;雨荷载的标准值效应
$R(t)$	结构时变抗力
r_i	可变荷载在设计基准期中的重复次数;每一荷载 $S_i(t)$ 在设计基准期内的总时段数
$R_{XX}(\tau)$	平稳随机过程的自相关函数
R_{WC}	水灰比
$R_u(\tau)$	水质点速度的自相关函数
RH	相对环境湿度
$S_X(\omega)$	(均方)谱密度
S_i	常应力幅;第 i 个结构有效模式
S_{Mj}	第 j 个荷载在设计基准期内的最大值
$S_i(t)$	第 i 个所要组合的荷载
$\overline{S_i}$	第 i 个有效模式中结构失效
$S_i(t_0)$	第 i 种荷载效应 $S_i(t)$ 的任意时点随机变量
$S_i(t)$	第 i 种荷载效应随机过程
S_{Wi}	i 工况波浪的热点应力幅值
S_{Li}	i 工况低频的热点应力幅值
S_{Hi}	i 工况高频管节点的热点应力幅值
$S_\eta(\omega)$	海浪谱密度函数
SC	海洋平台结构体系的抗力(极限承载能力)
$S_{\max}(t_L)$	荷载效应在结构使用年限 $[0, t_L]$ 内的最大值

S_M	荷载组合最大值
S_{GK}	恒载标准值
S_G^*	恒载的设计验算点坐标
$S_{f_L}(\omega)$	横向波浪力谱密度
S_{QK}	活荷载标准值
S_Q^*	活荷载的设计验算点坐标
S_e^*	结构在给定荷载 Q_e^* 下对应的荷载效应
S_u	黏性土的剪切强度
$S(t)$	时变荷载效应
$S_\sigma(\omega)$	随机应力谱
S	雪荷载的标准值效应
$\bar{S}_T$	雪荷载的使用期最大值分布平均值引起的效应
S_1^*	一年内荷载效应 S 的极值分布
$S(\omega)$	应力功率谱
S_e^*	在事件中的最大荷载效应
$S(t)$	n 种荷载的综合效应随机过程
$\|T_u(\omega)\|$	波浪水质点水平速度的传递函数
T	不均匀沉降、徐变、收缩或温度变化引起的效应；环境温度；设计基准期
t	动态桩与土的黏结作用
t_c	钢筋发生初锈的时间
t_{cr}	混凝土保护层开裂时间
t_L	结构的设计使用年限
T_E	结构给定服役时间
T_{E_j}	任意服役时间
$\bar{T}_G$	重现期
$u(t)$	波浪速度随机过程

$\boldsymbol{u}$		单元内任意点的位移矢量
$u(t)$		管线轴线所在深度波浪水质点的水平速度
u^*		失效曲面上的最大似然点
u_p		制定的结构总体状态观察点
v_{mi}		混合随机过程脉冲的平均到达率
v_p		极大值频率
v		事件发生的平均速率
$v_i(u)$		随机过程 $X_i(t)$ 的穿越率
V_0		未锈蚀钢筋混凝土梁的抗剪承载力
v_D^+		向量随机过程离开安全域的穿越率
v_0^+		应力过程的正穿越零频率
$\overline{W}_T$		风荷载的使用期最大值分布平均值引起的效应
W		风荷载引起的效应
w		塑性理论中与所有作用在结构上的荷载强度有关的参数，裂缝宽度
$\overline{X}$		SVM 重要抽样法中的支持向量
X_i		SVM 重要抽样法中由重要抽样函数产生的样本
$X(t_i)$		钢筋初锈时完全碳化区长度
X_G		恒载标准值产生的内力
X_c		混凝土保护层厚度
X_{H_i}		活载标准值引起的内力(即荷载效应标准值)
x		计算点处土层的深度
X_a		结构的实际强度或性能
X_r		结构在设计使用年限内所需要达到的性能
X_m		平均点
$X(t)$		平稳随机过程
X_D		设计点的最佳估算点
x_t		随机变量

$X(t)$	随机过程
$\boldsymbol{X}(t)$	随机过程向量
X	随机函数
x_E	无人为错误时的参数值
X_m^*	新平均点
x_m	有人为错误发生时的参数值
$X_3^\circ(\cdot)$	X_3 在时段 τ_2 内的最大值
y_{50}	相应于应变值 ε_{50} 的位移值
$Z(t)$	安全极限状态过程
Z	结构功能函数
$[Z]$	物理综合法中的失效界限
$Z_2^\circ(\cdot)$	Z_2 在时段 τ_1 内的最大值
z	桩的局部变位

2. 希腊字符

α	抽样函数的置信系数
α_{c_2}	混凝土考虑脆性的折减系数
α_k	几何尺寸额标准值
α_{c1}	棱柱体与立方体强度之比
α_i	灵敏系数
α_1	受压区混凝土矩形应力图所表示的应力与混凝土抗压强度设计值的比值
α_1, α_2	应力谱特征参数
β_{T_i}	第 i 种构件的目标可靠指标
β_{ij}	第 i 种构件第 j 个 ρ 时构件在极限状态设计表达式下的可靠指标
β	考虑钢筋锈蚀引起混凝土抗剪强度降低的影响系数;可靠指标

符 号 列 表

β_T	目标可靠指标
γ_T	不均匀沉降、徐变、收缩或温度变化引起的效应分项系数
γ_W	风荷载引起的效应分项系数；荷载计算不确定性参数
γ_D	恒荷载引起的效应分项系数
γ_G	恒载分项系数
γ_Q	活荷载分项系数
γ_L	活荷载引起的效应分项系数
γ_u	极限强度计算不确定性参数
γ_R	结构构件抗力分项系数
γ_0	结构重要性系数
γ_{Qi}	可变荷载分项系数
γ_m	模型不确定性参数
$\Delta\beta$	抽样函数的有效抽样区
δ	狄拉克函数
δ_t	任意小的时间增量
$\delta_{X_{cr}}$	砂性土的内摩擦角
Δ_i	相对于 Q_i 的挠度
ΔS	施加的应力幅
Δ	线性损伤累积法则中的损伤参数
ΔA_s	已经锈蚀的钢筋面积
ΔK_{th}	应力强度因子变化幅度的阈值
δ_0	有效抽样区域比(有效样本区域与整个抽样区域的比值)
ε	相对误差，保留误差，误差不敏感系数，应力谱谱宽参数
ε_{50}	在原状土不排水试验中50%最大应力时出现的应变
η	钢筋锈蚀率
η_{cr}	保护层开裂时的临界锈蚀率
$\eta(t)$	波面高度函数

θ_j	第 j 段的塑性转角
$\theta(t)$	某一单元的失效概率
κ	失效曲面的主曲率
λ_j	长细比
λ_{BE}	人为错误影响程度的平均估计值
λ_{UB}	人为错误影响程度的最大估计值
λ_m	应力谱的 m 阶矩
$\lambda(t)$	混凝土保护层开裂前钢筋腐蚀速度
$\mu_A(X)$	A 的隶属函数
μ_{Si}	单个荷载效应截口分布的平均值
μ_{d_i}	第 i 个作用的平均持续时间
μ_Z	结构功能函数 Z 的均值
$\mu_{f_{cu}}$	混凝土立方体抗压强度平均值
μ_{st}	设计基准期内最大值分布的一阶矩
μ_i	随机过程 $X_i(t)$ 的平均持续时间
μ_{f_c}	轴心抗压强度平均值
μ_{SM}	组合效应最大值分布的平均值
ξ	可变荷载间效应比；形状参数；松弛变量
$\rho(t_c)$	钢筋初锈的概率密度
ρ	活荷载与恒荷载标准值的比值
σ_Z	结构功能函数 Z 的标准差
σ_{st}	设计基准期内最大值分布的二阶矩
τ_i	脉冲持续时间
υ_i	第 i 个作用的平均出现率
$\upsilon^X(r)$	上穿率（单位时间内平均通过率）
$\varphi[\cdot]$	标准正态分布概率密度函数
φ	砂性土的内摩擦角；稳定系数

ψ_c	次要可变荷载效应的组合系数
ψ_{CRIT}	达到临界极限状态单元的比例
ψ_{ci}	第 i 个可变荷载的组合系数
ψ	荷载组合系数
Δd	钢筋锈蚀深度
$\otimes(z)$	基本变量 z 在固定区间变动形成的灰变量

第 1 章

绪　　论

本章主要介绍了工程结构设计、评估和动力分析中存在的不确定性问题,概述了结构可靠度理论在可靠度计算方法、数值模拟方法、体系可靠度分析方法、荷载与荷载组合方法和工程应用等方面的发展状况,给出了结构可靠度理论、分析和应用中经常遇见的基本概念,并且概括地介绍了本书的章节安排。

土木工程是建造各类土地工程设施的科学技术的统称，是研究工程设施中结构、岩土和环境及其相互作用的技术学科。土木工程是国民经济发展的基石。土木工程中的工业和民用建筑的承重体系，江河湖泊中的桥梁、渡槽，海洋中的防波堤、跨海大桥、海洋平台等，是由钢、木、砖石、混凝土及钢筋混凝土等建造而成的构筑物，统称为工程结构。工程结构长期承受设备、人群、车辆等使用荷载，经受风、雨、雪、日照等环境作用，以及波浪、水流、土压力、地震等自然作用，工程结构的安全与否关系着人们生产、生活、安全与健康，关系着国家现代化的进程和人民群众的生命财产安全。因此，工程结构物需要保证在设计使用年限内能够承受设计的各种作用，满足设计要求的各项使用功能，不需要过多维护而能保持自身工作性能，即要保证结构的安全性、适用性和耐久性，这三个方面构成了工程结构可靠性的基本内容[1-1~1-3]。

结构设计和使用中存在一些不确定性，这些不确定性必然会对结构抗力和荷载效应产生一定程度的影响。早期的结构设计没有具体考虑这些不确定性的随机性，而是用安全系数来笼统考虑不确定性对结构的影响，以安全系数作为土木工程的评价指标。实际上，安全系数和结构可靠性之间的关系并不明确，一些结构虽然具有相同的安全系数，但其可靠性水平其实并不相同。这说明安全系数的大小不能确切反映工程结构的安全程度。

结构可靠性就是确定工程结构在设计、施工、使用、维养等全寿命周期的不确定性对安全、使用和耐久的工作性能，是一门不确定性研究的学问。计算科学日益发展，不断要求工程结构向精确化、智能化方向发展，而实际中工程结构的设计、建造模式依然存在传统意义上的重复迭代，已远远不能满足社会发展的需求。如果不考虑设计参数的不确定性，结构的精确分析所能取得的效益将被粗略的经验性安全指标所淹没。可见，合理考虑结构设计中参数的随机性在工程设计中具有重要意义。结构工程既要满足其预定功能需求，又要尽可能节约成本，这就需要研究人员重视实际工程中存在的不确定因素，并对这些信息加以分析和处理，从而用更加合理、符合实际情况的方法对结构进行科学设计，即基于结构可靠度的设计方法[1-4~1-13]。

同样，现役结构的安全性问题也不容忽视。因为工程结构在施工和使用过程中同样存在很多不确定性，如荷载的不确定性、环境因素的不确定性、抗力水平的不确定性、作用效应的不确定性等。这些不确定性就可能形成一些潜在的安全隐患，会导致结构破坏，发生灾难性事故，不仅造成巨大的经济损失，还威胁到人们的生命安全[1-14~1-22]。因此，对工程结构进行可靠性分析和评估也是一个迫切需要解决的问题[1-23]。

与结构不确定性相对应，结构受到的荷载及荷载效应的不确定性就更为重要。通常，工程结构所处的环境作用，如风荷载、温度作用、地震作用和海洋环境作用都是以一些随机作用方式来体现，而作为结构设计的环境作用和作用效应都是作为极值形式来表示，与自然界的环境作用方式相差太大。但是，作为结构设计而言，其安全度的考虑是必须的[1-24]。因此，结构所受到的环境作用效应和结构自身所具有的动力效应都构成了结构动力可靠度的范畴，这对工程结构全寿命的可靠度极为重要，必须要高度关注[1-25]。

1.1 结构可靠度理论发展概述

20世纪20年代，Mayer[1-26]将概率论和数理统计方法应用于工程结构可靠度分析。1947年，Freudenthal[1-27]发表的"The safety of structures"论文标志着可靠度在结构设计中系统研究的开始。50年代，可靠度在土木工程领域受到广泛关注。70年代，可靠度方法在结构设计规范中的应用是可靠性研究的重点，随后一些国家将可靠度引入相关规范，进入实际应用阶段。80年代以来，对工程结构可靠度的研究上升到体系层面。目前，各国对可靠度研究的重视程度不断提高，应用已经非常广泛。

对结构可靠度问题的研究主要集中在以下几方面：①对结构可靠性基本理论和相关计算方法的研究；②对结构体系可靠性相关问题的研究；③对结构在动力荷载作用下可靠性问题的研究；④对疲劳荷载作用下结构可靠性问题的研究；⑤对岩土工程中可靠性问题的研究；⑥对现役工程结构进行可靠性鉴定和评估问题的研究。

1.1.1 可靠度计算方法

结构可靠度是以概率论为理论基础，研究的主要内容为功能函数的确定、失效模式的搜寻、失效概率的计算和随机变量的特征统计等，计算的主要工具有有限元法、边界元法以及随机网络分析技术等，计算的主要方法为数值模拟法、近似计算法、优化方法和智能分析方法等。

1. 快速积分方法

快速积分方法包括一次二阶矩方法(first order reliability method，FORM)、二次二阶矩方法(second order reliability method，SORM)及其他高次高阶矩方法等。实际工程可靠度分析中采用较多的是FORM和SORM。

1974年，Hasofer和Lind[1-28]将极限状态方程在验算点展开，提出了改进的一次二阶矩方法，即验算点法。在此基础上，Fiessler等[1-29]提出了可以考虑随机变量实际分布的验算点法，随后Rackwitz-Fiessler方法被国际结构安全性联合委员会(Joint Committee on Structural Safety，JCSS)采用，称为JC法。以JC法的提出为标志，到20世纪80年代初期，可靠度分析的FORM发展已经比较成熟，20世纪90年代以后关于FORM的外文研究文献很少出现。

1996年，赵国藩和王恒栋[1-30]在其提出的实用分析方法的基础上，将相关随机变量和广义随机空间联系起来，提出广义随机空间概念，并进一步给出了非正态变量和相关随机变量的处理方法。极限状态方程对变量偏导数的计算是一次二阶矩方法可靠度计算的一项重要内容，徐军和郑颖人[1-31]针对不便计算导数的高非线性和复杂性极限状态方程的情况，给出了有理多项式功能函数偏导数计算方法。文献[1-32]对Rosenblatt的变换加以分解，把相关正态分布变量经过映射变换转变成不相关正态分布变量，然后经过正交变换转变成独立标准正态分布变量，推导出了一次二阶矩方法的更一般、更适用的形式。

Fiessler等[1-29]首先给出了在U空间设计点二阶展开，考虑失效面二阶曲面效应的结构可靠度分析的 SORM。随后，Breitung[1-33]给出了一个考虑极限状态曲面在验算点处主曲率影响的 SORM 失效概率计算的渐近计算公式，该公式在可靠度分析中被广泛采用。虽然由于国内外的学者，特别是 Fiessler 等[1-29]、Tvedt[1-34]、Breitung[1-35]等学者的杰出工作，SORM 到 20 世纪 90 年代初期已经基本发展成熟，但此后，国内外仍然在 SORM 研究上取得了一些不错的进展。

SORM 中计算比较困难的是 Hessian 矩阵，为此 der Kiureghian 和 de Stefano[1-36]、Zhao 和 Ono[1-37,1-38]采用经验点拟合曲线拟合得到一条二次曲线，从而得到曲面的主曲率，对 SORM 进行了改进。李云贵等[1-39]将 Laplace 积分逼近理论应用于广义随机空间和正交随机空间的可靠度近似计算中，该方法适用于功能函数的高次非线性。由于渐近方法用到了非线性功能函数的二阶偏导数项，仍属于二次二阶矩方法；该方法计算可靠指标时以求得极限状态方程的偏导、获得其泰勒级数为基础，计算精度高，但在处理一些复杂、不易求导的功能函数时就比较麻烦。

另外，1998 年 der Kiureghian 和 Dakessian[1-40]提出了针对多设计点极限状态方程的可靠度计算方法。计算方法的计算精度和计算耗时往往是一对矛盾体，所以需要针对不同的对象选择不同复杂程度的计算方法。1999 年，Zhao 和 Ono[1-41]给出了一次二阶矩和二次二阶矩方法的适用条件。

国内外一些学者还在更高次和更高阶的可靠度计算方法上进行了一些探索。Tichy[1-42]提出了一次三阶矩可靠度计算方法；Zhao 和 Ono[1-43,1-44]利用变量阶矩的正态变换提出了高阶矩结构可靠度分析方法；李云贵和赵国藩[1-45]提出了计算可靠度的四阶矩分析方法。

总之，二阶矩方法（FORM/SORM）的发展研究已经比较成熟，国内外学者又从不同的侧面对该方法进行了改进，提高了方法的适用性。由于二阶矩方法计算简便，在面对线性和弱非线性极限状态方程时表现出良好的计算精度，在实际工程的可靠度计算中被广泛采用。高次高阶矩方法相对于二阶矩方法计算比较麻烦，而且展开次数越多，使用矩的阶次越高，计算也越复杂。总体来说，没有公认的、适用性强的简便计算方法，且精度的改善并不十分显著，在实际工程的可靠度分析中采用并不多。

2. 数值模拟方法

FORM/SORM 等可靠度计算的快速积分方法对非线性极限状态方程的非线性与非正态分布变量的处理还存在相当程度的近似性，在极限状态方程非线性程度很高的情况下，误差会更大。为了得到较精确的结构可靠度计算结果，Monte Carlo 方法得到人们的重视。

Monte Carlo 方法是一种以概率统计理论为基础的数值模拟方法。该方法回避了结构可靠度分析中的数学困难，不需考虑功能函数的非线性或极限状态曲面的复杂性，具有直观、精确、适用性强的特点。但 Monte Carlo 方法模拟次数与失效概率成反比，而结构的失效概率通常很小，这使得采用直接 Monte Carlo 方法进行可靠度分析时需要很大的抽样数目才能得到满意的精度，计算效率差，很难在实际的工程结构可靠度分析中运用。为此，如何提高 Monte Carlo 方法的计算效率已成为该方法研究的重点。目前采用方差缩减技术来提高模拟精度,主要有对偶抽样法、条件期望抽样法、重要抽样法、分层抽样法、控制变数法和相关抽样法等。

对于结构可靠度的计算,应用最多、最为有效、研究最活跃的方差缩减技术之一就是重要抽样法,主要包括直接重要抽样法、更新重要抽样法、自适应重要抽样法、方向重要抽样法等[1-46]。

直接重要抽样法中,Melchers[1-47]提出的计算模式比较具有代表性,常被其他研究者采用。该方法以 N 维独立正态分布概率密度函数作为抽样函数,以一次二阶矩方法计算得到的设计点为抽样中心点,取得了较好的效果。Hohenbichler 和 Rackwitz[1-48]提出了更新重要抽样法,即以一次二阶矩或二次二阶矩得到的可靠指标为基础,通过计算抽样点在正态空间中沿 β 到失效面的距离,对失效概率计算结果逐步进行修正和更新。该方法与失效面的实际形态相适应,对非线性问题具有更好的适应性;同时,由于部分解析分析方法的引入,提高了计算精度。但该方法需要不断对极限状态方程求解,当极限状态方程较难求解时,计算工作量较大。

Bucher[1-49]提出了根据计算抽样中心和抽样方差选择自适应迭代寻找策略,建立了自适应重要抽样法,需要的前期分析工作量较少,但初始抽验点和抽样方差的给定对计算收敛性的影响较大,且较难确定。1999 年,Au 和 Beck[1-50]结合 Markov 链生成重要抽样点,提出了一个新的重要抽样自适应计算框架。该方法具有较好的鲁棒性,对失效概率大小和极限状态面的形状并不敏感。

方向重要抽样法是在球坐标系中,通过沿矢径的方向进行随机抽样来分析结构可靠度,最初由 Au 和 Beck[1-51]提出,随后 Ditlevsen 等[1-52]将其引入可靠度分析中。方向重要抽样法的基本思想是利用 N 维独立标准正态空间中各抽样点到坐标原点的距离为服从自由度为 N 的 χ^2 分布的特点,引入一个将 β 球域截去的截尾概率密度作为重要抽样函数,计算失效概率。

金伟良[1-53,1-54]将重要抽样技巧与条件期望抽样技巧相结合,提出了复合重要抽样方法。由于条件抽样技巧的采用,抽样点被限制在失效域内,提高了抽样的有效性,截尾分布的重要抽样函数的引入提高了抽样计算的效率;通过一个正交变换,将原始随机变量转换到另一个标准随机空间,建立可以充分考虑失效面几何特性(如最大似然点、梯度、曲率等)的 V 空间重要抽样方法。

董聪和郭晓华[1-55]基于其提出的用于求解非连通域非线性系统全局优化问题的广义遗传算法,解决了广义多设计点问题中所有设计点的寻找问题;通过建立递归型的约界-归类算法,解决了广义多设计点的压缩和综合问题,建立了基于广义遗传算法的自适应重要抽样理论。

吴斌等[1-56]结合结构动力可靠度问题的特点,提出了结构动力可靠度的重要抽样方法,并针对白噪声荷载,给出了选择重要抽样函数的方法和重要抽样函数的具体表达式。

用 Monte Carlo 方法分析问题时首先要产生随机数,然后根据随机变量的概率分布进行随机抽样。尽管随着抽样技术的改进,需要的抽样次数得到控制,但对于大型复杂结构,计算工作量仍然相当可观,使用上常常受到限制。为了提高计算效率,应尽可能地减少抽样数量。目前常采用基于数论原理的计算机方法、拉丁立方抽样方法等产生伪随机数代替随机抽样样本进行可靠度分析。

拉丁立方抽样方法直接用于失效概率的估计，效果较差，与直接 Monte Carlo 模拟相比基本没有优势。Olsson 等[1-57]将拉丁立方抽样方法和重要抽样法相结合，提出了基于拉丁立方抽样方法的重要抽样法，并进一步提出了减少拉丁样本点相关性的措施和正交空间的求解方法，算例表明该方法可以有效提高数值模拟的效率。

伍朝晖和赵国藩[1-58]提出以数论为基础计算多维正态分布函数值的方法，可用于高精度计算结构体系失效概率，数值算例证明该方法具有足够的精度。

总之，数值模拟方法应用方便，具有直接解决问题的能力，但直接模拟计算的效率很低，这使得高效率的数值模拟方法研究成为一个热点。国内外的科研工作者在改造数值模拟方法的性能上做了大量的研究工作，新的高效率算法不断被提出。可以预期，随着计算机软硬件技术的发展，新的高效数值模拟方法必将继续涌现。

3. 响应面方法

对复杂结构进行可靠度分析时，结构的功能函数通常无法表达或不以显式表达，只能通过数值算法(如有限元法)或试验研究得到一些离散的经验点值。如果采用 Monte Carlo 方法进行可靠度分析，需要的数值分析工作量又非常大。在这种情况下，响应面方法(response surface method，RSM)是一个不错的选择。

Wong[1-59]首先提出了二次多项式响应面可靠度分析方法，采用包含线性项和交叉项的二次多项式近似拟合结构的真实极限状态，并将抽样中心选在均值点。当随机变量较多时，采用 Wong 所提方法拟合所需的样本数将迅速增加，而且将抽样中心选在均值点也难以反映失效面的主要特征。随后 Bucher 和 Bourgund[1-60]对这一方法进行了改进，忽略二次多项式响应的交叉项，保留平方项，同时通过在均值点和拟合获得的验算点之间进行线性插值，将抽样中心近似选在失效面上。采用 Bucher 方法计算时，只需要 $2n+1$ 个试验点就可以唯一确定 $2n+1$ 个未知数，需要的试验点个数比 Wong 方法少。但采用 Bucher 提出的迭代策略进行计算时，由于抽样中心可能来自外插，迭代中响应面波动较大，收敛不稳定。为此，Rajashekhar 和 Ellingwood[1-61]根据经验点离真实极限状态面距离的不同赋予不同的权重，尽量提高极限状态方程在设计点附近的拟合精度，从而提高失效概率计算的精度；Kim 和 Na[1-62]进一步通过将抽样点向线性响应面上投影，使之尽量靠近响应面，提高了方法的收敛性。近年来，Lee 和 Kwak[1-63]、Wong 等[1-64]、Kaymaz 和 McMahon[1-65]也在改善响应面方法的非线性拟合能力、减少计算工作量和提高计算精度等方面对响应面方法进行了改进。

通过对有限元计算得到的样本进行学习，神经网络可以对一般解析表达式难以精确表达的高度非线性函数关系进行高精度拟合[1-66~1-69]。

佟晓利和赵国藩[1-70]将寻找可靠指标的几何方法与二次多项式响应面法相结合，加快了迭代收敛的速度。桂劲松和康海贵[1-71]将神经网络、模糊数学、遗传算法等智能计算技术引入可靠度分析中，对神经网络响应面重构的智能计算方法进行了较为系统的研究，体现出诸多优点。

支持向量机是人工智能技术的新发展，相对于二次多项式和神经网络函数拟合方法，它具有很多优点[1-72]。袁雪霞[1-73]引入最小二乘支持向量机(least squares support vector machine, LSSVM),对支持向量机在可靠度中的运用进行了一些研究工作,取得了不错的效果。

总之,响应面方法是解决隐式极限状态方程的大型复杂结构可靠度分析问题的理想方法。传统的二次多项式方法非线性拟合能力有限,因此神经网络、遗传算法等人工智能技术以及模糊数学被引入可靠度分析中来。支持向量机是最近开始迅速发展的人工智能新技术,具有优秀的小样本处理能力,而响应面方法本身就具有小样本的特点,因此支持向量机响应面方法的研究和应用前景广阔。

1.1.2 体系可靠度分析方法

实际工程结构可靠度分析往往不是简单的一个失效模式、一个构件或一个界面的可靠度计算问题,而是多个功能函数的结构体系可靠度计算问题。在可靠度发展的初期,人们就形成了体系可靠度的概念。1969 年,Cornell[1-74]提出了体系可靠度计算的区间估计方法的宽限公式。1979 年,Ditlevsen[1-75]研究发现,对于一些算例,Moses 和 Kinser[1-76]方法得到的系统失效概率范围过大,进一步提出了体系可靠度计算的窄限公式。Ang 和 Ma[1-77]将故障树分析的思想引入结构系统可靠度分析中,提出了系统可靠度分析的网络概率估算技术(probabilistic network evaluation technique, PET)点估计方法。上述理论的提出,使得在主要失效模式集已知的条件下,结构系统可靠度分析有了可以实现的解决方案。但由于数学和力学上分析的困难,体系可靠度的研究进展相当缓慢,截至目前,相关成果仍未达到实用的程度。

数值模拟方法也是解决结构体系可靠度计算问题的一个好方法。Nie 和 Ellingwood[1-78]采用事先生成的 Fekete 点集直接模拟计算结构系统可靠度,研究发现,Fekete 点集与其他类型均匀性点集生成技术(t-design、GLP)相比,具有更好的均匀性,代替随机点模拟计算可靠度,需要的点集样本点较少,这样当结合有限元程序进行结构计算时,可以有效地减少有效元分析计算次数,但该方法和其他伪 Monte Carlo 计算方法一样,当变量维数较多时精度仍不理想。

1.1.3 荷载与荷载组合方法

20 世纪 60 年代末,Hasofer[1-79]提出了楼面持久性活荷载和临时性活荷载组合,尽管该组合规则没有应用到工程实际中,但该组合的思路将引导和促进荷载组合理论的发展。der Kiureghian 等[1-80]将可靠度理论的一次二阶矩引入荷载组合理论,提出荷载组合的一次二阶矩规则,认为单个荷载效应在设计基准期[0, T]内最大值分布的一、二阶矩 μ_{st}、σ_{st} 可用其任意时点分布的前二阶矩 μ_s、σ_s 来表示,即

$$\mu_{st} = \mu_s + p\sigma_s \tag{1-1}$$

$$\sigma_{st} = q\sigma_s \tag{1-2}$$

式中,参数 p、q 的变化以及它们的取值与荷载过程类型及荷载在[0,T]内平均出现次数 λT 有关。参数 p、q 在实际工程应用时很不方便,但该荷载组合规则思路独特、方法简

洁，有助于促进随机荷载组合理论研究的创新。

1980年，Turkstra和Madsen[1-81]、Larrabee[1-82]从实用化的途径出发，提出一种荷载组合规则（简称TR规则），认为荷载组合的最大值将在某一个荷载出现基准期最大值，而其余荷载相应在任意时点值发生。因此，当有N个可变荷载参加组合时，轮流以一个荷载为主，取其在$[0,T]$内的最大值，然后与其余$N-1$个荷载任意时点值组合起来。这样，有N种组合情况，有N个相应的组合结果。从中选取起控制作用的组合荷载最大值作为综合荷载最大值的近似值，即

$$S_{\mathrm{M}} \approx \max_{1 \leqslant j \leqslant N} S_{\mathrm{M}j} \tag{1-3}$$

式中，$S_{\mathrm{M}j}$为取第j个荷载在$[0,T]$上的最大值，即$S_{\mathrm{M}j} = \max_{0 \leqslant t \leqslant T} S_j(t)$；$S_{\mathrm{M}}$为$S_{\mathrm{M}j}$与其余$N-1$个荷载任意时点值组合起来的相对最大值。

1971年，Ferry-Borges和Castanheta[1-83]沿Turkstra的思路，提出等时段荷载组合模型，成为加拿大建筑规范中对荷载组合建议的基础，表达式为

$$S_{\mathrm{M}} \approx \max_{t \in [0,T]} \left(S_1(t) + \max_{t \in \tau_1} \left\{ S_2(t), \cdots + \max_{t \in \tau_{N-2}} \left[S_{N-1}(t) + \max_{t \in \tau_{N-1}} S_N(t) \right] \right\} \right) \tag{1-4}$$

式中，$S_1(t), S_2(t), \cdots, S_N(t)$为所要组合的荷载；$S_{\mathrm{M}}$为荷载组合的最大值。

1976年，国际结构安全性联合委员会提出另一种荷载组合规则（简称JCSS组合规则）。假定随机荷载过程$\{S_i(t), t \in [0,T]\}$ $(i=1,2,\cdots,N)$统一选用平稳二项过程作为概率模型，每一荷载$S_i(t)$在$[0,T]$内的总时段数记为r_i，按r_i大小顺序排列$(r_1 \leqslant r_2 \leqslant \cdots \leqslant r_N)$。组合时，依次取某个荷载$S_i(t)$在$[0,T]$内的最大值，对段数大于$r_i$的荷载，依次取前面时段上的局部最大值，对其他荷载取相应的瞬时值，这样可以取N种组合，得到N个相对最大的荷载，然后取其中起控制作用的一组结果作为S_{M}的近似。

Wen[1-11]采用与Hasofer相仿的思路，进一步深入研究a类荷载和b类荷载的组合，把荷载组合分两种情况：

(1) 当参与组合的荷载是多个b类荷载时，可表示为

$$F_{R_m}(r) \approx \exp\left\{-\left[\sum_{i=1}^{n} \lambda_i F_{x_i}^*(r) + \sum_{i=1}^{n-1}\sum_{j=i+1}^{n} \lambda_{ij} F_{x_{ij}}^*(r) + \sum_{i=1}^{n-2}\sum_{j=i+1}^{n-1}\sum_{k=j+1}^{n} \lambda_{ijk} F_{x_{ijk}}^*(r)\right] T\right\} \tag{1-5}$$

式中

$$\lambda_{ij} = \lambda_i \lambda_j \left(\mu_{x_i} + \mu_{x_j}\right), \quad \lambda_{ijk} = \lambda_i \lambda_j \lambda_k (\mu_{x_i}\mu_{x_j} + \mu_{x_j}\mu_{x_k} + \mu_{x_k}\mu_{x_i})$$

$$F_{x_{ij}}^*(r) = 1 - F_{X_{ij}}(x), \quad F_{x_{ijk}}^*(r) = 1 - F_{X_{ijk}}(x)$$

其中，$F_{X_{ij}}(x)$是考虑$S_i(t)$和$S_j(t)$两个荷载重叠部分；$F_{X_{ijk}}(x)$是考虑$S_i(t)$、$S_j(t)$和$S_k(t)$三个荷载重叠部分。

(2) 当参与组合的荷载既有 a 类又有 b 类荷载时,将 b 类荷载在 a 类荷载二次变动持续时间段上的组合极值与 a 类荷载组合后,进一步求出[0,T]内的组合最大值,可以表达为

$$P(S_M < x, T) \approx \exp\{\lambda_a T[1 - F_Y(x)]\} \qquad (1\text{-}6)$$

式中,$F_Y(x) = \int_0^\infty \lambda_a e^{-\lambda_a \tau_i} F_{Y_i}(x,\tau_i) d\tau_i$,$F_{Y_i}(x,\tau_i) = F_{bM}(x,\tau_i) * F_a(x)$。

Larrabee[1-82]研究了各种加载过程的荷载组合问题。Pearce 和 Wen[1-84]的荷载组合规则理论性强,推理严谨,计算结果的相对精度较高,但其计算中运用的荷载模型的类型太少,且计算中涉及很多参数,不便于工程应用,通常仅用于验证其他荷载组合理论计算结果的精度。Soares[1-85]讨论了船舶结构中主要荷载效应的组合。Floris[1-86]采用随机分析方法进行荷载组合研究,建议了一种新的荷载组合实用分析方法。Casciati 和 Colombi[1-87]讨论了荷载组合和相关的疲劳可靠度问题。Naess 和 Røyset[1-88]进行了 Turkstra 规则的推广及其在相关荷载效应组合中的应用。Gray 和 Melchers[1-89]采用荷载空间直接模拟方法研究荷载组合问题。Ellingwood[1-90]对结构物的荷载组合问题进行了研究。

Wang 等[1-91]进行了地震和冲刷共同作用下钢筋混凝土桥梁荷载系数的校正研究。Meimand 和 Schafer[1-92]研究了荷载组合对冷弯薄壁型钢构件可靠度的影响。Al-Sibahy 和 Edwards[1-93]研究了新型混凝土砌块墙体在轴压荷载和热暴露组合作用下的性能和试验方法。Hmidan 等[1-94]研究了持续荷载与低温联合作用对 CFRP 片材修复损伤钢梁弯曲性能的影响。Lantsoght 等[1-95]研究了荷载组合作用下板的扩展条模型。Xu 和 Yuan[1-96]研究了竖向组合框架体系中高层建筑抗震设计的简化方法。

冯琦和戴福忠[1-97]对高速铁路桥梁荷载组合模式进行研究,借鉴《铁路桥梁钢结构设计规范》(TB 10091—2017)中的目标可靠度指标,并结合高速铁路桥梁荷载及抗力的统计参数计算分析荷载抗力分项系数。陈基发[1-98]对结构设计中的荷载组合进行讨论,通过介绍国际上普遍采用的等时段荷载模型及其相应的组合理论,给出荷载分项系数和组合系数的理论公式,并说明了这些公式和理论在荷载规范中的应用;同时指出修订后荷载规范中的荷载组合原则,由于考虑由永久荷载控制荷载组合,对于以结构自重为主的设计工况,结构可靠度自动调整,不需要结构设计规范在各个有关场合专门提高安全系数。

戴国欣等[1-99]以建筑结构设计规范修订进展为背景,介绍并分析了荷载组合取值变更对结构设计可能产生的普遍影响,按概率理论给出算例进行比较,指出应重点把握以及需要进一步研究解决的问题。

周道成等[1-100]根据最大熵原理确定了荷载组合随机过程的任意时段幅值随机变量的概率分布,建立相关随机荷载的组合方法;结合规范设计方法,讨论了荷载组合系数的保证率,并采用 Monte Carlo 试验验证了该荷载组合方法的正确性。

贡金鑫和赵国藩[1-101]给出了设计基准期内持久性可变荷载与临时性可变荷载组合概率分布函数的解析解及其简化计算公式。

苏武[1-102]介绍了英国规范 BS5400 的第二部分有关荷载及荷载组合的规定,为采用

国产软件进行英国规范桥梁设计荷载转换提供荷载数据,指出从荷载总的作用大小来看,英国规范要偏于安全,中国规范要偏于经济。

姚博等[1-103]基于高频天平试验和 Copula Frank 函数构建了高层建筑风荷载两正交方向分量效应的联合概率分布函数,并求解具有一定保证率的风荷载组合系数。

房忱等[1-104]考虑了风浪流要素之间的相关性,对风浪相关性采用 Gumbel 联合概率模型,并通过风海流实现了水流与风场的联合,为研究跨海桥梁所受风、浪、流环境荷载及其组合影响,采用国际结构安全性联合委员会提出的组合模型将风、浪、流荷载进行组合。

综上所述,国内外对可靠度理论核心内容随机荷载组合的研究和运用各有不同的侧重[1-24]。国外主要是结合工程可靠度理论,深入研究随机荷载组合理论,并提出不同的荷载组合规则。国内主要侧重现有随机荷载理论的应用,并将随机荷载组合理论运用到道路桥梁、高速铁路、民用建筑等方面。

1.1.4 工程应用

随着可靠度理论的不断发展和完善,可靠度理论给工业和民用建筑、桥梁和海洋结构物等工程结构的安全性评估提供了坚实的基础。目前,可靠度理论的实际应用重点已经由结构单个构件的可靠度问题、时不变可靠度、静力可靠度转向复杂的体系可靠度问题、时变可靠度和全寿命可靠度、动力可靠度问题,国内外众多学者进行了可靠度方面的研究工作,取得了一系列优秀的成果。

国外学者以 Frangopol、Moan、Ellingwood 等为代表。Frangopol 等[1-105~1-111]基于可靠度的基本原理,从材料、腐蚀、疲劳和修复等方面出发,对混凝土结构和海洋结构物全寿命周期等方面进行了深入研究。Moan 等[1-112~1-123]在海洋固定式平台、浮式平台、海洋风机、海洋管道等典型海洋结构物的可靠度分析上做了大量的研究工作,进行了各类海洋结构物可靠度水平的标定,极大地推动了可靠度理论在海洋结构物中的应用。Ellingwood 等[1-61,1-124~1-128]在基于可靠度的结构设计理论、结构安全评估和风险分析等方面做出了杰出的贡献。

国内学者在 20 世纪 50 年代开始研究可靠度问题。20 世纪 60 年代,赵国藩在国内首次出版专著《工程结构可靠度》,21 世纪初又出版了《结构可靠度理论》专著,反映了我国在可靠度研究方面的最新成果。贡金鑫等[1-4,1-129~1-134]在考虑变量相关性的广义随机空间内的可靠度分析方法和精度较高的二次二阶矩法、四阶矩法、体系可靠度、混凝土结构时变可靠度方法方面进行了研究。王光远、吕大刚等[1-6,1-135~1-140]在结构抗震可靠性方面做了大量的研究工作。李杰等[1-25,1-141~1-149]对随机动力学、大型复杂工程网络的抗震可靠度等问题进行深入研究,发展了以结构函数递推分解为核心的网络连通可靠性分析理论,建立了大型复杂工程网络功能可靠性分析的矩法体系。徐军等[1-150~1-154]结合结构随机动力学与结构随机有限元分析方法,在结构动力可靠度高效数值方法等方面做了深入的研究。金伟良等[1-155~1-184]在海洋固定式平台强度和疲劳可靠度、海洋浮式平台整体强度和疲劳可靠性、海底管道的疲劳可靠度和工程结构振动舒适度等方面进行了大量的研究。

目前，可靠度理论的应用已经体现在工程结构的各个领域中。计算机技术的不断发展和实际工程大量的数据积累给可靠度理论的进一步发展提供了有力保障，可靠度理论在工程设计、评估和运营中起着越来越大的作用。

1.2 基本概念

本节将涉及结构可靠度理论、方法和应用过程中经常使用的基本概念做一个基本的描述，便于学习和掌握。

1. 可靠性与可靠度

在结构全寿命期间，工程结构必须保证其正常使用，满足其功能的发挥。结构全寿命周期包括结构的设计、施工、运营、维护、修护、加固、改造、拆除和再利用等全过程，不同的结构服役时期应当有不同的工作性能要求。结构可靠性就是指结构在规定的时间内，在规定的条件下完成预定功能(安全性、适用性和耐久性)的能力。规定的时间在《工程结构可靠性设计统一标准》(GB 50153—2008)中规定为结构设计的工作寿命，而规定的条件指结构应当满足正常设计、正常施工、正常使用和正常维护的要求。结构的预定功能就是指结构的安全性、适用性和耐久性。这些结构功能的要求包括：①能承受在施工和使用期间可能出现的各种作用；②保持良好的使用性能；③具有足够的耐久性能；④当发生火灾时，在规定的时间内可保持足够的承载力；⑤当发生爆炸、撞击、人为错误等偶然事件时，结构能保持必要的整体稳固性。因此，结构可靠性就是结构安全性、适用性和耐久性的总称。

结构可靠度指的是结构在规定的时间内，在规定的条件下完成预定功能的概率。结构可靠度是结构可靠性的概率度量，不能完成预定功能的概率为失效概率。结构可靠度的设定不仅要考虑结构失效的原因和模式(例如，对于无预兆而突然倒塌的结构或结构构件，其可靠度的选取应当比破坏前具有某种预兆的结构或结构构件要来得高些)，还要考虑可能的失效后果，减少失效风险所需要的人力、物力和财力，以及特定地区的社会和环境条件。

2. 不确定性

结构可靠度就是研究结构在全寿命周期内的不确定性对结构安全、适用和耐久等工作性能的数学度量。而结构不确定性就是指事先不能准确知道结构或结构构件可能发生或遭受到的结果，或者是结构或结构构件可能发生的条件和结果不存在必然的关系。

结构的不确定性表现在对结构的活动状态尤其是结果与损失的分布范围及状态不能确知，存在于结构全寿命周期内的各个阶段。结构不确定性可以根据其特征、表现形式、内在关系和属性来划分，主要有随机性、模糊性及知识的不完善性，客观与主观不确定性，物理、统计及模型不确定性，参数与系统不确定性。结构不确定性的分析方法可以按照不确定性的类别分为基于概率的可靠度计算方法、基于模糊概念的可靠度计算方法、基于灰色理论的可靠度计算方法和基于熵值理论的可靠度计算方法等。

3. 随机变量、随机函数与随机过程

结构可靠与不可靠是一个不确定事件，这种不确定性来源于相关变量的不确定性。在结构可靠度分析中，通常将这些变量视为随机的量，包括不随时间变化的随机变量与随机函数和随时间变化的随机过程。

结构的设计与分析是一个定性分析和定量计算相结合的过程，其中定量计算就是利用数学和力学方法对参与计算的变量进行计算。在可靠度理论中，将设计计算中直接使用的变量称为基本随机变量，如设计中的荷载、材料强度、弹性模量、构件尺寸等。随机变量的概率特性可用其概率密度函数、概率分布函数来描述，还经常使用随机变量的统计特征来反映其某一方面的概率特性，如平均值（一阶矩）反映了随机变量的集中程度，方差（二阶矩）反映了随机变量的离散程度。

对于二维及以上的随机变量簇，可以用随机变量的函数来表示 $X(x_1, x_2, \cdots, x_n)$，并以随机函数 X 来表示。

随机过程 $X(t)$ 是基于时间 t 的随机函数，在任一时点，X 的值是随机变量。$X(t)$ 的取值 $x(t)$ 是由其概率密度函数 $f(x,t)$ 决定的。当然，变量 t 可以由任何有限的或可数无限取值的集合来代替，如施加荷载的数量。因此，随机过程 $X(t)$ 可以分成连续型随机过程和离散型随机过程。

4. 功能函数与极限状态方程

当整个结构或结构的一部分超过某一特定状态时，就不能满足结构预先规定的某一功能要求，称此特定状态为该功能的极限状态。由此，当结构或构件处于极限状态时，形成了各个相关基本变量的关系式，称为极限状态方程。

结构构件完成预定功能的工作状态可以用作用效应 S（指荷载产生的内力和变形，如构件的轴力、弯矩、剪力、挠度、裂缝宽度等）和结构抗力 R（指结构或构件抵抗作用效应的能力，如构件截面的强度、构件的刚度等）的关系来描述，这种表达式称为结构功能函数，用 Z 来表示，即 $Z=g(R,S)$，当 $Z=0$ 时，称为极限状态方程。

5. 可靠指标与失效概率

完成在规定的时间和规定的条件下结构预定功能的概率称为可靠概率，而不能完成上述条件下结构预定功能的概率称为失效概率。工程中关心的是结构失效的情况，多用失效概率来反映结构的可靠度。

当功能函数 $Z = R - S$ 时，结构失效概率由下式计算：

$$P_\mathrm{f} = P(Z<0) = \int_{-\infty}^{0} f_Z(z)\mathrm{d}z \tag{1-7}$$

$$P_\mathrm{f} = P(Z<0) = P(R<S) = \iint\limits_{R<S} f_{RS}(r,s)\mathrm{d}r\mathrm{d}s \tag{1-8}$$

式(1-7)和式(1-8)给出了当结构功能函数的概率分布已知时失效概率的计算公式。

一般情况下 Z 的分布取决于其包含的随机变量的概率分布和功能函数的形式。当功能函数包含 n 个随机变量时,结构的失效概率表示为

$$P_{\mathrm{f}} = \iint\limits_{Z<0} \cdots \int f_X(x_1, x_2, \cdots, x_n) \mathrm{d}x_1 \mathrm{d}x_2 \cdots \mathrm{d}x_n \tag{1-9}$$

由此可见,经典的积分表达式是一个高维积分。当随机变量数目较多时,直接进行计算非常困难,很难应用于工程实际,为此引入了可靠指标。

假定 Z 服从正态分布,其均值为 μ_Z,标准差为 σ_Z,则结构的失效概率为

$$P_{\mathrm{f}} = \int_{-\infty}^{0} f_Z(z) \mathrm{d}Z = \int_{-\infty}^{0} \frac{1}{\sqrt{2\pi}\sigma_Z} \exp\left[-\frac{(z-\mu_Z)^2}{2\sigma_Z^2}\right] \mathrm{d}z \tag{1-10}$$

$$P_{\mathrm{f}} = \int_{-\infty}^{-\frac{\mu_Z}{\sigma_Z}} \frac{1}{\sqrt{2\pi}\sigma_Z} \exp\left(-\frac{t^2}{2}\right) \mathrm{d}t = \Phi\left(-\frac{\mu_Z}{\sigma_Z}\right) = \Phi(-\beta) \tag{1-11}$$

式中,$\beta = \dfrac{\mu_Z}{\sigma_Z}$ 称为可靠指标,它与失效概率 P_{f} 具有一一对应的关系。

6. 构件可靠度与体系可靠度

单个构件可靠的概率称为构件可靠度,而结构整体可靠的概率称为体系可靠度。实际工程结构是复杂的,结构最终失效是结构的整体行为,研究整体结构体系的失效是可靠度中更为重要的方面。整体结构的失效是由结构构件的失效引起的,因此结构整体失效的概率可以由结构各构件的失效概率进行估算。

7. 时变可靠度与时不变可靠度

如果在整个使用期间,结构的状态是不变的,则称其可靠度为时不变可靠度。实际工程中,有些变量具有随机性且与时间有关,如作用在结构上的可变荷载时时在变化,只有当使用期内结构每一时刻都处于安全状态时,结构才是安全的,因此产生了时变可靠度问题。时变可靠度问题可以通过数学方法转化为时不变可靠度问题来处理。因此,时不变可靠度问题的求解是整个可靠度理论的基础。

1.3 本书内容安排

本书首先介绍结构可靠度的相关概念及计算方法,然后对一些实际工程算例进行可靠度分析。本书共 16 章。

第 1~8 章主要介绍结构可靠度的基本理论与分析计算方法和规范中的应用。

第 1 章主要介绍工程结构设计、评估和动力分析中存在的不确定性问题,概述了结构可靠度理论在可靠度计算方法、体系可靠度分析方法、荷载与荷载组合方法和工程应用等方面的发展状况,给出了结构可靠度理论、分析和应用中经常遇见的基本概念。

第 2 章对不确定性的类型、特征、表现形式和属性进行分类，并介绍了不确定性的分类方法，给出了用于不确定性分析的概率分析方法、模糊数学分析方法、灰色理论分析方法、相对信息熵分析方法及人工智能分析方法。

第 3 章阐述了结构可靠度和可靠指标等概念，对于可靠度计算中随机变量服从正态分布的情况，主要采用一次一阶矩方法和二次二阶矩方法来计算；而对于随机变量不服从正态分布的情况，可采用 R-F 方法、Rosenblatt 变换和 P-H 方法等方法，把非正态分布的随机变量转换为正态分布的随机变量来计算；对于随机变量 X 之间的关系不能采用显式表达时，则可以采用响应面方法来建立显式方程进行计算。

第 4 章介绍了随机数的产生方法、蒙特卡罗(Monte Carlo)模拟方法、提高模拟效率的方差缩减技术、可靠度重要抽样法，包括复合重要抽样法、V 空间的重要抽样法和 SVM 重要抽样法。

第 5 章对结构体系可靠度问题由来、基本概念、解决的思想方法、计算方法和最新进展进行简要介绍。

第 6 章简要描述时变结构可靠度的相关概念、解决问题的思路、计算方法，以及时变可靠度中的典型问题——动力分析和疲劳分析。

第 7 章提出了工程结构荷载和荷载组合问题的一般形式、Borges 过程和 Turkstra 组合规则，并提出了基于可靠度原则的基本荷载组合和荷载组合系数计算方法等。

第 8 章从结构设计规范与结构可靠度之间的关系及基于可靠度理论的设计规范中的表达式应用进行阐述，给出了结构可靠性设计的承载能力极限状态设计方法、正常使用极限状态设计方法和耐久性极限状态设计方法。

第 9~16 章着重介绍可靠度理论在实际工程中的应用。

第 9 章结合固定式导管架平台和典型浮式平台的结构形式对海洋平台结构物的体系可靠度评估方法进行阐述。

第 10 章结合工程实例，对海洋管道、导管架平台和深水半潜式平台进行疲劳评估，疲劳分析中常用的方法为 S-N 曲线法和断裂力学方法，同时进行疲劳的敏感性分析。

第 11 章对桥梁结构物，尤其是拱桥结构进行体系可靠度评估；同时，对新建桥梁结构的特殊部位结构进行目标可靠度和可靠度标定具有参考价值。

第 12 章讨论混凝土施工期间可靠度问题和施工期模板的可靠度问题，提出施工期结构失效模式、荷载的概率模型和抗力概率模型，分析施工期混凝土结构可靠度问题，建立施工风险评估系统。

第 13 章对某大型预应力渡槽上部槽身是一个包含板、梁、肋和墙的大型复杂结构体系采用改进的 SVM 法进行可靠度分析和敏度分析，以简化 Bishop 法和均值一次二阶矩方法分析某海塘结构物断面的整体稳定可靠指标。

第 14 章基于随机场局部平均理论，利用土性参数空间相关模型，给出土质边坡二维滑弧和三维滑面上土性参数局部平均方差的离散化计算方法。结合几何可靠度分析方法和毕肖普方法，建立基于随机场局部平均理论的土质边坡可靠度分析方法，运用编制的程序分析土性参数相关距离对边坡稳定可靠度的影响。

第 15 章分析混凝土结构施工期中人为错误发生的规律，采用 HRA 方法模拟施工期混凝土结构和模板支撑体系人为错误发生及其对结构参数的影响，提出人为错误影响下施工期钢筋混凝土可靠度分析模型，对比无人为错误和有人为错误影响下施工期结构体系可靠性，并为施工质量检查和质量控制提供科学依据。

第 16 章基于路径概率模型，考虑腐蚀过程初锈阶段和锈蚀扩展阶段受不确定性因素影响，分析并归纳氯盐、碳化及二者共同作用下的概率预测模型；同时将影响混凝土结构劣化的各种因素的空间变异性引入路径概率模型中，为预测服役混凝土结构失效破坏提供新方法。

本书较为系统地阐述可靠度理论及工程应用的最新研究成果，可推动可靠度理论在工程中的应用和发展，为结构可靠度统一标准完善和修订提供参考，与实际工程相结合是本书的主要特点。

参 考 文 献

[1-1] 赵国藩, 曹居易, 张宽全. 工程结构可靠度[M]. 北京: 中国水利水电出版社, 1984.

[1-2] 赵国藩, 金伟良, 贡金鑫. 结构可靠度理论[M]. 北京: 中国建筑工业出版社, 2000.

[1-3] 中华人民共和国住房和城乡建设部. 建筑结构可靠性设计统一标准(GB 50068—2018)[S]. 北京: 中国建筑工业出版社, 2018.

[1-4] 贡金鑫. 工程结构可靠度计算方法[M]. 大连: 大连理工大学出版社, 2003.

[1-5] 武清玺. 结构可靠性分析与随机有限元法[M]. 北京: 机械工业出版社, 2005.

[1-6] 王光远. 工程软设计理论[M]. 北京: 科学出版社, 1992.

[1-7] 胡毓仁, 陈伯真. 船舶及海洋工程结构疲劳可靠性分析[M]. 北京: 人民交通出版社, 1996.

[1-8] 秦权, 林道锦, 梅刚. 结构可靠度随机有限元及工程应用[M]. 北京: 清华大学出版社, 2005.

[1-9] Bissell D, Ang A H S, Tang W H. Probability Concepts in Engineering Planning and Design: Vol. I-Basic Principles[M]. New York: John Wiley & Sons, 1976.

[1-10] Melchers R E. Structural Reliability Analysis and Prediction[M]. New York: Halsted Press, 1987.

[1-11] Wen Y K. Load Modeling and Combination for Structural Performance and Safety Evaluation[M]. Amsterdam: Elsevier Science Publishers, 1990.

[1-12] Ditlevsen O, Madsen H O. 结构可靠度方法[M]. 何军译. 上海: 同济大学出版社, 2005.

[1-13] Zhao Y G, Lu Z H. Structural Reliability: Approaches from Perspectives of Statistical Moments[M]. New York: Wiley, 2020.

[1-14] 胡新六. 建筑工程倒塌案例分析与对策[M]. 北京: 机械工业出版社, 2004.

[1-15] 住房和城乡建设部工程质量安全监管司. 建筑施工安全事故案例分析[M]. 北京: 中国建筑工业出版社, 2010.

[1-16] 韩亮, 樊健生. 近年国内桥梁垮塌事故分析及思考[J]. 公路, 2013, 58(3): 124-127.

[1-17] 魏建东, 刘忠玉, 阮含婷. 与人群有关的桥梁垮塌事故[J]. 中外公路, 2005, 25(6): 78-82.

[1-18] 王岩松. 寒冷地区冰压力作用下桥梁垮塌结构分析[J]. 公路, 2013, 58(7): 107-113.

[1-19] 刘楠, 王银邦, 王欣. 重力式海洋平台沉箱的断裂分析[J]. 中国海洋大学学报(自然科学版), 2012, 42(7): 156-159, 165.

[1-20] 佚名. 海洋钻井史上最惨重的九大事故[J]. 石油知识, 2018, (5): 30-31.

[1-21] 张军伟, 陈云尧, 陈拓, 等. 2006—2016 年我国隧道施工事故发生规律与特征分析[J]. 现代隧道技术. 2018, 55(3): 10-17.

[1-22] 彭建华. 港口工程事故隐患分级的探讨[J]. 中国港湾建设, 2010, 165(1): 78-80.

[1-23] 贡金鑫, 仲伟秋, 赵国藩. 工程结构可靠性基本理论的发展与应用(2)[J]. 建筑结构学报, 2002, 23(5): 2-10.

[1-24] 金伟良. 工程荷载组合理论与应用[M]. 北京: 机械工业出版社, 2006.

[1-25] 李杰, 陈建兵. 随机振动理论与应用新进展[M]. 上海: 同济大学出版社, 2009.

[1-26] Mayer H. Die Sicherheit der Bauwerke[M]. Berlin: Springer, 1926.

[1-27] Freudenthal A M. The safety of structures[J]. Transactions of the American Society of Civil Engineers, 1947, 112(1): 125-129.

[1-28] Hasofer A M, Lind N C. Exact and invariant second-moment code format[J]. Journal of the Engineering Mechanics Division, 1974, 100(1): 111-121.

[1-29] Fiessler B, Neumann H J, Rackwitz R. Quadratic limit states in structural reliability[J]. Journal of the Engineering Mechanics Division, 1979, 105(4): 661-676.

[1-30] 赵国藩, 王恒栋. 广义随机空间内的结构可靠度实用分析方法[J]. 土木工程学报, 1996, 29(4): 47-51.

[1-31] 徐军, 郑颖人. 有理多项式技术在工程结构可靠度分析中的应用[J]. 计算力学学报, 2001, 18(4): 488-491.

[1-32] 李继祥, 谢桂华. 计算结构可靠度的JC法改进方法[J]. 武汉工业学院学报, 2004, 23(1): 48-50.

[1-33] Breitung K. Asymptotic approximations for multinormal integrals[J]. Journal Engineering Mechanics Division, 1984, 110(3): 357-366.

[1-34] Tvedt L. Distribution of quadratic forms in normal space-application to structural reliability[J]. Journal of Engineering Mechanics, 1990, 116(6): 1183-1197.

[1-35] Breitung K. Asymptotic approximations for probability integrals[J]. Probabilistic Engineering Mechanics, 1989, 41(4): 187-190.

[1-36] der Kiureghian A, de Stefano M. Efficient algorithm for second-order reliability analysis[J]. Journal of Engineering Mechanics, 1991, 117(12): 2904-2923.

[1-37] Zhao Y G, Ono T. New Approximations for SORM: Part 1[J]. Journal of Engineering Mechanics, 1999, 125(1): 79-85.

[1-38] Zhao Y G, Ono T. New Approximations for SORM: Part 2[J]. Journal of Engineering Mechanics, 1999, 125(1): 86-93.

[1-39] 李云贵, 赵国藩, 张保和. 广义随机空间内的一次可靠度分析方法[J]. 大连理工大学学报, 1993, (S1): 1-5.

[1-40] der Kiureghian A, Dakessian T. Multiple design points in first and second-order reliability[J]. Structural Safety, 1998, 20(1): 37-49.

[1-41] Zhao Y G, Ono T. A general procedure for first/second-order reliability method (FORM/SORM)[J]. Structural Safety, 1999, 21(2): 95-112.

[1-42] Tichy M. First-order third-moment reliability method[J]. Structural Safety, 1994, 16(3): 189-200.

[1-43] Zhao Y G, Ono T. Third-moment standardization for reliability analysis[J]. Journal of Structural Engineering, 2000, 126(6): 724-732.

[1-44] Zhao Y G, Ono T. Moment methods for structural reliability[J]. Structural Safety, 2001, 23(1): 47-75.

[1-45] 李云贵, 赵国藩. 结构可靠度的四阶矩分析法[J]. 大连理工大学学报, 1992, 32(4): 455-459.

[1-46] Engelund S, Rackwitz R. A benchmark study on importance sampling techniques in structural reliability[J]. Structural Safety, 1993, 12(4): 255-276.

[1-47] Melchers R E. Importance sampling in structural systems[J]. Structural Safety, 1989, 6(1): 3-10.

[1-48] Hohenbichler M, Rackwitz R. Improvement of second-order reliability estimates by importance sampling[J]. Journal of Engineering Mechanics, 1988, 114(12): 2195-2199.

[1-49] Bucher C G. Adaptive sampling—An iterative fast Monte Carlo procedure[J]. Structural Safety, 1988, 5(2): 119-126.

[1-50] Au S K, Beck J L. A new adaptive importance sampling scheme for reliability calculations[J]. Structural Safety, 1999, 21(2): 135-158.

[1-51] Au S K, Beck J L. First excursion probabilities for linear systems by very efficient importance sampling[J]. Probabilistic Engineering Mechanics, 2001, 16(3): 193-297.

[1-52] Ditlevsen O, Melchers R E, Gluver H. General multi-dimensional probability integration by directional simulation[J]. Computers & Structures, 1990, 36(2): 355-368.

[1-53] 金伟良. 结构可靠度数值模拟的新方法[J]. 建筑结构学报, 1996, 17(3): 63-72.

[1-54] Jin W L. Importance sampling method in V-space[J]. China Ocean Engineering, 1997, 11(2): 127-150.

[1-55] 董聪, 郭晓华. 基于广义遗传算法的自适应重要抽样理论[J]. 计算机科学, 2000, 27(4): 1-4.

[1-56] 吴斌, 欧进萍, 张纪刚, 等. 结构动力可靠度的重要抽样法[J]. 计算力学学报, 2001, 18(4): 478-482.

[1-57] Olsson A, Sandberg G, Dahlblom O. On Latin hypercube sampling for structural reliability analysis[J]. Structural Safety, 2003, 25(1): 47-68.

[1-58] 伍朝晖, 赵国藩. 数论方法在结构体系可靠度计算中的应用[J]. 大连理工大学学报, 1998, 38(1): 92-96.

[1-59] Wong E S. Slope reliability and response surface method[J]. Journal of Geotechnical Engineering, 1985, 111(1): 32-53.

[1-60] Bucher C G, Bourgund U. A fast and efficient response surface approach for structural reliability problems[J]. Structural Safety, 1990, 7(1): 57-66.

[1-61] Rajashekhar M R, Ellingwood B R. A new look at the response surface approach for reliability analysis[J]. Structural Safety, 1993, 12(3): 205-220.

[1-62] Kim S H, Na S W. Response surface method using vector projected sampling points[J]. Structural Safety, 1997, 19(1): 3-19.

[1-63] Lee S H, Kwak B M. Response surface augmented moment method for efficient reliability analysis[J]. Structural Safety, 2006, 28(3): 261-272.

[1-64] Wong S M, Hobbs R E, Onof C. An adaptive response surface method for reliability analysis of structures with multiple loading sequences[J]. Structural Safety, 2005, 27(4): 287-308.

[1-65] Kaymaz I, McMahon C A. A response surface method based on weighted regression for structural reliability analysis[J]. Probabilistic Engineering Mechanics, 2005, 20(1): 11-17.

[1-66] Martin T H, Howard B D, Mark H B. Neural Network Design[M]. Boston: PWS Publishing Company, 1996.

[1-67] Hosni Elhewy A, Mesbahi E, Pu Y. Reliability analysis of structures using neural network method[J]. Probabilistic Engineering Mechanics, 2006, 21(1): 44-53.

[1-68] Deng J, Gu D, Li X, et al. Structural performance functions using structural reliability analysis for implicit artificial neural network[J]. Structural Safety, 2005, 27(1): 25-48.

[1-69] Gomes H M, Awruch A M. Comparison of response surface and neural network with other methods for structural reliability analysis[J]. Structural Safety, 2004, 26(1): 49-67.

[1-70] 佟晓利, 赵国藩. 一种与结构可靠度分析几何法相结合的响应面法[J]. 土木工程学报, 1997, 30(4): 51-57.

[1-71] 桂劲松, 康海贵. 结构可靠度分析的智能计算法[J]. 中国造船, 2005, 46(2): 28-34.

[1-72] Vapnik V N. The Nature of Statistical Learning Theory[M]. New York: Springer Publication, 1995.

[1-73] 袁雪霞. 建筑施工模板支撑体系可靠性研究[D]. 杭州: 浙江大学, 2006.

[1-74] Cornell C A. A probability—Based structural code[J]. ACI Journal Proceedings, 1969, 66(12): 974-985.

[1-75] Ditlevsen O. Narrow reliability bounds for structural systems[J]. Journal of Structural Mechanics, 1979, 7(4): 453-472.

[1-76] Moses F, Kinser D E. Analysis of structural reliability[J]. Journal of the Structural Division, 1967, 93(5): 147-164.

[1-77] Ang A S, Ma H E. The reliability of structural systems[C]//Proceeding of International Conference on Structural Safety and Reliability, Trondheim, 1981: 131-145.

[1-78] Nie J, Ellingwood B R. A new directional simulation method for system reliability. Part II: Application of neural networks[J]. Probabilistic Engineering Mechanics, 2004, 19(4): 437-447.

[1-79] Hasofer A M. The up-crossing rate of a class of stochastic processes[C]//Williams E J. Studies in Probability and Statistics, Amsterdam, 1974: 153-170.

[1-80] der Kiureghian A, Lin H Z, Hwang S J. Second-order reliability approximations[J]. Journal of Engineering Mechanics, 1984, 113(8): 1208-1225.

[1-81] Turkstra C J, Madsen H O. Load combinations in codified structural design[J]. Journal of the Structural Division, 1980, 106(12): 2527-2543.

[1-82] Larrabee R. Combination of various load processes[J]. Journal of the Structural Division, 1981, 107(1): 223-239.

[1-83] Ferry-Borges J, Castenheta M. Structure Safety[M]. Lisbon: LNEC, 1971.

[1-84] Pearce H T, Wen Y K. Stochastic combination of load effects[J]. Journal of Structural Engineering, 1984, 110(7): 1613-1629.

[1-85] Soares C G. Combination of primary load effects in ship structures[J]. Probabilistic Engineering Mechanics, 1992, 7(2): 103-111.

[1-86] Floris C. Stochastic analysis of load combination[J]. Journal of Engineering Mechanics, 2014, 124(9): 929-938.

[1-87] Casciati F, Colombi P. Load combination and related fatigue reliability problems[J]. Structural Safety, 1993, 13(1-2): 93-111.

[1-88] Naess A, Røyset J Ø. Extensions of Turkstra's rule and their application to combination of dependent load effects[J]. Structural Safety, 2000, 22(2): 129-143.

[1-89] Gray W A, Melchers R E. Load combination analysis by "Directional simulation in the load space"[J]. Probabilistic Engineering Mechanics, 2006, 21(2): 159-170.

[1-90] Ellingwood B R. Load combination requirements for fire-resistant structural design[J]. Journal of Fire Protection Engineering, 2005, 15(1): 43-61.

[1-91] Wang Z H, Padgett J E, Dueñas-Osorio L. Risk-consistent calibration of load factors for the design of reinforced concrete bridges under the combined effects of earthquake and scour hazards[J]. Engineering Structures, 2014, 79(15): 86-95.

[1-92] Meimand V Z, Schafer B W. Impact of load combinations on structural reliability determined from testing cold-formed steel components[J]. Structural Safety, 2014, 48: 25-32.

[1-93] Al-Sibahy A, Edwards R. Behaviour of masonry wallettes made from a new concrete formulation under combination of axial compression load and heat exposure: Experimental approach[J]. Engineering Structures, 2013, 48: 193-204.

[1-94] Hmidan A, Kim Y J, Yazdani S. Effect of sustained load combined with cold temperature on flexure of damaged steel beams repaired with CFRP sheets[J]. Engineering Structures, 2013, 56: 1957-1966.

[1-95] Lantsoght E O L, van der Veen C, de Boer A. Extended strip model for slabs subjected to load combinations[J]. Engineering Structures, 2017, 145: 60-69.

[1-96] Xu L, Yuan X L. A simplified seismic design approach for mid-rise buildings with vertical combination of framing systems[J]. Engineering Structures, 2015, 99: 568-581.

[1-97] 冯琦, 戴福忠. 高速铁路桥梁荷载组合模式的研究[J]. 铁道标准设计, 1998, 42(5): 8-9.

[1-98] 陈基发. 结构设计中的荷载组合[J]. 建筑科学, 2000, 16(6): 12-14.

[1-99] 戴国欣, 邓玉孙, 熊刚, 等. 结构设计荷载组合取值变化及其影响分析[J]. 土木工程学报, 2003, 36(4): 54-58.

[1-100] 周道成, 段忠东, 欧进萍. 建筑结构相关荷载组合的平稳二项随机过程方法[J]. 工程力学, 2007, 24(4): 97-103.

[1-101] 贡金鑫, 赵国藩. 持久性可变荷载与临时性可变荷载组合的解析解及简化计算[J]. 工程力学, 2001, 18(6): 11-17, 53.

[1-102] 苏武. BS5400 与中国公路设计规范中的荷载及荷载组合[J]. 铁道工程学报, 2007, 24(11): 42-47.

[1-103] 姚博, 全涌, 顾明. 基于概率分析的高层建筑风荷载组合方法[J]. 同济大学学报(自然科学版), 2016, 44(7): 1032-1037, 1083.

[1-104] 房忱, 李永乐, 向活跃, 等. 风、浪、流荷载组合对跨海桥梁动力响应的影响[J]. 西南交通大学学报, 2019, 54(5): 908-914.

[1-105] Frangopol D M. Probability concepts in engineering: emphasis on applications to civil and environmental engineering[J]. Structure and Infrastructure Engineering, 2008, 4(5): 413-414.

[1-106] Frangopol D M. Sensitivity of reliability-based optimum design[J]. Journal of Structural Engineering, 1985, 111(8): 1703-1721.

[1-107] Frangopol D M. Structural optimization using reliability concepts[J]. Journal of Structural Engineering, 1985, 111(11): 2288-2301.

[1-108] Lin K Y, Frangopol D M. Reliability-based optimum design of reinforced concrete girders[J]. Structural Safety, 1996, 18(2-3): 239-258.

[1-109] Enright M P, Frangopol D M. Condition prediction of deteriorating concrete bridges using bayesian updating[J]. Journal of Structural Engineering, 1999, 127(10): 1118-1125.

[1-110] Frangopol D M, Maute K. Life-cycle reliability-based optimization of civil and aerospace structures[J]. Computers & Structures, 2003, 81(7): 397-410.

[1-111] Wang Z J, Jin W L, Dong Y, et al. Frangopol. Hierarchical life-cycle design of reinforced concrete structures incorporating durability, economic efficiency and green objectives[J]. Engineering Structures, 2018, 157: 119-131.

[1-112] Moan T. Structural safety and reliability[M]. Amsterdam: Elsevier Scientific Pub. Co., 1981.

[1-113] Naess A, Moan T. Stochastic Dynamics of Marine Structures[M]. Cambridge: Cambridge University Press, 2013.

[1-114] Moan T. Integrity management of offshore structures with emphasis on design for structural damage tolerance[J]. Journal of Offshore Mechanics and Arctic Engineering, 2020, 142(3): 1-15.

[1-115] Moan T. Life cycle structural integrity management of offshore structures[J]. Structure and Infrastructure Engineering, 2018, 14(7): 911-927.

[1-116] Li Q Y, Gao Z, Moan T. Modified environmental contour method for predicting long-term extreme responses of bottom-fixed offshore wind turbines[J]. Marine Structures, 2016, 48: 15-32.

[1-117] Moan T. Life-cycle assessment of marine civil engineering structures[J]. Structure and Infrastructure Engineering, 2011, 7(1): 11-32.

[1-118] Moan T. Development of accidental collapse limit state criteria for offshore structures[J]. Structural Safety, 2009, 31(2): 124-135.

[1-119] Moan T, Ayala-Uraga E. Reliability-based assessment of deteriorating ship structures operating in multiple sea loading climates[J]. Reliability Engineering & System Safety, 2008, 93(3): 433-446.

[1-120] Melchers R E, Moan T, Gao Z. Corrosion of working chains continuously immersed in seawater[J]. Journal of Marine Science and Technology, 2007, 12(2): 102-110.

[1-121] Moan T. Reliability-based management of inspection, maintenance and repair of offshore structures[J]. Structure and Infrastructure Engineering, 2005, 1(1): 33-62.

[1-122] Jin W L, Moan T. Importance sampling method in rotated U-space[C]//The 7th International Conference on Structural Safety and Reliability, Kyoto, 1998.

[1-123] Wang X Z, Moan T. Ultimate strength analysis of stiffened panels in ships subjected to biaxial and lateral loading[J]. International Journal of Offshore and Polar Engineering, 1997, 7(1): 22-29.

[1-124] Ellingwood B R. Acceptable risk bases for design of structures[J]. Progress in Structural Engineering and Materials, 2001, 3(2): 170-179.

[1-125] Ellingwood B R. Earthquake risk assessment of building structures[J]. Reliability Engineering & System Safety, 2001, 74(3): 251-262.

[1-126] Ellingwood B R, Rosowsky D V, Li Y. Fragility assessment of light-frame wood construction subjected to wind and earthquake hazards[J]. Journal of Structural Engineering, 2004, 130(12): 1921-1930.

[1-127] Ellingwood B R. Probability-based codified design: Past accomplishments and future challenges[J]. Structural Safety, 1994, 13(3): 159-176.

[1-128] Ellingwood B R. Probability-based codified design for earthquakes[J]. Engineering Structures, 1994, 16(7): 498-506.

[1-129] 赵国藩, 贡金鑫, 赵尚传. 我国土木工程结构可靠性研究的一些进展[J]. 大连理工大学学报, 2000, 40(3): 253-258.

[1-130] 贡金鑫, 陈晓宝, 赵国藩. 结构可靠度计算的 Gauss-Hermite 积分方法[J]. 上海交通大学学报, 2002, 36(11): 1625-1629.

[1-131] 贡金鑫. 考虑抗力随时间变化的结构可靠度分析[J]. 建筑结构学报, 1998, 19(5): 43-51.

[1-132] 贡金鑫, 赵国藩. 原始随机空间内结构可靠度的分析方法[J]. 水利学报, 1999, 30(5): 30-34.

[1-133] 贡金鑫, 赵国藩. 相关荷载效应组合及结构可靠度计算[J]. 工程力学, 2001, 18(4): 1-6, 66.

[1-134] 贡金鑫, 赵国藩. 腐蚀环境下钢筋混凝土结构疲劳可靠度的分析方法[J]. 土木工程学报, 2000, 33(6): 50-56.

[1-135] 吕大刚, 李晓鹏, 王光远. 基于可靠度和性能的结构整体地震易损性分析[J]. 自然灾害学报, 2006, 15(2): 107-114.

[1-136] 吕大刚, 于晓辉, 王光远. 基于单地震动记录 IDA 方法的结构倒塌分析[J]. 地震工程与工程振动, 2009, 29(6): 33-39.

[1-137] 王光远, 吕大刚. 基于最优设防烈度和损伤性能的抗震结构优化设计[J]. 哈尔滨建筑大学学报, 1999, 32(5):1-5.

[1-138] 吕大刚, 宋鹏彦, 崔双双, 等. 结构鲁棒性及其评价指标[J]. 建筑结构学报, 2011, 32(11):48-58.

[1-139] 吕大刚, 贾明明, 李刚. 结构可靠度分析的均匀设计响应面法[J]. 工程力学, 2011, 28(7): 109-116.

[1-140] 吕大刚, 于晓辉, 王光远. 基于FORM有限元可靠度方法的结构整体概率抗震能力分析[J]. 工程力学, 2012, 29(2): 1-8.

[1-141] Li J, Chen J. Dynamic Reliability of Structures[M]// Stochastic Dynamics of Structures. New York: John Wiley & Sons, Ltd, 2010.

[1-142] 李杰, 陈建兵. 随机结构非线性动力响应的概率密度演化分析[J]. 力学学报, 2003, 35(6): 716-722.

[1-143] 陈建兵, 李杰. 随机结构动力可靠度分析的极值概率密度方法[J]. 地震工程与工程振动, 2004, 24(6): 40-45.

[1-144] 陈建兵, 李杰. 复合随机振动系统的动力可靠度分析[J]. 工程力学, 2005, 22(3): 52-57.

[1-145] Chen J B, Li J. Dynamic response and reliability analysis of non-linear stochastic structures[J]. Probabilistic Engineering Mechanics, 2005, 20(1): 33-44.

[1-146] Li J, Chen J B. The dimension-reduction strategy via mapping for probability density evolution analysis of nonlinear stochastic systems[J]. Probabilistic Engineering Mechanics, 2006, 21(4): 442-453.

[1-147] Li J, Chen J B, Fan W L. The equivalent extreme-value event and evaluation of the structural system reliability[J]. Structural Safety, 2007, 29(2): 112-131.

[1-148] 范文亮, 李杰. 考虑多重失效机制的结构体系可靠度分析[J]. 土木工程学报, 2011, 44(11): 9-17.

[1-149] 何军, 李杰. 大型相关失效工程网络系统可靠度的近似算法[J]. 计算力学学报, 2003, 20(3): 261-266.

[1-150] Xu J. A new method for reliability assessment of structural dynamic systems with random parameters[J]. Structural Safety, 2016, 60: 130-143.

[1-151] Xu J, Kong F. A new unequal-weighted sampling method for efficient reliability analysis[J]. Reliability Engineering & System Safety, 2018, 172: 94-102.

[1-152] Xu J, Kong F. A cubature collocation based sparse polynomial chaos expansion for efficient structural reliability analysis[J]. Structural Safety, 2018, 74: 24-31.

[1-153] Xu J, Zhou L J. An adaptive trivariate dimension-reduction method for statistical moments assessment and reliability analysis[J]. Applied Mathematical Modelling, 2020, 82: 748-765.

[1-154] Xu J, Li J. An energetic criterion for dynamic instability of structures under arbitrary excitations[J]. International Journal of Structural Stability and Dynamics, 2015, 15(2): 1-32.

[1-155] Jin W L, Han J. Relativistic information entropy on uncertainty analysis[J]. China Ocean Engineering, 1996, 10(4): 391-400.

[1-156] Jin W L. Reliability based-design for jacket platform under extreme loads[J]. China Ocean Engineering, 1996, 10(2): 145-160.

[1-157] Zhuang Y Z, Jin W L. Aseismic reliability analysis approach for offshore jacket platform structures[J]. China Ocean Engineering, 1998, 12(4): 375-382.

[1-158] 金伟良, 庄一舟, 邹道勤. 具有结构-桩-土相互作用的海洋平台结构体系承载能力的概率分析[J]. 海洋工程, 1998, 16(1): 1-13.

[1-159] 金伟良, 胡勇. 台风作用下建筑结构的可靠性评估[J]. 自然灾害学报, 1999, 8(1): 105-112.

[1-160] Jin W L, Li H B, Hu Y. Reliability assessment of building structures under typhoon calamity[J]. Journal of Zhejiang University Science, 2000, 1(1): 48-55.

[1-161] Jin W L, Zheng Z S, Li H B, et al. Hybrid analysis approach for stochastic response of offshore jacket platforms[J]. China Ocean Engineering, 2000, 14(2): 143-152.

[1-162] 张燕坤, 金伟良, 李卓东. 极端荷载作用下海洋导管架平台体系可靠度分析[J]. 海洋工程, 2001, 19(4): 15-20.

[1-163] 金伟良, 郑忠双, 李海波. 地震荷载作用下海洋平台结构物动力可靠度分析[J]. 浙江大学学报(工学版), 2002, 36(3): 233-238.

[1-164] 张立, 金伟良. 海洋平台结构疲劳损伤与寿命预测方法[J]. 浙江大学学报(工学版), 2002, 36(2): 138-142.

[1-165] 金伟良, 沈照伟, 李海波. 结构可靠度分析中设计基准期的敏度分析[J]. 中国海洋平台, 2003, 18(5): 15-18.

[1-166] 宋志刚, 金伟良. 工程结构振动舒适度的抗力模型[J]. 浙江大学学报(工学版), 2004, 38(8): 966-970.

[1-167] 宋志刚, 金伟良. 行走激励下大跨度楼板振动的最大加速度响应谱方法[J]. 建筑结构学报, 2004, 25(2): 57-63, 98.

[1-168] 宋志刚, 金伟良. 多随机参数下高层建筑风振响应分布特征估计[J]. 浙江大学学报(工学版), 2004, 38(10): 308-1313.

[1-169] 金伟良, 何勇, 龚顺风, 等. 单点系泊海洋导管架平台结构体系可靠性分析[J]. 海洋工程, 2004, 22(4): 12-18.

[1-170] 宋志刚, 金伟良. 基于海冰区划的平台结构振动舒适度设计容许加速度限值[J]. 海洋工程, 2005, 23(2): 61-65.

[1-171] 宋志刚, 金伟良. 行走作用下梁板结构振动舒适度的烦恼率分析[J]. 振动工程学报, 2005, 18(3): 288-292.

[1-172] 金伟良, 付勇, 赵冬岩, 等. 具有裂纹损伤的海底管道断裂及疲劳评估[J]. 海洋工程, 2005, 23(3): 7-16.

[1-173] 金伟良, 何勇, 宋剑. 偶然灾害下海洋平台损伤结构体系可靠性分析[J]. 浙江大学学报(工学版), 2006, 40(9): 1554-1558.

[1-174] 金伟良, 宋志刚, 赵羽习. 工程结构全寿命可靠性与灾害作用下的安全性[J]. 浙江大学学报, 2006, 40(11): 1862-1868.

[1-175] 龚顺风, 何勇, 金伟良. 海洋平台结构随机动力响应谱疲劳寿命可靠性分析[J]. 浙江大学学报(工学版), 2007, 41(1): 12-17.

[1-176] 龚顺风, 何勇, 金伟良. 单点系泊海洋导管架平台结构的疲劳寿命可靠性分析[J]. 浙江大学学报(工学版), 2007, 41(6): 995-999.

[1-177] 何勇, 金伟良, 宋志刚. 多跨人行桥振动均方根加速度响应谱法[J]. 浙江大学学报(工学版), 2008, 42(1): 48-53.

[1-178] 何勇, 金伟良, 张爱晖, 等. 船桥碰撞动力学过程的非线性数值模拟[J]. 浙江大学学报(工学版), 2008, 42(6): 1065-1075.

[1-179] 何勇, 金伟良, 龚顺风. 考虑几何非线性的张力腿平台随机响应等效线性化分析[J]. 海洋工程, 2008, 26(4): 8-15.

[1-180] 金伟良, 胡琦忠, 帅长斌, 等. 跨海桥梁基础结构正常使用极限状态的设计方法[J]. 东南大学学报(英文版), 2008, 24(1): 74-79.

[1-181] He Y, Gong S F, Jin W L. A method for analyzing system reliability of existing jacket platform[J]. China Ocean Engineering, 2008, 22(3): 385-397.

[1-182] Jin W L, Hu Q Z, Shen Z W, et al. Reliability based load and resistance factors design for offshore jacket platforms in the bohai bay: Calibration on target reliability index[J]. China Ocean Engineering, 2009, 23(1): 15-26.

[1-183] 徐龙坤, 何勇, 金伟良. 基于可靠度深海浮式平台加筋板优化设计方法[J]. 海洋工程, 2010, 28(3): 17-23.

[1-184] Jin W L, Song J, Gong S F, et al. Evaluation of damage to offshore platform structures due to collision of large barge[J]. Engineering Structure, 2005, 27(9): 1317-1326.

第 2 章

不确定性分析方法

可靠度问题本质在于事物的不确定性处理。本章就不确定性的类型、特征、表现形式和属性进行分类，并介绍不确定性的分类方法，给出用于不确定性分析的概率分析方法、模糊数学分析方法、灰色理论分析方法、相对信息熵分析方法及人工智能分析方法。

如果事件发生的条件和结果之间存在一种必然的因果关系,则可把这类事件的发生称为确定性现象。反之,如果某一事件发生的条件和结果之间不存在一种必然的因果关系,则把这类事件的发生称为不确定性现象[2-1]。

实际上,在自然界和工程界中,不确定性的现象是大量存在的。在结构可靠度分析和应用中,结构的可靠度受到主观和客观两方面的影响,如工程结构设计的客观因素包括作用、环境影响、材料、几何参数等随机变量,而在工程决策中,人们往往是根据结构可靠度分析的结果,这就可能存在主观不确定性的影响。人们的认识水平应予以考虑,必须明确主观不确定性对可靠度分析和预测结果的影响。事实上,在结构可靠性分析、设计、评估和预测中应考虑各类不确定性的综合影响[2-2],尤其对于既有结构可靠性评定处理时[2-3]。应当看到,随着人们对客观世界的认识不断深化,各类不确定性的处理方法层出不穷,使得结构可靠度的不确定性分析更为综合、全面和深化[2-4]。

2.1 不确定性分类

在自然界和工程界中,不确定性现象是大量存在的,如在结构物设计时并不能确切知道在结构物的使用过程中需要抵抗的波浪荷载、风荷载、雪荷载的大小,也同样不能确切知道结构物的材料特性是唯一的。简言之,不确定性是指事件出现或发生的结果具有不确定,或事件发生前其结果不能预测的特性。主要表现为:①各类结构、各种荷载的上限和材料强度的下限实际上是不容易确定的;②即使存在这样的自然界限,在实际应用中也可能是非常不经济的(极端荷载);③由质量控制和试验所强加的界限不是完全有效的,可能有潜在性能发生改变的情况;④即使存在公认的界限,它的使用也不可能总是合理的(最大荷载、最小抗力)。

由于研究对象和解决方法不同,结构的不确定问题可以按照下列分类方式来表示。

1. 按不确定性类型分类

1) 物理不确定性

物理不确定性表示基本变量的内在(intcinsic)、固有(inherent)和基本(fundamental)的不确定性,是物理量的自然随机性,不可消除。物理不确定性就属于客观不确定性,其不确定性由内在因素和外部条件共同决定,如荷载、材料性能、几何尺寸的不确定性等。

2) 知识不确定性

知识不确定性(knowledge uncertainty)是由有限的信息和理解引起的不确定性,可以进一步分为统计不确定性(statistical uncertainty)、模型不确定性(model uncertainty)和测量不确定性(measurement uncertainty)。统计不确定性是由有限的观察引起的,依赖于样本数据的总和和任何已有的知识;模型不确定性是由物理模型的缺陷和理想化引起的;测量不确定性是由评定一个变量所采用的方法和工具的不精确性引起的。通常,知识不确定性可以收集更多信息，更为仔细，或采用更为精致(sophisticated)的模型来减少。

2. 按不确定性特征分类

1) 客观不确定性

客观不确定性(objective uncertainty)是来自事件所有可数的信息，具有随机性，可用数学方式来描述，只涉及变量本身。

2) 主观不确定性

主观不确定性(subjective uncertainty)是来自事件所有不可数的信息，由人为活动引起，具有模糊性和不完备知识性(fuzziness ignorance and incomplete of knowledge)。常用 Fuzzy 理论来表示，不仅涉及变量，还涉及系统过程。

3. 按不确定性表现形式分类

1) 随机不确定性

随机不确定性(random uncertainty，简称随机性)是指事件发生的条件无法控制而导致结果具有不确定性，但事件结果具有确定的变化范围的现象。随机不确定性的事物类属是确定的，随机性的概念是外延明确，但内涵不确定，可以用数学表达式来表示，如变量不确定性服从正态分布等。通常可以采用概率方法的可靠度不确定性分析方法。

2) 模糊不确定性

模糊不确定性(fuzzy uncertainty，简称模糊性)是由变量的界限不确定性引起的，表现为"亦是亦非"的特性。模糊不确定性的事物类属不确定，模糊性的概念是内涵明确，但外延不明确，通常采用模糊语言来描述。从哲学的观点来看，模糊不确定性是随机不确定性的更高形式。通常可以采用基于模糊集理论的模糊随机结构可靠度理论。

3) 不完备性

不完备性(incomplete uncertainty)是由知识的缺乏引起的，其概念是外延明确，但内涵不明确，表现为"部分信息已知，部分信息未知"。通常可以采用灰色理论、神经网络理论及混沌、分叉理论来描述，可以采用灰色理论和信息理论的可靠度不确定性分析方法。

4. 按不确定性属性分类

1) 参数不确定性[2-5]

参数不确定性(parameter uncertainty)是由基本变量或事件的不确定性知识引起的，来自于变量的随机性、模糊性和不完备性。这是一个模糊随机问题。

2) 系统不确定性[2-5]

系统不确定性(system uncertainty)是由理论模型或破坏概率的不适当性(inadequacy)引起的，是参数不确定性的余(rest)，主要是由人为活动影响和不完备性引起的。

2.2 概率论分析方法

1. 经典概率论分析方法

若已知结构随机变量的联合概率密度函数 $f(x)$，则结构的破坏概率可以表示为

$$P_f = \int_{D_f} f(x) \mathrm{d}x \qquad (2-1)$$

式中，D_f 为结构破坏区域。

这类方法是基于变量概率特性的传统结构可靠度理论的常用方法[2-6]。由于经典概率论完全使用客观概率，并以假定的客观分布通过严格的演算求得可靠度，因此完全排除了主观判断。通常要获得全概率分布函数是很困难的，一般用分布参数的一阶矩和二阶矩近似描述基本变量的不确定性。

2. Bayes 概率方法

以客观概率的规律来表示主观判断，由条件概率而得到新的公式为

$$P(A_i B) = \frac{P(BA_i)P(A_i)}{\sum_{j=1}^{n} P(BA_j)P(A_j)} \qquad (2-2)$$

式中，$P(A_i)$ 为先验概率；B 可视为新试验结果所支持的命题。$P(A_i B)$ 为修正后的后验概率；这样，式(2-2)不但可以组合客观事件，也可以将客观概率与主观判断组合起来，大大拓宽了概率论的使用范围。

但 Bayes 概率的前提之一是

$$P(A \cup B) = P(A) + P(B) \quad (A \cap B = \varnothing) \qquad (2-3)$$

当以 $P(A)$ 表示人对命题 A 的主观相信程度时，会得出

$$P(A) + P(\bar{A}) = 1 \qquad (2-4)$$

的结论，即人的认识只由肯定 A 与否定 $\bar{A}$ 组成，没有"不知道"的余地。例如，$P(A)=0.5$ 可表示不知，但实际上常会出现不只 2 个结果的情况。因此，当将 Bayes 方法应用于包含不知的情况时会产生一系列矛盾，这说明 Bayes 方法并不是不确定性推理的理想工具。

2.3 模糊数学分析方法

1. 定义

模糊数学分析方法主要是针对定义不确切、界限不清楚的不确定性问题。Zedeh[2-7]首先引入了模糊子集的概念，即把基本变量不作为确定值，也不作为随机变量，以离散

的特征点来表示，即

$$A = 1.0 | x_1 + 0.9 | x_2 + 0.75 | x_3 + 0.5 | x_4 + 0.9 | x_5 \\ + 0.2 | x_6 + 0.3 | x_7 + 0.6 | x_8 = \mu_A(x) | x \quad (2\text{-}5)$$

式中，$\mu_A(x)$ 称为 A 的隶属函数，$x \in U$ 为一论域（有限集），$0 \leqslant \mu_A(x) \leqslant 1$，$x \to \mu_A(x)$。式(2-5)称为 Zedeh 记号，并不是和式。

假若 $\mu_A(x)$ 为一连续函数，则 Zedeh 记号为

$$A = \int_U \mu_A(x) | x \quad (2\text{-}6)$$

模糊子集 A 的余集记为 $\overline{A}$，$\mu_{\overline{A}}(x) = 1 - \mu_A(x)$。

并集 $A \cup B = C \Leftrightarrow$ 对 $\forall x \in U$，有

$$\mu_C(x) = \max[\mu_A(x), \mu_B(x)] \quad (2\text{-}7)$$

交集 $A \cup B = D \Leftrightarrow$ 对 $\forall x \in U$，有

$$\mu_D(x) = \min[\mu_A(x), \mu_B(x)] \quad (2\text{-}8)$$

隶属函数的常见表示方法如表 2-1 所示。

表 2-1 隶属函数的表示
Tab. 2-1 Representation of membership function

表示	隶属度										
	0	0.1	0.2	0.3	0.4	0.5	0.6	0.7	0.8	0.9	1.0
更小的隶属度	1.0	0.8464	0.4624	0.1024	0.0064	0					
Small (S)	1.0	0.92	0.68	0.32	0.08	0					
Medium (LS)	0	0.08	0.32	0.68	0.92	1.0	0.92	0.68	0.32	0.08	0
Large (L)						0	0.08	0.32	0.68	0.92	1.0
Very large (VL)						0	0.2828	0.5657	0.8246	0.9592	1.0

其中，若 $[L] = \mu_L | x$，则

$$\mu_S = 1 - \mu_L, \quad \mu_{VL} = \sqrt{\mu_L}, \quad \mu_{VS} = \mu_S^2, \quad \mu_{LS} = \frac{1}{2}(\mu_L + \mu_S) \quad (2\text{-}9)$$

2. 表示方式

基本变量 A 的主观不确定性的表示可按以下步骤进行。

设主观不确定性 E_i 的衡量标准有：① E_i 的大小 M_i；② E_i 的重要性 G_i。于是

$$E_i = M_i \cap G_i = \int_U \mu_{M_i}(x) \wedge \mu_{G_i}(x) | x \quad (2\text{-}10)$$

对于所有主观不确定性，为

$$E = UE_i = \int_U \vee \left[\mu_{M_i}(x) \wedge \mu_{G_i}(x) \right] | x \qquad (2\text{-}11)$$

应当存在 M 与 A 的模糊条件关系

$$\tilde{R} = M \times A = \int_{M \times A}(x,a)(x,a) = \int_{M \times A} \vee \left[\mu_{m_i}(x) \wedge \mu_{a_i}(a) \right] | (x,a) \qquad (2\text{-}12)$$

所以主观不确定性与基本变量 A 的模糊关系为

$$\tilde{F} = \tilde{E} \circ \tilde{R} = \int_{\tilde{E} \times \tilde{R}} \mu_{\tilde{F}}(x,a) | (x,a) = \int_{\tilde{E} \times \tilde{R}} \vee \left[\mu_{\tilde{E}}(x) \wedge \mu_{\tilde{R}}(x,a) \right] | (x,a) \qquad (2\text{-}13)$$

于是，由主观不确定性的重要程度引起的隶属函数为

$$\mu(x) = \int_a \mu_{\tilde{F}}(x,a) | a \qquad (2\text{-}14)$$

相应有

$$P_f = \int_X \mu(x) f(x) \mathrm{d}x \qquad (2\text{-}15)$$

这个方法的关键在于如何确定基本变量 A 的隶属函数 $\mu(x)$。

2.4 灰色理论分析方法

1. 基本概念

如果事物的内涵和外延是完全确定的，则称为白色；如果事物的内涵不确定而外延确定，则称为灰色；如果事物的内涵明确而外延不确定，则称为模糊；如果事物的内涵和外延均不确定，则称为灰色模糊。

信息完全明确的系统称为白色系统，信息未知的系统称为黑色系统，部分信息明确、部分信息不明确的系统称为灰色系统。灰色系统(grey system，G 系统)是指相对于一定的认识层次，系统内部的信息部分已知，部分未知，即信息不完全，属于半开放半封闭系统。系统信息不完全的情况有以下四种：①元素信息不完全；②结构信息不完全；③边界信息不完全；④运行行为信息不完全。

灰色理论[2-8]可用于研究小样本、贫信息的不确定性问题。其特点是信息不完全，其结果是非唯一性，所以有信息不完全原理和过程非唯一原理等理论。非唯一性的求解过程是定性和定量的统一，通过信息补充，定性分析可以用来确定一个或几个满意的解，这是灰色系统求解的途径。

对于基本变量 z，其值在区间 h 的变动称为灰变量，记为 $\otimes(z)$，即

$$\otimes(z) = h \subset R \tag{2-16}$$

或者以离散表示，$\otimes(z) = \{h_i \in I, h_i \in R\}$；以 $f(z)$ 表示 $\otimes(z)$ 上不同的系数，则 $f(z)$ 为 $\otimes(z)$ 的自代函数，或白化权函数。白化权函数的性质为：

(1) $f(z) \in [0,1]$。

(2) z 为灰量，如大、中、小等。

灰量以灰度数字 U 来描述，U 以离散型表示，有 $U = [0,10]$，如表 2-2 所示。

表 2-2　灰度的数字表述
Tab. 2-2　Digital representation of grey scale

0	1	2	3	4	5	6	7	8	9	10
最差	极差	很差	较差	较好	好	有点好	不很好	很好	极好	最好

2. 案例

对于混凝土碳化深度[2-9]，就可以用一灰色区域来表示，可给出 β 的区域。

$$d_i = A t_i^B \tag{2-17}$$

式中，$i = 0, 1, 2, \cdots, N, N+1$；$A$ 为碳化速度系数；B 为混凝土碳化的一个参数，为 0.4~0.6。

给定混凝土碳化合格性指标 d_0，则混凝土的碳化耐久性失效概率 $P_f = P(d_0 \leqslant d)$ 及 $\beta = -\Phi^{-1}(P_f)$。

由于在某一时间 t 相应的混凝土碳化深度为一带权的区间数，β 也具有加权平均的意义，具体计算过程为：

(1) 给定时间 t_R，在 $\otimes(d_{t_R}) \in [d_{k_1}, d_{k_2}]$ 区间内依次取 $d_k^{(0)}, d_k^{(1)}, \cdots, d_k^{(N+1)}$，并计算与各值相对应的权重 $\omega_k^{(i)}$，可记为

$$d_k^{(0)} = d_{k_1}, \quad d_k^{(N+1)} = d_{k_2}, \quad i = 0, 1, 2, \cdots, N, N+1 \text{（通常 } N \text{ 不宜太小）}$$

(2) $\omega_k^{(i)}$ 的计算公式为

$$\omega_k^{(i)} = \begin{cases} \dfrac{d_k^{(i)} - d_k^{(0)}}{e^a t^b - d_k^{(0)}}, & d_k^{(0)} \leqslant d_k^{(i)} < e^a t^b \\ \dfrac{d_k^{(N+1)} - d_k^{(i)}}{d_k^{(N+1)} - e^a t^b}, & e^a t^b \leqslant d_k^{(i)} \leqslant d_k^{(N+1)} \end{cases} \tag{2-18}$$

式中，$i = 0, 1, 2, \cdots, N, N+1$。

(3) 假定 d_0 与 $d_k^{(i)}$ 均为正态分布的随机变量，则

$$\beta_k^{(i)} = \frac{\mu(d_0) - \mu(d_k^{(i)})}{\sqrt{\sigma^2(d_0) + \sigma^2(d_k^{(i)})}} \tag{2-19}$$

式中，$i = 0,1,2,\cdots,N,N+1$。

(4) 作 $\beta_k^{(i)} - \omega_k^{(i)}$ 曲线，并求加权平均值 $\overline{\beta_k}$。

$$\overline{\beta_k} \approx \frac{\sum_{i=0}^{N+1} \omega_k^{(i)} \beta_k^{(i)}}{\sum_{i=0}^{N+1} \omega_k^{(i)}} \tag{2-20}$$

2.5 相对信息熵分析方法

根据相对信息熵理论和参数与系统不确定性的定义，基本变量 X 的客观不确定性可以由 Shannon 熵来表示[2-10]，即

$$H(x) = -\sum_{i=1}^{n} p(x_i) \ln p(x_i) \tag{2-21}$$

式中，$p(x_i)$ 为变量 X 的第 i 个离散点的分布概率。如果参数不确定性的主观性主要来自于变量 x 概率分布的主观性和由 R 引起的变量分布区间的主观性，这些主观性可以用相对信息模糊函数表示，其相对信息熵[2-5,2-11]可由式(2-22)描述：

$$H(x/R) = -\sum_{i=1}^{n} \pi(x_i/R) p(x_i) \ln p(x_i) \tag{2-22}$$

式中，$\pi(x_i/R) = \sqrt{\dfrac{1 + \mu(x_i/R)}{1 - \mu(x_i/R)}}$。

考虑到结构的极限状态函数 $Z = g(X)$ 是基本变量的函数，x 是具有参数不确定性的相对模糊变量，那么让 $g: R \to \Re, X \to g(X)$ 表示成相对模糊变量 $(X, u_x(x/R))$ 的函数，并存在 $g(x)$ 的逆 $g^{-1}(x)$，因而 $Z = g(X)$ 也是一个相对模糊变量。所以有

$$u_Z^P[g(X) = Z/R] = g\left(u_x\left[X = g^{-1}(Z/R)\right]\right) \tag{2-23}$$

其中等式右端可以采用相对信息的合成规则来获得。于是，由参数不确定性引起的结构相对信息熵可以写成

$$H^P(Z/R) = \sqrt{\frac{1 + u_Z^P(Z/R)}{1 - u_Z^P(Z/R)}} H(Z) = \pi^P(Z/R) H(Z) \tag{2-24}$$

式中，上标 P 表示参数不确定性；$H(Z)$ 为概率可靠度分析的 Shannon 熵，有

$$H(Z) = -P_f \ln P_f - (1-P_f)\ln(1-P_f) \tag{2-25}$$

式中，P_f 为由概率可靠度分析获得的结构破坏概率。

考虑到系统不确定性的影响，为表示系统不确定性的相对信息模糊函数，具有参数和系统不确定性的总相对信息模糊函数可以采用式(2-26)来获得：

$$u_Z(Z/R,R') = \frac{u_Z^P(Z/R) + u_Z^S(Z/R')}{1 + u_Z^P(Z/R)u_Z^S(Z/R')} \tag{2-26}$$

类似于式(2-24)，结构的相对信息熵为

$$H(Z/R,R') = \sqrt{\frac{1+u_Z(Z/R,R')}{1-u_Z(Z/R,R')}}H(Z) \tag{2-27}$$

为了与概率可靠度分析结果相比较，采用等效 Shannon 熵的方法来表示参数不确定性和系统不确定性的影响，即

$$\bar{H}(Z) = -\bar{P}_f \ln \bar{P}_f - (1-\bar{P}_f)\ln \bar{P}_f \tag{2-28}$$

满足 $\bar{H}(Z) = H(Z/R)$ 或者 $H(Z/R,R')$，其中，$\bar{P}_f$ 就是等效的结构破坏概率，既包含了客观不确定性，又包含了主观不确定性，是结构可靠性的综合指标。相对应地，结构可靠指标[2-12,2-13]为

$$\beta = \Phi^{-1}(\bar{P}_f) \tag{2-29}$$

2.6 人工智能分析方法

2.6.1 神经网络

人工神经网络(artificial neural network, ANN)是人脑及其活动的一个理论数学模型，由大量的处理单元通过适当的方式互联构成，是一个大规模的非线性自适应系统[2-14]。神经网络由于具有优越的非线性映射能力和联想记忆能力，被广泛应用于各种复杂关系下的函数拟合，并表现出极大的灵活性与良好的适应性。神经网络不需要明确的数学物理模型就可以得到比较精确的计算结果，并且具有一定的容错性和自适应性。这些特点使神经网络适用于结构时变可靠度评估。

在神经网络算法中，应用最广泛的是采用误差逆传播算法的多层前向神经网络，即 BP(back propagation)神经网络。BP 神经网络采用 BP 学习算法，由正向传播和反向传播

组成。正向传播将输入信号从输入层经隐层传向输出层，若输出层得到了期望的输出，则学习算法结束；否则，转至反向传播。反向传播就是将误差信号(样本输出与网络输出之差)按原连接通路反向计算，由梯度下降法调整各层神经元的权值和阈值，使误差信号减小。BP 神经网络具有简单易行、计算量小、并行性小等优点，是广泛使用的一种神经网络。

BP 神经网络的基本结构包括输入层、输出层、一个或多个隐层。神经网络实际上是从输入面到输出面的映射，这种映射是由传递函数来实现的。在 BP 神经网络中常用的传递函数有 purelin 和 sigmoid 两类，sigmoid 包括对称型的 tansig 函数和非对称型的 logsig 函数，如图 2-1 所示。

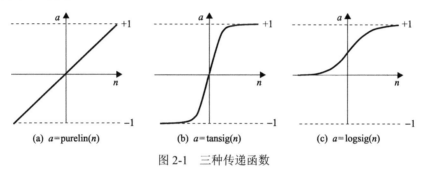

图 2-1　三种传递函数

Fig. 2-1　Three types of transfer functions

只要隐层有足够多的单元数，两个隐层就可以逼近任意连续函数。图 2-2 是一个典型的两隐层 BP 神经网络结构图。P 为输入参数，IW_i 是第 i 层的权集，b_i 是第 i 层的偏量，F_1、F_2 分别是第一、第二隐层的传递函数 tansig 和 purelin，a_1 是输入参数经第一隐层传递后的中间变量，也是第二隐层的输入参数，a_1 经第二隐层传递后得到输出参数 a_2。

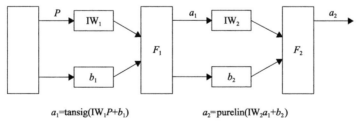

图 2-2　两隐层 BP 神经网络结构图

Fig. 2-2　Diagram of two-layer BP neural network structure

运用 BP 响应面法进行结构可靠度分析的具体实施过程如下：

(1)结构随机变量的个数及其统计特征，并随机产生相应的样本点。

(2)结构有限元模型，计算样本点处的结构响应，进而求得结构极限状态函数值，该函数值与随机变量值共同组成神经网络的学习样本。

(3) BP 神经网络模型，确定神经网络的结构参数，利用学习样本对神经网络进行训练。

(4) 将训练好的神经网络的权值和阈值代入响应函数，建立极限状态函数的显式表达式。

(5) 采用一次二阶矩法等方法计算结构失效概率，完成结构可靠度分析。

2.6.2 支持向量机

支持向量机(support vector machine, SVM)是基于统计学习理论(statistical learning theory)的通用机器学习方法，其思想源于 Vapnik[2-15]在 1963 年提出的用于解决模式识别问题的支持向量方法。SVM 方法将问题的原始空间映射到高维特征空间，在特征空间处理一个分类问题，在处理分类问题时认为只有在分类边界上的向量才对分类起作用，并将边界上的向量称为支持向量，图 2-3 中 a、b、c、d、e 即为支持向量，该方法也因此得名。

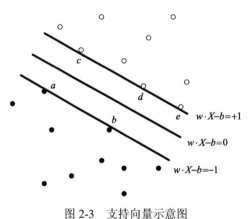

图 2-3 支持向量示意图
Fig. 2-3 Diagram of support vectors

SVM 方法采用结构风险最小化原则，提高了学习机器的泛化能力，使得即使是由有限训练样本得到的解，在求解问题时仍能得到较小的误差。由于 SVM 既具有严格的理论基础，又能较好地解决小样本、非线性、高维数和局部极小等实际问题，为解决结构可靠度分析中隐式极限状态方程重构问题提供了一个新的解决途径。

用 SVM 重构响应面，其实质是构造一个实函数估计的回归支持向量机(regression support vector machine，RSVM)[2-16]。支持向量机的回归问题与模式识别的情况一样，也是将原始空间的输入向量映射到高维的特征空间，然后在特征空间中考虑一个分类问题。原始空间到高维特征空间的映射通过使用满足 Mercer 条件的核所描述的特征空间中的内积实现。图 2-4 显示了回归支持向量机方法实现的基本过程。

1) SVM 响应面重构

SVM 采用对于给定的样本数据在近似精度和模型近似函数复杂性之间折中的定量方法，从训练集中选择一组特征子集，使得对特征子集的线性划分等价于对整个数据集的

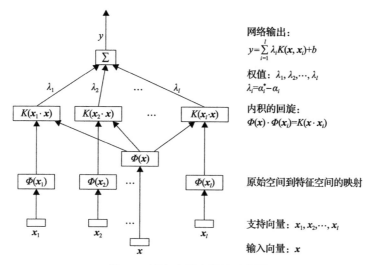

图 2-4 回归支持向量机示意图

Fig. 2-4 Diagram of regression support vector machine

分割。对于线性损失函数的回归支持向量机，需要求解如下优化问题：

$$\begin{cases} \min \Phi(w,\xi,\xi^*) = \dfrac{1}{2}(w \cdot w) + C\sum_{i=1}^{l}\left(\xi_i^* + \xi_i\right) \\ \text{s.t.} \begin{cases} y_i - \langle w, x_i \rangle - b \leqslant \varepsilon + \xi_i \\ \langle w, x_i \rangle + b - y_i \leqslant \varepsilon + \xi_i^* \\ \xi_i^*, \xi_i \geqslant 0 \end{cases} \end{cases} \quad (2\text{-}30)$$

式中，向量 w 和标量 b 控制最优分类面的位置；(x_i, y_i) 为训练点集；C 为罚函数，反映结构风险和经验风险的协调；ε 为误差不敏感系数；ξ_i 和 ξ_i^* 为松弛变量。

利用 Kuhn-Trucker 条件，式(2-30)转化为如下对偶问题：

$$\begin{cases} \max W(\alpha,\alpha^*) = -\varepsilon\sum_{i=1}^{l}\left(\alpha_i^* + \alpha_i\right) + \sum_{i=1}^{l} y_i\left(\alpha_i^* - \alpha_i\right) \\ \qquad\qquad\qquad -\dfrac{1}{2}\sum_{i,j=1}^{l}\left(\alpha_i^* - \alpha_i\right)\left(\alpha_j^* - \alpha_j\right)K(x_i, x_j) \\ \text{s.t.} \begin{cases} \sum_{i=1}^{l}\alpha_i^* = \sum_{i=1}^{l}\alpha_i \\ 0 \leqslant \alpha_i^* \leqslant C, \ i=1,\cdots,l \\ 0 \leqslant \alpha_i \leqslant C, \ i=1,\cdots,l \end{cases} \end{cases} \quad (2\text{-}31)$$

式中，α^* 和 α 为拉格朗日乘子；l 为支持向量个数。

式(2-31)是一个凸集规划问题，具有唯一解，也就是说 SVM 方法网络拓扑结构的确定具有明确的理论基础，这也是其优于神经网络的表现之一。式(2-31)求解算法的复杂度由具有非零权值的样本即支持向量的个数决定。在其求解方法的研究中，在 Chunking 算法和 Osuna 算法的基础上逐渐发展成序列最小优化(sequential minimal optimization, SMO)算法[2-17]。SMO 算法将一个大型 QP 问题分解为一系列最小规模的仅具有 2 个拉格朗日乘子的 QP 问题，从而使原问题可以通过半解析分析的方法解决。

方程(2-31)求解后，回归支持向量机的最优回归函数表达式为

$$f(x,\alpha^*,a) = (z \cdot w) + b$$
$$= \sum_{i=1}^{l}(\alpha_i^* - \alpha_i)(z \cdot z_i) + b \quad (2\text{-}32)$$
$$= \sum_{i=1}^{l}(\alpha_i^* - \alpha_i)K(x \cdot x_i) + b$$

如果式(2-32)的训练点集由经结构有限元计算得到的输入和响应相对应的经验点构成，其即为 SVM 方法重构的结构极限状态方程[2-18]。选择不同的核函数可以得到不同的响应面方程，常用的核函数有线性核函数、多项式核函数、径向基函数核函数、两层神经网络核函数等几种。但是如何选择合适的核函数，目前还没有令人满意的方法，需要根据经验尝试采用。

2) SVM 回归函数的偏导数推求

可靠度计算的 FORM/SORM 需要用到极限状态方程的偏导数，若采用 FORM 进行计算，需要用到一阶偏导数。对于重构响应面方程(2-32)，令支持向量 $X_i = (x_{i,1}, x_{i,2}, \cdots, x_{i,n})^T$，输入向量 $X = (x_1, x_2, \cdots, x_n)^T$，对算例中采用的线性核函数、多项式核函数、径向基函数核函数和两层神经网络核函数构造的响应面方程的一阶偏导数分别推导如下。

(1) 线性核函数。

核函数为

$$K(X \cdot X_i) = (X \cdot X_i) \quad (2\text{-}33)$$

其响应面方程为

$$f(X) = \sum_{i=1}^{l}(\alpha_i^* - \alpha_i)(X \cdot X_i) + b \quad (2\text{-}34)$$

则

$$\frac{\partial f(X)}{\partial x_j} = \sum_{i=1}^{l}\left[\frac{\partial (\alpha_i^* - \alpha_i)(X \cdot X_i)}{\partial x_j}\right]$$
$$= \sum_{i=1}^{l}(\alpha_i^* - \alpha_i)x_{i,j} \quad (2\text{-}35)$$

(2) 多项式核函数。

核函数为

$$K(\boldsymbol{X} \cdot \boldsymbol{X}_i) = \left[(\boldsymbol{X} \cdot \boldsymbol{X}_i) + 1\right]^d \quad (2\text{-}36)$$

其响应面方程为

$$f(\boldsymbol{X}) = \sum_{i=1}^{l} \left(\alpha_i^* - \alpha_i\right)\left[(\boldsymbol{X} \cdot \boldsymbol{X}_i) + 1\right]^d + b \quad (2\text{-}37)$$

则

$$\begin{aligned}\frac{\partial f(\boldsymbol{X})}{\partial x_j} &= \sum_{i=1}^{l} \left(\frac{\partial \left\{\left(\alpha_i^* - \alpha_i\right)\left[(\boldsymbol{X} \cdot \boldsymbol{X}_i) + 1\right]^d\right\}}{\partial x_j}\right) \\ &= d\sum_{i=1}^{l} \left(\alpha_i^* - \alpha_i\right)\left[(\boldsymbol{X} \cdot \boldsymbol{X}_i) + 1\right]^{d-1} x_{i,j}\end{aligned} \quad (2\text{-}38)$$

式中，d 为多项式的阶数。

(3) 径向基函数核。

核函数为

$$K(\boldsymbol{X} \cdot \boldsymbol{X}_i) = \exp\left(-\gamma |\boldsymbol{X} - \boldsymbol{X}_i|^2\right) \quad (2\text{-}39)$$

其响应面方程为

$$f(X) = \sum_{i=1}^{l} \left(\alpha_i^* - \alpha_i\right)\exp\left(-\gamma_i |\boldsymbol{X} - \boldsymbol{X}_i|^2\right) + b \quad (2\text{-}40)$$

则

$$\begin{aligned}\frac{\partial f(\boldsymbol{X})}{\partial x_j} &= \sum_{i=1}^{l} \left\{\frac{\partial \left[\left(\alpha_i^* - \alpha_i\right)\exp\left(-\gamma_i |\boldsymbol{X} - \boldsymbol{X}_i|^2\right)\right]}{\partial x_j}\right\} \\ &= \sum_{i=1}^{l} -2\gamma_i \left(\alpha_i^* - \alpha_i\right)\left(x_j - x_{i,j}\right)\exp\left(-\gamma_i |\boldsymbol{X} - \boldsymbol{X}_i|^2\right)\end{aligned} \quad (2\text{-}41)$$

式中，γ_i 为常数，决定函数围绕中心点的宽度。

(4) 两层神经网络核函数。

核函数为

$$K(\boldsymbol{X} \cdot \boldsymbol{X}_i) = S\left[v(\boldsymbol{X} \cdot \boldsymbol{X}_i) + c\right] \quad (2\text{-}42)$$

其响应面方程为

$$f(\boldsymbol{X}) = \sum_{i=1}^{l}\left(\alpha_i^* - \alpha_i\right) S\left[v(\boldsymbol{X} \cdot \boldsymbol{X}_i) + c\right] + b \tag{2-43}$$

则

$$\begin{aligned}\frac{\partial f(\boldsymbol{X})}{\partial x_j} &= \sum_{i=1}^{l}\left\{\frac{\partial\left\{\left(\alpha_i^* - \alpha_i\right) S\left[v(\boldsymbol{X} \cdot \boldsymbol{X}_i) + c\right] + b\right\}}{\partial x_j}\right\} \\ &= \frac{\sum_{i=1}^{l}\left\{\left(\alpha_i^* - \alpha_i\right) \cdot \partial S\left[v(\boldsymbol{X} \cdot \boldsymbol{X}_i) + c\right]\right\}}{\partial x_j} \\ &= \sum_{i=1}^{l} v\left(\alpha_i^* - \alpha_i\right) x_{i,j} S\left[v(\boldsymbol{X} \cdot \boldsymbol{X}_i) + c\right]\left\{1 - S\left[v(\boldsymbol{X} \cdot \boldsymbol{X}_i) + c\right]\right\}\end{aligned} \tag{2-44}$$

3) 基于 SVM 的响应面方法的计算步骤

传统的结构可靠度分析响应面方法由两个过程构成，即展开点附近局部响应面的重构和设计点的搜索。基于 SVM 的响应面方法采用 SVM 重构响应面，运用几何可靠度方法计算设计点和结构可靠度，步骤如下：

(1) 假定初始展开中心点 $\boldsymbol{X}(1) = (x_1(1), x_2(1), \cdots, x_n(1))$，一般取均值点。

(2) 通过有限元等方法计算功能函数在当前展开中点以及各展开点的功能函数值：$g(x_1(k), x_2(k), \cdots, x_n(k))$ 与 $g(x_1(k), x_2(k), \cdots, x_i(k) \pm f_{ci}, \cdots, x_n(k))$，其中 f 取值范围一般为 1~3，k 为迭代轮次。

(3) 将上述经验点数据做归一化处理。

(4) 将归一化后的 $2n+1$ 个样本点代入式(2-31)，求解二次规划问题，得到 α^*、α 以及 b 的值，从而求得 SVM 响应面方程(2-32)。

(5) 采用几何可靠度计算方法，偏导数可由式(2-35)~式(2-44)推求，计算验算点和可靠指标 β。

(6) 判断可靠指标 $|\beta(k) - \beta(k-1)|$ 和验算点处功能函数值 $|g(x_k)|$ 是否都满足给定的精度要求。如果条件满足，迭代结束，得到可靠指标；如果条件不满足，则计算新的展开点，并返回第 2 步，重新开始迭代计算。

参 考 文 献

[2-1] Ditlevsen O. Uncertainty Modeling[M]. New York: McGraw-Hill International Book Co., 1983.
[2-2] 赵衍刚, 江近仁. 结构可靠性分析中各类不确定性的综合处理方法[J]. 地震工程与工程振动, 1995, 15(4): 1-9.
[2-3] 姚继涛. 基于不确定性推理的既有结构可靠性评定[M]. 北京: 科学出版社, 2011.
[2-4] 邱晓刚, 段红, 谢旭, 等. 我国仿真学科研究的发展历程与展望[J]. 系统仿真学报, 2021, 33(5): 1008-1018.
[2-5] Jin W L, Luz E. Definition and measure of uncertainties in structural reliability analysis[C]//Proceedings of the 6th International Conference on Structural Safety and Reliability, Innsbruck, 1993: 297-300.

[2-6] 盛骤, 谢式千, 潘承毅. 概率论与数理统计[M]. 4版. 北京: 高等教育出版社, 2008.

[2-7] Zedeh L A. Knowledge representation in fuzzy logic[J]. IEEE Transactions on Knowledge and Data Engineering, 1989, 1(1): 89-100.

[2-8] 邓聚龙. 灰色系统基本方法[M]. 武汉: 华中理工大学出版社, 1987.

[2-9] 金伟良, 鄢飞, 张亮. 考虑混凝土碳化规律的钢筋锈蚀率预测模型[J]. 浙江大学学报(工学版), 2000, 34(2): 158-163.

[2-10] Jaynes E T. On the rationale of maximum entropy methods[J]. Proceedings of the TEEE, 1982, 70(9): 939-952.

[2-11] 金伟良, 李志远, 许晨. 基于相对信息熵的混凝土结构寿命预测方法[J]. 浙江大学学报(工学版), 2012, 46(11): 60-66.

[2-12] 刘严岩, 吴秀清. 基于广义相对信息熵的数据融合系统性能评估[J]. 系统仿真学报, 2006, 18(5): 1283-1285, 1296.

[2-13] Jin W L, Han J. Relativistic information entropy on uncertainty analysis[J]. China Ocean Engineering, 1996, 10(4): 391-400.

[2-14] McClloch W S, Pitts W. A logical calculus of the ideas immanent in nervous activity[J]. Bulletin of Mathematical Biology, 1943, 10(5): 115-133.

[2-15] Vapnik V N. Statistical Learning Theory[M]. New York: Wiley, 1998.

[2-16] Zhang H, Han Z. An improved sequential minimal optimization learning algorithm for regression support vector machine[J]. Journal of Software, 2003, 14(12): 2006-2013.

[2-17] Flake G W, Lawrence S. Efficient SVM regression training with SMO[J]. Machine Learning, 2002, 46(1-3): 271-290.

[2-18] 袁雪霞. 建筑施工模板支撑体系可靠性研究[D]. 杭州: 浙江大学, 2006.

第 3 章

可靠度计算方法

　　工程结构的可靠度可以采用可靠概率或者失效概率来表征。本章就结构可靠度和可靠指标等概念进行阐述，对可靠度的计算方法进行总结和归纳。对于可靠度计算中随机变量服从正态分布的情况，主要采用一次一阶矩方法和二次二阶矩方法来计算；而对于随机变量不服从正态分布的情况，可采用 R-F 方法、Rosenblatt 变换和 P-H 方法等，把非正态分布的随机变量转换为正态分布的随机变量来计算；对于随机变量 X 之间的关系不能采用显式表达时，可以采用响应面方法来建立显式方程进行计算。

第6章

可靠度计算方法

结构可靠性可采用可靠度来度量。结构可靠度定义为在规定的时间内和规定的条件下完成某种预定功能的概率。相反,如果结构不能完成某种预定的功能,则相应的概率可称为结构失效概率。结构的可靠与失效是两个互补相容事件。因此,结构的可靠度概率和失效概率是互补的[3-1]。在规定的条件下结构完成预定功能的安全概率用 P_s 表示;反之,如果结构不能完成预定的功能,则相应的概率称为结构的失效概率,表示为 P_f。结构的可靠与失效呈互补关系,即 $P_s + P_f = 1$。由于结构的失效属于小概率事件(P_f 往往小于 0.001),为了计算和表达上的方便,结构可靠度分析中常用结构的失效概率来度量结构的可靠性。

结构可靠度分析的核心问题是根据随机变量的统计特性和结构的极限状态方程计算结构的失效概率。

在结构可靠性分析中,结构的工作状态一般由功能函数加以描述,当有 n 个随机变量 $\boldsymbol{X} = (x_1, x_2, \cdots, x_n)^{\mathrm{T}}$ 影响结构可靠度时,结构的工作状态由式(3-1)表示:

$$Z = g(x_1, x_2, \cdots, x_n) \begin{cases} < 0, & \text{失效状态} \\ = 0, & \text{极限状态} \\ > 0, & \text{可靠状态} \end{cases} \quad (3\text{-}1)$$

设结构中基本随机变量 $\boldsymbol{X}$ 相应的联合概率密度函数为 $f(x_1, x_2, \cdots, x_n)$,结构功能函数如式(3-1)所示,按照结构可靠度的定义和概率论的基本原理,结构的失效概率可表示为

$$P_f = P(Z < 0) = \iint_{Z<0} \cdots \int f(x_1, x_2, \cdots, x_n) \mathrm{d}x_1 \mathrm{d}x_2 \cdots \mathrm{d}x_n \quad (3\text{-}2)$$

实际计算中,当功能函数有多个基本随机变量,极限状态函数为非线性和变量间不独立时,直接计算式(3-2)十分困难,甚至难以求解。因此,在通常情况下,人们并不采用这种直接积分解法,而用比较简单的近似方法。对所有的随机变量,仅考虑其数字特征值,用均值和方差来描述其统计特征。为此,引入了可靠指标 β,先求得可靠指标 β 再求相应的失效概率。

先假定功能函数 Z 服从正态分布,其均值为 μ_Z,方差为 σ_Z^2,则其概率密度函数为

$$f(z) = \frac{1}{\sigma_Z \sqrt{2\pi}} \exp\left[-\frac{1}{2}\left(\frac{z - \mu_Z}{\sigma_Z}\right)^2\right], \quad -\infty < z < \infty \quad (3\text{-}3)$$

结构的失效概率为图 3-1 中阴影部分的面积,其失效概率的表达式为

$$P_f = \int_{-\infty}^{0} f(z)\mathrm{d}z$$

$$= \frac{1}{\sigma_Z \sqrt{2\pi}} \int_{-\infty}^{0} \exp\left[-\frac{1}{2}\left(\frac{z-\mu_Z}{\sigma_Z}\right)^2\right]\mathrm{d}z$$

$$= \frac{1}{\sqrt{2\pi}} \int_{-\infty}^{\frac{\mu_Z}{\sigma_Z}} \exp\left(-\frac{t^2}{2}\right)\mathrm{d}t$$

$$= \Phi\left(-\frac{\mu_Z}{\sigma_Z}\right) \tag{3-4}$$

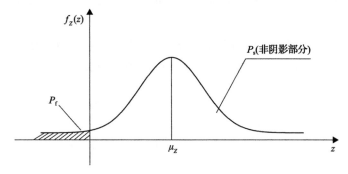

图 3-1　结构失效概率示意图

Fig. 3-1　Diagram of structure failure probability

引入符号 β，令

$$\beta = \frac{\mu_Z}{\sigma_Z} \tag{3-5}$$

则式(3-4)可以转化为

$$P_f = \Phi(-\beta) \tag{3-6}$$

那么，β 与可靠度的关系可以表示为

$$P_s = 1 - P_f = 1 - \Phi(-\beta) = \Phi(\beta) \tag{3-7}$$

式中，无量纲系数 β 就是可靠指标。

对于结构可靠度，可以表述为

$$P_f = P(Z < 0) = \int_{D_f} f(x)\mathrm{d}x \tag{3-8}$$

$$\beta = -\Phi^{-1}(P_f) \tag{3-9}$$

式中，$Z = G(\boldsymbol{X})$ 为极限状态函数，$Z < 0$ 为失效状态，$Z > 0$ 为安全状态，$Z = 0$ 为临界

状态；D_f 为与 $Z<0$ 相对应的失效区域；$f(x)$ 为随机变量 X 的联合概率密度函数。

这样，结构可靠度理论就需要解决如下四个问题：

(1) 设计中所涉及的各种参数，按随机理论处理成随机变量，并确定相应的概率分布(分布形式和统计参数)；当随机变量不是统计独立时，尚需确定其联合分布。这些属于统计分析方面的问题。

(2) 根据设计要求满足的各项功能，确定由基本变量和其他确定量构成的功能函数，建立相应的极限状态方程，即 $Z=G(X)$，$G(\cdot)$ 表示由多个极限状态函数组成的功能函数空间，$g(\cdot)$ 表示由单个极限状态函数组成的功能函数空间；$Z<0$，结构处于失效状态，$Z>0$，结构处于可靠状态，$Z=0$，结构处于临界状态(极限状态)。这是建立结构失效模型的问题。

(3) 在 D_f 内求解一个多维积分问题，得到相应的破坏概率。这是数值分析方面的问题。

(4) 对不同结构和相应的不同极限状态，将规定允许的失效概率值，这涉及经济和社会效益等方面。这是一个综合性的问题。

完全考虑上述四个问题的概率设计方法，称为水准(level)Ⅳ，而仅考虑前三个问题的方法称为水准Ⅲ，这是结构设计中较为理想的设计方面；经过不同的简化可以称为水准Ⅱ、水准Ⅰ等，现行的结构设计规范则尚处于水准Ⅱ状态。

3.1 一次二阶矩方法

一次二阶矩方法是指计算中用到了功能函数泰勒展开式的一次项和随机变量的前两阶矩(一阶矩 μ、二阶矩 σ)。常见的一次二阶矩法有中心点法[3-2]和验算点法。

1. 中心点法

对于结构的极限状态函数

$$Z = g(X) = g(x_1, x_2, \cdots, x_n) \tag{3-10}$$

式中，x_i 为随机变量。

(1) 当 Z 为线性函数时

$$Z = a_0 + \sum_{i=1}^{n} a_i x_i \tag{3-11}$$

式中，$a_i (i=0,1,2,\cdots,n)$ 为常数。由此可得 $\mu_Z = a_0 + \sum_{i=1}^{n} a_i \mu_{x_i}$，$\sigma_Z^2 = \sum_{i=1}^{n} a_i^2 \sigma_{x_i}^2$。随着 n 的增加，Z 的分布渐近于正态分布，所以

$$\beta = \frac{\mu_Z}{\sigma_Z} = \frac{a_0 + \sum_{i=1}^{n} a_i \mu_{x_i}}{\sqrt{\sum_{i=1}^{n} a_i^2 \sigma_{x_i}^2}}, \quad P_f = \Phi(-\beta) \tag{3-12}$$

(2) 当 Z 为非线性函数时，在中心点处将 Z 展开成泰勒级数，取线性项，即

$$Z \approx Z' = g(\mu_{x_1}, \mu_{x_2}, \mu_{x_3}, \cdots, \mu_{x_n}) + \sum_{i=1}^{n} \left. \frac{\partial g}{\partial x_i} \right|_{\mu_{x_i}} (x_i - \mu_{x_i}) \tag{3-13}$$

$$\mu_{Z'} = g(\mu_{x_1}, \mu_{x_2}, \cdots, \mu_{x_n}) \tag{3-14}$$

$$\sigma_{Z'}^2 = \sum_{i=1}^{n} \left(\left. \frac{\partial g}{\partial x_i} \right|_{\mu_{x_i}} \sigma_{x_i} \right)^2 \tag{3-15}$$

$$\beta = \frac{\mu_{Z'}}{\sigma_{Z'}} = \frac{g(\mu_{x_1}, \mu_{x_2}, \cdots, \mu_{x_n})}{\sqrt{\sum_{i=1}^{n} \left(\left. \frac{\partial g}{\partial x_i} \right|_{\mu_{x_i}} \sigma_{x_i} \right)^2}} \tag{3-16}$$

(3) 当 X 为非正态分布时，变换 $u_i = \dfrac{X_i - \mu_{x_i}}{\sigma_{x_i}}$，使 X 空间变换到 U 空间，按照中心极限定理，U 为正态空间，分下列情况进行分析。

① 若 $Z = R - S$，令 $\hat{R} = \dfrac{R - \mu_R}{\sigma_R}$，$\hat{S} = \dfrac{S - \mu_S}{\sigma_S}$，则有 $\sigma_R \hat{R} - \sigma_S \hat{S} + (\mu_R - \mu_S) = 0$。由此，原点到线性直线的最短距离为

$$\beta = \frac{\mu_R - \mu_S}{\sqrt{\sigma_R^2 + \sigma_S^2}} \tag{3-17}$$

② 若 R、S 均服从对数正态分布，极限状态方程（limit state function，LSF）表示为 $Z = \ln R - \ln S$，则 Z 服从正态分布，其均值和方差为

$$\mu_Z = \mu_{\ln R} - \mu_{\ln S} = \ln \frac{\mu_R}{\sqrt{1+\delta_R^2}} - \ln \frac{\mu_S}{\sqrt{1+\delta_S^2}} = \ln \left(\frac{\mu_R}{\mu_S} \sqrt{\frac{1+\delta_S^2}{1+\delta_R^2}} \right) \tag{3-18}$$

$$\sigma_Z^2 = \sigma_{\ln R}^2 + \sigma_{\ln S}^2 = \ln(1+\delta_R^2) + \ln(1+\delta_S^2) = \ln\left[(1+\delta_R^2)(1+\delta_S^2)\right] \tag{3-19}$$

$$\beta = \frac{\mu_{\ln R} - \mu_{\ln S}}{\sqrt{\sigma_{\ln R}^2 + \sigma_{\ln S}^2}} = \frac{\ln\left(\frac{\mu_R}{\mu_S}\sqrt{\frac{1+\delta_S^2}{1+\delta_R^2}}\right)}{\ln\left[\left(1+\delta_R^2\right)\left(1+\delta_S^2\right)\right]} \tag{3-20}$$

当 $\delta_R\left(=\frac{\sigma_R}{\mu_R}\right)$、$\delta_S\left(=\frac{\sigma_S}{\mu_S}\right)$ 均小于 0.3 或接近相等时，有

$$\beta = \frac{\ln(\mu_R/\mu_S)}{\sqrt{\delta_R^2 + \delta_S^2}} \tag{3-21}$$

结构可靠指标 β 和失效概率 P_f 的关系如表 3-1 所示。

表 3-1 可靠指标 β 和失效概率 P_f 的关系
Tab. 3-1 Relationship between reliability index β and failure probability P_f

β	1.0	1.5	2.0	2.5	3.0	3.5	4.0	5.0
P_f	1.587×10^{-1}	6.681×10^{-2}	2.275×10^{-2}	6.21×10^{-3}	1.35×10^{-4}	2.326×10^{-4}	3.167×10^{-5}	2.867×10^{-7}

(4) 评价。中心点法有如下特点：

① 计算简便，β 本身有明确的物理概念。

② 没有考虑变量的分布类型，因此就不能用"概率"这个合理的指标来度量结构的可靠程度，而实际上，变量的分布类型是有影响的。

③ 对于非线性问题，误差较大。

④ 对于同一问题的不同数学描述，其结果是不相等的，形成的原因是将非线性问题在中心点处线性化的结果。

2. 验算点法

为了克服中心点法存在的问题，将线性化点选在失效边界，并且是结构最大可能失效概率对应的设计验算点 P^*（坐标原点到极限状态曲面的距离最短的点）上，这样的一次二阶矩方法称为验算点法[3-3]，也称为改进的一次二阶矩方法，它是结构可靠指标计算方法的基础。

1) X 空间

选择设计验算点 $X^*\left(=(x_1^*, x_2^*, \cdots, x_n^*)^T\right)$，则得到线性化极限状态方程。

$$Z \approx Z' = g\left(x_1^*, x_2^*, \cdots, x_n^*\right) + \sum_{i=1}^n \left(x_i - x_i^*\right)\frac{\partial g}{\partial x_i}\bigg|_{X^*} = 0 \tag{3-22}$$

由于 X^* 位于失效边界上，则有

$$g\left(x_1^*, x_2^*, \cdots, x_n^*\right) = 0 \tag{3-23}$$

所以，有

$$\mu_{Z'} = \sum_{i=1}^{n}\left(\mu_{x_i} - x_i^*\right)\left.\frac{\partial g}{\partial x_i}\right|_{X^*}$$

$$\sigma_{Z'}^2 = \sum_{i=1}^{n}\left(\sigma_{x_i}\left.\frac{\partial g}{\partial x_i}\right|_{X^*}\right)^2$$

由于 $\sqrt{\sum_{i=1}^{n} x_i^2} = \dfrac{\sum_{i=1}^{n} x_i^2}{\sqrt{\sum_{i=1}^{n} x_i^2}} = \sum_{i=1}^{n} \phi_i x_i$，$\phi_i = \dfrac{x_i}{\sqrt{\sum_{i=1}^{n} x_i^2}}$，则

$$\sigma_{Z'}^2 = \sum_{i=1}^{n} \alpha_i \sigma_{x_i} \left.\frac{\partial g}{\partial x_i}\right|_{X^*}$$

式中，$\alpha_i = \dfrac{\sigma_{x_i}\left.\frac{\partial g}{\partial x_i}\right|_{X^*}}{\sqrt{\sum_{i=1}^{n}\left(\sigma_{x_i}\left.\frac{\partial g}{\partial x_i}\right|_{X^*}\right)^2}}$，称为灵敏系数，是第 i 个变量对整个标准差的相对影响，且有 $\sum_{i=1}^{n} \alpha_i^2 = 1$。

于是，有

$$\beta = \frac{\mu_{Z'}}{\sigma_{Z'}} = \frac{\sum_{i=1}^{n}\left(\mu_{x_i} - x_i^*\right)\left.\frac{\partial g}{\partial x_i}\right|_{X^*}}{\sum_{i=1}^{n} \alpha_i \sigma_{x_i} \left.\frac{\partial g}{\partial x_i}\right|_{X^*}} \tag{3-24}$$

或者可表示为

$$\sum_{i=1}^{n} \left.\frac{\partial g}{\partial x_i}\right|_{x_i} \left(\mu_{x_i} - x_i^* - \beta \alpha_i \sigma_{x_i}\right) = 0$$

即

$$\mu_{x_i} - x_i^* - \beta \alpha_i \sigma_{x_i} = 0, \qquad i = 1, 2, \cdots, n \tag{3-25}$$

上述方程组共有 n 个方程，未知数为 x_i^* 和 β，共 $n+1$ 个，需采用迭代法求解，具体求解步骤如下：

(1) 假定一个 β 值。

(2) 选取验算点的初值，一般取 $x_i^* = \mu_{x_i}$。

(3) 计算 $\left.\dfrac{\partial g}{\partial x_i}\right|_{X^*}$。

(4) 计算 α_i。

(5) 由 $x_i^* = \mu_{x_i} - \beta \alpha_i \sigma_i$，求得 x_i^*。

(6) 重复步骤(3)～(5)，使 $\left| x_i^{*(m+1)} - x_i^{*(m)} \right| < \varepsilon$。

(7) 将 x_i^* 代入 $Z(\boldsymbol{X})$，计算 $g(\boldsymbol{X}^*)$。

(8) 若 $g(\boldsymbol{X}^*) = 0$，且 $|\beta_n - \beta_{n-1}| < \varepsilon$，进入步骤(9)；否则，计算差值 $\dfrac{\Delta \beta}{\Delta g}$，并由 $\beta_{n+1} = \beta_n - g_n \cdot \dfrac{\Delta \beta}{\Delta g}$ 估计一个新的 β 值，重复步骤(3)～(7)，直至 $g(\boldsymbol{X}^*) \approx 0$。

(9) 由 $P_f = \Phi(-\beta)$ 计算失效概率。

2) $\boldsymbol{U}$ 空间的计算

令 $u_i = \dfrac{X_i - \mu_{X_i}}{\sigma_{X_i}}$，则有 $E(u_i) = 0$，则式(3-22)可表示为

$$Z' = g(\boldsymbol{u}^*) + \sum_{i=1}^{n} \left.\dfrac{\partial g}{\partial u_i}\right|_{U^*} (u_i - u_i^*) \tag{3-26}$$

计算 $\beta_{\min}$ 的命题，也可以在 $\boldsymbol{U}$ 空间以优化形式来表示，即使 $f(\boldsymbol{u}) \to \max$，条件是 $g(\boldsymbol{u}) < 0$。其中，$f(\boldsymbol{u})$ 为 $\boldsymbol{u}$ 的概率密度函数，所以条件可表述为 $\left| \boldsymbol{u}^T \boldsymbol{u} \right| \to \min$，则有 $f(\boldsymbol{u}) \to \max$。

$$f(\boldsymbol{u}) = \dfrac{1}{(2\pi)^{n/2}} \exp\left(-\dfrac{1}{2} \boldsymbol{u}^T \boldsymbol{u}\right)$$

因此，可以构造函数 $Z(\boldsymbol{u}) = f(\boldsymbol{u}) + \lambda g(\boldsymbol{u})$，$\lambda$ 为 Lagrang 系数，则有

$$\begin{cases} \dfrac{\partial g}{\partial \boldsymbol{u}} = f_u(\boldsymbol{u}) + \lambda g_u^T(\boldsymbol{u}) = 0 \\ \dfrac{\partial Z}{\partial \lambda} = g(\boldsymbol{u}) = 0 \end{cases}$$

其中

$$f_u(\boldsymbol{u}) = \left(\dfrac{\partial f}{\partial u_1}, \dfrac{\partial f}{\partial u_2}, \cdots, \dfrac{\partial f}{\partial u_n} \right)^T$$

$$f_u(\boldsymbol{u}) = -\boldsymbol{u} f(\boldsymbol{u})$$

$$g_u(\boldsymbol{u}) = \left(\frac{\partial g}{\partial u_1}, \frac{\partial g}{\partial u_2}, \cdots, \frac{\partial g}{\partial u_n}\right)$$

因此，有

$$-\boldsymbol{u}f(\boldsymbol{u}) + \lambda g_u^{\mathrm{T}}(\boldsymbol{u}) = 0 \Rightarrow \boldsymbol{u} = \lambda \frac{g_u^{\mathrm{T}}(\boldsymbol{u})}{f(\boldsymbol{u})}$$

当 $g(\boldsymbol{u}) = g(\boldsymbol{u}_0) + g_u(\boldsymbol{u}_0)(\boldsymbol{u} - \boldsymbol{u}_0)$ 时，有

$$\boldsymbol{u}^* = -\frac{g_u^{\mathrm{T}}(\boldsymbol{u})}{g_u(\boldsymbol{u})g_u^{\mathrm{T}}(\boldsymbol{u})}\left[g(\boldsymbol{u}) - g_u(\boldsymbol{u}) \cdot \boldsymbol{u}\right]$$

$$\boldsymbol{u}^* = \boldsymbol{\alpha}^{\mathrm{T}}\left[\frac{g(\boldsymbol{u})}{|g_u(\boldsymbol{u})|} + \boldsymbol{\alpha} \cdot \boldsymbol{u}\right] = \boldsymbol{\alpha}^{\mathrm{T}}\frac{g(\boldsymbol{u}_0)}{|g_u(\boldsymbol{u})|} + \boldsymbol{\alpha}^{\mathrm{T}}(\boldsymbol{\alpha} \cdot \boldsymbol{u}_0)$$

$$\beta = \left|\boldsymbol{u}^{*\mathrm{T}}\boldsymbol{u}^*\right|^{1/2}$$

于是，设计验算点的表达式为

$$\boldsymbol{u}^{(m+1)} = \boldsymbol{\alpha}^{\mathrm{T}}\frac{g\left(\boldsymbol{u}^{(m)}\right)}{|g_u(\boldsymbol{u})|} + \boldsymbol{\alpha}^{\mathrm{T}}\left(\boldsymbol{\alpha} \cdot \boldsymbol{u}^{(m)}\right) \tag{3-27}$$

其中，$\boldsymbol{\alpha} = -\dfrac{g_u(\boldsymbol{u})}{|g_u(\boldsymbol{u})|}$ 为方向余弦，$|g_u(\boldsymbol{u})| = \left(g_u(\boldsymbol{u}) \cdot g_u^{\mathrm{T}}(\boldsymbol{u})\right)^{1/2}$，$f_u(\boldsymbol{u})$ 和 $g_u(\boldsymbol{u})$ 分别为 $f(\boldsymbol{u})$ 和 $g(\boldsymbol{u})$ 的一阶导数。

由于 $\boldsymbol{u}^*$ 为 $Z=0$ 上的设计验算点，则有

$$\beta = \frac{-g_u^{\mathrm{T}}(\boldsymbol{u}^*) \cdot \boldsymbol{u}^*}{|g_u(\boldsymbol{u}^*)|} = \boldsymbol{\alpha} \cdot \boldsymbol{u}^* \tag{3-28}$$

或者 $\boldsymbol{u}^* = \beta\boldsymbol{\alpha}^{\mathrm{T}}$，$X_i^* = \mu_{X_i} + \alpha_i\beta\sigma_i$。

上述求解过程如下：

(1) 任选一个 $\boldsymbol{u}$。

(2) 计算 $\boldsymbol{\alpha}$、$|g_u(\boldsymbol{u}_0)|$、$g(\boldsymbol{u})$。

(3) 计算 $\boldsymbol{u}^{(m+1)} = \boldsymbol{\alpha}^{\mathrm{T}}\dfrac{g(\boldsymbol{u})}{|g_u(\boldsymbol{u})|} + \boldsymbol{\alpha}^{\mathrm{T}}(\boldsymbol{\alpha} \cdot \boldsymbol{u})$。

(4) 比较 $|\boldsymbol{u}^{(m+1)} - \boldsymbol{u}^{(m)}| < \varepsilon$，若不满足，则返回步骤(2)、(3)，否则，进入步骤(5)。

(5) $\beta = \left|\boldsymbol{u}^{\mathrm{T}}\boldsymbol{u}\right|^{1/2}$，$X^* = \mu_X + \boldsymbol{\alpha}\beta\sigma_X$。

与中心点法相比,验算点法有如下特点:
(1) 计算过程需要迭代,比较复杂,但验算点位于失效面上,有利于结构设计。
(2) 基本变量仅仅考虑了正态分布,而未考虑其他分布形式。
(3) 对于非线性问题,仍存在误差。
(4) 灵敏系数 α 可以表示该变量的重要程度。

3.2 二次二阶矩方法

1. Breitung 方法

Breitung 方法[3-4,3-5]是将随机变量经映射变换,在标准空间讨论此问题。设 Y 为独立标准正态随机变量,将功能函数 Z 在验算点处展开成泰勒级数,并取至一次项、二次项,分别得到

$$Z_L = g(\boldsymbol{y}^*) + (\boldsymbol{Y} - \boldsymbol{y}^*)^\mathrm{T} \nabla g(\boldsymbol{y}^*) \tag{3-29}$$

$$Z_Q = g(\boldsymbol{y}^*) + (\boldsymbol{Y} - \boldsymbol{y}^*)^\mathrm{T} \nabla g(\boldsymbol{y}^*) + \frac{1}{2}(\boldsymbol{Y} - \boldsymbol{y}^*)^\mathrm{T} \nabla^2 g(\boldsymbol{y}^*)(\boldsymbol{Y} - \boldsymbol{y}^*) \tag{3-30}$$

令单位向量

$$\boldsymbol{\alpha}_Y = -\frac{\nabla g(\boldsymbol{y}^*)}{\|\nabla g(\boldsymbol{y}^*)\|} \tag{3-31}$$

由于 $\beta = \dfrac{g(\boldsymbol{y}^*) - \sum\limits_{i=1}^{n} \dfrac{\partial g(\boldsymbol{y}^*)}{\partial Y_i} y_i^*}{\sqrt{\sum\limits_{i=1}^{n} \left[\dfrac{\partial g(\boldsymbol{y}^*)}{\partial Y_i}\right]^2}}$,且 $y_i^* = \beta \cos\theta_{Y_i}$,则式(3-30)可写为

$$Z_Q = \nabla g(\boldsymbol{y}^*) \left[\beta - \boldsymbol{\alpha}_Y^\mathrm{T} \boldsymbol{Y} - \frac{1}{2}(\boldsymbol{Y} - \beta\boldsymbol{\alpha}_Y)^\mathrm{T} \boldsymbol{Q}(\boldsymbol{Y} - \beta\boldsymbol{\alpha}_Y) \right] \tag{3-32}$$

式中

$$\boldsymbol{Q} = -\frac{\nabla^2 g(\boldsymbol{y}^*)}{\|\nabla g(\boldsymbol{y}^*)\|} \tag{3-33}$$

用 $\boldsymbol{\alpha}_X$ 构造一正交矩阵 $\boldsymbol{H}$,$\boldsymbol{H}^\mathrm{T}\boldsymbol{H} = \boldsymbol{I}$,$\boldsymbol{\alpha}_X$ 为 $\boldsymbol{H}$ 的某一列,取为第 n 列,作 $\boldsymbol{Y}$ 空间到 $\boldsymbol{U}$ 空间的正交变换,即

$$Y = HU \tag{3-34}$$

将式(3-34)代入式(3-32)，注意到 $\boldsymbol{\alpha}_X^{\mathrm{T}} \boldsymbol{H} \boldsymbol{U} = U_n \boldsymbol{H}^{\mathrm{T}}$，$\boldsymbol{\alpha}_X = (0, 0, \cdots, 0, 1)^{\mathrm{T}}$，可得

$$\begin{aligned} Z_Q &= \|\nabla g(\boldsymbol{y}^*)\| \left(\beta - U_n - \frac{1}{2} \boldsymbol{U}^{\mathrm{T}} \boldsymbol{H}^{\mathrm{T}} \boldsymbol{Q} \boldsymbol{H} \boldsymbol{U} \right) \\ &\approx \|\nabla g(\boldsymbol{y}^*)\| \left[\beta - U_n - \frac{1}{2} \boldsymbol{V}^{\mathrm{T}} (\boldsymbol{H}^{\mathrm{T}} \boldsymbol{Q} \boldsymbol{H})_{n-1} \boldsymbol{V} \right] \end{aligned} \tag{3-35}$$

式中，$(\boldsymbol{H}^{\mathrm{T}} \boldsymbol{Q} \boldsymbol{H})_{n-1}$ 为 $\boldsymbol{H}^{\mathrm{T}} \boldsymbol{Q} \boldsymbol{H}$ 划去第 n 行和第 n 列后的 $n-1$ 阶矩阵，$\tilde{\boldsymbol{U}} = (U_1, U_2, \cdots, U_{n-1}, U_n - \beta)^{\mathrm{T}} = (\boldsymbol{V}^{\mathrm{T}}, U_n)^{\mathrm{T}}$。

Y 的联合概率密度函数为

$$f(\boldsymbol{y}) = \varphi_n(\boldsymbol{y}) = \prod_{i=1}^n \varphi_i(y_i) = \frac{1}{(2\pi)^{n/2}} \exp\left(-\frac{\boldsymbol{y}^{\mathrm{T}} \boldsymbol{y}}{2} \right) \tag{3-36}$$

将式(3-34)代入式(3-36)，可得

$$f(\boldsymbol{u}) = \varphi_n(\boldsymbol{u}) = \frac{1}{(2\pi)^{n/2}} \exp\left(-\frac{\boldsymbol{u}^{\mathrm{T}} \boldsymbol{u}}{2} \right) \tag{3-37}$$

结构的失效概率为

$$P_{\mathrm{f}} = \int_{g(\boldsymbol{y}) \leqslant 0} f(\boldsymbol{y}) \mathrm{d}\boldsymbol{y} = \int_{g(\boldsymbol{u}) \leqslant 0} f(\boldsymbol{u}) \mathrm{d}\boldsymbol{u} \tag{3-38}$$

对于式(3-35)，根据式(3-37)和式(3-38)，二次二阶矩方法的失效概率为

$$\begin{aligned} P_{\mathrm{f}Q} &= \int_{Z_\ell \leqslant 0} f_{\tilde{U}}(\tilde{\boldsymbol{u}}) \mathrm{d}\tilde{\boldsymbol{u}} = \iint_{Z_\ell \leqslant 0} \varphi_{n-1}(\boldsymbol{V}) \varphi_n(u_n) \mathrm{d}\boldsymbol{V} \mathrm{d}u_n \\ &= \int_{-\infty}^{+\infty} \varphi_{n-1}(\boldsymbol{V}) \int_{u_n \geqslant \beta - \frac{1}{2} \boldsymbol{V}^{\mathrm{T}} (\boldsymbol{H}^{\mathrm{T}} \boldsymbol{Q} \boldsymbol{H})_{n-1} \boldsymbol{V}} \varphi_n(u_n) \mathrm{d}u_n \mathrm{d}\boldsymbol{V} \\ &= \int_{-\infty}^{+\infty} \varphi_{n-1}(\boldsymbol{V}) \Phi\left[-\beta + \frac{1}{2} \boldsymbol{V}^{\mathrm{T}} (\boldsymbol{H}^{\mathrm{T}} \boldsymbol{Q} \boldsymbol{H})_{n-1} \boldsymbol{V} \right] \mathrm{d}\boldsymbol{V} \end{aligned} \tag{3-39}$$

令 $t = \frac{1}{2} \boldsymbol{V}^{\mathrm{T}} (\boldsymbol{H}^{\mathrm{T}} \boldsymbol{Q} \boldsymbol{H})_{n-1} \boldsymbol{V}$，将 $\ln \Phi(t - \beta)$ 在 $t = 0$ 处泰勒展开并取至一次项，得

$$\ln \Phi(t - \beta) \approx \ln \Phi(-\beta) + \frac{\varphi(\beta)}{\Phi(-\beta)} t \approx \ln \Phi(-\beta) + \beta t \tag{3-40}$$

式(3-40)又可写成

$$\Phi(t-\beta) \approx \Phi(-\beta)\exp(\beta t) \tag{3-41}$$

将式(3-41)代入式(3-39)，可得

$$\begin{aligned}P_{fQ} &\approx \int_{-\infty}^{+\infty}\varphi_{n-1}(V)\Phi(-\beta)\exp\left[\frac{1}{2}\beta V^{\mathrm{T}}\left(\boldsymbol{H}^{\mathrm{T}}\boldsymbol{Q}\boldsymbol{H}\right)_{n-1}V\right]\mathrm{d}V \\ &= \Phi(-\beta)\int_{-\infty}^{+\infty}\frac{1}{(2\pi)^{(n-1)/2}}\times\exp\left\{-\frac{1}{2}V^{\mathrm{T}}\left[\boldsymbol{I}-\beta\left(\boldsymbol{H}^{\mathrm{T}}\boldsymbol{Q}\boldsymbol{H}\right)_{n-1}\right]V\right\}\mathrm{d}V\end{aligned} \tag{3-42}$$

将式(3-42)中的被积函数与均值为 0、协方差矩阵为 $\left[\boldsymbol{I}-\left(\boldsymbol{H}^{\mathrm{T}}\boldsymbol{Q}\boldsymbol{H}\right)_{n-1}\right]^{-1}$ 的正态联合概率密度函数进行对比，式(3-42)可简化为

$$P_{fQ} \approx \frac{\Phi(-\beta)}{\sqrt{\det\left[\boldsymbol{I}-\beta\left(\boldsymbol{H}^{\mathrm{T}}\boldsymbol{Q}\boldsymbol{H}\right)_{n-1}\right]}} \tag{3-43}$$

只要求得一次二阶矩方法的可靠指标，就可以由式(3-43)得到二次二阶矩方法的失效概率：

$$P_{fQ} \approx \frac{\Phi(-\beta)}{\sqrt{\prod_{i=1}^{n-1}(1-\beta\kappa_i)}} \tag{3-44}$$

式中，κ_i 为实对称矩阵 $\left(\boldsymbol{H}^{\mathrm{T}}\boldsymbol{Q}\boldsymbol{H}\right)_{n-1}$ 的特征值，近似描述了极限状态曲面在第 i 个方向的主曲率。

上述推导过程可采用下列计算步骤：

(1) 采用一次二阶矩方法计算可靠指标。

(2) 计算单位向量 $\boldsymbol{\alpha}_Y = -\dfrac{\nabla g(\boldsymbol{y}^*)}{\|\nabla g(\boldsymbol{y}^*)\|}$，见式(3-31)。

(3) 确定正交矩阵 $\boldsymbol{H}$，见式(3-34)。

(4) 计算 $\boldsymbol{Q}$，式(3-33)。

(5) 计算失效概率，见式(3-42)。

2. Laplace 渐近方法

Laplace 渐近方法用到了非线性功能函数的二阶偏导数，属于二次二阶矩方法。当 Y 为独立标准正态分布时，结构的失效概率为

$$P_f = \int_{g(\boldsymbol{y})\leq 0}\varphi_n(\boldsymbol{y})\mathrm{d}\boldsymbol{y} = \int_{g(\boldsymbol{y})\leq 0}\frac{1}{(2\pi)^{n/2}}\exp\left(-\frac{\boldsymbol{y}^{\mathrm{T}}\boldsymbol{y}}{2}\right)\mathrm{d}\boldsymbol{y} \tag{3-45}$$

利用 Laplace 渐近方法计算上述多重积分时，用到了含有大参数的 Laplace 型积分：

$$I(\lambda) = \int_{g(x) \leqslant 0} p(x) \exp\left[\lambda^2 h(x)\right] \mathrm{d}x \tag{3-46}$$

积分式(3-46)的性质完全由被积函数最大值位置邻域内的性质决定，如果函数 $h(x)$、$g(x)$ 连续二阶可微，$p(x)$ 连续，$h(x)$ 仅在积分域的边界上的一点 x^* 取极大值，则式(3-46)可近似表示为

$$I(\lambda) \approx \frac{(2\pi)^{(n-1)/2} p(x^*) \exp\left[\lambda^2 h(x^*)\right]}{\lambda^{n+1} \sqrt{|J|}} \tag{3-47}$$

式中

$$J = \left[\nabla h(x^*)\right]^{\mathrm{T}} B(x^*) \nabla h(x^*) \tag{3-48}$$

矩阵 $B(x^*)$ 为矩阵 $C(x^*)$ 的伴随矩阵。

$$C(x^*) = \nabla^2 h(x^*) - \frac{\|\nabla h(x^*)\|}{\|\nabla g(x^*)\|} \nabla^2 g(x^*) \tag{3-49}$$

选取一个大数 $\lambda(\lambda \to +\infty)$，做变换

$$Y = \lambda V \tag{3-50}$$

该变换的雅可比行列式为 $\det J_{YV} = \lambda^n$。

将式(3-50)代入式(3-45)，可得

$$P_\mathrm{f} = \int_{g(\lambda V) \leqslant 0} \frac{\lambda^n}{(2\pi)^{n/2}} \exp\left(-\frac{\lambda^2 v^{\mathrm{T}} v}{2}\right) \mathrm{d}v \tag{3-51}$$

式(3-51)也为式(3-46)所示的 Laplace 型积分，且 $p(V) = \dfrac{\lambda^n}{(2\pi)^{n/2}}$，$h(V) = -\dfrac{1}{2} V^{\mathrm{T}} V$。

如果功能函数二次可导，式(3-51)的渐近积分值为

$$P_{\mathrm{f}Q} = \frac{1}{\sqrt{2\pi} \lambda \sqrt{|J_1|}} \exp\left(-\frac{\lambda^2 v^{*\mathrm{T}} v^*}{2}\right) \tag{3-52}$$

式中

$$J_1 = \left[\nabla h(v^*)\right]^{\mathrm{T}} B_1(v^*) \nabla h(v^*) = v^{*\mathrm{T}} B_1(v^*) v^* = \frac{1}{\lambda^2} y^{*\mathrm{T}} B_1(v^*) y^* \tag{3-53}$$

矩阵 $\boldsymbol{B}_1(\boldsymbol{v}^*)$ 为矩阵 $\boldsymbol{C}_1(\boldsymbol{v}^*)$ 的伴随矩阵。

$$\boldsymbol{C}_1(\boldsymbol{v}^*) = \nabla^2 h(\boldsymbol{v}^*) - \frac{\|\nabla h(\boldsymbol{v}^*)\|}{\|\nabla g(\boldsymbol{v}^*)\|} \nabla^2 g(\boldsymbol{v}^*) \tag{3-54}$$

将式(3-54)代入式(3-52)，可得

$$P_{fQ} = \frac{1}{\sqrt{2\pi}\sqrt{|\boldsymbol{J}|}} \exp\left(-\frac{\boldsymbol{y}^{*T}\boldsymbol{y}^*}{2}\right) = \frac{\varphi(\beta)}{\sqrt{|\boldsymbol{J}|}} \tag{3-55}$$

式中

$$\boldsymbol{J} = \boldsymbol{y}^{*T}\boldsymbol{B}(\boldsymbol{y}^*)\boldsymbol{y}^* \tag{3-56}$$

而 $\boldsymbol{B}(\boldsymbol{y}^*) = \boldsymbol{B}_1(\boldsymbol{v}^*)$ 为 $\boldsymbol{C}(\boldsymbol{y}^*) = \boldsymbol{C}_1(\boldsymbol{v}^*)$ 的伴随矩阵。

$$\begin{aligned}\boldsymbol{C}(\boldsymbol{y}^*) &= -\boldsymbol{I} - \frac{\frac{1}{\lambda}\|\boldsymbol{y}^*\|}{\lambda\|\nabla g(\boldsymbol{y}^*)\|}\lambda^2 \nabla^2 g(\boldsymbol{y}^*) \\ &= -\boldsymbol{I} - \frac{\beta}{\|\nabla g(\boldsymbol{y}^*)\|}\nabla^2 g(\boldsymbol{y}^*)\end{aligned} \tag{3-57}$$

考虑到 β 一般为比较大的正值，$\varphi(\beta) \approx \beta\varPhi(-\beta)$，式(3-55)又可写成

$$P_{fQ} \approx \varPhi(-\beta)\frac{\beta}{\sqrt{|\boldsymbol{J}|}} \tag{3-58}$$

上述推导过程可采用下列计算步骤：

(1) 计算 β、$\boldsymbol{y}^*$ 和 $\boldsymbol{x}^*$。
(2) 计算 $\nabla g(\boldsymbol{y}^*)$，见式(3-31)。
(3) 计算 $\boldsymbol{C}(\boldsymbol{y}^*)$，见式(3-57)。
(4) 计算 $\boldsymbol{B}(\boldsymbol{y}^*)$，$\boldsymbol{B}(\boldsymbol{y}^*) = \boldsymbol{C}^{-1}\det\boldsymbol{C}$。
(5) 计算 $\boldsymbol{J}$，见式(3-56)。
(6) 计算 P_{fQ}，见式(3-58)。

3. 最大熵法

1948 年，Shannon 将热力学概念引入信息论。若随机变量有 n 个可能结果，每个结果出现的概率为 P_i，为度量此事件的不确定性，引入下列函数：

$$H = -c\sum_{i=1}^{n} P_i \ln P_i \tag{3-59}$$

式中，c 为大于 0 的常数，因此 $H>0$。H 称为 Shannon 熵。必然事件只出现一种结果，$p_i=1$，没有不确定性，此时 $H=0$。

若随机事件 X 服从概率密度函数为 $f(x)$ 的连续分布，Shannon 熵为

$$H = -c\int_{-\infty}^{+\infty} f(x)\ln f(x)\mathrm{d}x \tag{3-60}$$

Shannon 熵在事件发生前是该事件不确定性的度量，在事件发生后是人们从该事件中得到的信息的度量，所以它是事件不确定性或信息量的度量。

在给定的条件下，所有可能的概率分布中存在一个使信息熵取极大值的分布，称为 Jaynes 最大熵原理。在已知的信息附加约束条件下使信息熵最大，所得到的概率分布是最小偏见的，由此可得到一种构造"最佳"概率分布的途径。

考虑将随机变量 X 的前 m 阶原点矩作为约束条件，即在满足下式条件下使信息熵最大：

$$\mu_{x_i} = E(x^i) = \int_{-\infty}^{+\infty} x^i f(x)\mathrm{d}x \tag{3-61}$$

采用 Lagrange 乘子法，利用式(3-60)和式(3-61)，引进修正的函数

$$L = -c\int_{-\infty}^{+\infty} f(x)\ln f(x)\mathrm{d}x + \sum_{i=0}^{m} \lambda_i \left[\int_{-\infty}^{+\infty} x^i f(x)\mathrm{d}x - \mu_{x_i}\right] \tag{3-62}$$

在稳定点处有 $\dfrac{\partial L}{\partial f(x)} = 0$，即 $\ln f(x) = -1 + \dfrac{1}{c}\sum_{i=0}^{m}\lambda_i x^i$，令 $a_0 = 1 - \dfrac{\lambda_0}{c}$，$a_i = -\dfrac{\lambda_i}{c}$ ($i=1,2,\cdots,m$)，可得最大熵概率密度函数为

$$f(x) = \exp\left(-\sum_{i=0}^{m} a_i x^i\right) \tag{3-63}$$

式(3-62)等价于给定 X 的中心矩，即

$$\mu_{X_i} = E\left[(X-\mu_X)^i\right] = \int_{-\infty}^{+\infty}(x-\mu_X)^i f(x)\mathrm{d}x, \quad i=0,1,\cdots,m \tag{3-64}$$

通常可以得到 X 的前四阶中心矩，即

$$\begin{cases} \mu_{X0} = 1 \\ \mu_{X1} = 0 \\ \mu_{X2} = \sigma_X^2 \\ \mu_{X3} = C_{sX}\sigma_X^3 \\ \mu_{X4} = C_{kX}\sigma_X^3 \end{cases} \tag{3-65}$$

式中，C_{sX} 为偏态系数；C_{kX} 为峰度系数。

在 Pearson 系统中，认为随机变量 X 的概率密度函数 $f_X(x)$ 由下面的常微分方程确定：

$$\frac{1}{f(x)}\frac{\mathrm{d}f(x)}{\mathrm{d}x} = \frac{x-d}{c_0 + c_1 x + c_2 x^2} \tag{3-66}$$

将式(3-66)积分，可以得到一个曲线族。

式(3-66)即 Pearson 曲线族的一般形式，其中的参数可用 X 的前四阶中心矩表示，即

$$\begin{cases} c_0 = -\dfrac{\mu_{X2}\left(4\mu_{X2}\mu_{X4} - 3\mu_{X3}^2\right)}{10\mu_{X2}\mu_{X4} - 12\mu_{X3}^2 - 18\mu_{X2}^3} \\ c_1 = -\dfrac{\mu_{X3}\left(3\mu_{X2}^2 + \mu_{X4}\right)}{10\mu_{X2}\mu_{X4} - 12\mu_{X3}^2 - 18\mu_{X2}^3} \\ c_2 = -\dfrac{2\mu_{X2}\mu_{X4} - 3\mu_{X3}^2 - 6\mu_{X2}^3}{10\mu_{X2}\mu_{X4} - 12\mu_{X3}^2 - 18\mu_{X2}^3} \\ d = c_1 \end{cases} \tag{3-67}$$

曲线族的各阶中心矩存在以下递推关系：

$$\mu_{X(k+1)} = -\frac{k}{1+(k+2)c_2}\left(c_0\mu_{X(k-1)} + c_1\mu_{Xk}\right), \quad k=1,2,\cdots \tag{3-68}$$

各阶中心矩可能相差极为悬殊，故将 X 转换为标准随机变量 $Y = \dfrac{X - \mu_X}{\sigma_X}$，以免在计算时溢出中断求解。$X$ 和 Y 的各阶中心矩存在如下关系：

$$\begin{aligned}\mu_{X_i} &= E\left[(X - \mu_X)^i\right] = E\left[(\sigma_X Y)^i\right] \\ &= \sigma_X^i E(Y^i) = \sigma_X^i \mu_{Yi} = \sigma_X^i \nu_{Yi}, \quad i = 0,1,\cdots,m\end{aligned} \tag{3-69}$$

利用式(3-68)和式(3-69)，注意到 $\mu_Y = 0$，$\sigma_Y = 1$，$\nu_{Yi} = \mu_{Yi}$，Y 的前四阶中心矩为

$$\begin{cases} \nu_{Y0} = 1 \\ \nu_{Y1} = 0 \\ \nu_{Y2} = 1 \\ \nu_{Y3} = C_{sY} = C_{sX} \\ \nu_{Y4} = C_{kY} = C_{kX} \end{cases} \tag{3-70}$$

对于标准随机变量 Y，确定 Pearson 系统参数的式(3-67)可写成

$$\begin{cases} c_0 = -\dfrac{4C_{kY} - 3C_{sY}^2}{10C_{kY} - 12C_{sY}^2 - 18} \\ c_1 = -\dfrac{C_{sY}(3 + C_{kY})}{10C_{kY} - 12C_{sY}^2 - 18} \\ c_2 = -\dfrac{2C_{kY} - 3C_{sY}^2 - 6}{10C_{kY} - 12C_{sY}^2 - 18} \\ d = c_1 \end{cases} \tag{3-71}$$

式(3-69)只要将其中的 X 换成 Y，可用于递推更高阶的中心矩。

设结构的功能函数为 $Z = g(\boldsymbol{X})$，其中 $\boldsymbol{X} = (x_1, x_2, \cdots, x_n)^{\mathrm{T}}$，$x_i$ 的统计参数为 μ_{x_i}、v_{x_i}、C_{sx_i}、C_{kx_i}，前四阶中心距为 μ_{x_i1}、μ_{x_i2}、μ_{x_i3}、μ_{x_i4}。

将 Z 在验算点处进行泰勒展开并取至二次项，可得

$$Z_Q = g_{\boldsymbol{X}}(\boldsymbol{x}^*) + (\boldsymbol{X} - \boldsymbol{x}^*)\nabla g(\boldsymbol{x}^*) + \frac{1}{2}(\boldsymbol{X} - \boldsymbol{x}^*)^{\mathrm{T}} \nabla^2 g(\boldsymbol{x}^*)(\boldsymbol{X} - \boldsymbol{x}^*) \tag{3-72}$$

由式(3-72)可计算 Z_Q 的前四阶中心矩分别为

$$\mu_{Z_Q 1} = E(Z_Q) = g(\mu_X) + \frac{1}{2} \sum_{i=1}^{n} \frac{\partial^2 g(\mu_X)}{\partial x_i^2} \mu_{x_i 2} \tag{3-73}$$

$$\begin{aligned}\mu_{Z_Q 2} &= \sigma_{Z_Q}^2 = E\left[(Z_Q - \mu_{Z_Q})^2\right] \\ &= \sum_{i=1}^{n} \left[\frac{\partial g(\mu_X)}{\partial x_i}\right]^2 \mu_{x_i 2} + \sum_{i=1}^{n} \frac{\partial g(\mu_X)}{\partial x_i} \frac{\partial^2 g(\mu_X)}{\partial x_i^2} \mu_{x_i 3} \\ &\quad + \frac{1}{4} \sum_{i=1}^{n} \left[\frac{\partial^2 g(\mu_X)}{\partial x_i^2}\right]^2 (\mu_{x_i 4} - 3\mu_{x_i 2}^2) \\ &\quad + \frac{1}{2} \sum_{i=1}^{n} \sum_{j=1}^{n} \left[\frac{\partial^2 g(\mu_X)}{\partial x_i \partial x_j}\right]^2 \mu_{x_i 2} \mu_{x_j 2}\end{aligned} \tag{3-74a}$$

$$\begin{aligned}\mu_{Z_Q 3} &= E\left[(Z_Q - \mu_{Z_Q})^3\right] \\ &= \sum_{i=1}^{n} \left[\frac{\partial g(\mu_X)}{\partial x_i}\right]^3 \mu_{x_i 3} + \frac{3}{2} \sum_{i=1}^{n} \left[\frac{\partial g(\mu_X)}{\partial x_i}\right]^2 \frac{\partial^2 g(\mu_X)}{\partial x_i^2} (\mu_{x_i 4} - 3\mu_{x_i 2}^2) \\ &\quad + 3 \sum_{i=1}^{n} \sum_{j=1}^{n} \frac{\partial g(\mu_X)}{\partial x_i} \frac{\partial g(\mu_X)}{\partial x_j} \frac{\partial^2 g(\mu_X)}{\partial x_i \partial x_j} \mu_{x_i 2} \mu_{x_j 2}\end{aligned} \tag{3-74b}$$

$$\mu_{Z_Q 4} = E\left[\left(Z_Q - \mu_{Z_Q}\right)^4\right]$$

$$= \sum_{i=1}^{n}\left[\frac{\partial g(\mu_X)}{\partial x_i}\right]^4 \left(\mu_{x_i 4} - 3\mu_{x_i 2}^2\right) \tag{3-74c}$$

$$+ 3\sum_{i=1}^{n}\sum_{j=1}^{n}\left[\frac{\partial g(\mu_X)}{\partial x_i}\right]^2 \left[\frac{\partial g(\mu_X)}{\partial x_j}\right]^2 \mu_{x_i 2}\mu_{x_j 2}$$

将 Z 标准化为 $Z = \dfrac{Z - \mu_Z}{\sigma_Z}$，满足约束条件的随机变量 Y 的最大熵概率密度函数 $f(y)$ 仍为式(3-63)的形式。将式(3-73)和式(3-74)代入式(3-61)得积分方程组

$$\int_{-\infty}^{+\infty} y^i \exp\left(-\sum_{j=0}^{m} a_j y^j\right) dy = \mu_{Yi}, \quad i = 0, 1, \cdots, m \tag{3-75}$$

从中可以解得 $f(y)$ 中的系数。

结构的失效概率为

$$P_f = P(Z \leqslant 0) = P\left(Y \leqslant -\frac{\mu_Z}{\sigma_Z}\right) = \int_{-\infty}^{-\frac{\mu_Z}{\sigma_Z}} \exp\left(-\sum_{j=0}^{m} a_j y^j\right) dy \tag{3-76}$$

上述推导过程可采用下列计算步骤：
(1) 计算 μ_{Z_Q}，见式(3-73)。
(2) 计算 $\mu_{Z_Q i}$，见式(3-74)。
(3) 计算 C_{sZ}、C_{kZ}，见式(3-65)。
(4) 计算 v_{Yi}，见式(3-70)。
(5) 计算高阶 μ_{Yi}，见式(3-75)。
(6) 求解 a_i，见式(3-63)。
(7) 计算 P_f，见式(3-76)。

4. 最佳平方逼近方法

若两个随机变量的各阶矩应相等，则它们具有相同的概率分布和特征值。只要在给定的内积空间内，以各阶矩为约束条件，就可以得到概率密度函数多项式的待定系数，从而确定 Z 的概率分布形式，并得到结构的失效概率。

设函数 $f(x)$ 在区间 $[a,b]$ 上连续，$p_i(x)(i=0,1,\cdots,m)$ 为区间 $[a,b]$ 上 $m+1$ 个线性无关的连续函数，用其线性组合 $p(x) = \sum_{i=0}^{m}\lambda_i p_i(x)$ 逼近 $f(x)$，使积分 $I = \int_a^b [p(x) - f(x)]^2 \rho(x) dx$ 具有极值，其中 $\lambda_i(i=0,1,\cdots,m)$ 为系数，$\rho(x)$ 是区间 $[a,b]$ 上的权函数，此即最佳平方逼近问题。

由多元函数取极值的必要条件 $\dfrac{\partial I}{\partial \lambda_i}=0$，可得确定系数的线性方程组为

$$\int_a^b \sum_{i=0}^m [\lambda_i p_i(x)-f(x)]p_j(x)\rho(x)\mathrm{d}x=0, \qquad j=0,1,\cdots,m \tag{3-77}$$

或写成

$$\boldsymbol{A\lambda}=\boldsymbol{b} \tag{3-78}$$

其中，矩阵 $\boldsymbol{A}$ 的元素和向量 $\boldsymbol{b}$ 的分量分别为

$$A_{ij}=\int_a^b p_i(x)p_j(x)\rho(x)\mathrm{d}x=0, \qquad i,j=0,1,\cdots,m \tag{3-79}$$

$$b_i=\int_a^b f(x)p_i(x)\rho(x)\mathrm{d}x=0, \qquad i=0,1,\cdots,m \tag{3-80}$$

矩阵 $\boldsymbol{A}$ 是 $m+1$ 阶非奇异矩阵，故式(3-77)有唯一解。

设随机变量 X 的概率密度函数为 $f(x)$，若取 $p_i(x)=x^i$，$\rho(x)=1$，则由式(3-78)～式(3-80)可得

$$A_{ij}=\dfrac{b^{i+j+1}-a^{i+j+1}}{i+j+1}, \qquad i,j=0,1,\cdots,m \tag{3-81}$$

$$b_i=v_{Xi}, \qquad i=0,1,\cdots,m \tag{3-82}$$

若 X 的各阶原点矩 v_{Xi} 已知，则可由式(3-77)解出 $\lambda_i(i=0,1,\cdots,m)$，得到最佳平方逼近多项式 $p(x)$，于是

$$f(x)\approx p(x)=\sum_{i=0}^m \lambda_i x^i \tag{3-83}$$

$$P_\mathrm{f}\approx \int_a^{-\frac{\mu_Z}{\sigma_Z}} \sum_{i=0}^m \lambda_i y^i \mathrm{d}y=\sum_{i=0}^m \dfrac{\lambda_i}{i+1}\left[\left(-\dfrac{\mu_Z}{\sigma_Z}\right)^{i+1}-a^{i+1}\right] \tag{3-84}$$

上述推导过程可采用下列计算步骤：

(1) 计算 μ_{Z_Q}，见式(3-73)。
(2) 计算 $\mu_{Z_Q i}$，见式(3-74)。
(3) 计算 C_{sZ} 和 C_{kZ}，见式(3-65)。
(4) 计算 v_{Yi}，见式(3-70)。
(5) 计算高阶 μ_{Yi}，见式(3-75)。
(6) 计算 $\boldsymbol{A}$ 和 $\boldsymbol{b}$，见式(3-78)。
(7) 计算 A_{ij} 和 b_i，见式(3-81)、式(3-82)。

(8) 求解 λ，见式(3-83)。

(9) 计算 P_f，见式(3-84)。

3.3 随机变量不服从正态分布的可靠度计算

工程结构可靠度计算中的随机变量不一定总服从正态分布，而可靠指标的定义是以随机变量服从正态分布为前提的。因此，当随机变量不满足正态分布时，通常需要进行变换才能求解可靠指标。将随机变量转换为正态随机变量的方法通常有以下几种。

1. R-F 方法

R-F (Rackwitz & Fiessler) 方法[3-6]的出发点是为了解决随机变量的任意分布问题。为此，该方法提出下列条件：①在设计验算点处，$F(x^*)=F_{正态}(x^*)$，变换前后的概率分布函数相等；②在设计验算点处，$f(x^*)=f_{正态}(x^*)$，变换前后的概率密度函数相等。在此条件下，可以在正态变量条件下，按验算点法计算 β 和 P_f。

于是，由条件①得

$$F(x_1) = P(X \leqslant x_i^*) = \Phi\left(\frac{x_i^* - \bar{X}_i}{\sigma'_{X_i}}\right) \Rightarrow \frac{x_i^* - \mu_{X_i}}{\sigma'_{X_i}} = \Phi^{-1}\left[F(x_i^*)\right]$$

由条件②得

$$f(x_i^*) = f'(x_i) = \frac{\mathrm{d}}{\mathrm{d}x}F(x_i^*) = \frac{1}{\sigma'_{X_i}}\Phi\left(\frac{x_i^* - \mu_{X_i}}{\sigma'_{X_i}}\right) \Rightarrow f(x_i^*) = \frac{1}{\sigma'_{X_i}}\Phi\left\{\Phi^{-1}\left[F(x_i^*)\right]\right\}$$

因此，有

$$\begin{cases} \sigma_{X_i} = \varphi\left\{\Phi^{-1}\left[F(x_i^*)\right]/f(x_i^*)\right\} \\ \mu_{X_i} = x_i^* - \sigma_{X_i}\Phi^{-1}\left[F(x_i^*)\right] \end{cases}$$

上述推导过程可采用下列计算步骤：

(1) 假定 β。

(2) 对所有的 i 值，选取设计验算点的初值，$x_i^* = \mu_{X_i}$。

(3) 计算 σ'_{X_i}、μ_{X_i}。

(4) 计算 $\left.\dfrac{\partial g}{\partial x_i}\right|_{X_i}$。

(5) 计算灵敏系数 α_i。

(6) 计算 $x_i^* = \mu_{X_i} - \beta\alpha_i\sigma_{X_i}$。

(7) 重复步骤(3)~(6)，使得 $\left|x_i^{*(m+1)} - x_i^{*(m)}\right| < \varepsilon$。

(8) 计算满足 $g\left(x_i^*\right)=0$ 条件的 β 值。

(9) 重复步骤(3)~(8)，使得 $\left|\beta^{(n+1)}-\beta^{(n)}\right|<\varepsilon$，$\beta_{n+1}=\beta_n-g_n\cdot\dfrac{\Delta\beta}{\Delta g}$。

2. Rosenblatt 变换

Rosenblatt 变换[3-7]的出发点是为了解决任意分布且具有相关性的随机变量问题。通过条件概率原理，将非正态随机变量变换为独立标准正态随机变量。

条件：①相关 dependent→不相关 independent；②任意分布→标准正态；③验算点法计算 β 和 P_f。

由条件①得，若 r_i 为一个独立的标准正态变量。则有 $\boldsymbol{R}=\boldsymbol{TX}$，其中，$\boldsymbol{T}$ 为 Rosenblatt 变换。

$$\begin{cases} r_1 = P(X_1 \leqslant x_1) = F_1(x_1) \\ r_2 = P(X_2 \leqslant x_2 \mid X_1 = x_1) = F_2(x_2 \mid x_1) \\ \vdots \\ r_n = P(X_n \leqslant x_n \mid X_1 = x_1, \cdots, X_{n-1} = x_{n-1}) = F_n(x_n \mid x_1, \cdots, x_{n-1}) \end{cases} \tag{3-85}$$

其中，$r_i \in [0,1]$，$i=1,2,\cdots,n$。

条件概率密度函数为

$$f_i = (x_i \mid x_1, \cdots, x_{n-1}) = \frac{f_{X_i}(x_1, \cdots, x_i)}{f_{X_{n-1}}(x_1, \cdots, x_{n-1})}$$

其中

$$f_{X_i}(x_1, \cdots, x_i) = \int_{-\infty}^{\infty} \cdots \int_{-\infty}^{\infty} f_X(x_1, x_2, \cdots, x_n) \mathrm{d}x_{i+1} \cdots \mathrm{d}x_n$$

$$F_i(x_i \mid x_1, \cdots, x_{i-1}) = \frac{\int_{-\infty}^{x_i} f_{X_i}(x_1, \cdots, x_{i-1}, t) \mathrm{d}t}{f_{X_{i-1}}(x_1, \cdots, x_{i-1})}$$

于是，通过求逆方法(Invert)可得

$$\begin{cases} x_1 = F_1^{-1}(r_1) \\ x_2 = F_2^{-1}(r_2 \mid x_1) \\ \vdots \\ x_n = F_n^{-1}(r_n \mid x_1, \cdots, x_{n-1}) \end{cases} \tag{3-86}$$

上述求逆方法通常需要由数值方法来完成，实际应用有一定的困难，这里存在着 $r_i = F_i(x_i \mid x_1, \cdots, x_{i-1})$ 具有 $i!$ 种可能方式，例如，$n=2$ 时，有

$$F_{X_1 X_2}(x_1, x_2) = f_{X_1}(x_1) f_{X_2|X_1}(x_2 | x_1) = f_{X_2}(x_2) f_{X_1|X_2} \tag{3-87}$$

很明显,这种自由组合方式将导致求解 X 的差异。

但是幸运的是,条件概率密度函数或分布函数在实际工程中并不总是已知的,更多的是一些估计或相关关系可以被使用,特殊地,当 X_i 是独立分布变量时,有 $x_i = F_i^{-1}(r_i)$ 是一一对应的。

Rosenblatt 变换可以将一种变量分布转换到另一种变量分布,即有

$$\begin{cases} F_1(u_1) = r_1 = F_1(x_1) \\ F_2(u_2 | u_1) = r_2 = F_2(x_2 | x_1) \\ \quad\quad \vdots \\ F_n(u_n | u_1, \cdots, u_{n-1}) = r_n = F_n(x_n | x_1, \cdots, x_{n-1}) \end{cases} \tag{3-88}$$

特别地,当 $\boldsymbol{u}$ 是独立标准正态分布变量时,有

$$\begin{cases} x_1 = F_1^{-1}[\Phi(u_1)] \\ x_2 = F_2^{-1}[\Phi(u_2) | x_1] \\ \quad\quad \vdots \end{cases} \tag{3-89}$$

求逆可得

$$\begin{cases} u_1 = \Phi^{-1}[F_1(x_1)] \\ u_2 = \Phi^{-1}[F_2(x_2 | x_1)] \\ \quad\quad \vdots \end{cases} \tag{3-90}$$

在 $\boldsymbol{U}$ 空间中,有

$$\frac{\partial g}{\partial u_i}(\boldsymbol{u}) = \sum_{j=1}^{n} \frac{\partial g}{\partial x_j} \boldsymbol{J}_{ij} \tag{3-91}$$

其中,$\boldsymbol{J}_{ij}$ 为雅可比矩阵,其逆矩阵为

$$\boldsymbol{J}_{ij}^{-1} = \frac{\partial g_j}{\partial x_j} = \begin{cases} 0 \\ \dfrac{f_i(x_i | x_1, \cdots, x_{i-1})}{\Phi(u_i)} \\ \dfrac{\dfrac{\partial F_i}{\partial x_j}(x_i | x_1, \cdots, x_{i-1})}{\Phi(u_i)} \end{cases} \tag{3-92}$$

于是,对于线性极限状态方程,两者之间的关系为

$$x^{(m+1)} = x^{(m)} + \boldsymbol{J}\left(u^{(m+1)} - u^{(m)}\right) \tag{3-93}$$

通过上述变换以后，就可以采用验算点法来计算 β 和 P_f，通常，这是一个迭代求解的过程。

上述推导过程可采用下列计算步骤：

(1) 假定验算点的初值 $y^{*(0)}$。
(2) 计算 x_i^*。
(3) 计算可靠指标 β。
(4) 计算 α_{Yi}。
(5) 计算新的验算点 $y^{*(1)}$。
(6) 判断误差是否满足要求，满足则计算结束，否则转步骤(2)继续迭代。

3. P-H 法

P-H(Paloheimo-Hannus)法[3-8]介于中心点法和验算点法之间，其基本出发点是：①任意分布的随机变量；②多个随机变量的极限状态函数。

若极限状态函数为 $g(\boldsymbol{X})$，则有

$$\frac{\partial g}{\partial x_1} > 0, \quad P(x_1 \leqslant x_1^*) = F_{X_i}(x_1^*) = P_\mathrm{f}$$

$$\frac{\partial g}{\partial x_1} < 0, \quad P(x_1 > x_1^*) = 1 - F_{X_i}(x_1^*) = P_\mathrm{f}$$

其中，$F_{X_i}(\cdot)$ 为随机变量 X_i 的概率分布函数。则 x_1 可由 P_f 或 $1-P_\mathrm{f}$ 确定的分位点 x_1^t。于是，对于 $\frac{\partial g}{\partial x_1}\big|_{X^*} > 0$，则 $x_1^* = \mu_{x_1} - \beta_1 \sigma_{x_1}$；对于 $\frac{\partial g}{\partial x_1}\big|_{X^*} < 0$，则 $x_1^* = \mu_{x_1} + \beta_1 \sigma_{x_1}$。$\beta$ 可由极限状态函数 $g(\boldsymbol{X}) = 0$ 求得。

对于多变量情况，认为 x_i^* 一般不在分位点上，可采用 α_i 作为加权系数以调整各变量的影响，故得 $x_i^* = \mu_{x_i} - \alpha_i \beta_i \sigma_i$，而

$$\alpha_i = \frac{\pm \frac{\partial g}{\partial x_i}\big|_{X^*} \cdot (\beta_i \sigma_{x_i})}{\sqrt{\sum_{i=1}^{n}\left(\frac{\partial g}{\partial x_i}\big|_{X^*} \cdot (\beta_i \sigma_{x_i})\right)^2}}$$

$$\beta_i = \begin{cases} (\mu_{x_i} - \beta_i \sigma_{x_i}) = P_\mathrm{f}, & \frac{\partial g}{\partial x_i}\big|_{X^*} > 0 \\ (\mu_{x_i} + \beta_i \sigma_{x_i}) = 1 - P_\mathrm{f}, & \frac{\partial g}{\partial x_i}\big|_{X^*} < 0 \end{cases}$$

上述推导过程可采用下列计算步骤：

(1) 假定 β，计算 $P_f = \Phi(-\beta)$，$1-P_f$，令 $X^* = \mu_X$。

(2) 计算 $\left.\dfrac{\partial g}{\partial x_i}\right|_{X^*}$。

(3) 计算 β_i。

$$\beta_i = \begin{cases} \dfrac{\mu_{x_1} - F_{X_1}^{-1}(P_f)}{\sigma_{x_i}}, & \left.\dfrac{\partial g}{\partial x_i}\right|_{X^*} > 0 \\ -\dfrac{\mu_{x_1} - F_{X_1}^{-1}(1-P_f)}{\sigma_{x_i}}, & \left.\dfrac{\partial g}{\partial x_i}\right|_{X^*} < 0 \end{cases}$$

(4) 计算 α。

(5) 计算 x_i^*。

(6) 重复步骤 (3)～(6)，使得 $\left|x_i^{*(m+1)} - x_i^{*(m)}\right| < \varepsilon$。

(7) 检验 $g(x_1^*) = 0$，调整 β 值，重复步骤 (3)，进行迭代计算。

修正的 P-H 法[3-9]是在 P-H 法基础上，用当量正态化随机变量 x_i' 代替 x_i，且具有

$$\mu_{x_i'} = \mu_{x_i}, \qquad \sigma_{x_i'} = \begin{cases} \dfrac{\beta_i^-}{\beta}\sigma_{x_i}, & \left.\dfrac{\partial g}{\partial x_i}\right|_{x_i^*} > 0 \\ \dfrac{\beta_i^+}{\beta}\sigma_{x_i}, & \left.\dfrac{\partial g}{\partial x_i}\right|_{x_i^*} < 0 \end{cases} \qquad (3\text{-}94)$$

3.4 响应面方法

在复杂结构中，当功能函数 $g(X)$ 与随机变量 X 之间的关系不能显式表达时，选用一个适当的明确表达的函数来近似表示功能函数 $g(X)$，也就是，通过尽可能少的一系列确定性的有限的数值来拟合一个响应面以代替未知的真实的极限状态曲面，从而可以用任何已知的各种方法计算可靠度(图 3-2)，这就是响应面方法，是由 Box 和 Wilson[3-10]提出和应用的。

响应面方法是统计学的综合试验技术，采用推断的方法对极限状态方程在验算点附近进行重构。用响应面方法重构复杂结构的近似功能函数，就是设计一系列变量值，每一组变量值组成一个试验点，然后逐点进行结构数值计算得到对应的一系列功能函数值，通过这些变量值和功能函数值来重构一个明确表达的函数关系，以此函数关系为基础计算结构的可靠度或失效概率[3-11,3-12]。

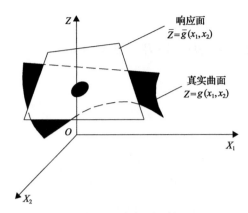

图 3-2 响应面函数

Fig. 3-2 Responding surface function

对于 n 个随机变量 $x_1, x_2, \cdots, x_n$ 的情况，大量的研究成果表明，为兼顾简单性、灵活性及计算效率与精度要求，响应面解析表达式的形式通常取不含交叉项的二次多项式，即

$$\bar{Z} = \bar{g}(\boldsymbol{X}) = a + \sum_{i=1}^{n} b_i x_i + \sum_{i=1}^{n} c_i x_i^2 \qquad (3\text{-}95)$$

式中，a、b_i、c_i 均为待定系数，总计 $2n+1$ 个待定系数。

每一组随机设计变量 $x_1, x_2, \cdots, x_n$ 都对应一个响应 $\bar{g}(\boldsymbol{X})$，为了确定公式右端 a、b_i、c_i ($i=1, 2, \cdots, n$) 总计 $2n+1$ 个待定系数，可以用 $2n+1$ 组试验，确定 $2n+1$ 组响应 $\bar{g}(\boldsymbol{X})$，然后求解线性方程组，可以求得 a、b_i、c_i ($i=1, 2, \cdots, n$)，从而确定结构的极限状态方程。

拟合结构的极限状态函数是响应面方法的关键，通过变量值和功能函数值来拟合一个明确表达式的函数关系，以此函数为基础计算可靠指标或者失效概率。应用传统响应面方法来重构近似功能函数，求得验算点 $\boldsymbol{X}^*$ 及可靠指标 β，可按如下步骤进行：

(1) 假定初值点 $\boldsymbol{X}^{(0)} = \left(x_1^{(0)}, x_2^{(0)}, \cdots, x_n^{(0)} \right)$，一般取均值点。

(2) 利用有限元数值模拟方法求出功能函数的值：$g^{(\boldsymbol{X}^{(0)})} = g\left(x_1^{(0)}, x_2^{(0)}, \cdots, x_n^{(0)} \right)$ 和 $g^{(\boldsymbol{X}^{(i)})} = g\left(x_1^{(0)}, \cdots, x_1^{(0)} \pm f\sigma_i, \cdots, x_n^{(0)} \right)$，从而得到 $2n+1$ 个点值，其中 f 在首次迭代计算中取 3，以后的迭代计算中取 1。

①将 $2n+1$ 个点值代入式(3-95)中，解 $2n+1$ 元方程组，求得 $2n+1$ 个待定系数 a、b_i、c_i，从而得到二次多项式近似的功能函数；由功能函数，利用 JC 法求解验算点 $\boldsymbol{X}^{*(k)}$ 及可靠指标 $\beta^{(k)}$。

②判断收敛条件

$$\left| \beta^{(k+1)} - \beta^{(k)} \right| < \varepsilon \qquad (3\text{-}96)$$

若不满足，则用插值法得到新的初值点，即

$$X_M^{(k)} = X^{(k)} + \left(X^{*(k)} - X^{(k)}\right)\frac{g\left(X^{(k)}\right)}{g\left(X^{(k)}\right) - g\left(X^{*(k)}\right)} \tag{3-97}$$

③将 $X_M^{(k)}$ 代入步骤(2)进行下一次迭代,直至满足设定的收敛条件。

在响应面方法的极限状态函数重构中,根据第一轮的试验结果,重构一个二次函数表达式粗糙近似功能函数,然后以满足收敛条件为判别标准,展开得到新的初值点,利用新的试验结果,对重构的功能函数不断调整,使初值点逐渐向验算点靠近,满足收敛条件的表达式即代表真正的曲面在验算点附近的性态。目前的响应面方法并不局限于多项式方法,还可以通过人工智能方法(如神经网络法、支持向量机方法等)来构造响应面。

参 考 文 献

[3-1] 赵国藩, 金伟良, 贡金鑫. 结构可靠度理论[M]. 北京: 中国建筑工业出版社, 2000.

[3-2] Cornell C A. A probability-based structural code[J]. ACI Journal, 1969, 66(12): 974-985.

[3-3] Hasofer A M, Lind N C. Exact and invariant second-moment code format[J]. Journal of the Engineering Mechanics Division, 1974, 100(1): 111-121.

[3-4] Breitung K. Asymptotic approximations for multinormal integrals[J]. Journal of Engineering Mechanics, 1984, 110(3): 357-366.

[3-5] Breitung K. Asymptotic Approximations for Probability Integrals[M]. Berlin: Springer-Verlag, 1994.

[3-6] Rackwitz R, Fiessler B. Structural reliability under combined random load sequences[J]. Computers and Structures, 1978, 9: 489-494.

[3-7] Rosenblatt M. Remarks on a multivariate transformation[J]. The Annals of Mathematical Statistics, 1952, 23: 470-472.

[3-8] Paloheimo E, Hannus M. Structural design based on weighted fractiles[J]. Journal of the Structural Division, 1974, 100(ST7): 1367-1378.

[3-9] 赵国藩, 王恒栋. 广义随机空间内的结构可靠度实用分析方法[J]. 土木工程学报, 1996, 29(4): 47-51.

[3-10] Box G E P, Wilson K G. On the experimental attainment of optimum conditions[J]. Journal of Royal Statistics Society, 1951, 13: 1-45.

[3-11] 金伟良, 袁雪霞. 基于LS-SVM的结构可靠度响应面分析方法[J]. 浙江大学学报(工学版), 2007, 41(1): 44-47.

[3-12] 金伟良, 唐纯喜, 陈进. 基于SVM的结构可靠度分析响应面方法[J]. 计算力学学报, 2007, 24(6): 713-718.

第 4 章

可靠度数值模拟方法

可靠度的数值模拟方法是可靠度计算的一种重要方法。本章介绍随机数的产生方法、Monte Carlo 法、提高模拟效率的方差缩减技术、可靠度重要抽样法(包括复合重要抽样法、V 空间的重要抽样法和 SVM 重要抽样法)。

Monte Carlo 法也称为随机抽样法、概率模拟法或统计试验法,是通过随机模拟来对客观现象进行研究的一种方法[4-1]。该方法是依据统计抽样理论,利用电子计算机研究随机变量的数值计算方法。它以概率论和数理统计理论为基础,被一些物理学家以位于法国与意大利接壤的闻名于世的赌城 Monte Carlo 命名,以此来表示其随机性的特征。

Monte Carlo 法的基本思想是,若已知状态变量的概率分布,根据结构的极限状态方程 $Z = g(x_1, x_2, \cdots, x_n) = 0$,利用 Monte Carlo 法产生符合状态变量概率分布的一组随机数 $x_1, x_2, \cdots, x_n$,将随机数代入极限状态方程计算得到状态函数的一个随机数,如此用同样的方法产生 N 个状态函数的随机数。如果 N 个状态函数的随机数中有 M 个小于或等于 1,或小于或等于零,当 N 足够大时,根据大数定律,此时的频率已近似于概率,因而可得失效概率为

$$P_\text{f} = P\{g_X(x_1, x_2, \cdots, x_n) \leqslant 0\} = \frac{M}{N} \tag{4-1}$$

如果需要,还可由已得的 N 个 $g(X)$ 值来求均值 μ_g 和标准差 σ_g,从而得到可靠指标 β。

Monte Carlo 法是利用基本变量的概率分布产生一组随机的样本,代入极限状态函数来判定结构是否失效,最后求出结构的失效概率,具有如下特点:

(1) 模拟的熟练速度与基本随机变量的维数无关。
(2) 极限状态函数的复杂程度与模拟工程无关。
(3) 无须将极限状态方程线性化和随机变量"当量正态"化,具有直接解决问题的能力。
(4) 数值模拟的误差可容易确定,从而确定模拟的次数和精度。
(5) 对于失效破坏概率的情况,模拟数目会相当大。

前四个特点是可靠度计算中其他方法所不具备的,而随着计算机的发展,第五个特点就不怎么突出了。因此,模拟方法在此后会得到了更加迅速的发展。

但是,在实际问题的应用中,Monte Carlo 法必须考虑:

(1) 发展一个基本变量 X 数值"抽样"的系统方法。
(2) 选择一个适当的(appropriate)既经济又可靠的模拟技术或"抽样策略"。
(3) 考虑所采用模拟技术对计算极限状态函数和基本变量复杂性的效应。
(4) 对于一个给定的模拟技术,能够确定"抽样"数目,以使达到合理的效应。
(5) 能够允许基本变量之间的全部或局部相关性的问题。

4.1 Monte Carlo 法

工程结构的破坏概率可以表示为

$$P_\text{f} = P\{G(X) < 0\} = \int_{D_\text{f}} f(X)\text{d}x \tag{4-2}$$

其结构的可靠指标为

$$\beta = \Phi^{-1}(1-P_{\mathrm{f}}) \tag{4-3}$$

式中，$X = (x_1, x_2, \cdots, x_n)^{\mathrm{T}}$ 为具有 n 维随机变量的向量；$f(X) = f(x_1, x_2, \cdots, x_n)$ 为基本随机变量 X 的联合概率密度函数，当 X 为一组相互独立的随机变量时，有 $f(x_1, x_2, \cdots, x_n) = \prod_{i=1}^{n} f(x_i)$；$G(X)$ 为一组结构的极限状态函数，当 $G(X) < 0$ 时，意味着结构发生破坏，反之，结构处于安全；D_{f} 为与 $G(X)$ 相对应的失效区域；$\Phi(\cdot)$ 为标准正态分布的累积概率函数。

于是，用 Monte Carlo 法表示的式(4-2)可写为

$$\hat{P}_{\mathrm{f}} = \frac{1}{N} \sum_{i=1}^{N} I\left[G(\hat{X}_i)\right] \tag{4-4}$$

式中，N 为抽样模拟数目；当 $G(\hat{X}_i) < 0$ 时，$I[G(\hat{X}_i)] = 1$，反之，$I[G(\hat{X}_i)] = 0$；^表示抽样值。所以，式(4-4)的抽样方差为

$$\hat{\sigma}^2 = \frac{1}{N} \hat{P}_{\mathrm{f}}(1 - \hat{P}_{\mathrm{f}}) \tag{4-5}$$

当选取 95% 的置信度来保证 Monte Carlo 法的抽样误差时，有

$$\left|\hat{P}_{\mathrm{f}} - P_{\mathrm{f}}\right| \leq z_{\alpha/2} \cdot \hat{\sigma} = 2\sqrt{\frac{\hat{P}_{\mathrm{f}}(1-\hat{P}_{\mathrm{f}})}{N}} \tag{4-6}$$

或者以相对误差 ε 来表示，有

$$\varepsilon = \frac{\left|\hat{P}_{\mathrm{f}} - P_{\mathrm{f}}\right|}{P_{\mathrm{f}}} < 2\sqrt{\frac{1-\hat{P}_{\mathrm{f}}}{N\hat{P}_{\mathrm{f}}}} \tag{4-7}$$

考虑到 $\hat{P}_{\mathrm{f}}$ 通常是一个小量，则式(4-7)可以近似表示为

$$\varepsilon = \frac{2}{\sqrt{N\hat{P}_{\mathrm{f}}}} \quad \text{或} \quad N = \frac{4}{\hat{P}_{\mathrm{f}} \varepsilon^2} \tag{4-8}$$

当给定 $\varepsilon = 0.2$ 时，抽样模拟数目 N 就必须满足

$$N = 100 / \hat{P}_{\mathrm{f}} \tag{4-9}$$

这就意味着抽样模拟数目 N 与 $\hat{P}_{\mathrm{f}}$ 成反比；当 $\hat{P}_{\mathrm{f}}$ 是一个小量，即 $\hat{P}_{\mathrm{f}} = 10^{-3}$ 时，$N = 10^5$ 才能获得对 P_{f} 的足够可靠的估计；而工程结构的破坏概率通常是较小的，这说明 N 必须足够大才能给出正确的估计。很明显，这样直接的 Monte Carlo 法很难应用于实际工程结构可靠分析中，只有利用方差减缩技术，降低抽样模拟数目 N，才能使 Monte Carlo 法在可靠

性分析中得以应用。

4.1.1 随机数的产生

随机数的产生(random number generation)有以下几种方法。

1. 线性乘同余法

1) 乘同余法

$$x_i = ax_{i-1}(\bmod m), \quad r_i = x_i / m \tag{4-10}$$

式中，a 为乘子；m 为模；$\bmod m$ 为除以 m 以后取余数；r_i 为 $[0,1]$ 内均匀分布的随机数。

2) 混合同余法

$$x_i = ax_{i-1} + c(\bmod m) \tag{4-11}$$

式中，c 为增量 x_i 和 x_{i+1} 之间的相关系数，其上界为 $\dfrac{1}{a} - \left(\dfrac{bc}{am}\right)\left(1 - \dfrac{c}{m}\right) + \dfrac{a}{m}$，$a$、$c$、$m$ 均为整数。当 $c=0$ 时，$a=\sqrt{m}$，其上界为最小。

2. 广义同余法

$$x_i = g(x_{i-1}, x_{i-2}, \cdots)(\bmod m), \quad r_i = x_i / m \tag{4-12}$$

式中，$g(x_{i-1}, x_{i-2}, \cdots)$ 为确定性函数；x_i 为 $[0, m-1]$ 内的整数；r_i 为 $[0,1]$ 内的均匀随机数。

若 $x_i = a^1 x_{i-1}^2 + ax_{i-1} + c(\bmod m)$，则称为二次同余法。

若 $x_i = a_1 x_{i-1} + a_2 x_{i-2} + \cdots + a_g x_{i-g}(\bmod m)$，则称为加固余法。

3. 随机数序列

1) 不重叠的多个随机数序列

赋予不同的初值，使产生的数列互不重叠。

2) 对偶随机数序列

对于两个序列 $x_i = ax_{i-1}(\bmod m)$，$r_i = x_i/m$，$x_i' = ax_{i-1}'(\bmod m)$，$r_i' = x_i'/m$，需满足

$$x_i' = m - x_i, \quad r_i' = 1 - r_i \tag{4-13}$$

3) 反序随机数序列

对于两个序列 $x_i = ax_{i-1}(\bmod m)$，$x_i = a'x_{i-1}(\bmod m)$，需满足

$$a' = a^{c-1}(\bmod m) \tag{4-14}$$

式中，c 为随机数序列的周期长度。

4.1.2 随机数序列的检验

当用一种方法产生一个随机数序列后,并不能保证这个序列的随机性,还需要检验其与真正的[0,1]区间上均匀分布的随机数性质是否有显著差异。如果差异显著,则以这种随机数发生器产生的随机数为基础的随机变量得到的样本就不能反映该随机变量的性质,从而无法得到可靠的随机模拟结果。

需要指出的是,若所产生的伪随机数序列通过某种随机性检验,只是说它与随机数的性质和规律不矛盾,尚不能拒绝它,并不是说它们已经具有随机数的性质与规律。因此,检验所产生的伪随机数序列时,通过的检验越多,随机数序列就越靠得住。随机数的检验方法有:

(1) 参数检验。检验其分布参数的观察值与理论值的差异显著性。

(2) 均匀性检验,又称频率检验。意在检验伪随机数的经验频率与理论频率的差异是否显著。

(3) 独立性检验。即检验所产生的伪随机数的独立性和统计相关是否异常。

(4) 组合规律检验。按随机数出现的先后次序,根据一定的规律组合,检验其组合的观察值与理论值是否有显著差异。

(5) 无连贯性检验。检测随机序列各数字的出现是否具有连贯现象(如连续上升或连续下降)。

4.1.3 非均匀随机数的产生

1. 反变换法

对于分布函数 $F(x)$ 的连续随机数 x,若存在 $(0,1)$ 内的均匀随机数 R,则产生 x 的反变换式为

$$F(x) = r, \quad x = F^{-1}(r) \tag{4-15}$$

即 $F(x)$ 是严格单调的递增函数,其反函数存在,有

$$P(X \leqslant x) = P\left[F^{-1}(R) \leqslant x\right] = P[R \leqslant F(x)] \approx F(x) \tag{4-16}$$

式中,对于 $[a,b]$ 内的随机数,$x = a + (b-a)r$,$r \sim [0,1]$。

2. 舍选抽样法

设随机数的概率密度函数 $f(x)$ 有界,其取值区间为 $[a,b]$,即有

$$c = \max\{f(x) | a \leqslant x \leqslant b\} \tag{4-17}$$

步骤:(1) 产生 $[a,b]$ 内的随机数 x。

(2) 产生 $[0,c]$ 内的随机数 y。

(3) 当 $y \leqslant f(x)$ 时，接受 x 为所需随机数。

(4) 反之，重复步骤(1)~(3)。

条件：(1) $f(x)$ 曲线下的面积占矩形面积的比例大一些有利。

(2) 适用于反函数不易求得的情形，符合条件的抽样才能被采用。

4.2 方差缩减技术

Monte Carlo 法的特点是明显的，但是实际工程的结构破坏概率通常在小于 10^{-3} 量级的范畴时，Monte Carlo 法的抽样模拟数目就会相当大，占据大量的计算时间，这是该方法在结构可靠度分析中面临的主要问题。因此，实际应用 Monte Carlo 法时往往需要采用一些抽样技巧缩减方差[4-2]，从而减少模拟次数。

方差缩减技术是一种十分重要的方法，又可以分为对偶抽样、条件期望抽样、重要抽样、分层抽样、控制变数和相关抽样等[4-2]。

4.2.1 对偶抽样技巧

假若 $\boldsymbol{U}$ 是一组在[0,1]区间内均匀分布的样本，且相应的基本随机变量为 $\boldsymbol{X}(\boldsymbol{U})$，$\boldsymbol{X}$ 服从概率密度函数 $f(x_1, x_2, \cdots, x_n)$ 的分布，于是，也存在 $\boldsymbol{I}-\boldsymbol{U}$ 和 $\boldsymbol{X}(\boldsymbol{I}-\boldsymbol{U})$，并且与 $\boldsymbol{U}$ 和 $\boldsymbol{X}(\boldsymbol{U})$ 呈负相关，那么式(4-4)的模拟估计为

$$\hat{P}_\mathrm{f} = \frac{1}{2}\left[\hat{P}_\mathrm{f}(\boldsymbol{U}) + \hat{P}_\mathrm{f}(\boldsymbol{I}-\boldsymbol{U})\right] \tag{4-18}$$

很明显，式(4-18)是 P_f 的无偏估计，且模拟估计的方差为

$$\begin{aligned}\operatorname{Var}\left(\hat{P}_\mathrm{f}\right) &= \frac{1}{4}\left\{\operatorname{Var}[\hat{P}_\mathrm{f}(\boldsymbol{U})] + \operatorname{Var}\left[\hat{P}_\mathrm{f}(\boldsymbol{I}-\boldsymbol{U})\right] + 2\operatorname{cov}\left[\hat{P}_\mathrm{f}(\boldsymbol{U}), \hat{P}_\mathrm{f}(\boldsymbol{I}-\boldsymbol{U})\right]\right\} \\ &< \frac{1}{4}\left\{\operatorname{Var}\left[\hat{P}_\mathrm{f}(\boldsymbol{U})\right] + \operatorname{Var}\left[\hat{P}_\mathrm{f}(\boldsymbol{I}-\boldsymbol{U})\right]\right\} = \frac{1}{2}\hat{\sigma}^2\end{aligned} \tag{4-19}$$

式中，$\hat{P}_\mathrm{f}(\boldsymbol{U})$ 与 $\hat{P}_\mathrm{f}(\boldsymbol{I}-\boldsymbol{U})$ 呈负相关，$\operatorname{cov}\left[\hat{P}_\mathrm{f}(\boldsymbol{U}), \hat{P}_\mathrm{f}(\boldsymbol{I}-\boldsymbol{U})\right] < 0$。因此，模拟估计方差总是要小于直接 Monte Carlo 法的抽样方差。应当看到，对偶抽样技巧并不改变原来的抽样模拟估计过程，只是利用了抽样子样的负相关性，使得抽样模拟数目 N 减少。因此，将对偶抽样技巧与其他方差减缩技巧相结合会进一步提高抽样模拟效率。

4.2.2 条件期望抽样技巧

假设存在一个基本随机变量 x_i，就有条件期望 $E\left(P_\mathrm{f} \mid x_i\right)$，并且这也是一个随机变量，那么其抽样模拟估计为

$$E\left[E\left(P_\mathrm{f} \mid x_i\right)\right] = \hat{P}_\mathrm{f} \tag{4-20}$$

相应的模拟估计方差为

$$\begin{aligned}
\operatorname{Var}[E(P_f|x_i)] &= E[E(P_f|x_i)]^2 - P_f^2 \\
&= E\{E[(P_f|x_i)^2] - \operatorname{cov}(P_f|x_i)\} + [\operatorname{Var}(\hat{P}_f) - E(\hat{P}_f^2)] \\
&= \operatorname{Var}(\hat{P}_f) - E[\operatorname{Var}(P_f|x_i)] + E\{E[(P_f|x_i)^2] - \hat{P}_f^2\}
\end{aligned} \quad (4\text{-}21)$$

由于 $E(\hat{P}_f^2)$ 中 $\hat{P}_f^2$ 是期望估计的变量，则有

$$\begin{aligned}
E(\hat{P}_f^2) &= \int \hat{P}_f^2 f_{P_f}(X) \mathrm{d}X = \int_{x_i} \left[\int_{P_f|x_i} (P_f|x_i)^2 f_{P_f|x_i}(Y) \mathrm{d}Y \right] f_{x_i}(x) \mathrm{d}x \\
&= E\left[\int_{P_f|x_i} (P_f|x_i)^2 f_{P_f|x_i}(Y) \mathrm{d}Y \right] \\
&= E[E(P_f|x_i)^2]
\end{aligned} \quad (4\text{-}22)$$

式中，$Y = (x_1, x_2, \cdots, x_{i-1}, x_{i+1}, \cdots, x_n)^\mathrm{T}$。于是，有

$$\operatorname{Var}[E(P_f|x_i)] = \operatorname{Var}(\hat{P}_f) - E[\operatorname{Var}(P_i|x_i)] < \operatorname{Var}(\hat{P}_i) = \hat{\sigma}^2 \quad (4\text{-}23)$$

因此，条件期望抽样技巧不但减小了抽样模拟的方差，而且对式(4-20)的截尾分布概率的计算将非常有利。

4.2.3 重要抽样技巧

假设存在一个抽样密度函数 $h(X)$，满足下列关系：

$$\int_{D_f} h(X) \mathrm{d}X = 1 \quad (4\text{-}24)$$

$$h(X) \neq 0, \quad X \in D_f$$

则式(4-2)就可写成重要抽样形式，即

$$P_f = \int_{D_f} f(X) \mathrm{d}X = \int_{D_f} \frac{f(X)}{h(X)} h(X) \mathrm{d}X \quad (4\text{-}25)$$

于是，式(4-25)的无偏估计为

$$\hat{P}_f = \frac{1}{N} \sum_{i=1}^{N} I[G(\hat{X}_i)] \frac{f(\hat{X}_i)}{h(\hat{X}_i)} \quad (4\text{-}26)$$

式中，$\hat{X}_i$ 为取自抽样密度函数 $h(X)$ 的样本向量。其抽样模拟方差为

$$\text{Var}(\hat{P}_f) = \int_{D_f} \frac{f^2(\hat{X}_i)}{h(\hat{X}_i)} dX - \hat{P}_f^2 \qquad (4\text{-}27)$$

当抽样密度函数为

$$h(X) = \frac{f(X)}{\int_{D_f} f(X) dX} = \frac{f(X)}{\hat{P}_f}, \quad X \in D_f \qquad (4\text{-}28)$$

时,抽样模拟方差达到最小。应当说,式(4-28)仅仅提供了 $h(X)$ 的选取途径,实际上,$h(X)$ 的选取是非常困难的,它取决于随机变量的分布形式、极限状态函数和抽样模拟精度等条件[4-3,4-4]。然而,式(4-27)是具有上下界限的,其的界限值可以采用 Cauchy-Schwary 不等式获得,即

$$\frac{1}{N}\left[\left\{\int_{D_f} |f(\hat{X})| dX\right\}^2 - \hat{P}_f^2\right] \leqslant \text{Var}(\hat{P}_f) \leqslant \frac{1}{N}\left[\hat{P}_f \times \left\{\frac{f(X)}{h(X)}\right\}_{\max, X \in D_f} - \hat{P}_f^2\right] \qquad (4\text{-}29)$$

同样,式(4-29)也可以表示成随机变量的联合概率密度函数 $f(X)$ 与抽样概率密度函数 $h(X)$ 的比值,即

$$\hat{P}_f \leqslant \frac{f(X)}{h(X)} \leqslant \left\{\frac{f(X)}{h(X)}\right\}_{\max, X \in D_f}, \quad X \in D_f \qquad (4\text{-}30)$$

这个表达式给出了抽样密度函数 $h(X)$ 的构造界限。很明显,式(4-28)是抽样密度函数 $h(X)$ 的上界,这要求 $h(X)$ 在失效区域 D_f 内小于 $f(X)/\hat{P}_f$,并且所有的抽样样本均落在 D_f 内(见式(4-24))。同时,Fu[4-5]已经证明了式(4-30)的上界为

$$\left\{\frac{f(X)}{h(X)}\right\}_{\max, X \in D_f} = \left\{\frac{f(X^*)}{h(X^*)}\right\} \qquad (4\text{-}31)$$

式中,X^* 为结构极限状态函数上的最大似然点。考虑到式(4-27)的比值总是大于或等于 $\hat{P}_f$,并且 $f(X)$ 在 X^* 的梯度方向上总是可以寻找到这样一个点以满足式(4-28)的条件,于是选取该点作为失效区域的子域中心,使得在给定置信水平范围内,由该子域获得的抽样平均值将满足式(4-28)的条件。这个观察对构造抽样密度函数 $h(X)$ 是非常有用的,其暗示了抽样中心可能在 X^* 的梯度方向,并且在失效区域的 X^* 附近。

事实上,上述观察思想已经部分体现在现有的重要抽样方法中[4-6-4-11],但是如何有效地确定重要抽样密度函数(类型与参数)仍然是一个迫切需要解决的问题。

4.2.4 分层抽样技巧

分层抽样技巧[4-12,4-13]的概念与重要抽样技巧相似,它们都是要使对 P_f 贡献大的抽样

更多出现出来，但是分层抽样法并不改变原始的密度函数，而是将抽样区间分成一些子区间，并使各子区间的抽样点数不同，在贡献大的子区间内抽取更多的样本。

将积分区域 $G(X) < 0$ 分成 M 个互不相交的子区间 L_j，在每个子区间内，取 N_j 个均匀分布在该子区间的均匀随机数向量 r，这里 N_j 不仅仅是第 j 个子区间内产生的均匀随机数向量的个数，也是[0,1]区间内均匀随机数向量落入该子区间的频数。这样，分层抽样法的模拟结果可以写为

$$\hat{P}_f = \sum_{j=1}^{M} \hat{P}_{f_j} = \sum_{j=1}^{M} \frac{L_j}{N_i} \sum_{i=1}^{N_j} f\left(r_i^{(j)}\right) \tag{4-32}$$

相应的模拟方差为

$$\mathrm{Var}\left(\hat{P}_f\right) = \mathrm{Var}\left[\sum_{j=1}^{M} \frac{L_j}{N_j} \sum_{i=1}^{N_j} f\left(r_i^{(j)}\right)\right] = \sum_{j=1}^{M} \frac{L_j^2}{N_j} \mathrm{Var}\left[f\left(r^{(j)}\right)\right] \tag{4-33}$$

式中，$\mathrm{Var}\left[f\left(r^{(j)}\right)\right] = \frac{1}{L_j} \int f^2(X) \mathrm{d}X - \frac{P_{f_j}^2}{L_j^2}$。

相应的模拟方差的估计值为

$$\mathrm{Var}\left(\hat{P}_f\right) = \sum_{j=1}^{M} \frac{1}{N_j - 1} \left[\frac{L_j^2}{N_j} \sum_{i=1}^{N_j} f^2\left(r_i^{(j)}\right) - \hat{P}_{f_j}^2\right] \tag{4-34}$$

在式(4-34)中，可以证明，若

$$\sum_{j=1}^{M} N_j = N \tag{4-35}$$

且

$$N_j = N \frac{L_j \sqrt{\mathrm{Var}\left[f\left(r^{(j)}\right)\right]}}{\sum_{j=1}^{M} L_j \sqrt{\mathrm{Var}\left[f\left(r^{(j)}\right)\right]}} \tag{4-36}$$

则

$$\mathrm{Var}\left(\hat{P}_f\right)\bigg|_{\min} = \frac{1}{N}\left\{\sum_{j=1}^{M} L_j \sqrt{\mathrm{Var}\left[f\left(r^{(j)}\right)\right]}\right\}^2 \tag{4-37}$$

由此可见，为减小模拟方差，应使每个子区间抽取的样本数目正比于该子区间的标准差与其体积的乘积。

4.2.5 控制变数法

假设式(4-2)可以分成两个部分[4-2]：

$$P_f = \int_{D_f} y(\boldsymbol{X})\mathrm{d}\boldsymbol{X} + \int_{D_f}[f(\boldsymbol{X}) - y(\boldsymbol{X})]\mathrm{d}\boldsymbol{X} = P_{f_1} + P_{f_2} \quad (4\text{-}38)$$

式中，$P_{f_1} = \int_{D_f} y(\boldsymbol{X})\mathrm{d}\boldsymbol{X}$，$P_{f_2} = \int_{D_f}[f(\boldsymbol{X}) - y(\boldsymbol{X})]\mathrm{d}\boldsymbol{X}$。

设 P_{f_1} 有解析解，因此可仅对 P_{f_2} 用模拟方法求解，即有

$$\begin{aligned} P_f &= P_{f_1} + E[f(\boldsymbol{X}) - y(\boldsymbol{X})] \\ &\approx P_{f_1} + \frac{1}{N}\sum_{i=1}^{N} I\left[G(\hat{\boldsymbol{X}}_i)\right]\left[f(\hat{\boldsymbol{X}}_i) - y(\hat{\boldsymbol{X}}_i)\right] = \hat{P}_f \end{aligned} \quad (4\text{-}39)$$

相应的模拟方差为

$$\mathrm{Var}(\hat{P}_f) = \frac{1}{N}\left\{\int [f(\boldsymbol{X}) - y(\boldsymbol{X})]^2 \mathrm{d}\boldsymbol{X} - (P_f - P_{f_1})^2\right\} \quad (4\text{-}40)$$

模拟方差的估值为

$$\mathrm{Var}(\hat{P}_f) = \frac{1}{N-1}\left\{\frac{1}{N}\sum_{i=1}^{N} I\left[G(\hat{\boldsymbol{X}}_i)\right]\left[f(\hat{\boldsymbol{X}}_i) - y(\hat{\boldsymbol{X}}_i)\right]^2 - (\hat{P}_f - P_{f_1})^2\right\} \quad (4\text{-}41)$$

从式(4-40)可以看出，若 $y(\boldsymbol{X})$ 与 $f(\boldsymbol{X})$ 很接近，即 $f(\boldsymbol{X}) - y(\boldsymbol{X}) \approx 0$，$\hat{P}_f - P_{f_1} \approx 0$，则 $\mathrm{Var}(\hat{P}_f) \approx 0$，故称 $y(\boldsymbol{X})$ 为 $f(\boldsymbol{X})$ 的控制变数。

控制变数法的意义就在于，如果在待解问题中包括已知解析解的部分，则去掉那一部分，只用模拟方法计算它们的差，就可显著减小抽样模拟方差。

4.2.6 相关抽样法

通常，模拟研究的主要目的之一是确定系统中较小的变化造成的影响，因此必须进行多次重复模拟试验。如果两次试验是独立的，则其模拟结果之差的方差是每次模拟方差之和；如果在两次试验中采用相同的随机数，则其试验结果是高度相关的，从而可减小两次试验结果之差的试验方差[4-2]。

考虑下列两个积分：

$$P_{f_1} = \int y_1(\boldsymbol{X})f_1(\boldsymbol{X})\mathrm{d}\boldsymbol{X} \quad (4\text{-}42)$$

$$P_{f_2} = \int y_2(\boldsymbol{X})f_2(\boldsymbol{X})\mathrm{d}\boldsymbol{X} \quad (4\text{-}43)$$

用期望估计法分别估计 P_{f_1} 和 P_{f_2}，则它们的差

$$\begin{aligned} \Delta P &= P_{f_1} - P_{f_2} = E[f_1(\boldsymbol{X}_1)] - E[f_2(\boldsymbol{X}_2)] \\ &\approx \frac{1}{N_1}\sum_{i=1}^{N_1} I[G(\hat{\boldsymbol{X}}_{1i})]f_1(\hat{\boldsymbol{X}}_{1i}) - \frac{1}{N_2}\sum_{i=1}^{N_2} I[G(\hat{\boldsymbol{X}}_{2i})]f_2(\hat{\boldsymbol{X}}_{2i}) \\ &\approx \hat{P}_{f_1} - \hat{P}_{f_2} = \Delta \hat{P}_f \end{aligned} \qquad (4\text{-}44)$$

式中，$\boldsymbol{X}_1$ 和 $\boldsymbol{X}_2$ 分别是概率密度函数为 $f_1(\boldsymbol{X})$ 和 $f_2(\boldsymbol{X})$ 的随机数向量，它们是用同一组[0,1]区间内均匀随机数向量产生的，故

$$\operatorname{Var}(\Delta \hat{P}_f) = \operatorname{Var}(\hat{P}_{f_1}) + \operatorname{Var}(\hat{P}_{f_2}) - 2\operatorname{cov}(\hat{P}_{f_1}, \hat{P}_{f_2}) \qquad (4\text{-}45)$$

由于 P_{f_1} 和 P_{f_2} 是正相关的，有

$$\operatorname{cov}(\hat{P}_{f_1}, \hat{P}_{f_2}) \geqslant 0 \qquad (4\text{-}46)$$

因此

$$\operatorname{Var}(\Delta \hat{P}_f) \leqslant \operatorname{Var}(\hat{P}_{f_1}) + \operatorname{Var}(\hat{P}_{f_2}) \qquad (4\text{-}47)$$

为了便于计算试验方差的估计值，两次试验取相同的试验次数 N，即有

$$\Delta \hat{P}_f = \frac{1}{N}\sum_{i=1}^{N} I[G(\hat{\boldsymbol{X}}_i)][f_1(\hat{\boldsymbol{X}}_{1i}) - f(\hat{\boldsymbol{X}}_{2i})] \qquad (4\text{-}48)$$

则

$$\operatorname{Var}(\Delta \hat{P}_f) = \frac{1}{N-1}\left\{\frac{1}{N}\sum_{i=1}^{N} I[G(\hat{\boldsymbol{X}}_i)][f_1(\hat{\boldsymbol{X}}_{1i}) - f(\hat{\boldsymbol{X}}_{2i})]^2 - \Delta \hat{P}_f^2\right\} \qquad (4\text{-}49)$$

4.3 复合重要抽样法

1. 基本方法

对于结构的极限状态函数

$$Z = G(x_1, x_2, \cdots, x_k, \cdots, x_n) < 0 \qquad (4\text{-}50)$$

存在

$$x_k > G(x_1, x_2, \cdots, x_{k-1}, x_{k+1}, \cdots, x_n) = d(\bar{\boldsymbol{X}}) \qquad (4\text{-}51)$$

则有

$$P\{x_k > d(\bar{X})\} = 1 - F_{x_k}(d(\bar{X})) = F'_{x_k}(d(\bar{X})) \tag{4-52}$$

或

$$P\{x_k < d(\bar{X})\} = F_{x_k}(d(\bar{X})) \tag{4-53}$$

式中，$F_{x_k}(d(\bar{X}))$ 为随机变量 x_k 在 $d(\bar{X})$ 处的概率。

相应地，式(4-52)和式(4-53)的概率密度函数为

$$\bar{f}_{x_k}(x) = f_{x_k}(x) / F'_{x_k}(d(\bar{X})) \tag{4-54}$$

或

$$\bar{f}_{x_k}(x) = f_{x_k}(x) / F_{x_k}(d(\bar{X})) \tag{4-55}$$

假设存在重要抽样密度函数 $h(X)$，即

$$h(X) = \begin{cases} f_{x_i}(x), & i = 1, \cdots, n; i \neq k \\ \bar{f}_{x_k}(x), & i = k \end{cases} \tag{4-56}$$

式(4-2)及式(4-25)的破坏概率[4-4]可表示为

$$\hat{P}_{\mathrm{f}} = \int_{D_{\mathrm{f}}} f(X) \mathrm{d}X = \int_{D_{\mathrm{f}}} \frac{f(X)}{h(X)} h(X) \mathrm{d}X \\ = E\left[F'_{x_k}(d(\bar{X}))\right] = \frac{1}{N} \sum_{i=1}^{N} F'_{x_k}\left(d\left(\hat{\bar{X}}_i\right)\right) \tag{4-57}$$

或

$$\hat{P}_{\mathrm{f}} = E\left[F_{x_k}(d(\bar{X}))\right] = \frac{1}{N} \sum_{i=1}^{N} F_{x_k}\left(d\left(\hat{\bar{X}}_i\right)\right) \tag{4-58}$$

式(4-57)及式(4-58)就是条件期望抽样表达式(4-54)，根据式(4-55)的分析结果，式(4-57)及式(4-58)也具有良好的抽样效率。

假设在式(4-56)中 $x_i(i\neq k)$ 的抽样密度函数选取为正态分布概率密度函数，那么式(4-57)及式(4-58)的抽样效率将会更高；在选取抽样分布概率密度函数 $N(\hat{\mu}_x, \hat{\sigma}_x^2)$ 的参数时，要求重要抽样密度函数 $h(X)$ 至少满足随机变量在破坏区域 D_{f} 内的一阶矩和二阶矩，即

$$E_h(X) = E_{\mathrm{f}}(X | X \in D_{\mathrm{f}}) \tag{4-59}$$

$$F_h\left(XX^{\mathrm{T}}\right) = F_{\mathrm{f}}\left(XX^{\mathrm{T}} | X \in D_{\mathrm{f}}\right) \tag{4-60}$$

或

$$\hat{\mu}_X = E_h(X) \tag{4-61}$$

$$\hat{\sigma}_X^2 = E_h(XX^{\mathrm{T}}) - \hat{\mu}_X^2 \tag{4-62}$$

对于 $X \in D_f$ 中的随机变量 x_i 的选取，可以按式(4-51)或者通过将 $Z=G(X)$ 进行泰勒展开获得；这里允许 x_i 在 D_f 的边界域附近取值，累积的偏差将集中在式(4-51)中消除。因此，x_k 的选取应尽可能考虑在极限状态函数中的单变量形式和概率分布中离散性较大的变量。

在式(4-61)和式(4-62)确定之后，重要抽样密度函数为 $h(\hat{X}) = N(\hat{\mu}_X, \hat{\sigma}_X^2)$。于是，式(4-57)将成为

$$\hat{P}_f = \frac{1}{N} \sum_{i=1}^{N} \frac{f(\hat{X}_i)}{\varphi\left[(\hat{\bar{X}}_i - \hat{\mu}_X)/\hat{\sigma}_X\right]} F_{x_k}\left(d(\hat{\bar{X}}_i)\right) \tag{4-63}$$

式中，$\hat{\bar{X}} = (\hat{x}_1, \hat{x}_2, \cdots, \hat{x}_{k-1}, \hat{x}_{k+1}, \cdots, \hat{x}_n)^{\mathrm{T}}$ 是重要抽样密度函数 $h(\hat{\bar{X}})$ 产生的抽样样本；$\varphi[\cdot]$ 是标准正态分布概率密度函数。

2. 复合重要抽样

对于极值型概率分布函数，$F_{x_k}(d(\bar{X}))$ 或 $F_{x_k}(d(\bar{X}))$ 可以由确定性方法获得。而对于其他类型概率分布函数，$F_{x_k}(d(\bar{X}))$ 或 $F_{x_k}(d(\bar{X}))$ 可以通过抽样方式获得，这里将给出一个有效的重要抽样方法。

假设重要抽样密度函数选取为截尾型分布函数[4-2]，即

$$h_T(x) = \frac{x}{\sigma_1} \exp\left(-\frac{x^2 - d^2}{2\sigma_1}\right), \quad x \geqslant d \tag{4-64}$$

式中，d 为截尾值，如式(4-51)所示；σ_1 是随基本变量 X 的概率分布而变化的参数，当基本变量服从正态分布 $N(\mu, \sigma^2)$ 时，σ_1 可以表示为

$$\sigma_1 = \left[\mu + (1-\mu)\sigma^2 \exp\left(-\frac{d^2}{2\sigma^2}\right)\right] \exp\left[\frac{(d-\mu)^2}{2\sigma^2}\right] \tag{4-65}$$

图 4-1 给出了截尾型分布概率密度函数的形式，表 4-1 给出了当 $G(X)=3.0-x$ 时 σ_1 随 σ 的变化结果。可以看到，采用式(4-65)的结果将明显好于其他结果；当基本变量服从对数正态分布时，可以先将其转化为正态分布，再按式(4-65)计算 σ_1 值，然后反演到对数正态分布上。于是，$F'_{x_k}(d)$ 及 $F_{x_k}(d)$ 的抽样模拟表达式为

$$F_{x_k}(d) = \frac{1}{M} \sum_{j=1}^{M} \frac{f_{x_k}(\hat{x}_j)}{h_T(\hat{x}_j)}, \quad x \geq d \tag{4-66}$$

式中，$\hat{x}_j$ 为由 $h_T(x)$ 产生的抽样子样；M 为抽样数目。

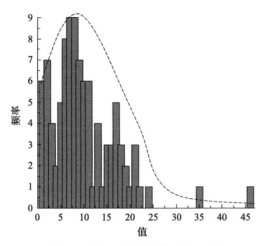

图 4-1　截尾型分布概率密度函数

Fig. 4-1　Probability density function of truncated distribution

表 4-1　当 $G(X)=3.0-x$ 时 σ_1 随 σ 的变化模拟结果

Tab. 4-1　Simulation results of σ_1 versus σ when $G(X)=3.0-x$

N	$\sigma=0.5$				$\sigma=1.0$			
	$\sigma_1=0.5$	$\sigma_1=1.0$	$\sigma_1=2.0$	式(4-65)	$\sigma_1=0.5$	$\sigma_1=1.0$	$\sigma_1=2.0$	式(4-65)
10	9.577×10^{-10}	7.940×10^{-10}	18.480×10^{-10}	9.992×10^{-10}	1.504×10^{-3}	1.316×10^{-3}	0.997×10^{-3}	1.316×10^{-3}
50	10.480×10^{-10}	10.127×10^{-10}	8.481×10^{-10}	9.832×10^{-10}	1.187×10^{-3}	1.329×10^{-3}	1.544×10^{-3}	1.329×10^{-3}
100	10.420×10^{-10}	9.281×10^{-10}	7.327×10^{-10}	9.826×10^{-10}	1.236×10^{-3}	1.326×10^{-3}	1.339×10^{-3}	1.326×10^{-3}
200	9.630×10^{-10}	9.692×10^{-10}	9.297×10^{-10}	9.880×10^{-10}	1.326×10^{-3}	1.343×10^{-3}	1.394×10^{-3}	1.343×10^{-3}
500	9.834×10^{-10}	9.898×10^{-10}	10.080×10^{-10}	9.870×10^{-10}	1.234×10^{-3}	1.343×10^{-3}	1.319×10^{-3}	1.343×10^{-3}
1000	9.755×10^{-10}	9.588×10^{-10}	9.430×10^{-10}	9.862×10^{-10}	1.370×10^{-3}	1.348×10^{-3}	1.334×10^{-3}	1.348×10^{-3}
2000	9.902×10^{-10}	9.878×10^{-10}	10.130×10^{-10}	9.866×10^{-10}	1.337×10^{-3}	1.349×10^{-3}	1.340×10^{-3}	1.349×10^{-3}
5000	9.796×10^{-10}	9.751×10^{-10}	10.110×10^{-10}	9.860×10^{-10}	1.340×10^{-3}	1.350×10^{-3}	1.384×10^{-3}	1.350×10^{-3}
10000	9.822×10^{-10}	9.691×10^{-10}	9.994×10^{-10}	9.864×10^{-10}	1.378×10^{-3}	1.350×10^{-3}	1.352×10^{-3}	1.350×10^{-3}
1000000	9.864×10^{-10}	9.849×10^{-10}	9.901×10^{-10}	9.866×10^{-10}	1.344×10^{-3}	1.350×10^{-3}	1.350×10^{-3}	1.350×10^{-3}

注：①极限状态函数 $G(X)=3.0-x$，$x\sim N(0,\sigma^2)$，$P_f=9.866\times10^{-10}$；
②当 $\sigma=0.5$ 时，$\sigma_1|_{式(4-65)}=0.25$，精确值 $P_f=9.866\times10^{-10}$；当 $\sigma=1.0$ 时，$\sigma_1|_{式(4-65)}=1.00$，精确值 $P_f=1.350\times10^{-3}$。

表 4-2 给出了采用不同抽样模拟方法的结果。ISM 是重要抽样法，其抽样函数采用正态分布，均值为"设计验算点"，而抽样方差取为单位值；IFM 是迭代快速 Monte Carlo 法；IISM 是改进数值模拟方法；AIISM 是具有对偶抽样技巧的 IISM 法。可以看出，IISM

法反映了式(4-66)的模拟抽样结果。

于是，式(4-63)的抽样模拟表达式为

$$\hat{P}_\mathrm{f} = \frac{1}{N}\sum_{i=1}^{N} \frac{f_{\bar{X}}\left(\hat{\bar{X}}_i\right)}{\varphi\left(\dfrac{\hat{\bar{X}}_i - \hat{\mu}_X}{\hat{\sigma}_X}\right)} \left(\frac{1}{M}\sum_{j=1}^{M} \frac{f_{x_k}\left(\hat{x}_{ij}\right)}{h_T\left(\hat{x}_{ij}\right)}\right) \tag{4-67}$$

表 4-2　采用不同抽样模拟方法的结果
Tab. 4-2　Results of different sampling simulation methods

N	ISM		IFM		IISM		AIISM	
	$P_\mathrm{f}/10^{-3}$	Var/10^{-12}	$P_\mathrm{f}/10^{-3}$	Var/10^{-12}	$P_\mathrm{f}/10^{-3}$	Var/10^{-14}	$P_\mathrm{f}/10^{-3}$	Var/10^{-15}
10	1.161	289200	0.790	25200	1.316	190600	1.364	10480
50	1.239	102000	1.233	20050	1.329	20400	1.353	27930
100	1.339	70070	1.234	9233	1.326	11730	1.351	21660
200	1.464	34490	1.476	2989	1.343	5757	1.352	10520
50	1.421	13680	1.386	6252	1.343	2230	1.351	4234
1000	1.333	6311	1.375	2168	1.348	1039	1.350	2125
2000	1.323	3030	1.363	983.8	1.349	548.8	1.350	1025
5000	1.368	1235	1.336	295.2	1.350	216.4	1.350	389.5
10000	1.360	611.9	1.342	133.2	1.350	108.7	1.350	188.8
1000000	1.350	6.169	1.346	2.218	1.350	1.070	1.350	1.915

注：当 $n=1$ 时的极限状态方程 $G(\boldsymbol{X}) = -\sum_{i=1}^{n} x_i + 3\sqrt{n}$。

综上所述，为了减少 Monte Carlo 法的抽样模拟数目和改进抽样效率，采用条件期望和重要抽样相结合的复合抽样模拟方法，可以确保每次抽样的有效性，避免采用优化方法来确定抽样函数参数的复杂性，提出了采用矩法获得抽样函数参数的新途径；通过对重要抽样函数采取正态分布函数和对条件期望变量采用截尾型分布函数的抽样过程，提高了抽样模拟的有效性；例题也证实了这种改进的模拟方法具有有效性和广泛的适用性。

3. 计算步骤

改进的数值模拟方法(IISM)的计算步骤表述如下：

(1) 从结构的极限状态函数表达式中选取条件期望的基本变量 x_k。

(2) 按式(4-59)和式(4-60)确定 $\bar{X}$ 的重要抽样密度函数的参数 $\hat{\mu}_X$ 和 $\hat{\sigma}_X$。

(3) 由 $h(\bar{X})$ 产生模拟样本 $\bar{X}$，并按式(4-51)计算截尾值 d_i。

(4) 根据 d_i 和 x_k 的概率分布，按式(4-65)确定抽样参数 σ_1。

(5) 由式(4-64)产生模拟样本 $\hat{x}_{ij}$，并且计算 $f_{x_k}\left(\hat{x}_{ij}\right) / h_T\left(\hat{x}_{ij}\right)$。

(6) 重复步骤(5) M 次，按式(4-66)计算 $F'_{x_k}(d_j)$。

(7) 计算 $f(\hat{\bar{X}}_i)$ 和 $\varphi\left[\left(\hat{\bar{X}}_i - \hat{\mu}_X\right)/\hat{\sigma}_X\right]$。

(8) 重复步骤(3)~(7) N 次。

(9) 按式(4-67)计算结构的破坏概率。

4.4　V 空间的重要抽样法

4.4.1　V 空间

假定 X 空间是一个原始基本随机变量空间，那么通过 Rosenblatt 变换[4-14,4-15] $x=T_{xu}(u)$ 可以得到具有标准正态分布的变量空间——U 空间。在 U 空间里，随机变量的联合概率密度函数 $f(u)$ 具有单调性质，u^* 是失效曲面上的最大似然点，即距坐标原点的最小距离可以通过 FORM/SORM 求得。同时，这也意味着 u^* 点处的曲率总是大于或等于 $-1/\beta$ [4-16]。β 为可靠指标，有 $\beta=(u^{*T}u^*)^{1/2}$。

为了充分利用失效曲面上的二次效应，将失效函数在 u^* 处进行泰勒展开，取其二次项，则有

$$G(u) \approx G_u(u^*)(u-u^*) + \frac{1}{2}(u-u^*)^T G_{uu}(u^*)(u-u^*) \tag{4-68}$$

式中，$G_u(u^*)$ 和 $G_{uu}(u^*)$ 是 $G(u)$ 在 u^* 处的一阶和二阶导数。

将式(4-68)进行正交坐标转换，有

$$Z = H \cdot u \tag{4-69}$$

使得 z_n 在 u^* 处平行于 $-G_u(u^*)/|G_u(u^*)|$ 的方向余弦，H 可通过标准的 Gram-Schmidt 方程[4-17]求得。因而，式(4-68)可以表示为

$$G(z) = -(z_n - \beta) + \frac{1}{2}\begin{bmatrix}\tilde{Z}\\z_n-\beta\end{bmatrix}^T A \begin{bmatrix}\tilde{Z}\\z_n-\beta\end{bmatrix} \tag{4-70}$$

式中，$\tilde{Z}=(z_1,z_2,\cdots,z_{n-1})^T$，$A = H\dfrac{G_{uu}(u^*)}{|G_u(u^*)|}H^T$。进而，考虑失效函数在 u^* 处的主曲率，利用特征方程可以得到

$$\overline{P}\overline{A}\overline{P}^T = \kappa \tag{4-71}$$

式中，κ 是矩阵 $\overline{A}$ 的特征值向量，即主曲率对角矩阵，$\overline{P}$ 是矩阵 $\overline{A}$ 的正交特征向量矩阵，$\overline{A}$ 是删除矩阵 A 的 n 行和 n 列的 $(n-1)\times(n-1)$ 矩阵。因此，新的变量坐标系将与主曲率坐标系相对应，有

$$v = P \cdot Z = \begin{bmatrix} \overline{P} & 0 \\ 0 & 1 \end{bmatrix} \begin{bmatrix} \tilde{Z} \\ z_n \end{bmatrix} \tag{4-72}$$

也可以表示成与 U 空间的关系，即

$$v = P \cdot Z = P \cdot H \cdot u = T_{uv} \cdot u \tag{4-73}$$

式中，$T_{uv} = P \cdot H$ 是 U 空间与 V 空间的正交变换矩阵。因而，V 空间仅仅是 U 空间的线性转换，也是一个标准正态分布变量空间[4-15]。

将式(4-73)代入式(4-68)，可以得到 V 空间的失效函数表达式：

$$G(v) = \left(\beta + \frac{1}{2}\beta^2 a_{nn}\right) - \left(v_n + \beta a_{nn} v_n - \frac{1}{2}a_{nn} v_n^2\right) + (v_n - \beta)A_n \overline{P}^T \tilde{v} + \frac{1}{2}\tilde{v}^T \kappa \tilde{v} \tag{4-74}$$

式中，a_{nn} 是矩阵 A 中 n 行 n 列上的元素；A_n 是矩阵 A 中 n 行或 n 列未包含 a_{nn} 的向量，$\tilde{v} = (v_1, v_2, \cdots, v_{n-1})^T$。应当说，式(4-74)是 V 空间中具有二次效应的失效函数一般表达式。为了简化，常采用一个近似的抛物函数来代替式(4-74)，而这种近似抛物函数对于 u^* 处的曲面二次效应描述具有较好的结果，即

$$G^P(v) = -(v_n - \beta) + \frac{1}{2}\tilde{v}^T \kappa \tilde{v} \tag{4-75}$$

或

$$v_n = \beta + \frac{1}{2}\sum_{i=1}^{n-1}\kappa_i v_i^2 \tag{4-76}$$

图 4-2 表示 V 空间中抛物曲面在 u^* 处的近似性。

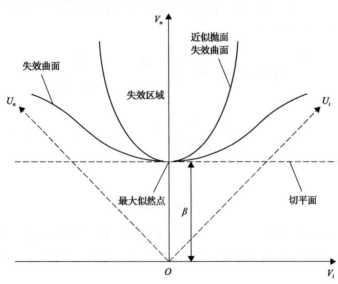

图 4-2　V 空间的近似抛物曲面

Fig. 4-2　Approximate parabolic surface of V space

4.4.2 重要抽样区域

重要抽样区域就是指该区域的样本对 P_f 的估计有着重要的贡献,它是由抽样中心和具有一定置信水平的区域构成的。在 V 空间中,这样的重要抽样区域可以表示成图 4-3 所示的椭圆形。根据近似抛物曲面的对称性和对重要抽样法的观察,其抽样中心将位于 V_n 轴上且在失效区域 D_f 以内,而椭圆的半轴长度将与抽样变量的方差相关,将随着失效曲面的几何性质而变化。

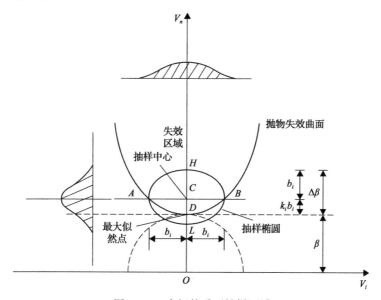

图 4-3 V 空间的重要抽样区域

Fig. 4-3 Important sampling area of V space

1. 抽样区域中心

如图 4-3 所示,抽样椭圆中心的位置在 V_i-V_n 平面内将随着主曲率 κ_i 而变化,抽样中心将位于 V_n 轴上,它到失效曲面最大似然点 v^* 的距离为 $k_i b_i$(即图 4-3 中 CD),其中 b_i 为抽样椭圆在 V_n 轴上的半轴长度,参数 k_i 应当满足下列条件:

(1) 当 $\kappa_i = 0$ 时,$k_i = k_0$,这意味着当失效曲面是一个平面时,其抽样中心在 v^* 附近。

(2) 当 $\kappa_i = -1/\beta$ 时,$k_i = 0$,这说明当失效曲面在 V 空间中是一个球面或在 V_i-V_n 平面内是一个半径为 β 的圆时,其抽样中心就位于 v^* 上。

(3) 当 $\kappa_i = +\infty$ 时,$k_i = 1$,这是一种极端情况,即失效曲面是一个相当凸的曲面,此时其抽样中心到最大似然点 v^* 的距离为抽样椭圆的半轴长度。

于是,参数 k_i 可以构造成下列函数:

$$k_i = \tanh[(1 + \beta\kappa_i)\operatorname{arctanh} k_0] \tag{4-77}$$

式中,k_0 与当 $\kappa_i=0$ 时有效样本区域面积 A_{eff} 与整个抽样区域面积 A_{whole} 之比 δ_0 有关,可由下列方程得到:

$$\pi(1-\delta_0) + k_0\sqrt{1-k_0} - \arccos k_0 = 0 \tag{4-78}$$

表 4-3 给出了不同 δ_0 值时 k_0 的数值。

表 4-3 抽样椭圆的面积比 δ_0 值和 k_0 的关系
Tab. 4-3 Relationship between area ratio of sampling ellipse δ_0 and k_0

δ_0	0.50	0.55	0.60	0.65	0.70	0.75	0.80	0.85	0.90	0.95	0.99	1.00
k_0	0	0.079	0.158	0.238	0.320	0.404	0.492	0.585	0.687	0.805	0.934	1.000

2. 抽样椭圆的轴长

由图 4-3 可知，抽样椭圆在 V_n 轴上的半轴长度可以表示为

$$b_i = \Delta\beta/(1+k_i) \tag{4-79}$$

式中，$\Delta\beta$ 为与模拟精度相关的参数，文献[4-20]已经给出了 $\Delta\beta$ 的适宜范围为 0.7～1.4。而抽样椭圆的另一半轴长度可根据失效曲面的几何性质得到：

(1) 对于凸曲面，即 $-\beta^{-1} \leqslant \kappa_i \leqslant 0$ 的情况，有

$$a_i = 2\Delta\beta/\sqrt{1-k_i^2} \tag{4-80a}$$

(2) 对于平坦曲面，即 $0 < \kappa_i \leqslant \kappa_{i,\text{cr}}$ 的情况，有

$$a_i = 2\Delta\beta/\sqrt{1-\left[k_i - 2k_i\Delta\beta(1+k_i)\right]^2} \tag{4-80b}$$

(3) 对于凹曲面，即 $\kappa_i > \kappa_{i,\text{cr}}$ 的情况，有

$$a_i = \sqrt{\frac{2k_i}{1+k_i}\frac{\Delta\beta}{\kappa_i}} \tag{4-80c}$$

式中，$\kappa_{i,\text{cr}}$ 可由式(4-80b)和式(4-80c)相等得到。

图 4-4 给出了失效曲面的主曲率 κ 与抽样椭圆参数 a、b 和 k 的关系。

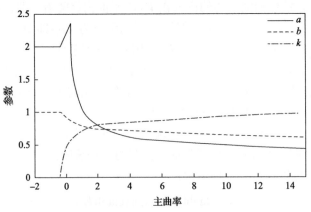

图 4-4 主曲率 κ 与抽样椭圆参数 a、b 和 k 的关系 (β=3，$\Delta\beta$=1.0，δ_0=0.8)
Fig. 4-4 Relationship between principal curvature κ and sampling elliptic parameters a, b and k (β=3, $\Delta\beta$=1.0, δ_0=0.8)

4.4.3 重要抽样函数

选取适宜的抽样函数是重要抽样法的主要内容之一。由于 V 空间是一个标准正态分布变量空间,重要抽样密度函数 $h(v)$ 选择为 n 维相互独立的正态分布概率密度函数 $N(\hat{\mu}_{sv}, \hat{\sigma}_{sv})$,其抽样函数的均值为

$$\begin{cases} \mu_{sv,i} = 0, & i = 1, \cdots, n-1 \\ \mu_{sv,n} = \beta + \dfrac{1}{n-1} \sum_{i=1}^{n-1} k_i b_i \end{cases} \tag{4-81}$$

抽样函数的标准差则涉及在重要样本区域产生样本的置信程度,令 α 为置信系数,而抽样椭圆的双轴长度为置信区间,这样抽样的标准差为

$$\begin{cases} \sigma_{sv,i} = \alpha_s \cdot a_i, & i = 1, \cdots, n-1 \\ \sigma_{sv,n} = \alpha_s \cdot \dfrac{1}{n-1} \sum_{i=1}^{n-1} b_i \end{cases} \tag{4-82}$$

式中,$\alpha_s = 1/\Phi^{-1}[(1+\alpha)/2]$,$\Phi^{-1}[\cdot]$ 是标准正态概率函数的逆。

图 4-5 表示不同置信系数 α 对模拟结果的影响。可以看到,一个适宜的 α 值为 0.90~0.999,但应当注意到,置信系数 α 也取决于失效曲面的几何特性。

因此,V 空间的重要抽样表达式可以表示为

$$P_f = \int_{D_f} f(\hat{v}) d\hat{v} = \int_{D_f} \frac{f(\hat{v})}{h(\hat{v})} h(\hat{v}) d\hat{v} = \frac{1}{N} \sum_{i=1}^{N} I[D_f(\hat{v}_i)] \frac{f(\hat{v}_i)}{h(\hat{v}_i)} \tag{4-83}$$

式中,$\hat{v}$ 是由抽样函数 $h(v)$ 产生的样本向量。

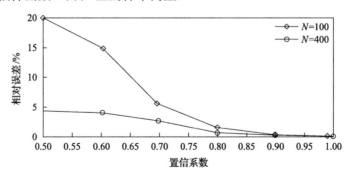

图 4-5 不同置信系数 α 对模拟结果的影响

Fig. 4-5 Influence of different confidence coefficient α on simulation results

4.4.4 模拟过程

现在可以对上述构造 V 空间的重要抽样方法过程进行一个综合评述。可以看到,$h(v)$ 的构造不仅与失效曲面的几何参数(最大似然点、梯度和曲率)有关,还与抽样函数

的参数(有效抽样区域面积比 δ_0、有效抽样区 $\Delta\beta$ 和置信系数 α)有关；前者将直接影响抽样的精度和效率，但可以表示在 V 空间的抽样之中；而后者在构造 $h(v)$ 过程中起着重要作用，但似乎在给定的适宜参数条件下，对模拟结果不太敏感。在下面的算例中，当选取参数 $\delta_0 = 0.8$、$\Delta\beta = 1.0$ 和 $\alpha = 0.95$ 时，在不同失效函数条件下的 V 空间抽样结果都是较理想的。

根据前几节的介绍，V 空间重要抽样(ISM-V)法可以描述为下列过程：
(1) 利用 FORM / SORM，确定 U 空间中失效曲面的最大似然点 u^*。
(2) 计算 u^* 处的主曲率 κ (式(4-71))和 V 空间与 U 空间的转换矩阵 T_{uv}(式(4-73))。
(3) 确定 V_i-V_n 平面内抽样椭圆的中心和轴长(式(4-77)、式(4-79)和式(4-80))。
(4) 计算重要抽样密度函数 $h(v)$ 的均值和标准差(式(4-81)和式(4-82))。
(5) 由 $h(v)$ 产生一组样本 $\hat{v}$ (式(4-83))。
(6) 利用 T_{uv} 和 Rosenblatt 变换 T_{xu} 将 $\hat{v}$ 转换成 $\hat{u}$ 和 $\hat{x}$。
(7) 检验样本是否在失效区域 D_f 之内，并计算 $f(\hat{v})/h(\hat{v})$ 的值。
(8) 重复 N 次步骤(5)～(7)。
(9) 由式(4-83)计算失效概率 $\hat{P}_f$。

4.4.5 评价

通过一个线性正交变换矩阵可以将一个随机变量空间(U 空间)转换到另一个随机变量空间(V 空间)，以便更确切地反映失效曲面在最大似然点处的二次效应，由此建立 V 空间的重要抽样法。该重要抽样法可以充分考虑失效曲面的几何性质(如最大似然点、梯度、曲率等)，保证抽样样本的有效性，提高了计算效率。它不仅适用于凸型失效曲面，而且适用于平坦或凹型失效曲面，具有广泛的适应性；并且，随着模拟次数的增加，其模拟结果显示了平稳的收敛性，接近于精确值。

4.5　SVM 重要抽样法

采用回归 SVM 重构结构极限状态功能函数，可以结合可靠度分析的重要抽样法，构建基于回归 SVM 的重要抽样法[4-18,4-19]。结合 SVM 响应面方程，得到基于回归 SVM 的重要抽样法的失效概率计算表达式为

$$\begin{aligned}\hat{P}_f &= \frac{1}{N}\sum_{i=1}^{N} I\big[G(X_i)\big]\frac{f(X_i)}{h(X_i)} \\ &= \frac{1}{N}\sum_{i=1}^{N} I\left[\sum_{j=1}^{l}\big(a_j^* - a_j\big)K\big(X_i\cdot\bar{X}_j\big) + b\right]\frac{f(X_i)}{h(X_i)}\end{aligned} \quad (4\text{-}84)$$

式中，N 为抽样点个数；$\bar{X}_j$ 为支持向量；X_i 为由重要抽样函数产生的样本；l 为支持向量个数；$f(X_i)$ 为变量的联合密度函数；$h(X_i)$ 为重要抽样密度函数；$K(\cdot)$ 为核函数，见 2.6.2 节。

基于回归 SVM 的重要抽样法的计算步骤如下：

(1) 假定初始展开中心点 $\boldsymbol{X} = (x_1, x_2, \cdots, x_n)$，一般取均值点。

(2) 通过有限元等方法计算功能函数在当前展开中点以及各展开点的功能函数值：$g(x_1, x_2, \cdots, x_n)$ 以及 $g(x_1, x_2, \cdots, x_i \pm f_i, \cdots, x_n)$，其中 f 取值范围一般为 1~3。

(3) 将上述 $2n+1$ 个样本点和计算过程中得到的 k 个验算点组成 $2n+k+1$ 个样本点的训练样本集，并将输入输出数据做归一化处理。

(4) 将归一化后的 $2n+k+1$ 个样本点数据代入所需求解的优化问题，求解二次规划问题，求得 α^*、α 及 b 的值，从而得到 SVM 响应面方程。

(5) 采用 Rackwitz-Fiessle 方法计算设计点和可靠指标。

(6) 判断可靠指标的变化幅度 $|\beta^{(k)} - \beta^{(k-1)}|$ 和验算点功能函数的值 $g(x^*)$ 是否都满足给定的精度要求。如果满足，则得到重构的极限状态方程，进入下一步，如果不满足，返回步骤(3)，重新开始迭代计算。

(7) 以上述迭代计算得到的设计点为抽样中心，抽样方差采用变量原始方差的某一个倍数，由重要抽样密度函数 $h(\boldsymbol{X})$ 产生一组样本容量为 N 的样本。

(8) 由重构的结构极限状态功能函数判断样本点是否在失效区内，若在失效区内，计算 $f(\boldsymbol{X}_i)/h(\boldsymbol{X}_i)$ 的值。

(9) 由式(4-84)计算失效概率。

参 考 文 献

[4-1] Hammersley J M, Handscomb D C. Monte Carlo Methods[M]. New York: John Wiley & Sons, 1964.

[4-2] 金伟良. 结构可靠度数值模拟的新方法[J]. 建筑结构学报, 1996, 17(3): 63-72.

[4-3] Melchers R E. Structural Reliability Analysis and Prediction[M]. England: Halsted Press, 1987.

[4-4] Moan T. Reliability and risk analysis for design and operations planning offshore structures[J]. Structural Safety and Reliability, 1994, 1: 21-43.

[4-5] Fu G K. Variance reduction by truncated multimodal importance sampling[J]. Structural Safety, 1994, 13(4): 267-283.

[4-6] Bucher C G. Adaptive sampling—An iterative fast Monte Carlo procedure[J]. Structural Safety, 1988, 5(2): 119-126.

[4-7] Ditlevsen O, Bjerager P, Olesen R, et al. Directional simulation in Gaussian processes[J]. Probabilistic Engineering Mechanics, 1988, 3(4): 207-217.

[4-8] Harbitz A. An efficient sampling method for probability of failure calculation[J]. Structural Safety, 1986, 3(2): 109-115.

[4-9] Melchers R E. Radial importance sampling for structural reliability[J]. Journal of Engineering Mechanics, 1990, 116(1): 189-203.

[4-10] Bjerager P. Probability integration by directional simulation[J]. Journal of Engineering Mechanics, 1988, 114(8): 1285-1302.

[4-11] Mori Y, Ellingwood B R. Time-dependent system reliability analysis by adaptive importance sampling[J]. Structural Safety, 1993, 12(1): 59-73.

[4-12] Rubinstein R Y. Simulation and the Monte Carlo Method[M]. New York: John Wiley & Sons, 1981.

[4-13] Olsson A, Sandberg G, Dahlblom O. On Latin hypercube sampling for structural reliability analysis[J]. Structural Safety, 2003, 25(1): 47-68.

[4-14] Fiessler B, Rackwitz R, Neumann H J. Quadratic limit states in structural reliability[J]. Journal of the Engineering Mechanics Division, 1979, 105(4): 661-676.

[4-15] Melchers R E. Simulation in time-invariant and time-variant reliability problems[C]//Proceedings of 4th IFIP WG7.5 Conference, Munich, 1991: 39-82.

[4-16] Tvedt L. Distribution of quadratic forms in normal space-application to structural reliability[J]. Journal of Engineering Mechanics, 1990, 116(6): 1183-1197.

[4-17] Engelund S, Rackwitz R. A benchmark study on importance sampling techniques in structural reliability[J]. Structural Safety, 1993, 12(4): 255-276.

[4-18] Vapnik V. The Nature of Statistical Learning Theory[M]. New York: Springer-Verlag, 1995.

[4-19] Vidyasagar A. Theory of Learning and Generalization[M]. New York: Springer-Verlag, 1997.

[4-20] Jin W L. Importance sampling method in V-space[J]. China Ocean Engineering, 1997, 11(2): 127-150.

第5章

结构体系的可靠度

实际工程结构物是由众多构件组成的,结构物的破坏从某一单个构件开始,进而传递到临近失效的构件,最终引起整体结构的破坏。本章对结构体系可靠度问题由来、基本概念、解决的思想方法、计算方法和最新进展进行简要介绍。

实际工程结构物是由许多构件组成的，单一结构构件的失效不一定会造成整体结构的失效。而结构物的失效是以整体失效为标志，因此研究结构物整体失效的概率问题称为结构的体系可靠问题。一般认为，解决结构体系可靠度问题的关键在于识别结构系统主要失效模式和体系可靠度的计算。

通常，识别结构系统主要失效模式是需要反复搜索结构的失效截面、失效路径和失效模式，从而生成结构系统失效树的主干和主枝。因此，早期体系可靠度的研究焦点放在如何快速准确识别结构体系的主要失效模式上。Cornell[5-1]提出了体系可靠度计算的区间估计方法的宽限公式，Ditlevsen[5-2]提出了体系可靠度计算的窄限公式。Ang 和 Ma[5-3]将故障树分析的思想引入结构系统可靠度分析中，提出了系统可靠度分析的网络概率估算技术(probabilistic network evaluation technique, PNET)。上述理论的提出，使得在主要失效模式集已知的条件下，结构系统可靠度分析有了可以实现的解决方案。董聪[5-4]和李杰[5-5]分别对众多学者在体系可靠度的研究工作方面进行了回顾和总结，提出了工程结构整体可靠性分析的新方法，并进行工程实践方面应用的探索。文献[5-6]和[5-7]从工程应用的角度出发，采用最不利荷载组合原则，对海洋平台结构的体系可靠度进行了分析。事实上，由于结构体系的失效模式较多，体系可靠度的计算就会成为难点。上述理论的提出，使结构系统在主要失效模式已知的条件下，其可靠度分析有了可以实现的解决方案。

5.1 结构体系失效模式

5.1.1 结构体系模型

一般结构体系分析可以通过以下几个方面简化分析：①荷载建模，施加荷载的大小和次序；②体系建模，结构体系和组成系统的构件与构件之间的关系；③材料建模，材料响应和强度特性。此外，还需要定义极限状态的设计标准。

1. 荷载模拟

如果考虑整个依赖于时间的荷载模式，那么在整个结构达到极限状态之前，结构的某些部分(局部)会先达到极限状态。因此，结构的失效模式可能取决于确切的加载顺序。这个问题被定义为荷载-路径依赖，即根据荷载作用过程的(随机)向量做出的路径来估计结构失效概率[5-8,5-9]。从图 5-1(a)可以看出，圆柱试件的加载路径有水平和竖直两个方向，即有两种加载次序，若想达到结构的失效包络面上标记的"失效"点(A 点)，只能先施加竖直荷载再施加水平荷载；但若先施加水平荷载，便无法达到"失效"点。

然而，实际结构的荷载-路径问题并未表现得那么严重[5-10]，其原因在于：关键位置处的内力作用组合效应使得内力作用沿着类似如图 5-1(b)中 OBC 的路径，其中，OB 段表示自重及持续活荷载路径，BC 段表示极限荷载路径；许多实际结构体系为了避免脆性破坏而设计成延性破坏模式，从而使得结构体系对外部荷载-路径不敏感。因此，大多数结构特性都趋于塑性，刚塑性理论可以给出结构体系近似准确的受力行为分析[5-11]。因此，简单理想化的刚塑性体系的承载力与加载路径没有直接关系，该体系的失效变形仅受"正交流动法则"控制。在结构体系可靠度分析中,并没有着重考虑加载路径相关性,而在许多实际情况中,荷载都被理想化成与时间无关的随机变量。

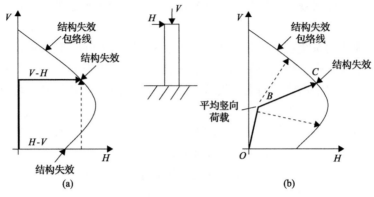

图 5-1　荷载-路径关系

Fig. 5-1　Load-path relationship

2. 材料模拟

不同于实际结构的复杂性,结构工程中常将材料特性做理想化处理。考虑结构的截面特性时,构件相应的关系可按如图 5-2 假定。弹性特性(图 5-2(a))符合最大容许应力概念。基于这一理想化处理,可认为结构任意位置或构件的失效都与结构体系失效一致。对于大多数结构,这样的理想化处理并不切合实际,但十分方便。由于结构冗余度,构件的脆性破坏并不意味着结构破坏。因此,实际构件的受力特点可以更好地被看成弹性-脆性,这表明构件即使达到极限承载力之后,承载力为零时依然可以变形(图 5-2(b))。

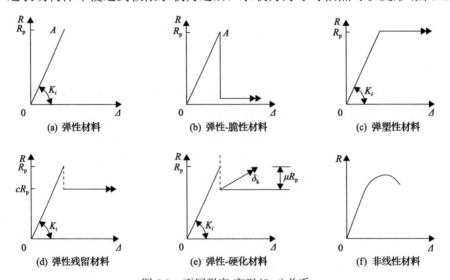

图 5-2　不同强度-变形(R-Δ)关系

Fig. 5-2　Different strength-deformation (R-Δ) relations

K_i 为弹性构件刚度

弹塑性构件(图 5-2(c))允许结构中的单独构件或特定区域在持续承受最大应力的同时变形仍可继续发展。当弹性构件刚度 K_i 无穷大时表现出刚塑性特性。弹性-脆性和弹性-塑性特性可以概括为弹性残留的强度特性(图 5-2(d)),还可以进一步概括为等弹性硬化(或软化)行为(图 5-2(e)),后者可以表示为对包括屈曲后整体性能的近似等效。即使不考虑可靠度概念,在结构分析中考虑后者的这些受力特点也已经够复杂了,更不用说分析整体非线性(即曲线的)强度-变形关系(图 5-2(f))。

3. 体系模拟

通常,实际的结构体系需要简化后再进行分析。例如,框架结构中的构件需对其形心做理想化处理,节点被看成点,仅取少量的已确定的点进行关键截面的强度或应力校核。同样,荷载被建模为点荷载或连续荷载的有限形式。当荷载不是点荷载时,结构安全校核的临界点随荷载组合和强度而变化。

当结构体系失效时,与单独构件失效或材料失效不同,需从几种不同的角度来定义,包括:

(1)任意位置处达到最大容许应力。
(2)(塑性)破坏机制形成(如结构刚度为零:$|K|=0$)。
(3)达到极限结构刚度($|K|=K_{\text{limit}}$)。
(4)达到最大挠度($\Delta \to \Delta_{\text{limit}}$)。
(5)达到总体累积破坏极限(如疲劳)。

由两个或多个构件失效的组合效应构成的结构失效模式,如超静定结构,在结构体系可靠性的确定中具有特殊意义。当结构体系的所有失效模式都被定义后,可以用"故障树"概念来系统列举引起失效模式的失效方式(构件或横截面失效)。"故障树"的一个例子如图 5-3(b)所示,对应图 5-3(a)所示的结构构件。

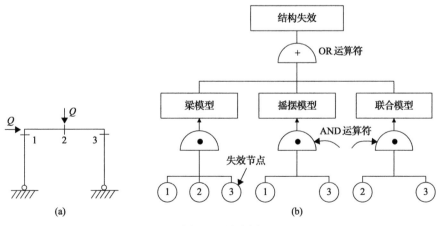

图 5-3 故障树
Fig. 5-3 Fault tree

具体过程是将结构系统失效方式分解成各子事件,再将各子事件继续分解。故障树上最低的子事件对应结构中单个失效的构件或截面。在这一层中可以得到局部极限状态方程。因此,故障树法主要用在整体可靠度分析而非结构分析上,但是对结构可靠度分析也适用[5-12~5-14]。这些方法说明了简化结构体系的可行性,如限制了潜在失效模式的数量,即结构体系中极限状态的数量。

对于特殊情况中刚塑性结构体系,识别失效模式的传统方法是通过考虑结构力学性能的组合。在结构体系的可靠度分析中,可以将体系模拟中的不同方法引入单个单元中,通过引入建模误差,就可以采用一个理想化的模型(如刚塑性受力)来模拟实际体系[5-15]。

5.1.2 解决方法

对于多元构件的结构可靠度分析,至少有两种可以采用且互补的方法,即失效模式法及有效模式法[5-16]。

1. 失效模式法

失效模式法是基于识别结构的所有潜在失效模式。结构的每种失效模式一般由构件的逐步"失效"(如构件达到相应的极限状态)组成,直到失效的构件数量足以引起结构整体达到极限状态。引起结构失效的可能方式可以用图 5-4 的事件树或图 5-5 的失效图表示。失效图中的每一"枝"表示结构中一个构件的失效,任何完整路径都是从"完整结构"的节点开始,囊括了所有的"失效"点,表示可能的构件失效次序。这些信息也可以从事件树中得到。

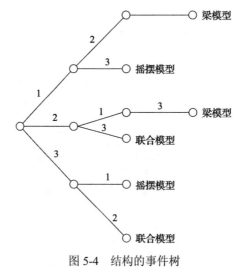

图 5-4 结构的事件树

Fig. 5-4 Event tree of structure

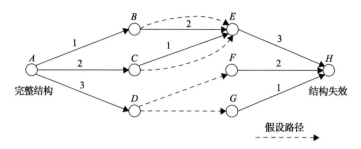

图 5-5　结构的失效图

Fig. 5-5　Failure diagram of structure

由于任何一种失效路径的失效都会引起结构失效，"结构失效" F_s 是所有潜在失效事件模式的并集：

$$P_f = P(F_s) = P(F_1 \cup F_2 \cup \cdots \cup F_m) \tag{5-1}$$

式中，F_i 表示第 i 个失效模式。对于每种失效模式，肯定会有足够数量的失效构件（或结构的失效结点）。因此有

$$P(F_i) = P(F_{1i} \cap F_{2i} \cap \cdots \cap F_{n_i i}) \tag{5-2}$$

式中，F_{ji} 表示在第 i 个失效模式中的第 j 个失效构件；n_i 表示导致第 i 个失效模式的构件数量。

2. 有效模式法

有效模式法是基于识别结构有效的所有状态（或模式）。对于图 5-3(a)所示的结构，如图 5-5 失效图中的每个节点 A、B、C、D、E、F、G（但除了 H）表示结构有效状态（也可从图 5-4 中看出）。对于每种有效模式，结构可能发生局部破坏，但是依然有承受荷载的能力（即超静定结构）。

要使得结构有效，至少需要一种有效模式，或

$$P_s = P(S_s) = P(S_1 \cup S_2 \cup \cdots \cup S_k) \tag{5-3}$$

式中，S_s 表示结构有效；S_i 表示第 i 个模式中的有效结构，$i = 1, 2, \cdots, k$ 不等于最终节点数。

从式(5-3)可以得到

$$P_f = P(\bar{S}_1 \cap \bar{S}_2 \cap \cdots \cap \bar{S}_k) \tag{5-4}$$

式中，$\bar{S}_i$ 表示在第 i 个有效模式中结构失效。显然，为了使任何有效模式中结构有效，所有对有效模式做出贡献的构件都必须有效。结构有效模式中的失效等价于足够数量的有效构件失效，或

$$P(\bar{S}_i) = P(F_{1i} \cup F_{2i} \cup \cdots \cup F_{l,i}) \tag{5-5}$$

式中，F_{ji}表示在第i个有效模式中的第j个失效构件；l_i表示导致第i个有效模式的构件数量。

3. 上限与下限——塑性理论

根据式(5-1)和式(5-5)，可以看到，若已分析了所有的失效模式，则采用失效模式法(式(5-1))来估计结构体系失效概率将会低估P_f；反之，若已分析了所有的有效模式，则基于有效模式法(式(5-4))的失效概率估计将会高估P_f。对于刚塑性结构，可以通过理想化塑性材料(极限分析)的界限定理来得到相似的结论。因此，当所有作用在结构上的荷载强度只与一个参数$w(w \geqslant 0)$有关时，结构发生第k个失效模式的塑性破坏$\{E_k\}$的概率可表示为$\text{Prob}\{E_k\} = P_k(w)$。显然，类比于式(5-5)，若结构有$n$种失效模式，则$P(w) = \text{Prob}(E) = \text{Prob}(E_1 \cup E_2 \cup \cdots \cup E_n)$表示结构体系整体的失效概率。若用$Y$表示所有塑性破坏合集$n$的一个子集，则可以用该失效模式的集合来表示体系失效。然而，该集合发生的概率低于合集的概率，即

$$P_Y(w) \leqslant P(w) \tag{5-6}$$

这表示的是概率极限分析中的上限定理(机动条件)。

在经典塑性极限分析中，静定法或平衡法的双重方法阐述了若存在至少一个静定容许应力场(即在荷载作用下应力场处于平衡状态且材料没有发生局部屈服)，则结构就不会失效。

现在假设结构存在至少一种静定容许应力场。如果D表示没有可容许的应力场，根据静定理论，表示体系失效，该事件发生的概率为$\text{Prob}\{D\} = P_\psi(w)$，则有

$$P(w) \leqslant P_\psi(w) \tag{5-7}$$

这表示的是概率极限分析中的下限定理(静力条件)。

5.1.3 结构体系失效的理想化

结构体系或其附属体系可以理想化成两种体系：串联体系和并联体系。部分结构体系可由这两种体系组成，有时会显得更为复杂。

1. 串联体系

串联体系由一根链条表示，也称为一种"弱连接"系统，结构中任一单元的极限状态都可形成结构的失效(图5-6)。对于这种理想化模型，结构中的单元或构件的准确材料属性即将不起关键性作用。如果构件是脆性的，构件的断裂将会导致结构的失效；如果构件具有塑性变形能力，失效就可能由过度屈服决定。由此可以看出，静定结构是一系列串联系统，因为任何子单元的失效都将导致结构整体的失效。

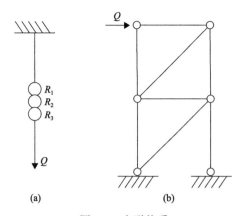

图 5-6 串联体系

Fig. 5-6 Series system

因此，任何单元都是一种可能的失效模式。一个由 m 个单元组成的弱连接结构的失效概率为

$$P_f = P(F_1 \cup F_2 \cup \cdots \cup F_m) \tag{5-8}$$

与式(5-1)对比可知，式(5-8)的串联系统就是失效模式的形式。如果失效模式 $F_i(i=1,2,\cdots,m)$ 由基本变量空间内的极限状态方程 $G_i(X)=0$ 表示，可将基本可靠度问题直接扩展为

$$P_f = \int_{D \in X} \cdots \int f(X) dX \tag{5-9}$$

式中，X 表示所有基本随机变量的向量形式；D 为 X 的定义域，用来定义系统失效。这可以由多种失效模式来定义，如 $G_i(X) \leq 0$。在二维 X 空间里，表达式(5-9)可由图 5-7 中 D 和 $G_i(X) \leq 0$ 组成的阴影部分来定义。

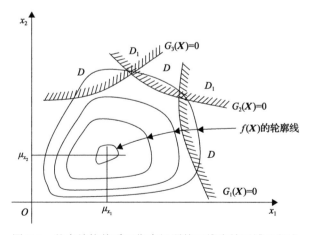

图 5-7 基本结构体系可靠度问题的二维失效区域 $D(D_1)$

Fig. 5-7 Two-dimensional failure region of reliability problem of basic structural system $D(D_1)$

定义安全区域标记为 $\overline{D}$，从图 5-7 可以看出它是被标记为 D 和 D_1 的失效区域的互

补区域，可由式(5-10)给出：

$$\overline{D}:(\overline{F}_1 \cap \overline{F}_2 \cap \cdots \cap \overline{F}_m) \tag{5-10}$$

式中，$\overline{F}_i$ 定义为第 i 个模式的有效或 $G_i(\boldsymbol{X}) \geqslant 0$。这样，有效概率为

$$P_s = P\left(\bigcap_{i=1}^m \overline{F}_i\right) = \int_{\overline{D}} \cdots \int f(\boldsymbol{X}) \mathrm{d}\boldsymbol{X} \tag{5-11}$$

由此可以看出，该式与 5.1.2 节中的有效模式等效。

对于图 5-6 所示的链条，每个环节的荷载效应 S 与荷载 Q 一致。如果 $F_{R_i}(r)$ 是第 i 个环节强度的累积分布函数，那么整根链条的累积分布函数 $F_R(r)$ 可由式(5-12)给出：

$$\begin{aligned} F_R(r) &= P(R \leqslant r) = 1 - P(R > r) \\ &= 1 - P(R_1 > r_1 \cap R_2 > r_2 \cap \cdots \cap R_m > r_m) \end{aligned} \tag{5-12}$$

式中，对于独立的材料强度可转化为

$$\begin{aligned} F_R(r) &= P(R \leqslant r) = 1 - \left[1 - F_{R_1}(r_1)\right]\left[1 - F_{R_2}(r_2)\right] \cdots \\ &= 1 - \prod_{i=1}^m \left[1 - F_{R_i}(r_i)\right] \end{aligned} \tag{5-13}$$

该表达式是脆性材料的抗力概率分布的基础。当每个 R_i 均为正态分布且 m 接近于无穷大时，R 的最小值服从极值Ⅲ型分布。

对于串联系统模型，一个构件的失效将导致内力的重新分布，并引发另一个构件的失效，以此类推。因此，整个结构系统的失效概率可近似为第一组(脆性)构件的失效概率[5-17]。然而，当有大量冗余的脆性构件时，这种近似方法并不可行，因为残余强度会变得很关键。

2. 并联体系——一般情况

当结构体系(或子系统)的单元表现为互相连接而导致任一个或多个单元达到极限状态不直接代表整个体系的失效时，这种体系称为并联体系或冗余体系。如图 5-8 所示为两

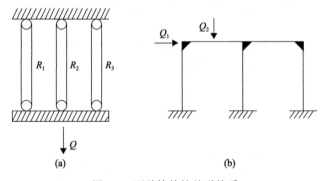

图 5-8 两种简单的并联体系

Fig. 5-8 Two simple parallel systems

种简单的并联体系。系统的冗余表现为两种形式。当冗余单元在结构受到小荷载时发挥作用称为"积极冗余"。当冗余单元遭受足够程度的退化或一定量的单元出现失效时才发挥作用,称为"消极冗余"。可见冗余单元将增加体系的可靠度。

积极冗余是否有利取决于构件或单元的特性和失效定义。对于理想塑性体系,静力理论确保积极冗余不能降低结构体系的可靠度[5-17]。

在积极冗余作用下,n个单元组成的并联(子)体系的失效概率可由式(5-14)给出:

$$P_f = P(F_s) = P(F_1 \cap F_2 \cap \cdots \cap F_n) \tag{5-14}$$

式中,F_i表示事件第i个组成单元的失效,由此可直接得出式(5-14)与式(5-4)等效,并可以在X空间内表示:

$$P_f = \int_{D_1 \in X} \cdots \int f(X) dX \tag{5-15}$$

与串联体系情况不同的是,并联体系只有当所有作用构件都达到各自的极限状态时,系统才会失效。这就意味着体系组成构件的性能表现在定义系统失效时是非常重要的。

3. 并联体系——理想塑性

对于理想塑性材料,这个情况就完全不同了,如刚架结构(图5-8(b)),每一个构件的破坏可以用如下形式的方程表示:

$$\sum_i Q_i \Delta_i - \sum_j M_j \theta_j = 0 \tag{5-16}$$

式中,$Q_i(i=1,2,\cdots)$为外荷载;Δ_i为相对于Q_i的挠度(是关于θ_j及尺寸的函数);M_j为在$j=1,2,\cdots$段的塑性抵抗矩。式(5-16)清楚地反映了这种并联体系,因为其中每段的弯矩M_j全部叠加起来抵抗外荷载Q_i。

总的来说,由单个形如式(5-16)破坏方程组成的破坏模式集合组成了一个串联系统,这是因为当任何一个破坏(或倒塌模式)发生时,结构就会发生破坏。这样,体系中塑性弯矩将可能出现不止一种破坏模式。这说明从不同破坏模式得到的结构承载力可能会相关联。

4. 条件组合体系

一个完整的系统要实现其作用功能,通常是由若干个串联和并联子系统共同组成的。构件和子系统的失效组合对整个结构的极限状态有着重要的影响。对于复杂结构,这不是一个简单的内容,一方面构件破坏后,结构内力重分布,另一方面荷载会随着时间和结构响应发生变化(如结构的偏斜)。

5.1.4 结构体系失效的实用化分析

一个实际的结构系统模型也可能要求使用有条件的系统或它的子系统。如果独立的

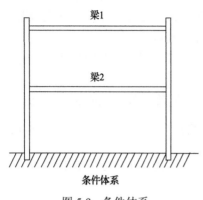

图 5-9　条件体系
Fig. 5-9　Condition system

单元或者单元组的破坏影响其他单元或单元组的破坏,那么后者将会发生关联破坏。例如,在图 5-9 中,如果顶梁倒塌,它可能会影响底梁的性能和可靠性(因为底梁也许会破坏,并遭受额外的荷载)。在这种情况下,结构单元失效的可能性将取决于结构在极端事件中的表现。如果事件的顺序可以列举,很显然,在条件事件中的结构可以简化为一个既包含连续和平行的单元组或者子系统。

于是,就把复杂系统简化成几个子系统或者子单元的形式,构成了体系可靠度的评估流程。金伟良等[5-6,5-7]提出考虑结构管-桩-土相互作用的简化模型应用于导管架平台的体系可靠度评估,把导管架平台系统分成三个子单元:导管架结构、桩和土体,分别计算各个子单元在给定荷载模式下的失效概率,按照串联体系的失效模式计算整个结构体系的可靠度。在进行系统可靠度评估时采用非线性 Pushover 结构分析方法和重要抽样法相结合计算导管架平台的体系可靠度。

5.2　体系可靠度计算方法

5.2.1　体系可靠度边界

结构体系可靠度除采用与构件可靠度类似的直接积分计算外,一种可供选择的途径是建立结构系统失效概率的上下限来进行分析。假定某一结构系统在一系列荷载作用下,可能在这一系列荷载中的任一荷载作用下的任一可能破坏模式下失效,那么结构失效的总概率就可以用模式失效概率来表示:

$$P(F) = P(F_1) \cup P(F_2 \cap S_1) \cup P(F_3 \cap S_2 \cap S_1) \cup P(F_4 \cap S_3 \cap S_2 \cap S_1) \cup \cdots \quad (5\text{-}17)$$

式中,F_i 表示事件"在所有荷载作用下,第 i 种模式下结构失效";S_i 表示"在所有荷载作用下,第 i 种模式下结构存活"的互补事件(即结构的生存率)。因此

$$P(F_2 \cap S_1) = P(F_2) - P(F_2 \cap F_1) \quad (5\text{-}18)$$

可写成以下形式:

$$\begin{aligned} P(F) &= P(F_1) + P(F_2) = P(F_1) + P(F_2) - P(F_1 \cap F_2) + P(F_3) - P(F_1 \cap F_3) \\ &\quad - P(F_2 \cap F_3) + P(F_1 \cap F_2 \cap F_3) + \cdots \end{aligned} \quad (5\text{-}19)$$

式中,$P(F_1 \cap F_2)$ 是指在模式 1 和模式 2 的共同作用下结构发生失效。

1. 一次串联体系

结构失效的概率可表示为 $P(F)=1-P(S)$，其中 $P(S)$ 表示结构有效的概率。对于相互独立的失效模式，$P(S)$ 可通过各模式作用下有效概率的乘积或者直接用 $P(S_i)=1-P(F_i)$ 进行表示，则结构失效的概率可表示为

$$P(F)=1-\prod_{i=1}^{m}\left[1-P(F_i)\right] \tag{5-20}$$

式中，$P(F_i)$ 表示第 i 种模式下结构失效的概率。将式(5-20)扩展可得到其结果与式(5-18)一致。此外，从式(5-18)可以看出，如果 $P(F_i)\ll 1$，那么 $P(F_i\cap F_j)$ 可忽略，且式(5-20)可近似为

$$P(F)\approx\sum_{i=1}^{m}P(F_i) \tag{5-21}$$

当所有失效模式都完全相关时，无论材料强度的随机性质如何，最薄弱的失效模式最可能会导致结构失效。因此，有

$$P(F)=\max_{i=1}^{m}\left[P(F_i)\right] \tag{5-22}$$

式(5-19)或式(5-20)和式(5-21)可用来定义任一失效模式在完全独立和完全相关之间的结构系统失效概率的相对粗糙边界：

$$\max_{i=1}^{m}\left[P(F_i)\right]\leqslant P(F)\leqslant 1-\prod_{i=1}^{m}\left[1-P(F_i)\right] \tag{5-23}$$

然而，对于大多数工程结构系统，边界集合式(5-23)因太大而没有实际意义。

2. 二次串联边界

二次串联边界可通过保持表达式(5-18)中如 $P(F_1\cap F_2)$ 的形式得到，为便于阐述，可写成如下形式：

$$\begin{aligned}P(F)=&P(F_1)\\&+P(F_2)-P(F_1\cap F_2)\\&+P(F_3)-P(F_1\cap F_3)-P(F_2\cap F_3)+P(F_1\cap F_2\cap F_3)\\&+P(F_4)-P(F_1\cap F_4)-P(F_2\cap F_4)-P(F_3\cap F_4)+P(F_1\cap F_2\cap F_4)\\&+P(F_1\cap F_3\cap F_4)+P(F_2\cap F_3\cap F_4)-P(F_1\cap F_2\cap F_3\cap F_4)\\&+P(F_5)-\cdots\\=&\sum_{i=1}^{m}P(F_i)-\sum_{i<j}^{m}\sum P(F_i\cap F_j)+\sum\sum_{i<j<k}^{m}\sum P(F_i\cap F_j\cap F_k)-\cdots\end{aligned} \tag{5-24}$$

由于正负交替的项是随着式中项的增加而增加的，可以看出，仅考虑一次失效条件（如$P(F_i)$）可求得$P(F)$的上限，仅考虑一次和二次失效条件可得到下限，同时考虑一、二、三次失效条件又可得到上限，以此类推。

需要指出的是，考虑一个额外的失效模式并不能降低结构失效的概率。因此，式(5-24)中的每个完整的行对$P(F)$都有非负的影响。在不考虑$P(F_i \cap F_j) \geqslant P(F_i \cap F_j \cap F_k)$时，如果$P(F_i) - P(F_i \cap F_j)$项得以保留，那么式(5-24)就可得到一个下边界，保证每个部分都起到非负的影响[5-18]，即

$$P(F) \geqslant P(F_1) + \sum_{i=2}^{m} \max\left\{\left[P(F_i) - \sum_{j=1}^{i-1} P(F_i \cap F_j)\right], 0\right\} \tag{5-25}$$

使用$P(F_i)$和$P(F_i \cap F_j)$可供选择的方式是选择式(5-24)中含有k的所有项的结合式来得到下边界的最大值[5-19]，即

$$P(F) \geqslant P(F_1) + \max\left\{\left[\sum_{i=2, j<1}^{k \leqslant m} P(F_i) - P(F_i \cap F_j)\right]\right\} \tag{5-26}$$

这两种形式中，结果取决于标记的失效模式顺序。为了得到最优的边界，事件最优序列的运算法则已经得到[5-20]。一种有效的规则是按重要性从高到低将模式排序。对于已经给定排序的情况，式(5-25)得到的边界会比式(5-26)更为合理；如果所有可能的序列都考虑在内，那么这两个式子得到的边界是一致的[5-21]。

通过简化式(5-24)中的每一行就可以得到一个上限。正如前面指出的，一个标准行（如第五行）对$P(F)$有非负的影响，并且可用P_{ijk}表示$P(F_i \cap F_j \cap F_k)$来表述如下：

$$\begin{aligned}U_5 = {} & P_5 - P_{15} - P_{25} - P_{35} - P_{45} + P_{125} + P_{135} + P_{145} + P_{235} + P_{245} + P_{345} \\ & - P_{1235} - P_{1245} - P_{1345} - P_{2345} + P_{12345}\end{aligned} \tag{5-27}$$

除去P_5部分，其他行可以写成

$$-V_5 = -P(E_{15} \cup E_{25} \cup E_{35} \cup E_{45}) \tag{5-28}$$

式中，E_{ij}与表示事件ij。

对于任意事件A、B，如果满足$P(A \cup B) \geqslant \max[P(A), P(B)]$，则符合下式：

$$V_5 \geqslant \max\left[P(E_{15}), P(E_{25}), P(E_{35}), P(E_{45})\right] \tag{5-29}$$

由于V_5对U_5存在非负影响，边界式(5-29)将会增大式(5-27)的右边界值，因此有

$$U_5 \leqslant P_5 - \max_{j<5}(P_{j5}) \tag{5-30}$$

但由于$P_{j5} = P(F_j \cap F_5)$，且第五行为典型行，它满足

$$P(F) \leqslant \sum_{i=1}^{m} P(F_i) - \sum_{i=2}^{m} \max_{j=i} [P(F_j \cap F_i)] \qquad (5\text{-}31)$$

这个结果可能也同样取决于失效事件的排序。

式(5-29)和式(5-31)就刚架和刚塑性框架的计算结果已与Monte-Carlo模拟的结果进行对比[5-22]。在一定的分布形式和变化范围内，计算得到的边界与模拟的结果基本非常接近，但是两者并非永远相近。

3. 序列荷载下的二次串联边界

荷载顺序及其相关性决定了系统的失效概率边界。从式(5-17)可以得出，在荷载矢量 $Q_1, Q_2, Q_3, \cdots$ 下，结构失效的概率可以表达为

$$P(F) = P(F) + P(F_2 | S_1) P(S_1) + P(F_3 | S_2 \cap S_1) P(S_2 \cap S_1) + \cdots \qquad (5\text{-}32)$$

式中，F_i 表示事件"结构在第 i 个荷载作用下失效"; S 表示"结构在第 i 个荷载作用下有效"的互补事件，$P(F_i) = 1 - P(S_i)$。

总体而言，在第 i 个荷载作用下失效和在第 i 个荷载作用之前存活是相关的，式(5-33)可表达概率的"传递"：

$$P_i = P(F_i | S_{i-1} \cap S_{i-2} \cap S_{i-3} \cap \cdots) \qquad (5\text{-}33)$$

并且由于

$$P(S_1 \cap S_2 \cap S_3) = P(S_3 | S_2 \cap S_1) P(S_2 \cap S_1) = P(S_3 | S_2 \cap S_1) P(S_2 | S_1) P(S_1) \qquad (5\text{-}34)$$

同样地，对于其他与式(5-17)一致的部分，通过利用式(5-32)，$P(F)$ 可表述如下：

$$P(F) = P_1 + P_2(1 - P_1) + P_3(1 - P_2)(1 - P_1) + P_4(1 - P_3)(1 - P_2)(1 - P_1) + \cdots$$

或者，对于顺序加载中的第 n 个荷载，有

$$P(F) = \sum_{i=1}^{n} P_i - \sum_{j<i}^{n} \sum P_i P_j + \sum_{k<j<i} \sum \sum P_i P_j P_k - \sum_{l<k<j<i} \sum \sum \sum^{n} P_i P_j P_k P_l + \cdots \qquad (5\text{-}35)$$

式(5-35)与式(5-24)是一致的，其中 $P(F_i)$ 即为 P_i，$P(F_i \cap F_j)$（$j<i$）即为 $P_i P_j (j<i)$。因此，考虑到这个改变，式(5-24)和式(5-30)可视为在序列荷载作用下结构失效概率 $P(F)$ 的边界。

4. 多模式和序列荷载下的串联边界

失效模式的边界式(5-25)和式(5-31)可归纳为荷载序列范围内在多模式下的失效。式(5-25)或式(5-31)可解释为荷载序列作用下，第 k 个荷载导致结构失效的概率 $P(F_k)$。式(5-25)和式(5-31)也可用来得出在完整荷载序列作用下的总失效概率，但目前只解释

为荷载序列作用下的情况。

实际中 F_i、F_j 通常是相关的,因此很难估计得到 $P(F_i \cap F_j)$。有一种途径是利用考虑两个极限条件来估计得到简化解:(F_i, F_j) 完全独立或完全相关。如果事件 F_i、F_j 完全独立,式(5-32)就可简化为式(5-20)。

同样地,如果事件 (F_i, F_j) 完全相关,且临界状态已给出,那么 $P(F_1 \cap F_2 \cap F_3)$ 将简化为 $\max[P(F_1), P(F_2), P(F_3)]$。这就意味着式(5-18)可简化为式(5-22),在同时考虑荷载序列和多失效模式情况下对一次串联边界式(5-23)进行拓展,有

$$\max_i^m \left\{ \max_j^m [P(F_{ij})] \right\} \leqslant P(F) \leqslant 1 - \prod_{ij}^{mn} [1 - P(F_{ij})] \tag{5-36}$$

式中,$P(F_{ij})$ 为第 i 个模式下荷载序列中第 j 个荷载作用下的失效概率。对于右边项,可以适当地放宽,给出 $P(F_{ij}) \ll 1$:

$$\max_i^m \left\{ \max_j^n [P(F)] \right\} \leqslant P(F) \leqslant \sum_i^m \sum_i^n P(F_{ij}) \tag{5-37}$$

当已知荷载序列和多失效模式是相互独立时,左边项的最大值就可由求和公式代替;同样如果已知荷载序列和多失效模式完全相关,那么右边项的求和公式可由最大值代替。

如果已知荷载序列组成 N 是连续的,交替的独立荷载有同样的概率密度函数,那么式(5-37)的右边界可被式(5-38)代替:

$$N \sum_i^m P(F_{ij}) \tag{5-38}$$

5. 优化串联边界和并联系统的失效边界

当(线性)极限状态函数的相关性增加时,二次串联边界的结果逐渐变差,就可以通过将问题转变为低相关性的极限状态函数来优化边界。或者,如果能保存更高阶的部分,那么可得到串联系统的优化边界,例如,如果已知由 $P(F_2 \cap S_1) = P(F_2) - P(F_2 \cap F_1)$ 中得到的 $P(F_1)$,$P_{ijk} = P(F_i \cap F_j \cap F_k)$。由此,三次失效边界可转变为(其中 $F_i(i=1,\cdots,m)$ 表示 m 种可能的失效概率[5-23])

$$P_3^- \leqslant P\left(\bigcup_{i=1}^m F_i\right) \leqslant P_3^+ \tag{5-39}$$

式中

$$P_3^- = \sum_{i=1}^m \left[P_i - \sum_{j<i} \left(P_{ij} - \max_{k<j} P_{ijk} \right) \right]$$

$$P_3^+ = \sum_{i=1}^{m}\left[P_i - \sum_{j<i}\left(P_{ij} - \max_{k<j} P_{ijk}\right)\right]^+$$

其中，[ ]$^+$表示该部分取正时才计入。

此外，有些失效事件的序列对得到最优边界有重要意义。然而，最困难的是估计三部分共同影响的 P_{ijk}。当事件 F_i 表述为线性函数时，非线性的下限值可由式(5-40)得出[5-24]：

$$P_{ijk} \geqslant \frac{P(F_i \cap F_k)P(F_i \cap F_j)}{P(F_i)} \tag{5-40}$$

已知 $\rho_{kj} > \rho_{jk}\rho_{ij} > 0$，其中 ρ_{ij} 为事件 i、j 的线性失效函数的相关系数。基于线性极限状态函数的角度，Feng[5-25]给出了一个较优的方法来求解 P_{ij} 和 P_{ijk}。

并联系统的失效概率可由式(5-2)或式(5-14)得出。对于这一类边界，可通过将串联边界应用至恒等式的右边项得到

$$P\left(\bigcap_{i=1}^{m} F_i\right) = 1 - P\left(\bigcup_{i=1}^{m} \overline{F_i}\right) \tag{5-41}$$

式(5-41)所得到的界限值较差，因为对于可靠度高的系统，等式右边第二项将接近于 1.0。

相关性还可以提升荷载的关联性，更普遍的是结构构件与其中单独构件的相关性[5-26,5-27]。在二阶可靠度分析中，基本变量的相关性是由转变相关集合至不相关集合确定的。刚塑性门式刚架的相关效应被分别施加两种静力荷载，其典型结果的集合如图 5-10 所示[5-28]。

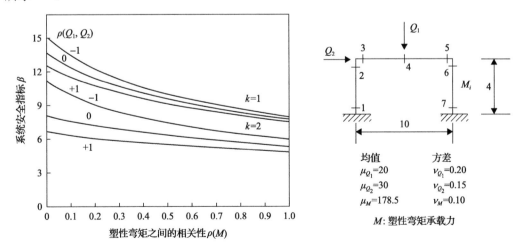

图 5-10 关联性对系统安全指标的影响

Fig. 5-10 The impact of correlation on system security indicators

$k=1,2$ 分别代表单独施加 Q_1、Q_2 的荷载

5.2.2 隐式极限状态——响应曲面

在实际应用中，隐式极限方程可能无法通过以一个或者多个方程来显示极限状态曲面，更多的是隐含在有限元分析的过程中被了解。用 $G(X)$ 代表结构响应，$G(X)$ 代表随机变量 X 的隐函数，只有在离散数值 $X = x$ 时才会用来计算。当计算 $G(X)$ 时，让 $\bar{X}$ 代表 X 空间中的一系列的点，然后响应曲面方法开始寻找能够完美符合 $G(X)$ 中离散值的方程 $G(\bar{X})$。通常情况下设 $\bar{G}(X)$ 为 n 次多项式，这个多项式中的待定系数通过使近似误差最小确定，尤其是在设计点周围的区域。

拟合离散点来选择多项式中 n 的阶数，其结果将会影响需要评估的数量及估计的导数数量。与此同时，对于一个良态方程组，$\bar{G}(X)$ 必须与 $G(X)$ 等价或低阶。高阶的 $\bar{G}(X)$ 将会产生含不确定系数的病态方程组。同样，它是非稳态方程。

若仅通过离散结果来得到实际极限状态方程，则无法得到其形式及其阶数，也无法估计其设计点。这意味着无法对选择估计函数 $\bar{G}(X)$ 起指导作用。然而，常使用二次多项式来估计响应面[5-29~5-32]：

$$\bar{G}(X) = A + X^{\mathrm{T}} B + X^{\mathrm{T}} C X \tag{5-42}$$

式中，A、B、C 为不确定(回归)系数，$B = (B_1, B_2, \cdots, B_n)^{\mathrm{T}}$，$C = \begin{pmatrix} C_{11} & \cdots & C_{1n} \\ \vdots & & \vdots \\ \mathrm{sym} & & C_{mn} \end{pmatrix}$。

回归系数可通过进行一系列数值模拟试验得到，即根据某些试验设计，选择输入变量而得到的一系列结构分析。合适的试验设计需要考虑目标落在合理精确估计失效的概率，这说明重点是包括失效区域在内的最大可能性区域，即设计点。然而正如前面所述，这在最初是不可知的。因此，可以选择平均变量附近的值作为试验设计中的输入变量。一个简单的试验设计如图 5-11 所示。Rajashekhar 和 Ellingwood[5-33]已讨论过更多复杂的设计问题。

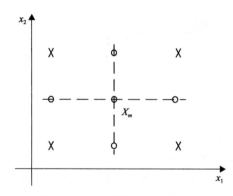

图 5-11 双变量的简单试验设计
Fig. 5-11 Simple experimental design of two variables

一旦试验设计被选中并且计算了方程 $\bar{G}(X)$，就会发现实际反应的 $G(\bar{X})$ 数值和式 (5-42) 估算出的数值之间存在误差。这个误差是由内在随机性和使用更为简单的方程 (5-42) 来表示实际极限状态曲面而"失拟检验"造成的。将它们独立分开而又不进行精确计算是不可能的。然而，重要的一步是，尝试去选择回归系数 A、B、C，使得总的误差最小。

让矢量 D 代表回归系数的集合 A、B、C，那么式 (5-42) 就可以表示为 $\bar{G}(D,X)$。同样，对试验设计中的每一个点 $\bar{x}_i$，让 ε_i 表示实际隐性极限状态方程的定值方程和合适响应面 $\bar{G}(D,\bar{x}_i)$ 之间的误差，这个可以针对每一个试验设计中的点完成。现在总的误差可以被最小化，一个很简单的方法就是用最小二乘拟合法，用 D 来最小化误差的平方和，即

$$S = \min_{D}\left[\sum_{i=1}^{n}\varepsilon_i^2\right]^{1/2} = \min_{D}\left[\sum_{i=1}^{n}\left[\bar{G}(D,\bar{x}_i) - G(\bar{x}_i)\right]^2\right]^{1/2} \tag{5-43}$$

1. 大型体系的简化

在某些实际问题中，由于变量过多，式 (5-42) 的直接应用变得并不实际。例如，当结构的响应采用有限元分析时，就会出现这种情况。因此，可以通过许多方法来减少所涉及的随机变量数量。

第一种方法是通过确定公式将随机变量替换为确定值。

第二种方法是在描述它们的空间平均值时减少随机变量集合 X 至最小集合 X_A。例如，在应力平面的每个点上都使用相同（如空间平均）屈服强度，而不是确切地表示出点与点（或有限单元与有限单元）的不同屈服强度。

第三种方法是通过简化随机变量（或空间平均值）的误差效应，即只包含单一的对响应的附加效应，而不是更复杂的关系。这样，可以得到计入附加误差效应的表达式，即

$$\bar{G}(X) = A + X^{T}B + X^{T}CX + \sum_{j}\left(e_j + \sum_{k}e_{jk} + \cdots\right) + \varepsilon \tag{5-44}$$

式中，$e_j, e_{jk}, \cdots$ 是由空间平均（假设此处空间平均随机变量独立）导致的误差项；ε 表示保留误差（如由自由度导致的）。若 $e_j, e_{jk}, \cdots$ 可以分别得到，则这种形式是有用的，可以通过分析方差的空间平均效应获得。这种误差可用来拟合 $\bar{G}(X)$，并可制约 ε。

2. 迭代求解法

一般地，近似响应面与实际（非显式）极限状态函数的最佳拟合点是事先不确定的。已有建议通过迭代搜索方法确定这些点。令式 (5-42) 含足够的待定系数来拟合求解 $G(\bar{X})$——即"完全饱和"的试验设计，以便能让曲面与评估点 $\bar{X}$ 精确重合，尤其是平均点 x_m 与点 $x_i = x_{mi} \pm h_i\sigma_i$，其中 h_i 是任意系数，σ_i 为 x_i 的标准差。根据这些平均点 x_m 可

以精确得到假设平均点的近似曲面 $\overline{G}(\overline{X})$。若近似曲面落在最优位置，则平均点 x_m 与最大似然点（设计点）重合，并且在标准正常空间中从原点到这些点的距离最小。

若 x_m 不是设计点，则可以在近似曲面 $\overline{G}(\overline{X})$ 上找到别的点，将其命为 x_D，这些点与原点更近，因此是设计点的最佳估算点。当 x_D 已知时，新平均点 x_m^* 可以通过 x_m 和 x_D 的线性关系由内插法得到，即

$$x_m^* = x_m + (x_D - x_m)\frac{G(x_m)}{G(x_m) - G(x_D)} \tag{5-45}$$

这种具有较高拟合准确性的计算方法的速度与设计点的选择及实际（非显式）极限状态函数在搜索区域中的形状有关。很显然，当表示抗力的设计点处于该随机变量的左侧截尾段，代表荷载的设计点位于该随机变量的右侧截尾段时，计算结果将得到改进[5-34]。不仅如此，总的来说，并不能保证所有可能相关设计点均收敛。修正搜索算法使得搜索偏离已被包含的设计点是可能的。

3. 响应曲面和有限元分析

响应曲面并不是可靠度分析明确要求的方法。当使用 FORM 技术时，建议将响应曲面作为将有限元分析应用到结构可靠性分析中的工具。

应该注意到的是，在标准正态空间中，二次响应曲面本质上采用二次二阶矩理论是相似的，因为一个二次曲面可以用来拟合已知的非线性极限状态曲面或者在响应曲面上的已知离散点。结果是这两个方法的讨论极其相似。在使用响应曲面法来进行有限元分析时，重复的结果由有限元程序计算的一系列选中的点组成[5-35]。如果使用 FORM，拟合的曲面是线性的并且仅仅需要一个较小数量的点来确定响应曲面，因为一般来说，响应曲面的拟合与可靠度计算无关。

可以通过确定或估算设计点的梯度，利用有限元分析程序达到这个要求。一些商业有限元代码已将响应曲面法和 FORM 进行了结合[5-36]。有限元模型在可靠性环境中一个很重要的部分是代表随机域，如可能被要求表现性能的统计变量（如横跨板的杨氏模量）。这是一个相当专业的话题并且有许多方法被提出用来做这些[5-37~5-40]。

5.2.3 复杂结构系统

1. 枚举法

对于复杂结构系统，确定所有结构失效模式的最好方法是穷举所有的节点失效组合，这将是一项极大的工作。所有节点可以被依次考虑，然后被加入一个之前失效节点的序列中。通过检验每个新的序列来探知是否得到一个可行的系统失效模式，如果没有，那么更多的节点将会被加入序列中。如果结构失效被定性为倒塌，那么失效模式必须是运动学上可行的。当一个失效模式被确定下来后，枚举下一个失效模式是通过回溯直至一个新的节点组合出现来实现的，如图 5-12 所示。

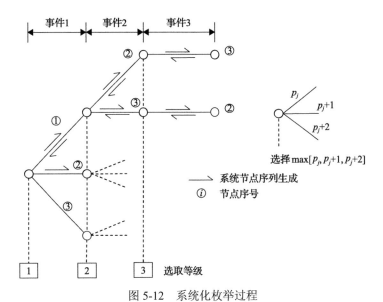

图 5-12 系统化枚举过程

Fig. 5-12 Systematic enumeration process

由于所有失效模式都被确定,得到它们的顺序就不重要了。因此,为了枚举方便,可以应用结构的弹性应力分析。当然,得到失效模式的具体顺序取决于所使用的枚举方法。当特定的模式被剔除后,这个顺序将会对失效概率计算结果产生影响。对于弹性和刚性塑性节点,大体上结构行为将会颇为接近,同时对刚性塑性行为来说,失效模式和相应的应力场与结构的弹性性质无关。

在一个含有 n 个节点的顺序中,第 k 个失效模式的概率可以被这样计算:

$$P_{fk} = P(E_1 \cap E_2 \cap \cdots \cap E_n) \tag{5-46}$$

式中,E_i 表示事件"第 i 个节点的抗力突破"。对如图 5-12 的 1、2、3 来说,很多这样的模式是存在的。结构失效所需要的节点数量 n 取决于对结构失效的判断标准。对于结构的失效,n 必须足够大,以找到一个可行的失效模式。

如果对于系统是小概率且影响很小的失效模式可以被确定,那么将极大程度上简化计算[5-41]。显然,如果这能在枚举的早期阶段完成将会是有利的,最好是在模式失效概率被计算之前。很多技巧被提了出来[5-42~5-46],一个合理理性的技巧,即截断法将在以下陈述。

2. 截断法

如果对于所有模式,$P_{jk} \leq \delta P_f$ 被确定,那么需要考虑的失效模式数量将会被缩减。这里 δ 是一个被合适取值的截断标准,P_f 是整个结构体系的名义失效概率。基于这个标准,如果 $\delta = 0$,那么所有的失效模式都可被评估。

除非一个客观的估计在分析之前就有,P_f 可以通过目前得到的最大 P_f 值来估计得到。之前估计中的模式失效概率 P^* 可以定义为 P_f^*:

$$P_f^* = \max_{l=1}^{k-1}(P_{fl}), \quad k \geqslant 2 \tag{5-47}$$

显然 $P_f^* \leqslant P_f$，因此对于式(5-47)的使用是保守的，因为更少的失效模式将会被丢弃。通过式(5-46)计算的模式失效概率可能有界。对于 $q \leqslant n$，运用不等式：

$$P(E_1 \cap E_2 \cap \cdots \cap E_n) \leqslant P(E_1 \cap E_2 \cap \cdots \cap E_q) \cdots \leqslant P(E_1 \cap E_2) \leqslant P(E_1) \tag{5-48}$$

对于任何式(5-48)的分集 $q \leqslant n$，截断条件 $P_{jk} \leqslant \delta P_f^*$ 将会被保守评估，任何满足它的模式将会被立即忽略。

理论上，节点序列的选择可以通过任何顺序来进行，但是一个高效的算法将会尽早选择贡献最大的节点。这将会优化式(5-47)的 P_f 估计值，并因此尽早去除微不足道的模式。一个合理的策略是选择下一个节点，因而部分节点序列包括已选择的节点的发生概率被最大化。从第 1 个到第 q 个节点，这意味着节点的选择如下：

第 1 个节点：

$$P(E_1) = \max_i [P_i(E_1)] \tag{5-49a}$$

第 2 个节点：

$$P(E_1 \cap E_2) = \max_i [P_i(E_1 \cap E_2)] \tag{5-49b}$$

对于第 q 个节点：

$$P(E_1 \cap E_2 \cap \cdots \cap E_q) = \max_i [P_i(E_1 \cap E_2 \cap \cdots \cap E_q)], \quad q \geqslant 1 \tag{5-49c}$$

最大化是对于所有在选择层面上的"合格节点"来说的(参照图 5-12)。因此，在第 q 层，事件 E_1 到 E_{q-1} 是保持固定的，同时通过剩余节点选择事件 E_q 的决定会被做出。

式(5-49)的简化对计算时间的节省是很有利的。对式(5-49c)的建议近似包括上限：

$$P(E_1 \cap E_2 \cap \cdots \cap E_q) \leqslant \max_i [P_i(E_q)], \quad q \geqslant 1 \tag{5-50a}$$

$$P(E_1 \cap E_2 \cap \cdots \cap E_q) \leqslant \max_i [P_i(E_1 \cap E_q)], \quad q \geqslant 2 \tag{5-50b}$$

这些分别被称为一维和二维分支条件。例如，对式(5-50a)的物理解释是：选择最大失效概率的节点，而非搜索整个序列 $E_1, E_2, \cdots, E_q$ 来找寻最大发生概率。这里并不需要与式(5-49)相同，因为当对每个节点的应力分布来说作用相同时，对事件 $E_1, E_2, \cdots, E_q$ 来说，它们之间有相关性。

对于任何层级 q，在式(5-48)保守估计(高估)的模式失效概率 P_{fk} 可能会被式(5-50b)再次保守预估(高估)。

由于式(5-50b)已经被过高估计，式(5-47)也可能被高估。因此，一些模式可能被截

断标准 $P_{fk} \leq \delta P_f^*$ 不合理地排除。但是，只有当这些模式有与 δP_f^* 接近的失效概率时才变得重要。最重要的模式(即对于系统失效概率估计贡献最大的模式)不大可能受到影响。

截断枚举法依赖于制定节点失效事件序列以及计算它们的概率，这要求能够分步分析结构应力。一旦系统的各种失效模式被确定，就可以得到结构失效时的极限状态方程。为了得到极限状态方程，提出了两个分析过程，在这两种情况下，均假定节点失效顺序是已知的，失效模式为第 k 个模式。

1) 节点替代(模拟荷载)方法

在这个方法中，失效节点被它失效后的抗力所替代。对于所有后续外荷载增量，这种抗力可以看成局部施加的模拟荷载，它的随机特性与破坏后的抗力相同[5-47]。因此，如果节点是完全塑性的，这个塑性抗力就会以一个模拟"荷载"施加；如果节点是弹脆性的，并且不存在脆性强度，就不会有模拟"荷载"被施加。明显地，随着外荷载的增加，需要对所有节点的应力状态进行仔细核查。尽管这种方法看上去很好，但是尚未有适当的判断方法。

2) 增量加载方法

当构件表现为弹塑性且有一个已知的失效模式 k 时，失效概率可以根据系统抗力 R_s 和单参数荷载系统 Q_1 的比较得出：

$$P_{fk} = P(R_s - Q_1 \leq 0) \tag{5-51}$$

在结构失效时的系统抗力可表示为所有积累荷载增量的最大值：

$$R_s = \max(r_1, r_1+r_2, r_1+r_2+r_3, \cdots, +r_1+r_2+\cdots+r_n) \tag{5-52}$$

式中，r_j 是与模式失效事件 E_j 与有关的第 j 个荷载增量。因此，对于一个在结构失效前其中三个组成部分一定会失效的结构，r_1 代表了第一个构件失效时的荷载(从 0 开始作用)，r_1+r_2 代表了第一个和第二个构件失效时的总荷载，$r_1+r_2+r_3$ 代表了所有三个构件都失效时的总荷载。因为存在组成部分在失效后也可能卸下荷载，结构抗力 R_s 由达到的最大荷载值表示，即式(5-52)。

相应的失效可能性(第 k 个)为

$$P_{fk} = P\{\max(r_1-Q_1 \leq 0), (r_1+r_2-Q_1 \leq 0), \cdots, (r_1+r_2+\cdots+r_n-Q_1 \leq 0)\} \tag{5-53}$$

同时也可以表达为

$$P_{fk} = P[(r_1-Q_1 \leq 0) \cap (r_1+r_2-Q_1 \leq 0) \cap \cdots \cap (r_1+r_2+\cdots+r_n-Q_1 \leq 0)] \tag{5-54}$$

系统抗力 R 被节点的力所控制，这些可以通过矩阵方程联系到荷载增量 r_j：

$$\boldsymbol{R} = \boldsymbol{A}\boldsymbol{r} \tag{5-55}$$

式中，$\boldsymbol{R} = [R_i](i=1,2,\cdots,n)$ 是一个节点抗力向量；$\boldsymbol{A} = [A_{ij}](j<i, j=1,2,\cdots,n)$ 可称为利

用矩阵，其中 A_{ij} 为节点 i 在第 j 个作用的增量。对于一个被给予的失效模型，在给定的节点顺序下，A_{ij} 可以从传统的结构分析中确定。式(5-55)的反转产生了 r_j 增量的作用，使得式(5-54)可以被评估：

$$r = A^{-1}R \tag{5-56}$$

式(5-56)可以被扩展以适用于更广义的节点受力行为，如弹性卸载应变硬化以及多于一个的荷载系统(每个模型作为一个随机变量并且每一个都只应用一次)

$$BR - CQ - Ar = 0 \tag{5-57}$$

式中，B 为与作用变形相应卸载部分有关的卸载矩阵；CQ 为其他荷载(无增量)作用下的构件随机作用，Ar 由式(5-55)定义。显而易见，无论什么荷载系统都可以被选作用来确定荷载增量 r 的荷载增量系数。增量过程没有其他的目的，因为节点失效的顺序已知，所以会被抵消。

卸载和应变硬化(或屈曲后的)行为在(增量)结构可靠性确定分析中的加入带来了各种限制和问题。因此，在增量分析中必须考虑硬化区域的范围、可能的反向应力及伴随的局部刚度改变，否则将不能合理地模拟出最终的结构失效状态。

3) 系统的可能性估计

结构系统的(名义的)失效概率计算包括通过式(5-48)计算的每个主导失效模式失效的概率及 P_{fk} 的串联组合。这些计算通常有别于那些分支选择和截断的计算，除非那些概率已经被很精确地确定下来(在这种情况下需要考虑到相关效应的可能性)。

如果主导模式的模型概率已知，那么结构系统的失效概率可以在理论上通过式(5-58)来计算：

$$P_f = P(F_1 \cup F_2 \cup F_3 \cup \cdots \cup F_m) \tag{5-58}$$

式中，$F_i(i=1,\cdots,m)$ 代表在第 i 个模式中失效。如果只考虑主导模式，那么小概率会被低估(见 5.2.2 节)。

在通过截断的(既废弃的)失效模式的概率估计中引入的误差有一个上限，可以通过估计与在第一层无支链的节点有关的概率来得到[5-48]

$$P_{\text{error}} = \sum P(Z_i) \leqslant 0 \tag{5-59}$$

虽然截断枚举法对单一荷载参数或单次荷载(即时不变案例)是通用的，且对决定失效模式是有用的[5-49]，但是总体上，它(及类似方法)需要大量的计算。幸运的是，对于常见的理想刚塑性结构，有可替换的方法来确定失效模式。

Sørensen 等[5-50]提出了在系统可靠性分析中采用节点代替(人工荷载)方法(但并非截断)计算刚塑性结构的一些相似算法的应用。对于只针对刚塑性节点的，类似于截断枚举法的计算步骤已由 Murotsu 等[5-51]以及 Sørensen 等[5-50]给出。

5.2.4 物理综合法

传统结构整体可靠度的研究至今没有超出杆系结构的范围，没有超出理想弹塑性所限制的范围。对于板、墙、块体等构成的复杂结构及一般的物理非线性问题，上述方法基本无能为力。传统的结构整体可靠性分析研究是从破坏后果出发、采用现象学的方式来研究问题的。因而，在本质上不能反映结构状态从线性到非线性发展的真实物理过程。

在前述分支限界法的分析过程中，虽然也引入了非线性结构分析，但由于随机性的原因，尚不能确定塑性铰的位置和失效路径。这样，结构失效和失效路径必然是一种经过"概率修饰"的物理过程，而不是真实的物理过程。这种在分析方法论上的失误是传统整体可靠度研究长期停滞不前的根本原因。正确的研究道路应该是基于对结构受力物理过程的分析，考察随机性在物理系统中的传播规律。

物理综合法依据物理准则构建广义概率密度演化方程的概率耗散条件。对于给定的失效界限 $[Z]$，当满足 Z 函数即 $Z_{\text{ext}} > [Z]$ 时，代表点 u_p 的概率密度为

$$p_{U,\theta}(u_p, \theta, t) = 0 \tag{5-60}$$

代表点 u_p 是制定的结构总体状态观察点，可根据具体分析对象灵活选取。例如，对于高层建筑，可取结构定点位移。

结构体系的可靠性分析步骤与构件的可靠度分析相同，但需要考虑结构体系的多种失效路径及对应的极限状态。对于其他方法，把体系进行串联、并联或更复杂的子系统的分类是十分有益的，如在使用 FORM 的同时使用体系可靠性边界理论。

结构的失效模式并不总是可知的，它们在某种程度上可以通过 Monte Carlo 法模拟来检验，或者通过穷举或者其他简化的方法。其中，对失效概率贡献最大的失效模式是最受关注的。

如前所述，本章提到的所有方法都对结构上的荷载有所限制。成比例的(即单荷载参数)荷载条件等效于单次极限荷载作用(即体系寿命期间可受的最大作用)下的可靠性问题。对于复杂的结构，关键极限状态可能随多重作用顺序的变化而改变。在这种情况下，体系与加载路径有关。要注意到，虽然已经有开展这个问题的研究，但是现在还没有被广泛接受的方法。一个可行的方案是将在可靠性分析中的作用组合定义为类似于在传统结构设计中所使用的一样，即只有有限个作用组合被考虑[5-15]。这个方法尽管不是根本性的方法，但至少能提供一个有清楚定义的条件下的条件概率分析方法。

物理综合法的提出和应用给更好地解决体系可靠度问题带来了更多的可能性。

参 考 文 献

[5-1] Cornell C A. Bounds on the reliability of structural systems[J]. Journal of the Structural Division, 1967, 93(5): 171-200.

[5-2] Ditlevsen O. Narrow reliability bounds for structural systems[J]. Journal of Structural Mechanics, 1979, 7(4): 453-472.

[5-3] Ang A S, Ma H E. The reliability of structural systems[C]//Proceeding of International Conference on Structural Safety and Reliability, Trondheim, 1981.

[5-4] 董聪. 结构系统可靠性理论: 进展与回顾[J]. 工程力学, 2001, 18(4): 79-88, 59.

[5-5] 李杰. 工程结构整体可靠性分析研究进展[J]. 土木工程学报, 2018, 51(8): 1-10.

[5-6] Jin W L. Reliability based-design for jacket platform under extreme loads[J]. China Ocean Engineering, 1996, 10(2): 145-160.

[5-7] 张燕坤, 金伟良, 李卓东. 极端荷载作用下海洋导管架平台体系可靠度分析[J]. 海洋工程, 2001, 19(4): 15-20.

[5-8] Ditlevsen O, Bjerager P. Methods of structural systems reliability[J]. Structural Safety, 1986, 3(3-4): 195-229.

[5-9] Wang W, Corotis R B, Ramirez M R. Limit states of load-path-dependent structures in basic variable space[J]. Journal of Engineering Mechanics, 1995, 121(2): 299-308.

[5-10] Melchers R E. Load path dependence in directional simulation in load space[C]//Proceedings of 8th IFIP WG7.5 Conference on Reliability and Optimization of Structural Systems, Krakow, 1998.

[5-11] Ditlevsen O. Probabilistic statics of discretized ideal plastic frames[J]. Journal of Engineering Mechanics, 1988, 114(12): 2093-2114.

[5-12] Henley E J, Kumamoto H. Reliability Engineering and Risk Assessment[M]. Englewood Cliffs: Prentice-Hall, 1981.

[5-13] Stewart M G, Melchers R E. Probabilistic Risk Assessment of Engineering Systems[M]. Berlin: Springer, 1997.

[5-14] Thoft-Christensen P, Murotsu Y. Application of Structural Systems Reliability Theory[M]. Berlin: Springer, 1986.

[5-15] Ditlevsen O, Arnbjerg-Nielsen T. Effectivity Factor Method in Structural Reliability[M]. Berlin: Springer, 1992.

[5-16] Bennett R M, Ang A H S. Investigation of methods for structural system reliability[R]. Structural Research Series No.510. Urbana: University of Illinois, 1983.

[5-17] Moses F, Stevenson J D. Reliability-based structural design[J]. Journal of the Structural Division, 1970, 96(2): 221-244.

[5-18] Bonferroni C. Teorie statistica delle calcolo delle probabilit[J]. Pubblicazioni del R Istituto Superiore di Science Economichee Commericialidi Firenze, 1936, 8: 1-62.

[5-19] Kounias E G. Bounds for the probability of a union with applications[J]. The Annals of Mathematical Statistics, 1968, 39(6): 2154-2158.

[5-20] Dawson D A, Sankoff D. An inequality for probabilities[J]. Proceedings of the American Mathematical Society, 1967, 18(3): 504-507.

[5-21] Hunter D. Approximate percentage points of statistics expressible as maxima[J]. TIMS Studies in Management Science, 1977, 7: 25-36.

[5-22] Grimmelt M J, Schueller D I. Benchmark study on methods to determine collapse failure probabilities of redundant structures[J]. Structural Safety, 1983, 1(2): 93-106.

[5-23] Hohenbichler M, Rackwitz R. First-order concepts in system reliability[J]. Structural Safety, 1983, 1(3): 177-188.

[5-24] Ramachandran K. System bounds: A critical study[J]. Civil Engineering Systems, 1984, 1(3): 123-128.

[5-25] Feng Y S. A method for computing structural system reliability with high accuracy[J]. Computers & Structures, 1989, 33(1): 1-5.

[5-26] Gorman M R. Reliability of structural systems[R]. Report No. 79-2, Department of Civil Engineering, Case Western Reserve University, OH, 1979.

[5-27] Melchers R E. Reliability of parallel structural systems[J]. Journal of Structural Engineering, 1983, 109(11): 2651-2665.

[5-28] Frangopol D M. Sensitivity studies in reliability-based analysis of redundant structures[J]. Structural Safety, 1985, 3(1): 13-22.

[5-29] Faravelli L. Response-surface approach for reliability analysis[J]. Journal of Engineering Mechanics, 1989, 115(12): 2763-2781.

[5-30] Bucher C G, Bourgund U. A fast and efficient response surface approach for structural reliability problems[J]. Structural Safety, 1990, 7(1): 57-66.

[5-31] El-Tawil K, Lemaire M, Muzeau J P. Reliability method to solve mechanical problems with implicit limit functions[M]// Rackwitz R, Thoft Christensen P. Reliability and Optimization of Structural Systems. Berlin: Springer, 1992: 181-190.

[5-32] Maymon G. Probability of failure of structures without a closed-form failure function[J]. Computers & Structures, 1993, 49(2): 301-313.

[5-33] Rajashekhar M R, Ellingwood B R. A new look at the response surface approach for reliability analysis[J]. Structural Safety, 1993, 12(3): 205-220.

[5-34] der Kiureghian A. Dakessian T. Multiple design points in first and second-order reliability[J]. Structural Safety, 1998, 20(1): 37-50.

[5-35] Liu P L, Kiureghian A D. Optimization algorithms for structural reliability[J]. Structural Safety, 1991, 9(3): 161-177.

[5-36] Lemaire M, Mohamed A, Flores-Macias O. The use of finite element codes for the reliability of structural systems[M]// Corotis R B, Rackwitz R, Frangopol D M. Reliability and Optimization of Structural Systems. Colorado: Elsevier Sciences, 1997: 223-230.

[5-37] Vanmarcke E, Shinozuka M, Nakagiri S, et al. Random fields and stochastic finite elements[J]. Structural Safety, 1986, 3(3-4): 143-166.

[5-38] Li C C, der Kiureghian A. Optimal discretization of random fields[J]. Journal of Engineering Mechanics, 1993, 119(6): 1136-1154.

[5-39] Zhang J. Ellingwood B. Error measure for reliability studies using reduced variable set[J]. Journal of Engineering Mechanics, 1995, 121(8): 935-937.

[5-40] Matthies H G, Brenner C E, Bucher C G, et al. Uncertainties in probabilistic numerical analysis of structures and solids—Stochastic finite elements[J]. Structural Safety, 1997, 19(3): 283-336.

[5-41] Ibrahim Y. Comparison between failure sequence and failure path for brittle systems[J]. Computers & Structures, 1992, 42(1): 79-85.

[5-42] Moses F. System reliability developments in structural engineering[J]. Structural Safety, 1982, 1(1): 3-13.

[5-43] Murotsu Y, Okada H, Faguchi K, et al. Automatic generation of stochastically dominant failure modes of frame structures[J]. Structural Safety, 1984, 2(1): 17-25.

[5-44] Guenard Y F. Application of system reliability analysis to offshore structures[R]. Report No. RMS-1. Palo Alto: Department of Civil Engineering, Stanford University, 1984.

[5-45] Thoft-Christensen P, Murotsu Y. Application of Structural System Reliability Theory[M]. Berlin: Springer, 1986.

[5-46] Zimmerman J J. Collapse mechanism identification using a system-based objective[J]. Structural Safety, 1992, 11(3-4): 157-171.

[5-47] Murotsu Y, Yonezawa M, Oba F, et al. Optimum structural design considering costs caused by failure of structures[J]. Bulletin of University of Osaka Prefecture, 1977, 26(2): 99-110.

[5-48] Melchers R E, Tang L K. Dominant failure modes in stochastic structural systems[J]. Structural Safety, 1984, 2(2): 127-143.

[5-49] Xiao Q, Mahadevan S. Fast failure mode identification for ductile structural system reliability[J]. Structural Safety, 1994, 13(4): 207-226.

[5-50] Sørensen D, Toft-Christensen P, Sigurdsson G. Development of applicable methods for evaluating the safety of offshore structures.Pt.2[R]. Institute of Building Technology and Structural Engineering, 1985.

[5-51] Murotsu Y, Yonesawa M, Oba F, et al. Methods for reliability analysis and optimal design of structural systems[C]// Proceedings of 12th International Symposium on Space Technology and Science, Tokyo, 1977: 1047-1054.

第 6 章

结构时变可靠度

在实际工程中,工程结构所受到的外荷载是不断发生变化的,而结构的抗力也呈现出随时间的变化趋势,这些变化都会导致工程结构的可靠度发生变化。本章将简要描述结构时变可靠度的相关概念、解决问题的思路、计算方法,以及时变可靠度中的典型问题——动力分析和疲劳分析。

通常将基本随机变量簇 X 作为定义在时间上的函数。可以看到，无论施加的荷载随时间发生变化（甚至是准静态荷载，如大部分的楼面荷载）还是材料强度随时间发生变化（由于先前荷载作用的结果或是某种腐蚀机制），结构的响应都在随着时间不断发生变化。疲劳和腐蚀就是两种造成结构强度退化的典型例子。

在某个时刻 t 的结构时变可靠度问题[6-1]就可以表示为

$$P_f(t) = P[R(t) \leqslant S(t)] = \int_{D_f} f[R(t),S(t)]\mathrm{d}t \tag{6-1}$$

式中，$R(t)$ 与 $S(t)$ 分别为结构时变抗力与时变荷载效应。如果 $R(t)$ 与 $S(t)$ 的瞬时概率密度函数 $f_R(t)$ 与 $f_S(t)$ 都是已知的，那么就可以从卷积积分中计算得到瞬时失效概率 $P_f(t)$。

严格来说，式(6-1)只有在时刻 t 荷载效应突然增大或者此刻的随机荷载效应重新施加时才有意义，否则结构并非会在准确的 t 时刻失效。在早于 t 的某个时刻时，结构不会发生失效，即假设在 t 时刻之前结构都是安全的。通常来说，荷载或者荷载效应的改变是必须的，因而需要发生以下两种情况中的一种：

(1) 发生了离散的荷载变化。
(2) 如果时变荷载效应是连续的，可用任意小的时间增量 δt 来代替瞬时时间 t。

于是，式(6-1)就可以表述为

$$P_f(t) = \int_{G[X(t)] \leqslant 0} f_{X(t)}[X(t)]\mathrm{d}X(t) \tag{6-2}$$

其中，对于任意给定的时间 t，失效概率 $P_f(t)$ 可以由第 3 章中的计算方法来表示，而式中的 $X(t)$ 是一组随机变量组成的向量。理论上，通过对瞬时失效概率（用式(6-1)或式(6-2)进行计算）在时间区间 $[0,t]$ 上积分，可以得到该区间的失效概率。但实际上，$P_f(t)$ 的瞬时值往往与 $P_f(t+\delta t)$ ($\delta t \to 0$) 的值相关，因为随机过程 $X(t)$ 本身在时间上是自相关的。图 6-1 表示的是一个荷载效应随机过程的典型样本函数。

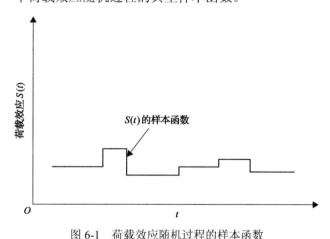

图 6-1 荷载效应随机过程的样本函数

Fig. 6-1 Sample function of random process of load effect

传统的积分方法是将其转化为荷载或者荷载效应过程，然后假设在整个时间段内可以通过极值分布表示。但是，这样的处理方法本质上认为结构的抗力是不随时间发生变化的。改进的方法则是考虑在相对短的时间区间内(如一场风暴的持续时间或是一年)应用极值理论来解决问题，类似于重现期的概念可以用来计算结构在使用年限内的失效概率。这种方法在一些诸如海洋平台、高塔等重要结构遭受离散荷载作用时的失效概率计算中是非常有效的。

计算结构失效概率的另一种方式是根据式(6-1)列出极限状态函数：

$$Z(t) = R(t) - S(t) \tag{6-3}$$

然后，计算 $Z(t)$ 在结构使用年限内小于或等于零的概率。这构成了"穿越问题"。$Z(t)$ 首次变为小于零的时刻称为失效时刻(图 6-2)，该时刻是一个随机变量。$Z(t)$ 在结构使用年限内变为小于零的概率称为首次超越概率。

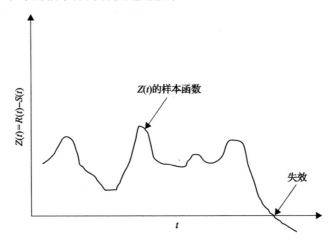

图 6-2 安全极限状态过程 $Z(t)$ 的样本函数以及失效时间

Fig. 6-2 Sample function and failure time of safety limit state process $Z(t)$

在二维空间中的情形如图 6-3 所示。在结构使用年限内随机过程向量 $X(t)$ 离开"安全区域"，即 $G(X)>0$ 的概率就是首次超越概率。由于结构失效被定义为 $G(X) \leqslant 0$，首次超越概率就等于结构的失效概率。

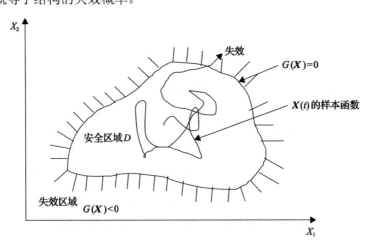

图 6-3 随机过程向量 $X(t)$ 的超越

Fig. 6-3 Transcendence of random process vector $X(t)$

首次超越的概念比传统的计算方法更为普遍适用，尤其是对 $G(X)$ 的形式没有严格的限制时。但是对于首次超越概率的计算以及对概念的准确理解都需要具备随机过程的相关知识，见文献[6-2]和[6-3]。

6.1 时间积分方法

6.1.1 基本概念

在时间积分方法中，结构的整个使用年限范围 $[0,t_L]$ 被看成一个单一的单位，所有随机变量的统计特性需要与之相关联。因此，荷载的概率分布是在结构使用年限内最大荷载的分布。类似地，结构抗力的概率分布则更关心最小值。但是，通常情况下，荷载效应最大值很少会与抗力最小值同时发生。图 6-4 描绘了典型的 $R(t)$ 与 $S(t)$ 的样本函数。

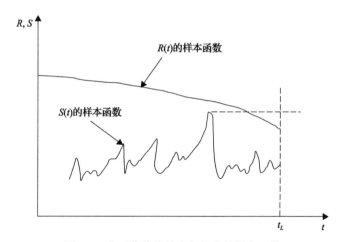

图 6-4 非平稳荷载效应与抗力的样本函数

Fig. 6-4 Sample function of nonstationary load effect and resistance

对于大部分情形，结构抗力被认为是不随时间改变的，在这种情形下，$R(t)$ 就是一条水平直线，如图 6-5 所示。如果 R 是一个随机变量，那么 R 的实际值将由概率密度函数 $f_R(\cdot)$ 来决定。在这种情形下，式(6-1)就可能变成为

$$P_f(t_L) = P[R \leqslant S_{\max}(t_L)] \tag{6-4}$$

式中，$S_{\max}(t_L)$ 是指荷载效应在结构使用年限 $[0,t_L]$ 内的最大值。$S_{\max}(\cdot)$ 的概率分布函数可以直接通过对过去观测的极值数据用合适的概率分布函数来进行拟合得到。该方法的有效性是建立在对于荷载效应的统计特性在未来不发生改变的假设上，但在通常情况下，数据不会在相当长的时间内一直有效，必须用更新的数据来综合分析其极值分布。

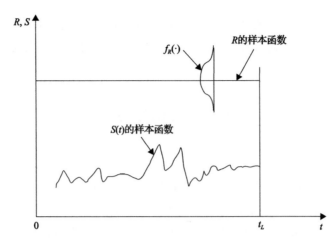

图 6-5 荷载效应与抗力的样本函数(抗力时不变的情形)
Fig. 6-5 Sample function of load effect and resistance (when resistance is constant)

时间积分方法就是每隔一个固定的时间区间向结构施加一个单参数的荷载系统 Q。在这种情况下，结构的失效概率可以通过在对结构分别施加相互独立的荷载后统计所引起结构失效次数 N 的函数来获得：

$$P(N \leqslant n) \equiv F_N(n) = 1 - L_N(n) \tag{6-5}$$

式中，n 为某个给定的施加荷载次数；$F_N(n)$ 为 N 的累积分布函数；$L_N(n)$ 则被定义为可靠度函数。

由于 N 是离散的，概率密度函数 $f_N(n)$ 可以由式(6-6)给出：

$$f_N(n) \equiv P(N = n) = F_N(n) - F_N(n-1) \tag{6-6}$$

同样，可以定义一个风险函数：

$$N = n \mid N > n-1 \tag{6-7}$$

该函数表示的是结构在前 $n-1$ 次荷载作用下未失效而在第 n 次荷载作用下失效的概率，通常可以表达为时间的函数。

假设荷载的施加是与时间无关的，即第 i 次和第 j 次施加的荷载是相互独立的。为了方便，同时假设抗力 R 和荷载效应 S 的概率密度函数与累积分布函数都是已知的，则抗力 R 和荷载效应 S (荷载系统 Q) 都是平稳随机过程，即概率密度函数 $f_R(\cdot)$ 和 $f_S(\cdot)$ 都是不随时间改变的。于是，对于 n 次施加在结构上相互独立的荷载，最大荷载效应 S^* 小于某个值 x 的概率可以表达为

$$F_{S^*}(x) = P(S^* < x) = P(S_1 < x)P(S_2 < x)\cdots = [F_S(x)]^n \tag{6-8}$$

如果 n 非常大，式(6-8)将逐渐趋近于一个极值分布，可以用这个极值分布来描述最大荷载效应。若结构的失效概率可以表达为

$$P(N<n) = \int_0^\infty \left\{[1-F_S(y)]^n\right\} f_R(y)\mathrm{d}y$$
$$= \int_0^\infty \left\{[1-F_{S^*}(y)]\right\} f_R(y)\mathrm{d}y \tag{6-9}$$

则分部积分后，可得

$$P_\mathrm{f} = F_N(n) = \int_0^\infty F_R(y) f_{S^*}(y)\mathrm{d}y \tag{6-10}$$

式(6-10)表达了最大荷载效应 S^* 的极值分布。显然，式(6-10)未包含施加荷载次数，而是体现在 S^* 的分布中。这给出了在时间积分方法中使用极值分布的理由。

6.1.2 非时变可靠度转化法

在实际工程中，往往是多种荷载一起施加在结构上。通常假设荷载之间是互不相关的(如活荷载和风荷载)，但很多情况下却并不是如此(如波浪荷载和风荷载)，此外，不同荷载过程的峰值也不会在同一时刻出现。如果对每种荷载取其极值，就显得非常保守。通常是选取一种荷载作用过程来代表等效的荷载组合效应。荷载组合问题将在第7章进一步讨论。

大体上来说，可以将时变可靠度问题转化为非时变可靠度问题来解决。首先需要求得结构在使用年限内各种荷载效应组合的最大值，然后计算荷载作用下结构极限状态方程不满足的概率，式(6-4)可归纳为

$$P_\mathrm{f}(t_L) = P\left\{G\left[R, \max_{[0,t_L]} S(Q(t))\right] < 0\right\}$$
$$= P\left\{G[R, S_\max(t_L)] < 0\right\} \tag{6-11}$$

式中，$S(\cdot)$ 为荷载过程 $Q(t)$ 中的荷载效应；R 为在结构抗力概率密度函数 $f_R(\cdot)$ 中定义的结构抗力向量。由于式(6-11)很难直接求解，Wen 和 Chen[6-4]提出将式(6-11)的抗力 R 用 r 替代，概率就变成了条件失效概率 $P_\mathrm{f}(t_L|r)$。最终，失效概率就可以表达为

$$P_\mathrm{f}(t_L) = \int_r P_\mathrm{f}(t_L|r) f_R(r)\mathrm{d}r \tag{6-12}$$

式中，条件失效概率 $P_\mathrm{f}(t_L|r)$ 是关于向量荷载随机过程 $Q(t)$ 的函数。重要的是，它给出了在给定结构抗力 $R=r$ 下的条件失效概率。

现在可以把问题看成前面所述的穿越问题，给定的边界为结构的抗力 $R=r$，所关心的是荷载随机过程 $Q(t)$ 的穿越率。假设 $P_\mathrm{f}(t_L|r)$ 与穿越率是相联系的，那么之前的穿越理论可以直接用来计算失效概率。

由于 R 与 $Q(t)$ 是相互独立的事件，式(6-12)可以表示为

$$P_\mathrm{f}(t_L|r) = 1 - F_{S_\max}(t_L, r) \tag{6-13}$$

式中，$F_{S_{\max}}(\cdot)$ 是使用年限内荷载效应组合最大值 $S_{\max}$ 的累积分布函数。

另一种类似的方法是通过一个辅助随机变量将时变可靠度问题转化为时不变可靠度问题。需要列出在非时变可靠度下的极限状态方程，然后用一次二阶矩原理或是 Monte Carlo 方法模拟计算，参见第 3 章和第 4 章。

后两种方法可能存在的不足是，条件失效概率 $P_f(t_L|r)$ 必须对所有的 R 和 r 生效，即采用等效荷载效应来代替实际荷载过程只有在结构线弹性范围内(基于叠加原理)或者理想塑性范围内才有效。

尽管时间积分方法看起来十分简单，但在多种荷载过程联合作用下，通常更好的方法是应用随机过程理论，以此来解决实际问题。

6.2 离散化方法

采用离散化方法处理结构时变可靠度时，结构的设计基准期将被划分为若干个基本时段。这些时段可以是一年或是某个离散事件的发生，如出现特定持续时间的暴风雨。这样可靠度问题就转化为计算在给定时间区间 n_L 年内或是结构在使用年限 t_L 内发生 n_L 件事件的失效概率。

一旦结构使用年限 t_L 确定了，基本时段数也就确定了。对一场暴风雨来说，尽管其发生频率可能是已知的，但仍然不能事先准确知道给定的时间区间 n_L。离散的基本时段可以取一天、一个月或是一年，普遍采用划分为一年的方式。

这样在之前章节讨论的计算失效概率的方法就转化为计算每年失效概率的问题上，人们关心的抗力和荷载效应变量就转变成每年中合适的概率密度函数的极值。抗力与荷载效应所服从的分布需要通过数据观测得到(如对风荷载和波浪荷载进行观测)，具体服从哪种分布也取决于之前所选的基本时段的长度。因此，每年最大风力的概率密度函数和每天最大风力的概率密度函数是不一致的，而这些分布只有通过一些特定的假设才可以联系起来。

离散化方法的证明与时间积分方法相类似，主要可分为两种情况：① n_L 是已知的变量；② n_L 是一个随机变量。

6.2.1 离散事件数量已知

考虑到结构会同时受到 n_L 种随机荷载的作用，给定一个时间区间(如一年)内，可以认为 n_L 的数值很大，而且每种荷载之间是相互独立的，那么就可以用式(6-8)得到一年内荷载效应 S 的极值分布 S_1^*。进而，可通过式(6-10)得到每年的失效概率 P_{f_1}。假设在各年中失效的事件之间是相互独立的，在 n_L 年内结构的失效概率计算只需将式(6-10)中的 S 用 S_1^* 替换即可，即

$$P_f(n_L) = F_{N_L}(n_L) = \int_0^\infty \left\{1 - \left[F_S^*(y)\right]^{n_L}\right\} f_R(y) \mathrm{d}y \qquad (6\text{-}14)$$

进行泰勒级数展开,可得

$$[F(y)]^n = [1-\bar{F}(y)]^n \approx 1 - n\bar{F}(y) + n(n-1)\frac{\bar{F}(y)^2}{2} - \cdots \quad (6\text{-}15)$$

式中,$\bar{F}(\cdot) = 1 - F(\cdot)$,忽略二阶项,可以得到

$$P_f(n_L) \approx \int_0^\infty \left\{ 1 - \left[1 - n_L \bar{F}_{S_1^*}(y)\right] \right\} f_R(y) \mathrm{d}y \quad (6\text{-}16)$$

或者

$$P_f(n_L) \approx n_L \int_0^\infty \bar{F}_{S_1^*}(y) f_R(y) \mathrm{d}y \approx n_L P_{f_1} \quad (6\text{-}17)$$

式(6-15)中忽略的二阶项,只有当 y 的取值使 $n\bar{F} \ll 1$ 时才有必要纳入计算。显然当 $\sigma_S \gg \sigma_R$ 时,此时 y 的值很大,因此荷载效应的标准差大于抗力的标准差,即式(6-16)与式(6-17)更为精确。在近似计算的过程中,需要保证 P_f 与 $P_f(n_L)$ 有一个极小的取值。式(6-17)表明,结构在使用年限内的失效概率 $P_f(n_L)$ 的近似计算中只需用年失效概率 P_{f_1} 乘以结构使用年限 t_L 内的失效年数 n_L。

相比于根据荷载数量确定结构的使用寿命,把时间 T 作为参数显然更为合理。结构在时间区间 $[0,t]$ 内的失效概率可以表达为

$$P(T < t) = F_T(t) = 1 - L_T(t) \quad (6\text{-}18)$$

式中,$F_T(\cdot)$ 为时间 T 的累积分布函数;$L_T(\cdot)$ 为可靠度函数基于时间的表达式。

设 P_i 是第 i 个时间段内的结构失效概率,那么可以得到

$$P(T < t) = 1 - \prod_{i=1}^{t}(1 - P_i) = 1 - (1-P)^t \quad (6\text{-}19)$$

假设各时间段内的 P_i 相互独立且均有 $P_i = P$,而 Pt 又足够小,那么失效概率可以近似为

$$P(T < t) = 1 - \mathrm{e}^{-tP} \approx tP \quad (6\text{-}20)$$

与式(6-17)的结果相类似。时间周期的选择可以是任意的,大部分情况下仍然选择时间为一年,那么结构在使用年限 $[0,t_L]$ 内的失效概率可以写成

$$P_f(t_L) = 1 - \exp(-t_L P) \approx t_L P \quad (6\text{-}21)$$

6.2.2 离散事件数量未知

第 i 个时间段内的结构失效概率 P_i 取决于在该时间段内施加的荷载数量。如果将一个基本时间段看成一个事件(如一场暴风雨),在事件中的荷载实际数量可以忽略,而用

一个近似的极值概率分布来描述在事件中的最大荷载效应 S_e^*。

为了得到结构使用年限内的失效概率 $P_f(t_L)$，事件发生的次数需要提前给定。假定在时间区间 $[0,t]$ 内发生 k 个事件的概率为 $P_k(t)$，那么与式(6-14)类似，在时间区间 $[0,t]$ 内结构的失效概率可以用时间表示为

$$P_f(t) = F_T(t) = \int_0^\infty \sum_{k=0}^\infty P_k(t) \left\{ 1 - \left[F_{S_e^*}(y) \right]^k \right\} f_R(y) \mathrm{d}y \qquad (6-22)$$

式中考虑了事件所有可能发生的次数。

假设 $P_k(t)$ 服从泊松分布，即

$$P_k(t) = \frac{(vt)^k \mathrm{e}^{-vt}}{k!} \qquad (6-23)$$

式中，v 代表事件发生的平均速率。根据泊松分布的特点，这意味着事件之间是相互独立且互不重叠的。当 v 非常小时，该假设是十分合理的。把式(6-23)代入式(6-22)，可以得到

$$P_f(t) = 1 - \exp(-vtP_{f_e}) \qquad (6-24)$$

式中，P_{f_e} 代表一个给定事件的失效概率，通过将式(6-10)中的 S^* 替换为 S_e^* 即可求得 P_{f_e}。考虑到 vP_{f_e} 是基本时段内的平均失效概率，式(6-24)与式(6-21)相对应。

必须注意到，给定事件的失效概率 P_{f_e} 的计算需要考虑一些外部信息[6-5]。如果关心的是海洋结构遭受一场暴风雨的事件，那么最大荷载效应 S_e^* 将取决于暴风雨的特征波高 H_k。用 $S_e^* | H_k$（概率密度函数为 $f_{S_e^* | H_k}(\cdot)$）代表给定特征波高 H_k 下的最大荷载效应。概率密度函数 $f_{H_k}(h)$ 则代表了特征波高在 $h \sim h + \delta h$ $(\delta h \to 0)$ 的概率。条件失效概率 $P_{f_e} | H_k$ 就可以通过式(6-25)来计算：

$$P_{f_e} | (H_k = h) = \int_0^\infty F_R(y) f_{S_e^* | H_k}(y) \mathrm{d}y \qquad (6-25)$$

非条件失效概率就可以表达为

$$P_{f_e} \bigg| (H_k = h) = \int_0^\infty P_{f_e} \bigg| (H_k = h) f_{H_k}(h) \mathrm{d}h \qquad (6-26)$$

式中，假设 $H_k > 0$。概率密度函数 $f_{H_k}(\cdot)$ 可通过现场观测直接得到。但是，对于 $f_{S_e^* | H_k}(\cdot)$ 的取值不仅需要给定 H_k 条件下对应的荷载数据，还需要分析结构在给定荷载 Q_e^* 下对应的荷载效应 S_e^*。

6.2.3 重现期

重现期是指在一定统计时期内超越某个水平或荷载的事件重复出现的平均时间间

隔。根据这个概念，重现期可以认为是极限状态失效概率的倒数。因此从广义上来说，重现期的计算可以定义为

$$\bar{T}_G = \frac{1}{P_{f_1}} \tag{6-27}$$

式中，P_{f_1} 是通过式(6-24)计算的基本时段内(通常取一年)极限状态的失效概率；$\bar{T}_G$ 也定义在相同的单位时间内。如果在结构设计使用年限 t_L 内存在 n_L 个基本时段，并假设各基本时段内的事件是相互独立的，可以通过式(6-28)来得到结构使用年限内的失效概率：

$$P_f(t_L) \approx \frac{n_L}{\bar{T}_G} \tag{6-28}$$

如果有 m 个相互独立的随机荷载影响，那么失效概率为

$$P_{f_T} = \sum_i^m P_{f_i} \tag{6-29}$$

或者

$$\frac{1}{T_T} = \sum_i^m \frac{1}{T_i} \tag{6-30}$$

该式表明重现期的倒数可以相加，前提是各基本时段内的事件是相互独立的。

6.2.4 风险函数

在经典可靠度理论中另一个经常使用的分析指标是风险函数，它可以通过施加荷载的数量来表示，也可以通过时间来表示。从式(6-18)可以看出，以时间作为参数表达的结构寿命为 $P(T < t) = F_T(t)$，设计年限的概率密度函数为

$$f_T(t) = \frac{\mathrm{d}}{\mathrm{d}t}[F_T(t)] \tag{6-31}$$

这又称为非条件失效速率，因为它反映了在 $\mathrm{d}t \to 0$ 时 $t \sim t + \mathrm{d}t$ 内的失效概率。风险函数(又称为特定年失效率或者条件失效率)表达了在 $\mathrm{d}t \to 0$ 时 $t \sim t + \mathrm{d}t$ 内的失效概率，同时假设在早于 t 的时刻内未发生破坏，那么有

$$P(\text{failure } t \leqslant T \leqslant t + \mathrm{d}t \mid \text{no failure} \leqslant T) = \frac{P(t \leqslant T \leqslant t + \mathrm{d}t)}{1 - P(T \leqslant t)} \tag{6-32}$$

或者

$$h_T(t) = \frac{f_T(t)}{1 - F_T(t)} \tag{6-33}$$

该式显示，当 $F_T(t)$ 非常小时，$h_T(t)$ 非常接近于 $f_T(t)$。图 6-6 给出了一些典型的风险函数。将式(6-31)代入式(6-33)，可得

$$F_T(t) = 1 - \exp\left[-\int_0^t h_T(\tau)\mathrm{d}\tau\right] \approx \int_0^t h_T(\tau)\mathrm{d}\tau \tag{6-34}$$

以及

$$f_T(t) = h_T(t)\exp\left[-\int_0^t h_T(\tau)\mathrm{d}\tau\right] \tag{6-35}$$

其中括号中的积分项代表总的失效概率 $P(T<t)$。因此，只要知道 $f_T(t)$、$F_T(t)$、$h_T(t)$ 三者中的任一项，就可以计算得到其他两项。对于一个典型的结构，风险函数通常为"浴缸型"曲线(图 6-7)。图中显示初始阶段风险是最高的，随着时间逐步增加，风险迅速降低。随着时间的推移，结构逐渐劣化，风险率又随之上升。

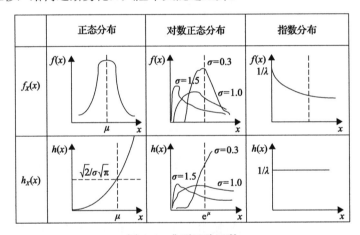

图 6-6 典型风险函数

Fig.6-6 Typical risk function

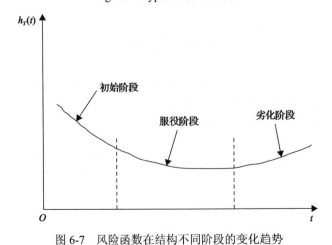

图 6-7 风险函数在结构不同阶段的变化趋势

Fig.6-7 Variation trend of risk function in different stages of structure

6.3 时变可靠度的计算

6.3.1 引言

在时变可靠度方法中，结构失效概率的估计可以直接通过计算首次超越概率来获得。这对可靠度非常高的系统来说是可行的。若随机过程 $S(t)$ 在结构全寿命 $[0,t_L]$ 中的安全域为 D_S，则结构可靠度可以表达为

$$P_f(t) = P[R(t) \leqslant S(t)], \quad \forall t \in [0,t_L] \tag{6-36}$$

式中，$[0,t_L]$ 为结构的使用年限或者其他关注的时间段；$R(t)$ 为结构在时刻 t 的抗力；$S(t)$ 也是以时间为自变量的荷载效应随机过程。将其转换为更为一般的形式：

$$P_f(t) = P[R(t) - S(t) \leqslant 0]$$

通常不存在简单的对应关系。目前最常用的方法是基于随机过程理论，提出失效概率和穿越率之间的一个上限关系：

$$P_f(t_L) \leqslant P_f(0) + [1 - P_f(0)] v_D^+ t_L \tag{6-37}$$

式中，$P_f(0)$ 是结构在 $t=0$ 时刻或者刚施加荷载时刻的失效概率。该结果对平稳向量荷载随机过程是有效的，若向量荷载的随机过程是平滑非平稳的，则 $v_D^+ t_L$ 项将由 $\int_0^{t_L} v_D^+(\tau) \mathrm{d}\tau$ 项取代。

显然，在计算式(6-37)时需要关注三个问题。第一个问题是 $P_f(0)$ 项的计算，对于非时变概率，可直接通过第 3 章的任何方法进行计算。第二个问题是穿越率的计算，可使用 6.5 节讨论的方法，得到这些条件项后，还需要计算式(6-12)中的积分项来计算非条件失效概率。第三个问题是式(6-37)中的上界与真实结果之间的接近程度，对于窄带荷载随机过程，穿越现象较为集中，在这种情况下，上界表达式将被过度估计；相反，如果随机向量荷载不是窄带随机过程，那么上界估计将较为准确。

另一种评估时变可靠度的方法是绕开穿越率的计算而通过每个连续向量随机过程的模拟来评估多元向量随机过程进入给定失效域的概率[6-6]。特别是，每一个多元标准高斯向量随机过程可由随机系数的三角级数表示[6-7]。然后使用方向模拟，对每个方向样本在使用年限内的最大值方法计算随机过程穿越安全域的概率。尽管此方法较为直接，但仍然具有计算量大的缺点，因为需要至少 $s(t+1)$ 次模拟，s 为随机向量过程分量的个数，t 为用来表达随机过程所需的参数个数。t 的最佳个数尚未得到充分研究，但其大小可能非常重要。这种评估时变失效概率的方法常用来校核在其他方法下得到的结果[6-8]。

6.3.2 非条件失效概率的抽样方法

式(6-12)的积分往往不能得到精确的解析解。此外，式(6-37)也存在同样的问题。

为解决此问题，可采用数值模拟、一次二阶矩等方法。

式(6-12)可采用重要抽样法，式(6-37)的计算则采用条件期望抽样[6-9]。重要抽样表达式为

$$P_\mathrm{f} = \int \cdots \int I[G(\boldsymbol{x}) \leqslant 0] \frac{f_X(\boldsymbol{x})}{h_V(\boldsymbol{x})} h_V(\boldsymbol{x}) \mathrm{d}\boldsymbol{x} \tag{6-38}$$

对失效域 D 进行积分，极限状态方程为 $G(\boldsymbol{x}) = 0$，m 个独立的极限状态方程组成 $\bigcup_{i=1}^{m} G(\boldsymbol{x}) = 0$。利用条件概率，多重积分可以写为

$$P_\mathrm{f} = \int \cdots \int_{D_1} \frac{\left\{ \cdots \int_{D_2} I[G(\boldsymbol{x}_1, \boldsymbol{x}_2) \leqslant 0] f_{X_2|X_1}(\boldsymbol{x}_2|\boldsymbol{x}_1) \mathrm{d}\boldsymbol{x}_2 \right\} f_{X_1}(\boldsymbol{x}_1)}{h_V(\boldsymbol{x}_1)} h_V(\boldsymbol{x}_1) \mathrm{d}\boldsymbol{x}_1 \tag{6-39}$$

$$P_\mathrm{f} = \int \cdots \int \frac{P_{\mathrm{f}|X_1=\boldsymbol{x}_1} f_{X_1}(\boldsymbol{x}_1)}{h_V(\boldsymbol{x}_1)} h_V(\boldsymbol{x}_1) \mathrm{d}\boldsymbol{x}_1 \tag{6-40}$$

式(6-39)中，{ }项用 $P_{\mathrm{f}|X_1=\boldsymbol{x}_1}$ 代替，式(6-39)中的 $\boldsymbol{X}_1$ 和 $\boldsymbol{X}_2$ 是随机向量 $\boldsymbol{X}$ 的子集，$f_{X_2|X_1}$ 是给定 $\boldsymbol{X}_1$ 下 $\boldsymbol{X}_2$ 的条件概率密度函数，D_1 和 D_2 分别为 $\boldsymbol{X}_1$ 和 $\boldsymbol{X}_2$ 的样本空间，D_1 和 D_2 必须是互斥的并且并集为 D。

可以发现，式(6-40)与时变可靠度函数式(6-12)拥有相同的形式，D_1 上 m 重积分可以通过基于重要抽样概率密度函数 $h_V(\cdot)$ 进行 Monte Carlo 模拟得到。

如果式(6-39)中的 { } 项可以通过数值方法计算，那么就可以对重要抽样方法中的每个样本进行计算。通过这种方法可以减少条件期望差，因而可以减少所需 Monte Carlo 样本的数据。

当荷载随机过程空间中的方向模拟与越障穿越有非常紧密的联系时，如图 6-8 所示，随机过程空间即为荷载随机过程 $\boldsymbol{Q}(t)$，在荷载随机过程空间中，安全域 S_D 可以解释为结构抗力，记为 $\boldsymbol{R} = \boldsymbol{r}$。传统极限状态方程 $G_i(q, x) = 0 (i = 1, \cdots, k)$ 可以解释为边界。

令抗力 $\boldsymbol{R}$ 的联合概率密度函数为 $f_R(\cdot)$，并且为其他随机变量 $\boldsymbol{X}$ 的函数，即 $\boldsymbol{R} = \boldsymbol{R}(\boldsymbol{X})$。$\boldsymbol{X}$ 的分量可以为结构的构件或者是抗力、材料属性等的分量。（$\boldsymbol{X}$ 可以包含荷载随机过程中的不确定性，$\boldsymbol{Q}(t)$ 也可以包含除荷载随机过程之外的随机过程，它的概率密度函数需反映荷载分量之间的独立性。）

结构的失效概率可由式(6-12)给出。给定结构抗力 $\boldsymbol{R} = \boldsymbol{r}$ 以及所关注的时间区间 t_L 内的高可靠度结构系统的条件失效概率 $P_\mathrm{f}(t_L | \boldsymbol{r})$ 可以通过穿越率 v_D^+ 与初始失效概率 $P_\mathrm{f}(0)$ 使用 $P_\mathrm{f}(t_L) = \int_{\boldsymbol{r}} P_\mathrm{f}(t_L | \boldsymbol{r}) f_R(\boldsymbol{r}) \mathrm{d}\boldsymbol{r}$ 或者式(6-41)计算：

$$P_\mathrm{f}(s|a) \leqslant P_\mathrm{f}(0, s|a) + \left\{ 1 - \exp\left[-v_D^+(s|a) t_L\right] \right\} \tag{6-41}$$

式中，$P_f(0,s|a)$ 是在 $t=0$ 时刻的失效概率；v_D^+ 是向量荷载随机过程 $Q(t)$ 离开安全域 D 的穿越率。荷载随机过程空间中的方向模拟可以使用式(6-42)或

$$P_f = \int_{\substack{\text{unit}\\\text{sphere}}} f_A(a) \left[\int_S P_f(s|a) \cdot f_{S|A}(s|a) \mathrm{d}s \right] \mathrm{d}a \tag{6-42}$$

式中，A 为方向余弦向量，概率密度函数为 $f_A(\cdot)$；S 为径向距离，代表了结构的抗力；$f_{S|A}(s|a)$ 是条件概率密度函数。

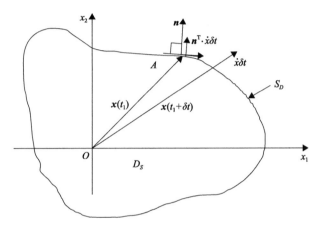

图 6-8 向量随机过程的样本函数

Fig. 6-8 Sample functions of vector stochastic processes

6.3.3 一次二阶矩方法

对于给定的极限状态方程 $G_i[X(t)] \geq 0 (i=1,\cdots,n)$，可以得到安全域 D_S，且 $P_f(0)$ 与 v_D^+ 可以通过一次二阶矩方法计算。对于每一个独立的极限状态方程，可以使用式(6-41)中穿越率的上界公式计算条件失效概率 $P_f(t_L|r)$。如果荷载随机过程是完全正态向量随机过程，首次超越概率的上界能够通过一次二阶矩理论对式(6-38)进行计算。

剩下的主要问题是抗力随机变量 R 上的积分如何计算。6.2 节介绍的一种主要方法是引入一个辅助的随机变量，将时变可靠度问题转化为时不变可靠度问题。但是经验表明，使用辅助随机变量计算时，如果极限状态方程是时变的或者随机过程是非平稳的，计算耗时将大大增加[6-10]。此外，可以用拉普拉斯积分方法来进行计算[6-11]。

传统的一次二阶矩方法对时不变可靠度问题分析非常有效，但对时变可靠度问题的穿越率计算比较困难，原因主要在于必须通过积分求得结构抗力 R 上的时不变随机变量问题。由于这个原因，重要抽样方法和 Monte Carlo 模拟技术成为最有实际应用价值的方法。

6.4 结构动力分析

6.4.1 结构动力的随机性

当结构承受时变荷载的作用而影响了其对荷载的响应(如变形与应力)时，进行结构动力分析是十分有必要的。传统的结构动力分析方法是基于时域的分析，即结构的动力方程均是对时间进行积分的。荷载是随时间变化的，而结构的响应也是时间的函数。整个计算过程可以非常精确地应用到非常复杂的结构中。材料与结构属性也可以是非线性的，但是计算过程需要迭代且非常耗时。

如果荷载具有随机属性，那么基于时域的计算结果就具有局限性，因为此时荷载是无法基于时间来描述的。通常的做法是通过荷载的一个样本函数来分析结构的响应，然后不断重复来观察响应的统计特性。当设计标准确定了最大容许应力及变形时，就可以得到极限状态方程 $G(\boldsymbol{X})=0$。因此，理论上也可以通过 Monte Carlo 技术来计算结构可靠度。然而，该方法在实际应用中不太实用，因为需要大量基于时域的分析，而每一次分析又都非常耗时。因此，除非能进一步简化随机过程理论的应用，否则将传统动力分析结合到结构可靠度问题中非常困难。正是由于这个原因，时域方法至今在结构可靠度理论及应用中的发展受到限制。

当结构是线性的，即基于小变形假设的弹性结构，或者输入与输出(如荷载与应力)之间的转化方程是线性的时，可以应用基于频域的计算方法，该方法被广泛应用于随机振动问题中[6-12]。

6.4.2 平稳随机过程的若干问题

平稳随机过程 $X(t)$ 可以分解为有限个正弦与余弦分量，每个分量有着随机振幅以及对应于分量的自振频率，这就是著名的傅里叶积分变换。余弦项的系数是由随机过程 $X(t)$ 与 $\cos(\omega t)$ 乘积的积分来决定的，正弦项系数的取值方法也是一样。每一项都是 $X(t)$ 的傅里叶变换。由于 $X(t)$ 的随机属性是由其自相关函数 $R_{XX}(\tau)$ 决定的，$X(t)$ 的傅里叶变换也可以表述为 $R_{XX}(\tau)$ 的函数，余弦项系数可以表达为 ω 的连续函数：

$$R_{XX}(\tau) = S_X(\omega) = \frac{1}{2\pi}\int_{-\infty}^{\infty} R_{XX}(\tau)\cos(\omega\tau)\mathrm{d}\tau \qquad (6\text{-}43)$$

由于 $R_{XX}(\tau)$ 是对称函数，式(6-43)的正弦项系数为零；当然 $S_X(\omega)$ 也是对称函数(图 6-9(a))，它就是通常所说的(均方)谱密度。不难看出，如果 $X(t)$ 是完全无序的，由式(6-43)给出的 $R_{XX}(\tau)$ 取零值(除 $\tau=0$ 外)，且 $S_X(\omega)$ 对所有 ω 为常量。这种情形就是白噪声，因为没有突出的频率分量，所以在各频段上的功率是一样的(图 6-9(b))。类似地，如果随机过程在 ω_0 附近有一个主频率，那么谱密度的形式如图 6-9(c)所示。这就是窄带过程，它在结构动力分析中非常重要，因为大部分结构有一个主要的振动模态或响应频率，该模态通常对应结构(最小)的固有频率。

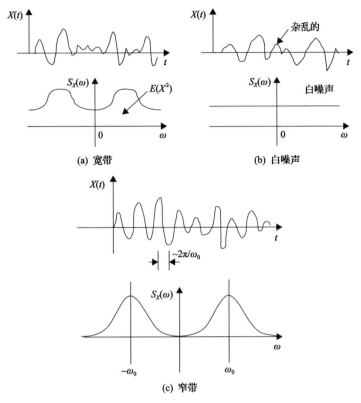

图 6-9　随机过程的样本函数和谱密度

Fig.6-9　Sample function and spectral density of random process

令式 (6-43) 中的 τ 取零值，并将等式两边从 $-\infty$ 到 ∞ 进行积分，有 $R_{XX}(0) = \int_{-\infty}^{\infty} S_X(\omega) \mathrm{d}\omega$，并令 $\mu_X = 0$，代入式 (6-44) 和式 (6-45)，可以得到式 (6-46)：

$$R_{XX}(t_1, t_2) = E[X(t_1)X(t_2)] \\ = \int_{-\infty}^{\infty}\int_{-\infty}^{\infty} x_1 x_2 f_{XX}(x_1 x_2; t_1 t_2) \mathrm{d}x_1 \mathrm{d}x_2 \tag{6-44}$$

$$\sigma_X^2 = R_{XX}(\tau = 0) - \mu_X^2 \tag{6-45}$$

$$\sigma_X^2 = E[X(t)]^2 = \int_{-\infty}^{\infty} S_X(\omega) \mathrm{d}\omega \tag{6-46}$$

曲线 $S_X(\omega)$ 所包围的面积是平稳随机过程 $X(t)$ 的均方值，等效于其方差（图 6-9(a)）。令 $\mu_X = 0$ 是因为这里主要关心的是随机部分的问题，$\mu_X \neq 0$ 部分的分析结果可以直接叠加到 $\mu_X = 0$ 时的随机分析结果中。

除随机过程的变异性外，峰值的概率分布也是需要关心的，将其记为 $F_p(a)$，即 $\mu_X = 0$ 时随机过程 $X(t)$ 的峰值处于水平线 $X(t) = a$ 之下的概率。可以直接使用上节中的结果，对于足够平滑的窄带随机过程，只在 $X = 0$ 之上拥有最大值。对于 $X > a$ 的比率

是 v_a^+/v_0^+。v_a^+ 是式(6-47)给出的超越概率：

$$v_a^+ = \frac{1}{2\pi}\frac{\sigma_{\dot{X}}}{\sigma_X}\exp\left[-\frac{(a-\mu_X)^2}{2\sigma_X^2}\right] = \frac{\sigma_{\dot{X}}}{(2\pi)^{1/2}}f_X(\cdot) \tag{6-47}$$

v_0^+ 是超越 $X=0$ 的概率。当 $0 \leqslant a \leqslant \infty$ 时，可以得到

$$1 - F_p(a) = \frac{v_a^+}{v_0^+} = \exp\left(-\frac{a^2}{2\sigma_X^2}\right) \tag{6-48}$$

在水平线 $x(t)=a$ 处进行微分，有

$$f_p(a) = \frac{a}{\sigma_X^2}\exp\left(-\frac{a^2}{2\sigma_X^2}\right) \tag{6-49}$$

式(6-49)代表了瑞利分布(图 6-10)。显然 $f_p(a)$ 的最大值在 $a=\sigma_X$ 处。在 $a=0$ 时不会产生峰值。如果随机过程不是完全平滑的，如每次超越零值时有多个极值，或者随机过程 $X(t)$ 不服从正态分布，用更普遍的极值分布(如 EV-Ⅲ)来描述随机过程峰值的概率分布更为恰当[6-12]。

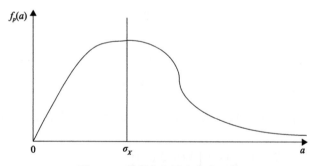

图 6-10 瑞利分布概率密度函数

Fig. 6-10 Probability density function of Rayleigh distribution

6.4.3 随机响应谱

应该注意到，结构在某一点挠度或者应力的谱密度可以通过考虑线性结构在频域内的激励-响应关系来获得，对应关系为

$$S_Y(\omega) = |H(\omega)|^2 S_X(\omega) \tag{6-50}$$

式中，$H(\omega)$ 为频率响应函数。对于单个输入源或者荷载随机过程 $X(t)$，可以产生单个输出 $Y(t)$。式(6-50)可以推广为多个相互独立输入的线性叠加：

$$S_Y(\omega) = \sum_{i=1}^{n}|H(\omega)|^2 S_X(\omega) \tag{6-51}$$

当输入之间存在相关性时，输入与响应之间的关系就更为复杂[6-12]。图 6-11 显示了使用频响函数通过输入谱信息来获得输出谱密度的主要原理。输入谱信息可以通过观察及对物理过程的分析来推断。$H(\omega)$ 可以取决于分析的系统或者通过结构在给定激励下响应的积分来获得[6-12]。

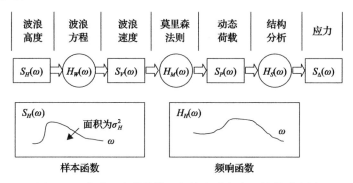

图 6-11　海洋平台结构输入与输出谱密度函数关系分析

Fig. 6-11　Analysis on the relationship between input and output spectral density function of offshore platform structure

6.5　疲劳分析

6.5.1　一般公式

时变可靠度中非常重要的一个问题就是疲劳问题，这也是典型的极限状态，即由作用荷载的数量以及强度控制而非单次荷载控制。疲劳的极限状态方程可以描述为

$$Z = X_a - X_r \tag{6-52}$$

式中，X_a 代表结构的实际强度或性能；X_r 代表结构在设计使用年限内所需要达到的性能。因此，如果疲劳寿命用循环应力的次数来表示，X_a 变成造成结构破坏所需要的应力循环次数，而 X_r 变成在给定使用寿命下尚能满足设计要求的应力循环次数。对应的还存在一些疲劳寿命用裂缝尺寸、损伤指标等描述的情况。一般情况下，X_a 与 X_r 都具有不确定性，它们的精度取决于所用的疲劳模型。

6.5.2　S-N 模型

描述构件或者结构在常应力幅作用下疲劳寿命 N_i 的传统模型可以通过式(6-53)给出：

$$N_i = K S_i^{-m} \tag{6-53}$$

式中，K、m 通常为常数，但在这里为随机变量；N_i 是在常应力幅 S_i 下的应力循环数量。

可以通过试验评估 K 与 m 的取值。通常，式(6-53)采用较为保守的取值来确保疲劳

寿命 N_i 得到一个较为安全的评估。对于结构可靠度分析，式(6-53)需更贴近实际而非一个保守的预测，因此文献中 K 与 m 的取值在实际中可能并不适用。除适用期望值外，还需考虑这些参数不确定性的影响。分析方法可以参考传统的结构可靠度分析。

对于安全域，式(6-52)可以重写为

$$Z = KS_i^{-m} - N_0 \tag{6-54}$$

式中，N_0 为结构满足设计要求必须能够承受的循环次数，它也包含了不确定性。

在实际工程中，应力幅也不是常量而是一个随机变量。如果每一次循环的幅值能够记录到，那么可以应用线性损伤累积法则：

$$\sum_{i=1}^{l} \frac{n_i}{N_i} = \Delta \tag{6-55}$$

式中，n_i 代表在应力幅 S_i 作用下的实际循环次数；N_i 为应力幅 S_i 作用下的疲劳寿命；Δ 为损伤参数。

如果应力幅各不相同，则式(6-55)变为

$$\sum_{i=1}^{N} \frac{1}{N_i} = \sum_{i=1}^{N} K^{-1} S_i^m = \Delta \tag{6-56}$$

式中，N 为变幅循环的总次数。损伤参数 Δ 传统上认为是一个统一的值，但实际上在 0.9～1.5 波动。因此，Δ 反映了式(6-56)的经验性导致的在应用上(较大)的不确定性；采用均值为 1、变异系数为 0.4～0.7 的对数正态分布大致是合理的[6-13,6-14]。

使用式(6-56)时必须确定 N 值及相应 S_i 的概率分布。从宽带随机数据中提取 N 值存在许多不同的计数方法，可以用损伤参数来重新定义安全域：

$$Z = \Delta - X_0 \sum_{i=1}^{N} K^{-1} S_i^m \tag{6-57}$$

式中引入 X_0 来解决模型在应用式(6-53)过程中无法精确确定应力幅 S_i 产生的不确定性问题。

在应用式(6-57)时遇到的主要困难是 N 值具有不确定性。一种方法是将应力幅分为 l 组(l 是一个给定的数)，每个组中的循环次数 N_i 具有不确定性，因而有

$$Z = \Delta - X_0 \sum_{i=1}^{l} K^{-1} N_i S_i^m \tag{6-58}$$

6.5.3 断裂力学模型

疲劳模型中的另一种处理方法是考虑在循环或随机荷载下裂缝的开展情况，但这种方法并不总是有效[6-14~6-16]。经试验验证，裂纹扩展速率 da/dN 取决于应力强度因子变化幅度 ΔK，即

$$\frac{da}{dN} = C(\Delta K)^m \tag{6-59}$$

式中，a 为当前裂缝长度；N 为应力循环次数；C、m 为试验常数，通常取决于荷载施加频率、荷载均值及试验环境，在可靠度分析时，C 与 m 当成不确定量来处理。

一般情况下，应力强度因子不随应力水平的变化而发生显著变化，因此应力强度因子变化幅度可以通过式(6-60)计算：

$$\Delta K = K(a)\Delta S(\pi a)^{1/2}, \quad \Delta K > \Delta K_{th} \tag{6-60}$$

式中，ΔS 为施加的应力幅；$K(a)$ 为当前裂缝长度 a 的函数；ΔK_{th} 为 ΔK 的阈值，在 ΔK_{th} 之下 $\Delta K = 0$。

在 N 次应力循环后裂缝长度 a 的变异性可以通过式(6-59)的积分式以及式(6-60)得到

$$a(N) = a[a_0, K(a), \Delta S, C, m, \Delta K, \Delta K_{th}, N] \tag{6-61}$$

式中，a_0 为初始裂缝长度。得到式中参数的统计特性后，可以得到 $a(N)$ 的均值和方差。变幅荷载 ΔS 取决于荷载序列，且是一个随机变量。处理这个问题的方法可以是式(6-61)采用增量的形式或者使用"有效" ΔK 的方法[6-14]。任何一种方法中极限状态方程可以重写为

$$Z = a_a - a(N) \tag{6-62}$$

式中，a_a 为结构在设计使用年限 t_L 内承受 N 次循环荷载后满足一定功能下对裂缝长度的限制。另一种极限状态方程的表示方法是用表征材料刚度的裂缝尖端位移来表示[6-14]。

参 考 文 献

[6-1] 李桂青, 李秋胜. 工程结构时变可靠度理论及其应用[M]. 北京: 科学出版社, 2001.

[6-2] 金伟良. 工程荷载组合理论与应用[M]. 北京: 机械工业出版社, 2006.

[6-3] Wen Y K. Load Modeling and Combination for Structural Performance and Safety Evaluation[M]. Amsterdam: Elsevier Science Publishers, 1990.

[6-4] Wen Y K, Chen H C. On fast integration for time variant structural reliability[J]. Probabilistic Engineering Mechanics, 1987, 2(3): 156-162.

[6-5] Schuëller G I, Choi H S. Offshore platform risk based on a reliability function model[C]//Proceedings of 9th Offshore Technology Conference, Houston, 1977: 473-482.

[6-6] Hasofer A M, Ditlevsen O, Oleson R. Vector outcrossing probabilities by Monte Carlo[R]. DCAMM Report No. 349. Anker Engelunds: Technical University of Denmark, 1987.

[6-7] Shinozuka M. Stochastic fields and their digital simulation//Schueller G I, Shinozuka M. Stochastic Methods in Structural Dynamics[M]. The Hague: Martinus Nijhoff, 1987.

[6-8] Moarefzadeh M R, Melchers R E. Sample-specific linearization in reliability analysis of off-shore structures[J]. Structural Safety, 1996, 18(2-3): 101-122.

[6-9] Mori Y, Ellingwood B R. Time-dependent system reliability analysis by adaptive importance sampling[J]. Structural Safety, 1993, 12(1): 59-73.

[6-10] Rackwitz R. On the combination of non-stationary rectangular wave renewal processes[J]. Structural Safety, 1993, 13(1-2): 21-28.

[6-11] Karl B. Asymptotic approximations for multinormal integrals[J]. Journal of Engineering Mechanics, 1984, 110(3): 357-366.

[6-12] Newland D E. An introduction to random vibration and spectral analysis (2nd Ed.)[J]. Journal of Vibration and Acoustics, 1986, 108(2): 235-236.

[6-13] Madsen H. Deterministic and probabilistic models for damage accumulation due to time varying loading[R]. DIALOGE5 5-82, Danish Engineering Academy, Lyngby, 1982.

[6-14] Moan T, Engesvik K M. Discussion of "Fatigue Reliability: Introduction" by the committee on fatigue and fracture reliability of the committee on structural safety and reliability of the structural division (January, 1982)[J]. Journal of Structural Engineering, 1984, 110(1): 195-196.

[6-15] Schijve J. The stress ratio effect on fatigue crack growth in 2024-T3 alclad and the relation to crack closure[R]. Delft University of Technology. Memorandum M-336, 1979.

[6-16] Bolotin V V, Babkin A A, Belousov I L. Probabilistic model of early fatigue crack growth[J]. Probabilistic Engineering Mechanics, 1998, 13(3): 227-232.

第 7 章

基于可靠度的荷载组合

荷载是结构设计的决定性因素,荷载组合问题是工程结构设计的核心问题,贯穿于可靠度设计标准始终。本章提出工程结构荷载和荷载组合问题的一般形式、Borges 过程和 Turkstra 组合规则,并提出基于可靠度原则的基本荷载组合和荷载组合系数计算方法等。

随机荷载组合在工程结构设计理论，特别是可靠度理论中占据着重要的地位。荷载组合的目的就是需要找到一个等效的荷载来代替两个或多个作用于结构上的荷载随机过程。规范给出的荷载组合规则就是要足够简单以利于工程应用。组合规则主要是基于时间积分方法的，简化规则将在下一章节中讨论。

如果 $X_1(t)$ 和 $X_2(t)$ 代表平稳、相互独立、连续的荷载随机过程，在时间区间 $[0,t_L]$ 内，线性组合 $X = X_1 + X_2$ 的概率分布可以通过式(7-1)考虑 $X(t)$ 对于水平线 $X = a$ 的超越率来计算。主要的问题就转化为对于水平线 $X=a$ 的超越概率或者 (X_1, X_2) 离开由平面 $x_1 + x_2 = a$ 包围区域的穿越率的计算。

$$F_X(a) \approx e^{-vt} = 1 - vt \tag{7-1}$$

式中，v 为穿越率。

如果 $X_1(t)$ 和 $X_2(t)$ 都是正态随机过程，$X = X_1 + X_2$ 也是正态平稳的，可以计算均值和方差。平稳正态随机过程的穿越率可以直接从式(7-2)单个随机过程 $X(t)$ 的结果中得到。

$$v_a^+ = \frac{1}{2\pi} \frac{\sigma_{\dot{X}}}{\sigma_X} \exp\left[-\frac{(a-\mu_X)^2}{2\sigma_X^2}\right] = \frac{\sigma_{\dot{X}}}{(2\pi)^{1/2}} f_X(\cdot) \tag{7-2}$$

不幸的是，并非所有荷载随机过程都可以合适地描述，例如，对于正态随机过程作用的瞬态情况和采用式(7-3)进行非正态过程计算的情况，都无法保证足够的精度。

$$D_S : G_i[X(t)] \leq 0, \quad i = 1, \cdots, q \tag{7-3}$$

7.1 荷 载 组 合

7.1.1 一般形式

一般情况下，随机过程 $X(t)$ 的穿越率可以通过式(7-4)计算：

$$v_a^+ = \int_{\dot{a}}^{\infty} (\dot{x} - \dot{a}) f_{X\dot{X}}(a, \dot{x}) \mathrm{d}\dot{x} \tag{7-4}$$

计算前首先需要得到联合概率密度函数 $f_{X\dot{X}}(\cdot)$。可以通过 $f_{X_1\dot{X}_1}(\cdot)$ 与 $f_{X_2\dot{X}_2}(\cdot)$ 的卷积来计算：

$$f_{X\dot{X}}(a, \dot{x}) = \int_{-\infty}^{\infty} \int_{-\infty}^{\infty} f_{X_1\dot{X}_1}(x_1, \dot{x}_1) * f_{X_2\dot{X}_2}(a-x_1, \dot{x}-\dot{x}_1) \mathrm{d}x_1 \mathrm{d}\dot{x}_1 \tag{7-5}$$

其中，$\dot{x} = \dot{x}_1 + \dot{x}_2$，$x_1 = x - x_2$。改变积分次序，相应的穿越率的三重积分形式变为

$$v_X^+(a) = \int_{-\infty}^{\infty} \int_{-\infty}^{\infty} \int_{\dot{x}=-\dot{x}_1}^{\infty} (\dot{x}_1 + \dot{x}_2) f_{X_1\dot{X}_1}(x, \dot{x}_1) f_{X_2\dot{X}_2}(a-x, \dot{x}_2) \mathrm{d}\dot{x}_2 \mathrm{d}\dot{x}_1 \mathrm{d}x \tag{7-6}$$

通常难以获得解析解。一旦改变 $\dot{x}_1$ 与 $\dot{x}_2$ 的积分区域，其界限也随之改变。如果将 $\dot{x}_1$ 分量的积分区域扩大到 $0 \leq \dot{x}_1 \leq \infty$，$-\infty \leq \dot{x}_2 \leq \infty$，将 $\dot{x}_2$ 分量的积分区域扩大到 $-\infty \leq \dot{x}_1 \leq \infty$，$0 \leq \dot{x}_2 \leq \infty$，那么积分上界为

$$v_X^+(a) \leq \int_{-\infty}^{\infty} v_1(u) f_{X_2}(a-u) \mathrm{d}u + \int_{-\infty}^{\infty} v_2(u) f_{X_1}(a-u) \mathrm{d}u \tag{7-7}$$

式中，$v_i(u)$ 是随机过程 $X_i(t)$ 的穿越率，6.5.1 节和 6.5.2 节给出了常见的随机过程的 $v_i(u)$ 的计算；$f_{X_i}(\cdot)$ 是在任意时点 t 上 $X_i(t)$ 的概率密度函数，也称为任意时点的概率密度函数。式 (7-7) 有时也称为点穿越公式。此外，还可以计算出下界，计算结果可以拓展到多个非平稳荷载随机过程同时施加的非线性组合[7-1]。

式 (7-7) 给出了随机过程组合的解，尤其当随机过程 $X_1(t)$ 与 $X_2(t)$ 离散分布时。式 (7-7) 还适用于满足式 (7-8) 的随机过程组合：

$$P\left[\dot{X}_i(t) > 0 \text{ and } \dot{X}_j(t) < 0\right] = 0 \tag{7-8}$$

典型的符合这种情况的随机过程列于图 7-1 中。

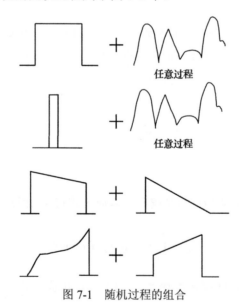

图 7-1　随机过程的组合

Fig. 7-1　The combination of random processes

如果 $X_1(t)$ 和 $X_2(t)$ 都是平稳正态随机过程，均值分别为 μ_{X_1} 和 μ_{X_2}，标准差分别为 σ_{X_1} 和 σ_{X_2}，那么

$$f_{X_i}(x_i) = \frac{1}{\sigma_{X_i}} \Phi\left(\frac{x_i - \mu_{X_i}}{\sigma_{X_i}}\right)$$

每个独立随机过程 $X_i(t)$ 的穿越率可由下式得到

$$v_i^+(a) = \frac{\sigma_{\dot{X}_i}}{(2\pi)^{1/2}} f_X(\cdot) = \frac{1}{(2\pi)^{1/2}} \frac{\sigma_{\dot{X}_i}}{\sigma_{X_i}} \Phi\left(\frac{a-\mu_{X_i}}{\sigma_{X_i}}\right)$$

将上述结果代入式(7-7)，$X = X_1 + X_2$ 穿越率的上界变为

$$v_X^+(a) \leqslant \frac{1}{(2\pi)^{1/2}} \frac{\sigma_{\dot{X}_1} + \sigma_{\dot{X}_2}}{\sigma_{\dot{X}}} \Phi\left(\frac{a-\mu_X}{\sigma_X}\right)$$

式中，$\mu_X = \mu_{X_1} + \mu_{X_2}$，$\sigma_X^2 = \sigma_{X_1}^2 + \sigma_{X_2}^2$，$\sigma_{\dot{X}}^2 = \sigma_{\dot{X}_1}^2 + \sigma_{\dot{X}_2}^2$，其误差为 $\dfrac{\sigma_{\dot{X}_1} + \sigma_{\dot{X}_2}}{\left(\sigma_{\dot{X}_1}^2 + \sigma_{\dot{X}_2}^2\right)^{1/2}}$，当 $\sigma_{\dot{X}_1} = \sigma_{\dot{X}_2}$ 时，其误差最大值为 $\sqrt{2}$；对于大多数荷载组合的情况，误差都不会达到 $\sqrt{2}$ [7-2]。

7.1.2 离散随机过程

考虑两个非负矩形更新过程的组合，图 7-2 展示了典型的轨迹(或实现)图。由式(7-9)可以计算每个随机过程的穿越率：

$$v_a^+ = [p + qF(a)]\{q[1-F(a)]\}v \tag{7-9}$$

$$v_i^+(a) = v_i[p_i + q_i F_i(a)]\{q_i[1-F_i(a)]\} \tag{7-10}$$

式中混合随机过程脉冲的平均到达率为 $v_i q_i = v_{mi}$，任意时点分布为 $f_{X_i}(x_i) = p_i\delta(x_i) + q_i f_i(x_i)$，$\delta$ 为狄拉克函数(图 7-2)，$q_i = 1 - p_i$。令 $G_i(\cdot) = 1 - F_i(\cdot)$，代入式(7-10)，并使 $i=1,2$，得到

$$\begin{aligned}
v_X^+(a) = &\, v_{m1} p_2 [p_1 + q_1 F_1(a)] G_1(a) + v_{m2} p_1 [p_2 + q_2 F_2(a)] G_2(a) \\
&+ v_{m1} p_1 q_2 \left[\int_0^a G_1(a-x) f_2(x) \mathrm{d}x\right] \\
&+ v_{m2} p_2 q_1 \left[\int_0^a G_2(a-x) f_1(x) \mathrm{d}x\right] \\
&+ v_{m1} q_1 q_2 \left[\int_0^a F_1(a-x) G_1(a-x) f_2(x) \mathrm{d}x\right] \\
&+ v_{m2} q_1 q_2 \left[\int_0^a F_2(a-x) G_2(a-x) f_1(x) \mathrm{d}x\right]
\end{aligned} \tag{7-11}$$

幸运的是，这个结果解释起来却非常简单，可以用最基本的理论来看待这个问题。

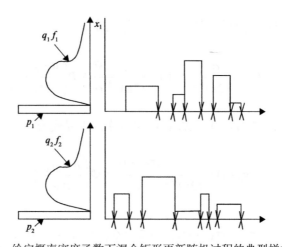

图 7-2 给定概率密度函数下混合矩形更新随机过程的典型样本函数

Fig. 7-2 Typical sample function of mixed rectangular update stochastic process with given probability density function

对于一个随机过程,在其每一次更新时,若 $X(t)$ 的值是非负的,则概率值为 q。类似地,当 $X(t)$ 的值为零时,概率值为 p,而与 $X(t)$ 在当前时间增量内的值无关。因此,随机过程是无后效性的。

每一次状态改变(如从 $X_1 + X_2 < a$ 到 $X_1 + X_2 > a$),对穿越率 $v_X^+(a)$ 的影响为

$$v_{(j)}^+ = \lim_{\Delta t \to 0}[P(\text{穿越水平}a|\text{状态改变}\Delta t) \cdot P(\text{状态改变}\Delta t)] \tag{7-12}$$

令 $\Omega =$ 状态改变 Δt,则表 7-1 中 (a) 项变为

$$v_{(a)}^+ = \lim_{\Delta t \to 0} P\{[X_1(t)=0]\cap[0 \leqslant X_2(t) < a]\cap[X_2(t+\Delta t) > a]|\Omega\}P(\Omega)$$

或者

$$v_{(a)}^+ = \{p_1[p_2 + q_2 F_2(a)]G_2(a)\}v_2 q_2 \tag{7-13}$$

表 7-1 造成穿越的不同状态组合

Tab. 7-1 Different state combinations that cause crossing

状态改变	随机过程 1	随机过程 2	穿越原因
(a)	不活跃	活跃或不活跃	随机过程 2
(b)	活跃	不活跃	随机过程 2
(c)	活跃	活跃	随机过程 2
(d)	活跃或不活跃	不活跃	随机过程 1
(e)	不活跃	活跃	随机过程 1
(f)	活跃	活跃	随机过程 1

式(7-13)与式(7-11)中的第二项是一致的,因为 $v_2 q_2 = v_{m2}$。

表 7-1 中 (b) 项变为

$$v_{(b)}^+ = \lim_{\substack{\Delta t \to 0 \\ \text{all } x}} P\left\{[0 < X_1(t)] \cap [X_2(t) = 0] \cap [X_2(t + \Delta t) > (a-x) | X_1 = x] | \Omega\right\} P(\Omega)$$

或者

$$v_{(b)}^+ = \left\{q_1 p_2 \left[\int_0^a G_2(a-x)f_1(x)\mathrm{d}x\right]\right\}v_2 q_2 \tag{7-14}$$

式(7-14)与式(7-11)中的第四项是一致的($v_2 q_2 = v_{m2}$)。

表7-1中(c)项变为

$$v_{(c)}^+ = \lim_{\substack{\Delta t \to 0 \\ \text{all } x}} P\left\{[0 < X_1(t)] \cap [0 < X_2(t) < a-x] \cap [X_2(t + \Delta t) > (a-x) | X_1 = x] | \Omega\right\} P(\Omega)$$

或者

$$v_{(c)}^+ = \left\{q_1 q_2 \left[\int_0^a F_2(a-x)G_2(a-x)f_1(x)\mathrm{d}x\right]\right\}v_2 q_2 \tag{7-15}$$

式(7-15)与式(7-11)中的第六项是相等的。式(7-11)中的其他项随着表7-1中状态(d)~(f)的转变而变化。如果每个脉冲在下一脉冲开始前返回为零,那么式(7-13)中的 $p_2 + q_2 F_2(a)$ 项根据定义等于1,式(7-14)中的 p_2 项也是同样的。

当计算得到穿越率时,荷载 $X = X_1 + X_2$ 的累积分布函数 $F_X(\cdot)$ 可以使用式(7-1)计算得到。有学者研究了使用(7-11)和式(7-2)计算的误差,通过与一些已知精确解的比较[7-3~7-6]发现对于高阻隔水平 a 的计算误差为20%,对于低阻隔水平 a 的计算误差为60%。

7.1.3 简化方法

1. 荷载效应空间内的定向模拟

对于脉冲形式的荷载,可以对式(7-11)进行简化,如令

$$\int_0^a G_1(a-x)f_2(x)\mathrm{d}x = G_{12}(a) - G_2(a)$$

式中,$G_{12}(\cdot) = 1 - F_{12}(\cdot)$,$F_{12}(\cdot)$ 是两个脉冲之间的累积分布函数。则式(7-11)可以简化为

$$v_X^+(a) = v_{m1}(p_2 - v_{m2}\mu_1)G_1(a) + v_{m2}(p_1 - v_{m1}\mu_2)G_2(a) + v_{m1}v_{m2}(\mu_1 + \mu_2)G_{12}(a) \tag{7-16}$$

式中,$v_{mi}\mu_i$ 用 q_i 代替,v_{mi} 是随机过程 $X_i(t)$ 的平均脉冲到达率,μ_i 为脉冲 $X_i(t)$ 的平均持续时间。如果持续时间足够短,即 $\mu_i \to 0$,并且相对发生概率很低,那么 $p_i \to 1$。组合随机过程 $X = X_1 + X_2$ 的穿越率可以近似为

$$v_X^+(a) \approx v_{m1}G_1(a) + v_{m2}G_2(a) + v_{m1}v_{m2}(\mu_1 + \mu_2)G_{12}(a) \tag{7-17}$$

该式由Wen[7-7]最先给出。式(7-17)的第一项和第二项分别代表每个随机过程单独作用时的穿越率,第三项则代表两种随机过程同时作用(即脉冲有重叠)时的穿越率。当脉

冲持续时间非常短时，第三项可以忽略。

研究表明，与模拟结果相比，式(7-17)可以很好地估计穿越率 $v_X^+(a)$，即使在每个随机过程高度达 0.2 或者很高的障碍水平 a 的情况下[7-6]。该式也考虑了除矩形外的脉冲形状及脉冲之间的相关性[7-8~7-10]。

2. Borges 过程

Borges 过程的组合在规范校验工作中尤其有意义，可以给出很好的估计荷载概率分布的最大组合效应[7-11]。

当随机过程组合 $X = X_1 + X_2 + X_3 + \cdots$ 中的每一个随机过程 $X_i(t)$ 均为 Borges 过程时，脉冲持续时间分别为 $\tau_1 < \tau_2 < \tau_3 < \cdots$，且 τ_i / τ_{i-1} 为整数，如图 7-3 所示。因此，穿越率可以表示为随机过程 X_i 在时间区间 $[0, t_L]$ 内脉冲个数 n_i 除以时长，即 $v_i = n_i / t_L$。根据上述上穿率计算公式，X 最大值的累积分布函数可以通过式(7-1)得到。下面将简要介绍另一种方法。

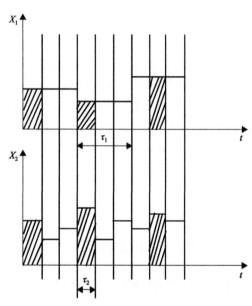

图 7-3　Borges 过程组合

Fig. 7-3　Borges process combination

X 最大值的累积分布函数 $F_{\max X}(\cdot)$ 可通过式(7-18)卷积运算来计算[7-12]：

$$F_{\max X}(x) = \left\{ \int_{-\infty}^{x} F_{X_1}(v) * \left[F_{X_2}(x-v) \right]^m \mathrm{d}v \right\}^n \tag{7-18}$$

式(7-18)为二元随机过程，$\tau_2 = \tau_1 / m$，m 为整数，且在 $[0, t_L]$ 内有关于 τ_1 的 n 个脉冲。对于两个以上荷载组合，该积分项更为复杂，但可以通过一次二阶矩方法进行计算。对于三个荷载的线性组合，$[0, t_L]$ 内的最大值可以写为

$$\max_{t_L}[X_1(t)+X_2(t)+X_3(t)] = \max_{t_L}[X_1(t)+Z_2(t)] \tag{7-19}$$

式中，$Z_2(t)$ 表达为

$$Z_2(t) = X_2(t) + X_3^\circ(t,\tau_2) \tag{7-20}$$

式中，$X_3^\circ(\cdot)$ 代表 X_3 在时段 τ_2 内的最大值。

$Z_2(t)$ 的累积分布函数 $F_{Z_2}(\cdot)$ 可以通过式(7-18)的卷积积分获得，最大值可以表达为

$$\max_{t_L}[X_1(t)+X_2(t)+X_3(t)] = \max_{t_L}[Z_1(t)] \tag{7-21}$$

其中

$$Z_1(t) = X_1(t) + Z_2^\circ(t,\tau_i) \tag{7-22}$$

式中，$Z_2^\circ(\cdot)$ 代表 Z_2 在时段 τ_1 内的最大值。类似地，可以从式(7-18)中得到 $F_{Z_1}(\cdot)$。

若可以得到 $F_{Z_i}(\cdot)$ 和 $Z_i(t)$ 中的各随机过程补充项，以上组合方法可以推广到任意数量的荷载组合中。以下对计算步骤进行总结。

首先每个过程的累积分布函数 $F_{X_i}(\cdot)$ 可以通过基于一系列验算点 $\boldsymbol{x}^*$ 的正态分布来近似。这一转换首先从 X_2 开始分别进行，利用相同的验算点 $\boldsymbol{x}^*$，$F_{X_3^*}(x_3^*) = [F_{X_3}(x_3)]^m$，$m = \tau_2/\tau_3$ 是 X_3 在脉冲 X_2 中的脉冲计数。可以得到 X_2 转换后等效正态分布的均值 $\mu_{X_2^*}$ 和方差 $\sigma_{X_2^*}^2$，同样可以得到 X_3° 的均值 $\mu_{X_3^\circ}$ 和方差 $\sigma_{X_3^\circ}^2$。因此可以通过式(7-20)来计算 $Z_2(t)$ 的均值 μ_{Z_2} 和方差 $\sigma_{Z_2}^2$，其中 $\mu_{Z_2} = \mu_{X_2^*} + \mu_{X_3^\circ}$，$\sigma_{Z_2}^2 = \sigma_{X_2^*}^2 + \sigma_{X_3^\circ}^2$。由此可以计算 $Z_2^\circ(t,\tau_i)$，得到式(7-22)中等效于 $X_1(t)$ 和 $Z_2^\circ(\cdot)$ 的正态分布以及等效于 $Z_1(t)$ 的正态分布。这便是寻求的结构，但取决于验算点 $\boldsymbol{x}^*$ 初始值的选取。完整的分布函数 $F_{\max X}(\cdot)$ 可以通过取不同的验算点 $\boldsymbol{x} = \boldsymbol{x}^*$，重复以上步骤得到。对应于第 4 章中选取随机变量 $X_i(t)$ 的独立验算点 $\boldsymbol{x}^*$ 使得联合概率密度函数 $f_{X_1}(x_1^*)f_{X_2}(x_2^*)f_{X_3}(x_3^*)\cdots$ 最大的概念，可以使用等效正态概率密度函数 $f_{X_i^*}(\cdot) = f_{X_i}(\cdot)$。

3. 确定性荷载组合——Turkstra 组合规则

尽管使用了许多简化方法，但对常规结构设计以及规范制定来说仍然非常复杂。最原始的荷载组合方法是不考虑荷载的不确定性而直接将荷载累加起来，随后则提出通过一系列系数对荷载进行适当的放大或折减，需要关心的问题是如何确保这些系数取值的合理性。

可以从 Borges 过程的组合中[7-13]或者从式(7-7)中提取荷载组合规则。如果将式(7-1)中的近似关系 $G_{\max X}(a) = 1 - F_{\max X}(a) \approx \nu_X^+(a)t$ 代入式(7-7)，可以得到

$$G_{\max X}(a) \approx \int_{-\infty}^{\infty} G_{\max X_1}(x) f_2(a-x) \mathrm{d}x + \int_{-\infty}^{\infty} G_{\max X_2}(x) f_1(a-x) \mathrm{d}x \qquad (7\text{-}23)$$

式中的最大值是在所关心的整个时间区域内取值，如结构的使用寿命$[0, t_L]$。对于组合$Z = W + V$，其中W与V是相互独立的，那么累积分布函数$G_Z(\cdot)$可以通过卷积积分求得：

$$G_Z(z) \approx \int_{-\infty}^{\infty} G_W(z-v) f_V(v) \mathrm{d}v = \int_{-\infty}^{\infty} G_W(w) f_V(z-w) \mathrm{d}w \qquad (7\text{-}24)$$

因此，式(7-23)中的两项积分分别代表的是$\max X_1 + \bar{X}_2$与$\bar{X}_1 + \max X_2$，其中$\bar{X}_i$代表任一时点的X_i值。类似地，若$Z = \max(W, V)$，则有

$$G_Z(a) = G_W(a) + G_V(a) - G_W(a) G_V(a) \qquad (7\text{-}25)$$

对于高阻隔水平a的情况，最后一项可以忽略，得到

$$\max X \approx \max \left[(\max X_1 + \bar{X}_2); (\bar{X}_1 + \max X_2) \right] \qquad (7\text{-}26)$$

这就是著名的 Turkstra 组合规则。可以表述为：①荷载1在使用寿命内的最大值加上荷载2在荷载1达到最大值期间的值；②荷载2在使用寿命内的最大值加上荷载1在荷载2达到最大值期间的值。这个组合规则可以拓展到多个荷载组合的情况，也可以是多个荷载效应组合的情况。对于n个荷载的组合，有

$$\max X \approx \max \left(\max X_i + \sum_{j=1}^{n} \bar{X}_j \right), \quad j \neq i; i = 1, \cdots, n \qquad (7\text{-}27)$$

这种组合形式很像现行规范中的荷载组合规则，显然这也与荷载组合中的概率论要求有关。但是 Turkstra 组合规则并没有规定荷载水平，而是需要逐一选取。第8章将会介绍如果随机过程X_i是平稳的，那么$\max X_i$的取值通常为荷载的95%，任一时点值$\bar{X}_i$则取为均值。

尽管 Turkstra 组合规则对于标准化工程应用是非常简单方便的，但是对于精度要求比较高的概率计算不是非常适合。

7.2 荷载组合系数

对承受n种荷载作用的结构，若忽略结构抗力随时间的变化，则其极限状态方程可表示为

$$g[R, S(t)] = R - S_1(t) - S_2(t) - \cdots - S_n(t) = R - \sum_{i=1}^{n} S_n(t) = R - S(t), \quad t \in [0, T] \qquad (7\text{-}28)$$

式中，R为结构抗力；$S_i(t)$为第i种荷载效应随机过程；$S(t)$为n种荷载的综合效应随机过程。

显然，结构可靠度分析中的关键问题是荷载组合问题。从数学角度来看，荷载组合问题涉及多个随机过程的叠加。而工程实践中，一般以基准期最大荷载随机变量代替随机过程进行可靠度分析，因此荷载组合的关键是荷载组合最大值 S_M 的确定，即

$$S_M = \max_{0 \leqslant t \leqslant T} S(t) = \max_{0 \leqslant t \leqslant T} \sum_{i=1}^{n} S_i(t) \tag{7-29}$$

随机荷载组合理论及规则主要包括[7-14]：①峰值叠加法；②穿越分析法；③以泊松过程为简化模型的组合理论；④从工程实践角度运用某些时段的局部极值的组合去包络综合的最大值；⑤平方和平方根（SRSS）法。

1. 峰值叠加法

该方法假设各荷载过程的最大值是同时发生的，将这些最大值相加而得到设计值。这是一种最保守的组合方式，实际上应归结到确定性分析方法中。目前在海洋结构设计中经常采用这一方法。

$$X_{\max} = X_{1\max} + X_{2\max} + \cdots$$

2. 穿越分析法

上穿越理论曾被许多学者用来研究非线性或动荷载组合问题。设 $X(t)$ 是一个平稳随机过程，在区间 $[t_1, t_2]$ 上的一个实现为 $x(t)$，给定一个恒定的门槛值 $X(t) = r$，向上通过水平 $X(t) = r$ 称为正通过，图中的标记表示正通过的情况。

定义平稳随机过程 $X(t)$ 的导数过程 $\dot{X}(t)$，如果 $X(t)$ 满足条件：自相关函数 $R_{XX}(t)$ 有连续的二阶导数 $R_{\ddot{X}\ddot{X}}(t)$，则其定义的导数过程也是广义平稳随机过程。因为 $X(t)$ 是平稳随机过程，对于 $\tau = t_1 - t_2$，则

$$R_{X\dot{X}}(\tau) = -\frac{dR_{XX}(\tau)}{d\tau}$$

$$R_{\dot{X}\dot{X}}(\tau) = -\frac{d^2 R_{XX}(\tau)}{d\tau^2}$$

$$E(\dot{X}^2) = -\frac{d^2 R_{XX}(\tau)}{d\tau^2}$$

考虑到推导上穿越理论用到的阶梯函数 $H(x)$ 是由 Heaviside 定义的，即

$$H(x) = \lim_{\varepsilon \to 0} \frac{1}{\sqrt{2\pi}\varepsilon} \exp\left(-\frac{x^2}{2\varepsilon^2}\right) \tag{7-30}$$

$$H(x) = \begin{cases} 0, & x < 0 \\ 1/2, & x = 0 \\ 1, & x > 0 \end{cases} \tag{7-31}$$

对于随机过程 $X(t)$ 和固定的阈值 $x(t) = r$，定义

$$Y(t) = H(x(t) - r) \tag{7-32}$$

这样可得

$$Y(t) = \begin{cases} 0, & x(t) < r \\ 1/2, & x(t) = r \\ 1, & x(t) > r \end{cases} \tag{7-33}$$

则 $\dot{Y}(t) = \dot{x}(t)\delta(x(t) - r)$，导数过程 $\dot{Y}(t)$ 的实现 $\dot{y}(t)$ 是由许多单位脉冲构成的，正单位脉冲对应阈值的正通过，负单位脉冲对应阈值的负通过。

对于时间区间 $[t_1, t_2]$ 上这种单位脉冲个数，就可得到通过门槛水平 $x(t) = r$ 的总次数，即

$$n(t_1, t_2) = \int_{t_2}^{t_1} |\dot{y}(t)| \mathrm{d}t = \int_{t_2}^{t_1} |\dot{x}(t)| \delta[x(t) - r] \mathrm{d}t \tag{7-34}$$

在时间区间 $[t_1, t_2]$ 内所有脉冲的平均数为

$$\begin{aligned} E\left[n(t_1, t_2)\right] &= \int_{t_2}^{t_1} E\{|\dot{x}(t)| \delta[x(t) - r]\} \mathrm{d}t \\ &= \int_{t_1}^{t_2} \int_{-\infty}^{\infty} \int_{-\infty}^{\infty} |\dot{x}(t)| \delta(x - r) f_{X\dot{X}}(x, \dot{x}, t) \mathrm{d}x \mathrm{d}\dot{x} \mathrm{d}t \\ &= \int_{t_2}^{t_1} \int_{-\infty}^{\infty} |\dot{x}(t)| f_{X\dot{X}}(r, \dot{x}, t) \mathrm{d}t \mathrm{d}\dot{x} \end{aligned} \tag{7-35}$$

考虑单位时间的正通过率，设为 $N(r, t)$，则

$$n(r, t_1, t_2) = \int_{t_2}^{t_1} 2N(r, t) \mathrm{d}t \tag{7-36}$$

$$E\left[n(r, t_1, t_2)\right] = \int_{t_2}^{t_1} 2E[N(r, t)] \mathrm{d}t \tag{7-37}$$

因此，可得

$$E[N(r, t)] = \frac{1}{2} \int_{-\infty}^{\infty} \dot{x} f_{X\dot{X}}(r, \dot{x}) \mathrm{d}\dot{x} \tag{7-38}$$

单位时间内平均通过率(也称上穿率)为

$$v^X(r) = E\left[n(r,t_1,t_2)\right] = \int_{-\infty}^{\infty} \dot{x} f_{X\dot{X}}(r,\dot{x}) \mathrm{d}\dot{x} \tag{7-39}$$

以两个随机过程为例，假设 $X_1(t)$、$X_2(t)$ 为独立的连续过程，则 $X = X_1 + X_2$ 在 $[0,t]$ 内的概率分布可用其向上穿越服从泊松分布的假设得到，即

$$F_X(x) = \exp\left[-\int_0^t v(x,\tau) \mathrm{d}\tau\right] \tag{7-40}$$

式中，$v(y,t)$ 是在时间 t 时对应门槛值 $X=x$ 的上穿率。若 X_1、X_2 为平稳随机过程，则 $v(y,t) = v(x)$，而 $v(x)$ 可以用一个积分表示，即

$$v(x) = \int_{-\infty}^{\infty} v_1(\mu) f_{X_2}(x-\mu) \mathrm{d}\mu + \int_{-\infty}^{\infty} v_2(\mu) f_{X_1}(x-\mu) \mathrm{d}\mu \tag{7-41}$$

3. 以泊松过程为简化模型的组合理论

这个方法是利用泊松过程的组合模型，最早由 Hasofer[7-15]提出，假设荷载与荷载效应之间满足线性关系：

$$S(t) = \sum_{i=1}^{n} C_i X_i(t), \quad t \in [0,T] \tag{7-42}$$

式中，C_i 为荷载组合 $X_i(t)$ 的系数。

1) Hasofer 组合方法

该方法将荷载分为持久性可变荷载（a 类）和临时性可变荷载（b 类）。如果这两类荷载分布类型、概率密度及荷载效应的平均出现率为已知，则根据概率理论可以求出在 a 类荷载持续时段上的 b 类荷载效应的最大值分布，进而求得设计基准期内综合效应极值分布。该方法涉及多项连续积分运算，在应用上尚不够完善。

2) Wen 组合方法[7-16,7-19]（称荷载相遇法）

与 Hasofer 组合方法的思路类似，a 类和 b 类作用之间，在出现的频率及每次出现后持续时间上有较大的差别。如果第 i 个作用的平均出现率为 v_i，平均持续时间为 μ_{d_i}，则乘积 $v_i\mu_{d_i}$ 的大小实际上可表征它在某时段内出现的概率。若乘积 $v_i\mu_{d_i} \ll 1$，说明该荷载在大部分时间内不会出现，可不必考虑该荷载与其他荷载同时出现的可能性。当 μ_{d_i} 较大时，应考虑其相遇的可能性，将相遇后叠合成的综合荷载作为与原来荷载独立的新过程，并假定其仍是泊松过程，则可导出荷载组合后最大值分布为

$$F_{\mathrm{SM}}(X,T) = \exp\left[-T\sum_{i=1}^{n} v_i G_i(X) - T\sum_{i \neq j}^{n}\sum^{n} v_{ij} G_{ij}(X) - T\sum_{n \neq k}^{n}\sum_{i \neq j}^{n}\sum^{n} v_{ijk} G_{ijk}(X)\right] \tag{7-43}$$

式中，v_{ij}、v_{ijk} 分别为荷载 i、j 及 i、j、k 的平均出现率。

$$G_i(X) = 1 - F_i(X)$$

$$G_{ij}(X) = 1 - F_{ij}(X)$$

$$G_{ijk}(X) = 1 - F_{ijk}(X)$$

其中，$F_i(X)$ 为荷载 i 的概率分布函数；$F_{ij}(X)$、$F_{ijk}(X)$ 分别为荷载 i、j 及 i、j、k 叠合后概率分布函数。

经进一步简化，可用数学方法求得组合后的最大值分布。这类方法虽然组合类型比较合理，但要求有较完备的观测统计资料，如荷载平均出现率等，一般不容易获得，且计算过程繁杂，在海洋工程中具体应用还是有困难的。

4. 平方和平方根(SRSS)法

在线性系统中，对于所有响应，最大值/均方根值在时间 T 近似相同，周期和频率相互独立，则

$$E(S_{\max}) \approx \sqrt{\sum_i C_i^2 (p_s / p_{X_i})^2 \left[E(X_{i,\max}) \right]^2}, \quad i = 1, 2, 3, \cdots, n \tag{7-44}$$

式中，峰值因子 $p_s = E(S_{\max}) \Big/ \sqrt{E\left[S(T_0)^2\right]}$；$p_{X_i} = E(X_{i,\max}) \Big/ \sqrt{E\left[X_i(T_0)^2\right]}$。

采用该组合很简单，即 $S_{\max} = \sqrt{S_1^2 + S_2^2 + \cdots}$，其中 $S_1, S_2, \cdots$ 为参与组合的荷载效应。

5. 用局部极值的组合去包络综合的最大值

这类方法不是从数学逻辑角度计算综合效应最大值的概率分布，而是从工程经验判断角度，以参与组合的单个作用效应在某些时段局部极值的不同组合，取包络结构上实际产生的综合效应最大值。

1) 随机荷载组合的 Turkstra 规则[7-20, 7-21]

这是美国国家标准 A58 推荐的组合模式，目前《水利水电工程结构可靠性设计统一标准》（GB 50199—2013）[7-22]及《港口工程结构可靠性设计统一标准》（GB 50158—2010）[7-23]已经采用此方法。Turkstra 最早提出的一个荷载组合规则是建议轮流以一个荷载效应在[0,T]内的极值与其余荷载效应的瞬时值组合，并选取具有最大荷载效应的组合作为控制形式，其组合最大值形式为

$$S_{M_i}(x) = \max_{0 \leqslant t \leqslant T} S_i(t) + \sum_{j=1, j \neq i}^{n} S_j(t_0) \tag{7-45}$$

式中，t_0 为 $S_i(t)$ 达到最大值的瞬时，如图 7-4 所示。

图 7-4 给出了三个不同的荷载过程，按 Turkstra 规则原理，所求的组合最大值由三种组合中最不利者确定，其组合最大值 S_M 的概率分布函数为

$$F_{M_1} = [F_1(x)]^{r_1} \cdot F_2(x) \cdot F_3(x)$$

$$F_{M_2} = F_1(x) \cdot [F_2(x)]^{r_2} \cdot F_3(x)$$

$$F_{M_3} = F_1(x) \cdot F_2(x) \cdot [F_3(x)]^{r_3} \tag{7-46}$$

式中，$r_i = \dfrac{T}{\tau_i}$ 为可变荷载在设计基准期 T 中的重复次数。按照 Turkstra 规则原理所得的结果并不是偏于保守安全的，理论上可能存在更不利的组合。

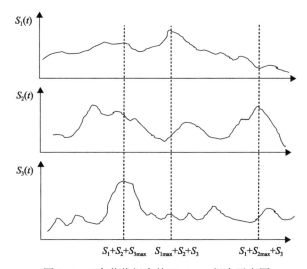

图 7-4 三个荷载组合的 Turkstra 组合示意图

Fig. 7-4 Turkstra combination diagram of three load combinations

2) 随机荷载组合的 Ferry Borges-Castanheta 规则

该组合规则是等时段荷载组合模型，是 Ferry Borges 和 Castanheta 沿着 Turkstra 规则的思路于 1972 年提出的[7-24]，简称 F-B 规则。该组合规则认为：对每一个可变荷载 x_i，在整个结构使用期 T 内划分成 r_i 个相等时段 τ_i 作为基本时段，在各时段内，$x_i(t)$ 不随时间变化，且 $x_i(t)$ 在相继时段内是统计独立的，在每一时段内 $x_i(t)$ 出现的概率为 P_i。r_i 为荷载在使用期 T 内的重复次数，τ_i 的选择应使用在相继时段内达到的最大值以采用独立的假定。

由上述可知，其最大值的分布可用平稳二项过程描述，即有

$$F_{M_i}(x) = \{1 - P_i [1 - F_{O_i}(x)]\}^{r_i} \tag{7-47}$$

当考虑若干个可变荷载(随机过程)的组合时，假设各随机过程互相独立，在时间 T 内所分的时段数 r_i 为整数，并使 r_i / r_{i-1} 也是正整数，将其按 r_i 的递增顺序排列，即

$$r_1 \leqslant r_2 \leqslant r_3 \leqslant \cdots \leqslant r_n \tag{7-48}$$

当 $n=3$ 时，图 7-5 给出了简化为等时段的三个矩形波形图。

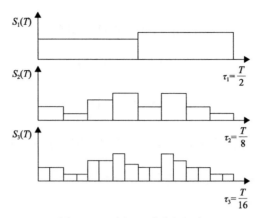

图 7-5 三个矩形波过程组合

Fig. 7-5 Process combination of three rectangular wave

从重复次数最大的荷载 x_n 开始，将 $x_n(t)$ 在时段 τ_{n-1} 内的最大值 $x_n(t,\tau_{n-1})$ 切相叠加得

$$Z_{n-1}(t) = x_n(t,\tau_{n-1}) + x_{n-1}(t) \tag{7-49}$$

式 (7-49) 认为所求的 $\max(x_1 + x_2 + \cdots + x_n)$ 可近似为 $\max(x_1 + x_2 + \cdots + x_{n-2} + Z_{n-1})$，这样就能使一个 n 个荷载的组合问题降为 $n-1$ 个荷载的组合问题，其中 Z_{n-1} 的分布为 $x_n(t,\tau_{n-1})$ 的概率分布函数 $[F_n(x)]^{r_n/r_{n-1}}$ 和 $x_{n-1}(t)$ 的概率密度函数 $f_{n-1}(x)$ 的卷积，于是所求的最大值分布可由 $n-1$ 次相继的卷积运算来确定，即

$$F(T,x) = \left[f_1(x) * \left(f_2(x) * \cdots * \left\{ f_{n-1}(x) * [F_n(x)]^{r_n/r_{n-1}} \right\}^{n-1} \Big/ r_{n-2} \cdots \right)_2 \Big/ r_1 \right]^{r_1} \tag{7-50}$$

式 (7-50) 为该规则的叠加过程。由于每次叠加所得的 $Z_i = x_{i+1}(\tau_i) + x_i$ 都被认为是在该时段保持不变的最大值，得到的结果显然偏于保守，当 n 较大时，尤为如此。此外，前面公式中的相继卷积运算也十分繁冗，F-B 规则的叠加过程示意如图 7-5 所示。

三个荷载效应 $x_1(t)$、$x_2(t)$、$x_3(t)$ ($r_1 < r_2 < r_3$) 组合最大值为

$$X_m = \max_{0 \le t \le T} \left\{ x_1(t) + \max_{t \in \tau_1} \left[x_2(t) + \max_{0 \le t \le T} x_3(t) \right] \right\} \tag{7-51}$$

3) 随机荷载组合的 JCSS 组合规则 (叠罗汉法)

这种荷载效应组合模式是由国际结构安全性联合委员会在《结构统一标准规范的国际体系》第一卷[7-25]中推荐的，也是我国《建筑结构可靠性设计统一标准》(GB 50068—2018)[7-26]采用的一种近似的荷载效应组合概率模型。采用这个模式，并结合工程经验判断来处理荷载效应组合，这是与采用考虑基本变量概率分布类型的一次二阶矩方法分析结构可靠度相适应的。其主要内容如下：

(1) 荷载 $Q(t)$ 是等时段的平稳随机过程。

(2) 荷载 $Q(t)$ 与荷载效应 $S(t)$ 之间满足线性关系，即

$$S(t) = C_Q Q(t), \quad t \in [0, T] \quad (7\text{-}52)$$

(3) 互相排斥的随机荷载不考虑其之间的组合，仅考虑在 $[0,T]$ 内可能相遇的各种可变荷载的组合，并结合一定的经验判断，确定相遇的荷载种类。

(4) 当一种荷载取设计基准期最大荷载或时段最大荷载时，其他参与组合的荷载仅在该最大荷载的持续时段内取相对最大荷载，或取任意时点荷载。即设有 n 种可变荷载参与组合，将模型化后的各种荷载 $Q_i(t)$ 在设计基准期 T 内的总时段数 r_i 按顺序由小到大排列，即 $r_1 \leqslant r_2 \leqslant r_3 \leqslant \cdots$，取任意一种荷载效应进行组合，可得出 n 种组合的最大荷载效应（综合荷载效应）$S_{M_j}(j=1,2,3,\cdots)$，即

$$S_{M_1} = \max_{t \in [0,\tau]} S_1(t) + \max_{t \in \tau_1} S_2(t) + \cdots + \max_{t \in \tau_{n-2}} S_{n-1}(t) + \max_{t \in \tau_{n-1}} S_n(t) \quad (7\text{-}53\text{a})$$

$$S_{M_n} = S_1(t_0) + S_2(t_0) + \cdots + S_{n-1}(t_0) + \max_{t \in [0,T]} S_n(t) \quad (7\text{-}53\text{b})$$

式中，$S_i(t_0)$ 为第 i 种荷载效应 $S_i(t)$ 的任意时点的随机变量；$\max_{t \in \tau_{i-1}} S_i(t)$ 表示第 i 个荷载效应在第 $i-1$ 个荷载效应持续时间 τ_{i-1} 时段上的最大值分布。在 τ_{i-1} 时段内 S_i 的变动次数为 r_i/r_{i-1}，若 $P_i = 1$，则 $\max_{t \in \tau_{t-1}} S_i(t)$ 的分布函数为 $\left[F_{S_i}(x)\right]^{r_i/r_{i-1}}$，以各种组合的最大荷载效应的概率分布函数 $F_{M_i}(x)$ 按所考虑的极限状态计算结构构件的可靠指标，使可靠指标为最小的荷载效应组合，即控制结构设计的荷载组合。

4) 常见随机荷载组合规则比较

为比较上述随机荷载组合规则，采用持久性活荷载 L_i、临时性活荷载 L_r、风荷载 W 三个活荷载组合的算例，具体参数如表 7-2 所示。

表 7-2　各类随机荷载参数

Tab. 7-2　**Parameters of various random load**

荷载类型	均值/(N/m^2)	变异系数	平均出现率	平均持续时间	时段长/年
持久性活荷载	128.7	0.46	0.1	10 年	10
临时性活荷载	48.8	0.69	1.0	0.01 年	1
风荷载	66.67	0.45	1.0	10min	1

根据前面的随机荷载组合理论，计算这三种随机荷载在不同荷载效应比下的荷载相遇法、F-B 组合、Turkstra 组合、JCSS 组合的情况。为便于比较，组合结果采用 $K = \mu_{SM} / \sum \mu_{Si}$ 的无量纲化比值给出，μ_{SM} 为组合效应最大值分布的平均值，μ_{Si} 为单个荷载效应截口分布的平均值。μ_{SM} 随不同组合规则而变化，$\sum \mu_{Si}$ 只与参与组合的荷载本身的规律有关，不受组合方法影响。具体的计算结果如图 7-6 所示。

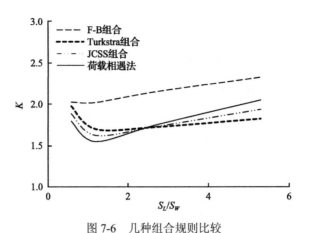

图 7-6 几种组合规则比较

Fig. 7-6 Comparison of several combination rules

从图 7-6 可以看出,各种组合规则计算结果随荷载效应比 S_L/S_W 变化较大,而在荷载效应比取 1 时,有最低值;F-B 组合规则计算结果最大,说明该组合方法偏于保守,同时可以看出 JCSS 组合规则与 Turkstra 组合规则在荷载效应比较小时偏于不保守,而随着荷载效应比的增大,其偏于保守。因此,在不同的荷载效应比下,各种组合规则的风险是不一致的。

7.3 结构设计分项系数计算

在工程结构设计中,为了使所设计的结构具有规定的可靠度,在极限状态设计表达式中采用了分项系数,这些系数称为工程结构设计分项系数。

由概率极限状态设计理论可知,在工程极限状态设计表达式中有荷载分项系数(包括恒荷载和可变荷载)、抗力分项系数。设计表达式中的材料性能、几何参数的变异系数及抗力计算模式不确定性均已包含在抗力分项系数中,荷载计算模式不确定性包含在荷载分项系数中。

确定设计分项系数的目的是将工程结构的目标可靠指标落实到极限状态设计表达式中的各个分项系数上,以使概率极限状态的复杂数值运算转化为简单的代数运算。

7.3.1 结构设计分项系数表达式

在确定极限状态设计表达式中的分项系数时,需要考虑荷载组合类型、构件种类、极端工况、海洋环境荷载和结构抗力的有关统计特征等。

现在就常用的荷载组合形式,即(恒荷载+活荷载)来说明分项系数确定过程。根据极限状态表达式:

$$g\left(x_1^*, x_2^*, \cdots, x_n^*\right) = 0 \tag{7-54}$$

在验算点 P^* 处,极限状态方程写为

$$S_G^* + S_Q^* = R^* \tag{7-55}$$

式中，S_G^*、S_Q^*、R^* 分别为恒荷载、活荷载和结构构件抗力的设计验算点坐标。

由结构可靠指标的分析得知，确定设计分项系数实际上是结构可靠指标计算分析的逆运算，因此应在设计验算点 P^* 处，将概率极限状态方程中的基本变量用各自的标准值效应和相应的分项系数代替，即

$$\gamma_G S_{GK} + \gamma_Q S_{QK} = \gamma_R R_K \tag{7-56}$$

式中，S_{GK}、S_{QK}、R_K 分别为恒荷载标准值、活荷载标准值和结构构件抗力标准值；γ_G、γ_Q、γ_R 分别为恒荷载、活荷载和结构构件抗力的分项系数。因此，必须满足下列条件：

$$\begin{cases} S_G^* = \gamma_G S_{GK} \\ S_Q^* = \gamma_Q S_{QK} \\ R^* = \gamma_R R_K \end{cases} \tag{7-57}$$

$$\begin{cases} \gamma_G = S_G^* / S_{GK} \\ \gamma_Q = S_Q^* / S_{QK} \\ \gamma_R = R^* / R_K \end{cases} \tag{7-58}$$

由上述可知，分项系数 γ_G、γ_Q、γ_R 依赖于荷载及抗力的设计验算点坐标，由结构可靠指标分析得知，验算点坐标与可靠指标有关，因而设计分项系数也与可靠指标有关。

另外，验算点坐标和相应的可靠指标均与活荷载和恒荷载标准值的比值（ρ）有关，这说明设计分项系数也与 ρ 有关。但在实际工程中，ρ 值是变化的，也就是说，设计分项系数和相应的可靠指标在实际工程中均是随 ρ 值变化的，显然，这是不符合实用要求的。最佳分项系数的取值应是在不同荷载效应比 ρ 条件下使采用该系数设计的结构所具有的可靠指标与规定的目标可靠指标之差为最小，也就是说，应该根据分项系数表达式求得的结构抗力标准值与按预先给定的目标可靠指标直接求得的结构抗力标准值之差为最小的原则确定分项系数的取值。

7.3.2 结构设计分项系数确定原则

工程结构设计分项系数的确定主要考虑简单组合和附加组合（三个荷载组合情况）两种情况，并遵循以下原则：

(1) 简单组合和附加组合中恒荷载取相同的分项系数。

(2) 同类型的构件取不同的抗力分项系数，但同一构件在同一组合下对不同计算工况取相同的抗力分项系数。

(3) 一组最佳的荷载分项系数和抗力分项系数的取值，应为用该组分项系数设计的构件在不同的荷载效应比 ρ 下的可靠指标 β 与目标可靠指标 β_T 最为接近。

7.3.3 荷载-抗力分项系数确定方法

荷载分项系数 γ_G、γ_Q 是以简单组合情况确定的。为确定 γ_G、γ_Q，对恒荷载和活荷载组合进行了综合计算分析。为了使 γ_G、γ_Q 通用于各种材料的结构构件，选用代表性的结构构件及荷载效应比作为计算分析的基础。例如，采用的目标可靠指标为 2.6~2.9，同时采用以下四种不同的方法计算 γ_G、γ_Q。

1. 抗力标准值最小二乘法

根据给定的目标可靠指标、荷载随机变量的平均值和标准值及结构抗力的变异系数，由极限状态方程，按照验算点法可反求出所需的结构抗力平均值 μ_R，再按统计参数，求出抗力标准值 R_K^*。

对于某一构件，如果按目标可靠度求得的抗力标准值 R_K^* 与极限状态方程求得的抗力的标准值 R_K 相等，即 $R_K^* = R_K$，这个极限状态方程设计的构件所具有的可靠指标必然与目标可靠指标相等。因此，上述确定分项系数的原则可以转化为使下列 H_i 值为最小值的条件：

$$H_i = \sum_i \left(R_{K_{ij}}^* - R_{K_{ij}} \right)^2 \tag{7-59}$$

式中，$R_{K_{ij}}^*$ 是指第 i 种结构构件在第 j 种荷载效应比情况下，根据目标可靠指标以概率方法求得的抗力标准值；$R_{K_{ij}}$ 是指在同样情况下，根据所选的分项系数以极限状态方程求得的抗力标准值，即 $R_{K_{ij}} = \left[\gamma_G (S_G)_j + \gamma_Q (S_Q)_j \right] / \gamma_{R_i}$。

恒荷载分项系数 γ_G 的可能取值为 1.1、1.2、1.3、1.4、1.5，可变荷载分项系数 γ_Q 的可能取值为 1.1、1.2、1.3、1.4、1.5、1.6，因此 γ_G、γ_Q 的可能取值共 30 组。给定 γ_G、γ_Q 的一组取值，对于每一种结构构件，可以用最小二乘法求出优化的抗力分项系数 γ_{R_i}，从而满足使误差 H_i 达到最小的条件。所有常用海洋工程结构构件和管结点的总误差 I 为

$$I = \sum_i \sum_j \left(\frac{R_{K_{ij}}^* - R_{K_{ij}}}{R_{K_{ij}}^*} \right)^2 = \sum_i \sum_j \left(1 - \frac{R_{K_{ij}}}{R_{K_{ij}}^*} \right)^2 \tag{7-60}$$

I 值的大小相对反映了取此组 γ_G、γ_Q 及各个优化的 $\gamma_{R_{ij}}$ 值的设计表达式设计的结构构件所隐含的可靠指标与目标可靠指标的差异程度。采用无量纲的相对误差是为了使每

一种构件的误差在总误差中占有的权趋于均衡。

该方法是以抗力的最小二乘法原理确定设计分项系数的,其实质是在给定的目标可靠指标和恒荷载效应或恒荷载效应与活载效应条件下,对随荷载效应比ρ而变化的构件抗力标准值$R_{K_{ij}}^*$,用由设计表达式确定的构件抗力标准值$R_{K_{ij}}$进行拟合,也就是用一个线性函数进行拟合。如果用反算的构件平均值可靠指标与规定的目标可靠指标的误差为尺度进行衡量,当优化变量较少时,效果并不好,只是计算简单一些。

2. 可靠指标最小二乘法

该方法采用以极限状态设计表达式下的结构可靠指标与目标可靠指标误差最小的原则来确定分项系数,即

$$H_i = \sum_i \sum_j \left(\beta_{ij} - \beta_{T_i}\right)^2 \tag{7-61}$$

式中,β_{T_i}为第i种构件的目标可靠指标;β_{ij}为第i种构件第j个荷载效应比值ρ时构件在极限状态设计表达式下的可靠指标。

3. 规范方法一

上述两种方法求得的所有荷载分项系数均是在一定范围内优化的结果,计算所得的荷载分项系数可能与设计人员长期习惯用的分项系数有所不同,这给工程设计人员及工程实际带来不便。为保证新老规范的衔接和连续性,提出了一种新的方法,称为规范法一(图7-7),即在极端条件下,保持恒荷载和活荷载组合时恒荷载分项系数不变,即取$\gamma_G = 1.3$,利用最小二乘法原理计算所有结构构件的抗力分项系数。在恒荷载分项系数已知条件下,变化活荷载分项系数来计算抗力分项系数,这与工程实践及设计人员的习惯相符。

图 7-7 规范方法一的流程图

Fig. 7-7 Flow chart of specification method 1

4. 规范方法二

该方法与规范方法一基本相似,为保证新老规范的衔接和连续性,以四个常见抗力分项系数作为已知,即轴向压缩为0.85、轴向拉伸为0.95、受弯为0.95、受剪为0.95,来计算荷载分项系数(图7-8)。然后在荷载分项系数为已知条件下,计算其他抗力分项系数。该方法基于已知的以四个常用抗力的分项系数,计算荷载及抗力分项系数,这与工程实践及设计人员的习惯相符。

图 7-8 规范方法二的流程图

Fig. 7-8 Flow chart of specification method 2

5. 抗力分项系数确定方法

如前所述,在选择最优荷载分项系数的过程中,每给定 γ_G、γ_Q 的一组取值,对于每一构件 i,以 H_i 达到最小为条件,可用最小二乘法确定在恒荷载+活荷载组合下最佳抗力分项系数 $\gamma_{R_{ij}}$,其计算公式为

$$H_i = \sum_i \left(R^*_{K_{ij}} - R_{K_{ij}} \right)^2 = \sum_i \left(R^*_{K_{ij}} - \gamma_{R_{ij}} S_j \right)^2 \tag{7-62}$$

式中,$S_j = \gamma_G (S_G)_j + \gamma_Q (S_Q)_j$,需满足 $\partial H_i / \partial \gamma_i = 0$ 的条件,可得

$$\gamma_{R_i} = \sum_j R^*_{K_{ij}} S_j \bigg/ \sum_j S_j^2 \tag{7-63}$$

对于每一种荷载组合,每一种荷载效应比 ρ 都应进行 S_j 及 $R_{K_{ij}}$ 的计算,然后代入式(7-63),即可以求得设计该结构构件满足与目标可靠指标差值最小时,设计表达式中的抗力分项系数。

7.4 荷载组合系数及设计表达式确定

结构构件除恒荷载外,仅承受一个可变荷载效应为简组合情况,概率极限状态分析时取用该可变荷载效应基准期最大值分布 S_{T_i}。多个可变荷载组合时,若每个可变荷载仍考虑其基准期最大值分布,则过于保守且不符合实际,概率分析时应在极限状态方程中引入前述的荷载效应组合最大值分布 S_M,其中包含了各可变荷载的特定时段最大值分布。理论上,已知这些基本变量的统计参数,即可用验算点法,按目标可靠指标直接进行抗力的设计;或者已知抗力校核多个可变荷载作用下构件的可靠度,但现阶段直接采用概率设计是不实际的,规范仍需给出惯用的分项系数设计表达式以控制设计值[7-27]。国内外考虑荷载组合效应的设计表达式概括为以下两大类。

7.4.1 采用组合值系数的设计表达式

多个可变荷载作用时设计表达式中各可变荷载标准值及荷载分项系数与只有一个可变荷载作用时取相同值,而引入小于 1 的系数乘以荷载效应项,称为组合值系数。按组合值系数相乘的内容又可分成以下三种。

1. 所有荷载项(包括恒荷载)均乘以组合系数

美国《钢筋混凝土房屋结构规范》(ACI 318—83)[7-28]中考虑多种可变荷载同时发生的可能,将包括恒荷载在内的带有荷载系数的荷载效应项均折减 0.75,并与恒荷载加一个可变荷载项做比较,选择最不利的荷载条件,荷载效应项取

$$\begin{matrix} 0.75(1.4D+1.7L+1.7W) \\ 0.75(1.4D+1.7L+1.87E) \\ 0.75(1.4D+1.7L+1.4T) \\ 1.4D+1.7L \\ 1.4D+1.4T \\ 0.9D+1.3W \end{matrix} \tag{7-64}$$

式中,D、L、W、E 分别为恒荷载、活荷载、风荷载、地震引起的效应;T 为不均匀沉降、徐变、收缩或温度变化引起的效应。

2. 对所有可变荷载项折减

加拿大国家建筑法规(NBC—2010)[7-29]采用式(7-65)规定基本荷载效应项:

$$\upsilon\{\gamma_D D+\psi(\gamma_L L+\gamma_W W+\gamma_T T)\} \tag{7-65}$$

式中,υ 指括号内各种荷载产生的效应;D、L、W、T 为恒荷载、活荷载、风荷载及温度的标准值;γ_D、γ_L、γ_W、γ_T 为相应的分项系数,由恒荷载与可变荷载单个作用情况确定;ψ 为荷载组合系数,当内括号包括 1 个、2 个或 3 个荷载时,ψ 分别取 1.0、0.7 及 0.6。我国《工业与民用建筑结构荷载规范》(TJ 9—1974)[7-30]考虑荷载组合的设计表达式为

$$K\left[G_k+\psi\left(W_k+\sum_{i=1}^{n}Q_{ik}\right)\right] \tag{7-66}$$

$$K[G_k+W_k(\text{或}Q_{ik})]$$

当风荷载与其他活荷载组合时,除恒荷载(G)外,风荷载(W)及其他活荷载(Q_i)的标准值均乘以组合系数ψ,对一般建筑取$\psi=0.9$。以上式中两式之大者控制设计。K 为单一安全系数。

3. 仅对某几个可变荷载项乘以组合系数

国际结构安全性联合委员会制定的结构统一标准规范的国际体系第一卷《对各类结构和材料的共同统一规则》[7-31]、欧洲国际混凝土委员会——国际预应力协会(CEB-FIP)制定的结构统一标准规范的国际体系第二卷《混凝土结构模式规范》[7-32]均采用对参与

组合的最主要的可变荷载效应项不乘以组合系数，仅对其他次要的各可变荷载效应项折减的设计表达式。如上述的国际体系《混凝土结构模式规范》中以式(7-67)进行荷载的基本组合。

$$S\left[\gamma_G G + \gamma_P P + \gamma_Q \left(Q_{1K} + \sum_{i>1} \psi_{0i} Q_{iK}\right)\right] \quad (7-67)$$

式中，恒荷载分项系数 γ_G 一般取 1.35，G 有利时取 1.0；预应力分项系数 γ_P 在 P 有利时取 0.9；活荷载分项系数 γ_Q 一般取 1.5；荷载组合系数 ψ_{0i} 按荷载类型取值，建议住宅取 0.3，办公楼及停车库取 0.6，风荷载及雪荷载取 0.5；S 指各荷载产生的效应。

在这类设计表达式计算时，一般需轮流将参加组合的可变荷载之一作为主要荷载（Q_1），其他为次要荷载 Q_i，计算其组合值并从中选取最不利组合。苏联荷载规范规定，同时作用两个以上荷载(长期或短期活载)时，总内力 X(弯矩、扭矩、纵向力或横向力)按式(7-68)确定：

$$X = n_G X_G + \sum_{i=1}^{m} X_{H_i} + \sqrt{\sum_{i=1}^{m} X_{H_i}^2 (n_i - 1)^2} \quad (7-68)$$

式中，X_{H_i} 为活荷载标准值引起的内力(即荷载效应标准值)，当有两个或两个以上短期活荷载情况时，短期活荷载的 X_{H_i} 应乘以组合系数 0.9；m 为同时作用的活荷载(包括长期和短期)数目；n_i 为各荷载的荷载系数，楼面活荷载及吊车荷载取 1.2，雪荷载取 1.4～1.6，风荷载取 1.2～1.3；X_G 为恒荷载标准值产生的内力，恒荷载的荷载系数 n_G 取 1.1，G 有利时取 0.9。

4. 设计表达式中不出现折减系数

这类设计表达式中对可变荷载按其参与组合的情况分别规定不同的荷载分项系数或荷载特征值。美国国家标准《房屋及其它结构最小设计荷载》（ANSI A58.1—1982）[7-33]规定，结构、构件基础采用强度设计时，荷载效应项为在式(7-69)中选取最不利效应。

$$\begin{gathered}
1.4D \\
1.2D + 1.6L + 0.5(L_r \text{或} S \text{或} R) \\
1.2D + 1.6(L_r \text{或} S \text{或} R) + (0.5L \text{或} 0.8W) \\
1.2D + 1.3W + 0.5L + 0.5(L_r \text{或} S \text{或} R) \\
1.2D + 1.5E + (0.5L \text{或} 0.2S) \\
0.9D - (1.3W \text{或} 1.5E)
\end{gathered} \quad (7-69)$$

式中，D、L、L_r、S、R、W、E 分别表示恒荷载、活荷载、屋面活荷载、雪荷载、雨荷载、风荷载及地震效应的标准值。荷载组合的基本概念是：除认为是永久作用的恒荷载外，对可变荷载之一取其使用期最大值，而其他可变荷载假定为任意时点值。由于标准给出的标准荷载值实际上超过任意时点值，以上各式中的一些荷载系数小于1。

美国 Galambos 和 Ravindra 曾建议根据不同的组合情况，对可变荷载取用不同的标准值及荷载分项系数[7-34]，如

$$\begin{array}{c} \gamma_D \bar{D} + \gamma_L \bar{L}_T \\ \gamma_D \bar{D} + \gamma_{\text{apt}} \bar{L}_{\text{apt}} + \gamma_W \bar{W}_T \\ \gamma_D \bar{D} + \gamma_{\text{apt}} \bar{L}_{\text{apt}} + \gamma_S \bar{S}_T \\ \gamma_W \bar{W}_T - \gamma_{P_{\min}} \bar{D} \end{array} \tag{7-70}$$

式中，$\bar{D}$ 为恒荷载平均值引起的效应；$\bar{L}_T$、$\bar{W}_T$、$\bar{S}_T$ 分别为活荷载、风荷载、雪荷载的使用期最大值分布平均值引起的效应；$\bar{L}_{\text{apt}}$ 则为活荷载任意时点分布平均值引起的效应。

由上述可见，各国考虑荷载组合的设计表达式不尽相同。引用组合系数的第一类方法最为简单，包括恒荷载在内全部折减 0.75，相当于考虑荷载组合后承载能力提高 1/3。但由于理论上恒荷载为不随时间参数变化的随机变量，此时对恒荷载进行组合折减，不符合荷载组合的统计特性，在某些情况下计算将偏于不安全。式(7-69)不分主次，对所有参加组合的可变荷载项均乘以组合系数，方法也比较简便，但当其中一个可变荷载的作用比其他可变荷载显著时，仍对此荷载进行折减，显然取值偏低。而式(7-70)取主要荷载效应项的全部值，仅对其他各次要荷载项进行折减比较合理。另外，在式(7-69)中不出现组合系数，式(7-70)直观地反映了荷载组合模式，引入可能相遇的各可变荷载随机变量的平均值及相应的分项系数，概念比较清晰，但这种方法要求规范对每一种可变荷载给出几个设计标准值，与我国设计习惯不符。

根据以上分析，结合我国的设计习惯以及考虑组合的荷载标准值及分项系数取值与简单组合取值相同的原则，我国《建筑结构可靠性设计统一标准》(GB 50068—2018)[7-26]中选用第一类乘以组合系数的设计表达式，并在编制过程中，对两种组合系数的设计表达式(7-71)用概率分析方法计算组合值系数 ψ 及 ψ_c，通过分析比较，肯定了下面两式具有取值合理、设计简便等优点，为统一标准所采用。

$$\gamma_G C_G G_K + \psi \sum_{i=1}^{n} \gamma_{Q_i} C_{Q_i} Q_{iK} \leqslant R_K / \gamma_R$$

$$\gamma_G C_G G_k + \gamma_{Q_i} C_{Q_i} Q_{1K} + \sum_{i=2}^{n} \gamma_{L_i} C_{Q_i} \psi_{c_i} Q_{iK} \leqslant R_K / \gamma_R \tag{7-71}$$

式中，γ 为荷载分项系数，与简单组合情况取相同值；C 为荷载转化为效应的效应系数；G_K、Q_i、Q_{iK} 分别为恒荷载、主要可变荷载及其他次要可变荷载的标准值；ψ 及 ψ_c 分别为乘在全部及次要可变荷载效应的组合系数。

7.4.2 海洋工程荷载组合系数确定方法

海洋工程的概率极限状态设计目前还无法直接由目标可靠指标进行设计，而是采用国际上通用的以基本变量的标准值和分项系数来表示的实用设计表达式。各基本变量的

标准值是对应于其最大值分布的较高分位值确定的，而分项系数是根据目标可靠指标按照海洋环境随机荷载简单组合情况优化确定的。当参与组合的环境荷载增加时，荷载组合效应的概率分布将发生变化，而各个参与组合的荷载效应均以其标准值相遇的概率是极小的，为了使组合后保持结构可靠指标不变，必须对各个参与组合的荷载标准值进行必要的折减，这种折减系数也就是荷载组合系数。

在海洋工程结构实用设计表达式[7-35, 7-36]中采用的是在分项系数不变的前提下，对可变荷载用标准值进行折减的形式。组合系数的取值则按照等 β 原则经优化确定，即荷载分项系数按海洋环境荷载简单组合的情况确定，在两种或两种以上可变荷载参与组合时，通过组合系数对可变荷载的标准值进行折减，使此时按照极限状态设计表达式设计的各种构件所具有的可靠指标与简单组合时的可靠指标尽量保持一致。

按上述原则，在有几个可变荷载作用时，结构的承载能力极限状态表达式可采用下列形式：

$$\gamma_G S_{GK} + \psi \sum_{i=1}^{n} \gamma_{Q_i} S_{Q_{iK}} = \gamma_R R_K \tag{7-72}$$

式中，ψ 为乘在各项可变荷载总和上的组合系数。

由式(7-72)可得

$$\psi = \frac{\gamma_R R_K^* - \gamma_G S_{GK}}{\sum_{i=1}^{n} \gamma_{Q_i} S_{Q_i K}} \tag{7-73}$$

式中，γ_G、γ_{Q_i}、γ_R 均按照环境荷载简单组合时确定；R_K^* 为设计验算点上的结构抗力值，可根据简单组合下按极限状态设计表达式设计的结构所具有的可靠指标及在设计基准期内起控制作用的荷载组合形式，按照前述概率极限状态设计方法计算确定。

按式(7-73)求得的组合系数 ψ 值，将使在组合效应最大值时按极限状态设计表达式设计的结构具有的可靠指标 β 与简单组合时结构具有的可靠指标一致。但 ψ 值随构件种类、参与组合的荷载种类、可变荷载与恒荷载之间的效应比 ρ 以及可变荷载之间的效应比值 ξ 的变化而变化。如果直接用式(7-73)计算得到不同条件下的 ψ 值，虽然可得到与简单组合一致的可靠指标，但使用时极为不便。为此，可以在一定的荷载组合下，针对不同的可变荷载间效应比值 ξ，通过优化来确定适合各种构件、各种 ρ 值的最佳组合系数 ψ 值，使得下列 I 值达到最小：

$$I = \sum_j \sum_m \left\{ 1 - \gamma_{Rm} \left[\gamma_G \left(S_{GK} \right)_j + \psi \sum_{i=1}^{n} \gamma_{Q_i} \left(S_{Q_iK} \right)_j \right] / R_{Kmj}^* \right\}^2 \tag{7-74}$$

式中，m 表示 m 种构件；j 表示 j 个 ρ 值。

对式(7-74)取倒数，令 $\partial I / \partial \psi = 0$，可得

$$\psi = \sum_m \sum_j \left[(1-CS')CS''\right] \Big/ \sum_m \sum_j (CS'')^2 \tag{7-75}$$

式中，$C = \gamma_{Rm}/R^*_{Kmj}$，$S' = \gamma_G S_{GK}$，$S'' = \sum_{i=1}^{n} \gamma_Q S^*_{Q_iKmj}$。

但此时 ψ 值仍随可变荷载间效应比 ξ 的变化而变化，不能取定值，应用起来也不方便。为便于工程实际应用，承载力极限状态设计表达式取如下形式：

$$\gamma_G S_{GK} + \gamma_Q S_{QK} + \psi_c \sum_{i=1}^{n} \gamma_{Q_iK} S_{Q_iK} = \gamma_R R_K \tag{7-76}$$

式中，实用荷载效应组合系数 ψ_c 可取一个定值，并将其乘在除主导可变荷载外的其他所有可变荷载效应上。以前面对各种构件、各种 ρ 值的优化得到的组合系数 ψ 为基础，且实用组合系数 ψ_c 与组合系数 ψ 之间满足如下关系：

$$\psi = \frac{\gamma_{Q_1} S_{Q_1K} + \psi_c \sum_{i=2}^{n} \gamma_{Q_i} S_{Q_iK}}{\sum_{i=1}^{n} \gamma_{Q_i} S_{Q_i}} \tag{7-77}$$

假定各可变荷载的分项系数在实用表达式中取相同值，即 $\gamma_{Q_1} = \gamma_{Q_2} = \gamma_{Q_3} = \cdots = \gamma_{Q_i}$，当参与组合的可变荷载为两种时，式(7-77)可简化为

$$\psi = \frac{S_{Q_1K} + \psi_c S_{Q_2K}}{S_{Q_1K} + S_{Q_2K}} = \frac{1 + \xi \psi_c}{1 + \xi} \tag{7-78}$$

式中，$\xi = S_{Q_2K}/S_{Q_1K}$ 为可变荷载间效应比。

由式(7-78)可知，只要求得 ψ 值，便可求得 ψ_c 值。

参 考 文 献

[7-1] Ditlevsen O, Madsen H O. Transient load modeling: clipped normal processes[J]. Journal of Engineering Mechanics, 1983, 109(2): 494-515.

[7-2] Larrabee R D, Cornell C A. Combination of various load processes[J]. Journal of the Structural Division, 1981, 107(1): 223-239.

[7-3] Hasofer A M. The upcrossing rate of a class of stochastic processes//Williams E J. Studies in Probability and Statistics[M]. Amsterdam: North-Holland, 1974: 151-159.

[7-4] Bosshard W. On stochastic load combination[R]. Technical Report No.20. Palo Alto: Department of Civil Engineering, Stanford University, 1975.

[7-5] Gaver D P, Jacobs P A. On combinations of random loads[J]. Journal of Applied Mathematics, 1981, 40(3): 454-466.

[7-6] Larrabee R D, Cornell C A. Upcrossing rate solution for load combinations[J]. Journal of the Structural Division, 1979, 105(1): 125-132.

[7-7] Wen Y K. Statistical combination of extreme loads[J]. Journal of the Structural Division, 1977, 103(5): 1079-1093.

[7-8] Wen Y K. Probability of extreme load combination[J]. Journal of the Structural Division, 1977, 104(10): 1675-1676.

[7-9] Wen Y K. Clustering model for correlated load processes[J]. Journal of the Structural Division, 1981, 107(5): 965-983.

[7-10] Wen Y K. Structural Load Modeling and Combination for Performance and Safety Evaluation[M]. Amsterdam: Elsevier Science Publishers, 1990.

[7-11] Turkstra C J, Madsen H O. Load combinations in codified structural design[J]. Journal of the Structural Division, 1980, 106(12): 2527-2543.

[7-12] Grigoriu M. On the maximum of the sum of random process load models[R]. Internal Project Working Document No.1, Department of Civil Engineering, Massachusetts Institute of Technology, Cambridge, 1975.

[7-13] Östlund L. Load combination in codes[J]. Structural Safety, 1993, 13(1-2): 83-92.

[7-14] 金伟良. 工程荷载组合理论与应用[M]. 北京: 机械工业出版社, 2006.

[7-15] Hasofer A M. Time dependent maximum of floor live loads[J]. Journal of the Engineering Mechanics Division, 1974, 100(5): 1086-1091.

[7-16] Wen Y K. Probability of extreme load combination[C]//Proceeding of the 4th International Conference on Structural Mechanics in Reactor Technology, San Francisco, 1977.

[7-17] Wen Y K, Pearce H T. Combined dynamic effects of correlated load processes[J]. Nuclear Engineering and Design, 1983, 75(2): 179-189.

[7-18] Pearce H T, Wen Y K. On linearization points for nonlinear combination of stochastic load processes[J]. Structural Safety, 1985, 2(3): 169-176.

[7-19] Wen Y K, Chen H C. On fast integration for time variant structural reliability[J]. Probabilistic Engineering Mechanics, 1987, 2(3): 156-162.

[7-20] Wen Y K. Equivalent linearization for hysteretic systems under random excitation[J]. Journal of Applied Mechanics, 1980, 47(1): 150-154.

[7-21] Baber T T, Wen Y K. Random vibration of hysteretic degrading systems[J]. Journal of the Engineering Mechanics Division, 1981, 107(6): 1069-1087.

[7-22] 中华人民共和国住房和城乡建设部. 水利水电工程结构可靠性设计统一标准(GB 50199—2013)[S]. 北京: 中国计划出版社, 2014.

[7-23] 中华人民共和国住房和城乡建设部. 港口工程结构可靠性设计统一标准(GB 50158—2010)[S]. 北京: 中国计划出版社, 2010.

[7-24] Wen Y K, Pearce H T. Recent developments in probabilistic load combination[C]//Proceedings of the Symposium on Probabilistic Methods in Structural Engineering, Lexington, 1981: 43-60.

[7-25] ISO. General principles on reliability for structures[S](ISO2394). Geneva: ISO, 1986.

[7-26] 中华人民共和国住房和城乡建设部. 建筑结构可靠性设计统一标准(GB 50068—2018)[S]. 北京: 中国建筑工业出版社, 2018.

[7-27] 陈基发, 沙志国. 建筑结构荷载设计手册[M]. 北京: 中国建筑工业出版社, 1997.

[7-28] American Concrete Institute. Commentary on building code requirements for reinforced concrete(ACI 318-83)[S]. Michigan: ACI, 1983.

[7-29] 付文光. 加拿大国家建筑法规 NBC—2010 简介[J]. 建筑结构, 2018, 48(4): 34-39.

[7-30] 国家基本建设委员会建筑科学研究院. 工业与民用建筑结构荷载规范(TJ9—1974)[S]. 北京: 中国建筑工业出版社, 1974.

[7-31] CEB. International System of Unified Standard Codes of Practice for Structures: Volume I, Common Unified Rules for Different Types of Construction and Material[M]. Paris: Comite Euro-International du Beton, 1976.

[7-32] CEB-FIP. Model Code for Concrete Structures. Vol. 2. International System of Unified Standard Codes of Practice for Structures[M], 1978.

[7-33] American National Standards Building Code. Requirements for Minimum Design Loads in Buildings and Other Structures[M]. ANSI A58.1, New York, 1982.

[7-34] Galambos T V, Ravindra M K. Properties of steel for use in LRFD[J]. Journal of the Structural Division, 1978, 104(9): 1459-1468.

[7-35] Jin W L, Hu Q Z, Shen Z W, et al. Reliability-based load and resistance factors design for offshore jacket platforms in the bohai bay: calibration on target reliability index[J]. China Ocean Engineering, 2009, 23(1): 15-26.

[7-36] Jin W L, Hu Q Z, Shen Z W, et al. Reliability-based load and resistance factors design for offshore jacket platforms in the bohai bay: calibration on design factors[J]. China Ocean Engineering, 2009, 23(3): 387-398.

第 8 章

可靠度理论在规范中的应用

结构设计规范的制定是以满足结构的功能要求为基础，结构可靠度要求的安全性、适用性和耐久性正是结构需要满足的基本功能，结构可靠度是各类设计规范制定的准则。本章从结构设计规范与结构可靠度之间的关系以及基于可靠度理论的设计规范中的表达式应用进行阐述，给出结构可靠性设计的承载能力极限状态设计方法、正常使用极限状态设计方法和耐久性极限状态设计方法。

第八章

20世纪70年代以来，国际上以概率论和数理统计为基础的结构可靠度理论在土木工程领域逐步进入实用阶段。1975年和1979年，加拿大分别率先颁发了基于可靠度的房屋建筑和公路桥梁结构设计规范[8-1, 8-2]；1977年，联邦德国编制的《确定建筑物安全度的基础》[8-3]作为编制其他规范的基本依据；1980年，美国国家标准局提出了《基于概率的荷载准则》[8-4]；1982年，英国在BS5400桥梁设计规范中引入了结构可靠度理论的内容[8-5]。这充分表明土木工程结构的设计理论和设计方法进入了一个新的阶段。

我国虽然直到20世纪70年代中期才开始在建筑结构领域开展结构可靠度理论和应用研究工作。1984年，国家计委批准《建筑结构设计统一标准》（GBJ 68—1984）[8-6]，该标准提出了以可靠度为基础的概率极限状态设计统一原则。之后借鉴国际标准《结构可靠性总原则》（ISO 2394）[8-7]，同时结合我国的工程实践经验，在征求全国有关单位意见的基础上，先后编制了有关建筑、水利、水运、公路、铁路等专业的工程结构可靠度设计统一标准[8-8~8-12]，其主要采用结构可靠性理论为理论基础、以分项系数表达的概率极限状态设计方法作为结构设计规范改革、修订的准则。建筑、水利、交通、铁路等相应的结构设计规范在"统一标准"的统一指导下，进行了大规模的修订或编制，工程界称为规范的"转轨"，即从原来以经验为主的安全系数法转为以概率分析为基础的极限状态设计法。经过努力，更具综合性的《工程结构可靠度设计统一标准》（GB 50153—1992）于1992年正式发布[8-13]。

早期工程结构的设计采用确定性的许用应力分析方法，随着人们对客观事物认识的不断深入和可靠度理论的不断发展，人们发现在设计中需要考虑事物的不确定性，因此能够考虑事物不确定性的抗力和分项系数设计方法被认为是一种更为合理的设计方法，被广大设计人员所接受。该方法的核心问题是如何合理确定不同种类的荷载在组合时的分项系数问题，而采用该方法能够将目标可靠指标和荷载分项系数进行关联，从而使目标可靠度在设计过程中有所体现。一般地，需要确定工程结构的可靠指标，进而根据确定的可靠指标进行分项系数的计算。在新的"统一标准"中明确规定：进行承载能力极限状态设计时，应该考虑作用效应的基本作用，必要时应考虑作用效应的组合。进行正常使用极限状态设计时，可选用的效应组合为标准组合、频遇组合、准永久性组合三种类型。不同的荷载组合形式会产生不同的荷载与抗力分项系数。因此，荷载组合贯穿整个"统一标准"，是统一标准的基础及核心内容。

经过多年理论研究和工程实践，各类专业的可靠度设计统一标准都有所发展，从对结构可靠度的认识发展到结构可靠性的实践，相应的规范体系也发生了变革。2008年正式出版发行了《工程结构可靠度设计统一标准》（GB 50153）[8-14]，2019年开始实施最新的《建筑结构可靠性设计统一标准》（GB 50068—2018）[8-15]。新规范的主要调整内容为：①调整了建筑结构安全度的设置水平，提高了相关作用分项系数的取值，并对作用的基本组合取消了原标准当永久荷载效应为主时起控制作用的组合式；②增加了地震设计状况，并针对建筑结构抗震设计，引入了"小震不坏、中震可修、大震不倒"的设计理念；③完善了既有结构可靠性评定的规定；④新增了结构整体稳固性设计的相关规定；⑤新增了结构耐久性极限状态设计的相关规定等。其中，结构设计中最为关键的修改为：恒荷载分项系数由1.2调整到1.3，活荷载分项系数由1.4调整到1.5。

当前，国际上将结构概率设计法按精确程度不同分为三个水准，即水准Ⅰ、水准Ⅱ和水准Ⅲ。

1) 水准Ⅰ——半概率设计法

这一水准设计方法虽然在荷载和材料强度上分别考虑了概率原则，但它把荷载和抗力分开考虑，并没有从结构构件的整体性出发考虑结构的可靠度，因此无法触及结构可靠度的核心——结构的失效概率，并且各分项系数主要依据工程经验确定，所以称其为半概率设计法。

2) 水准Ⅱ——近似概率设计法

这是目前在国际上已经进入实用阶段的概率设计方法。它运用概率论和数理统计，对工程结构、构件或截面设计的"可靠概率"做出较为近似的相对估计。我国的统一标准采用的以概率理论为基础的一次二阶矩极限状态设计方法就属于这一水准的设计方法。虽然这已经是一种概率方法，但是由于在分析中忽略或简化了基本变量随时间变化的关系；确定基本变量的分布时受现有信息量限制而具有相当的近似性；并且为了简化设计计算，将一些复杂的非线性极限状态方程线性化，所以它仍然只是一种近似的概率设计方法。不过，在现阶段，它确实是一种处理结构可靠度比较合理且可行的方法。

3) 水准Ⅲ——全概率设计法

全概率设计法是一种完全基于概率理论的较理想的方法。它不仅把影响结构可靠度的各种因素用随机变量概率模型去描述，更进一步考虑随时间变化的特性并用随机过程概率模型去描述，而且在对整个结构体系进行精确概率分析的基础上，以结构的失效概率作为结构可靠度的直接度量。这是一种完全的、真正的概率方法。目前，这还只是值得开拓的研究方向，真正达到实用还需经历较长的时间。在以上的后两种水准中，水准Ⅱ是水准Ⅲ的近似，在水准Ⅲ的基础上再进一步发展就是运用优化理论的最优全概率设计法。

目前规范中的是概率可靠度设计法，其设计的基本原则是：在规定的时间（设计基准期）内，在各种环境作用下，结构能满足特定的功能（耐久性、适用性、安全性）。设计基准期是用来确定可变作用及与时间相关的材料性能取值的时间参数。设计状况分为持久、短暂及偶然三种，设计时应做到结构在这几种状况下都能满足相关的功能要求。

8.1 结构设计规范的要求

8.1.1 结构设计要求

结构设计的总要求[8-16~8-18]是：结构抗力 R 应不小于结构的综合荷载作用效应 S，即

$$R \geqslant S \tag{8-1}$$

由于实际工程中结构抗力和荷载作用效应均为随机变量，式(8-1)并不能严格满足，只能在一定概率意义下满足，即

$$P(R \geqslant S) = P_S \tag{8-2}$$

式中，P_S 即为结构的概率可靠度。因此，结构设计是在一定的可靠度条件下，使得结构的抗力大于或等于结构的荷载效应。

8.1.2 作用的分类

工程结构最重要的功能是承受其在使用过程中可能出现的各种环境作用。由各种环境因素产生的直接作用在结构上的各种力称为荷载。作用在结构上的荷载会使结构产生内力、变形等(称为荷载效应)。结构设计的目的就是确保结构的承载能力足以抵抗内力，而变形控制在结构能正常使用的范围内。进行结构设计时，不仅需要考虑直接作用在结构上的各种荷载作用，还应考虑引起结构内力、变形等效应的非直接作用因素。能使结构产生效应的各种因素总称为作用[8-19]。

1. 按结构承受的各种环境作用随时间的变异性分类

(1)永久作用。在结构设计基准期内其值不随时间变化，或变化与平均值相比可以忽略不计，如结构自重、土压力、水压力、预加应力、基础沉降、焊接等。

(2)可变作用。在结构设计基准期内其值随时间变化，且变化与平均值相比不可忽略，如车辆重力、人员设备重力、风荷载、雪荷载、温度变化等。

(3)偶然作用。在结构设计基准期内不一定出现，而一旦出现，其量值很大且持续时间较短，如地震、爆炸等。

由于可变作用的变异性比永久作用大，其相对取值应比永久作用的相对取值大。由于偶然作用出现的概率较小，结构抵抗偶然作用的可靠度可比抵抗永久作用和可变作用的可靠度低。

2. 按结构承受的各种环境作用随空间位置的变异性分类

(1)固定作用。在结构空间位置上具有固定的分布，如结构自重、结构上的固定设备荷载。

(2)可动作用。在结构空间位置上一定范围内可以任意分布，如房屋中的人员、家具荷载、桥梁上的车辆荷载等。由于可动作用可以任意分布，结构设计时应考虑它在结构上引起最不利效应的分布情况。

3. 按结构的反应分类

(1)静态作用。对结构或构件不产生加速度或其加速度可以忽略不计，如结构自重、土压力、温度变化等。

(2)动态作用。对结构或构件产生不可忽略的加速度，如地震、风、冲击和爆炸等。

对于动态作用，必须考虑结构的动力效应，按动力学方法进行结构分析，或按动态作用转换成等效静态作用，再按静力学方法进行结构分析。

8.1.3 目标可靠度

结构设计要满足的可靠度为目标结构的可靠度[8-20]，其对设计结构影响较大。如果目标可靠度定得高，则结构设计会偏强，但造价加大；如果目标可靠度定得低，则结构设计会偏弱，可能使人产生不安全感。可见目标可靠度的确定应充分考虑结构可靠和经济效益两者之间的平衡，一般需考虑以下几个因素：①公众心理；②结构重要性；③结构破坏性质；④社会经济承受能力。

对于重要结构，设计目标可靠度应定得高些。对于次要结构，设计目标可靠度可以定得低点。很多国家将工程结构按重要性分成三级，即重要结构、一般结构和次要结构。常以一般结构的设计目标可靠度为基准，对于重要结构使其失效概率减小一个数量级，而对于次要结构使其失效概率增加一个数量级。

脆性结构破坏前几乎无预兆，其破坏造成的后果比延性结构要严重。因此，工程上一般要求脆性结构的设计目标可靠度应高于延性结构的设计目标可靠度。

社会的经济承受能力对工程结构的目标可靠度也有一定影响，社会经济越发达，公众对工程结构可靠性要求越高，导致设计目标可靠度也会定得越高。

目标可靠度的确定方法主要有事故类比法、经济优化法和经验校准法。

(1) 事故类比法是通过对人类在日常生活中所遇到的各种涉及生命的风险进行分析比较，从而确定合适的目标可靠度水准。

(2) 经济优化法的思想是结构目标可靠度水准的确定应综合考虑平衡结构失效后果和采取措施降低失效概率所需费用，力求降低结构在其寿命使用期的总费用。

(3) 经验校准法是承认传统设计对结构安全性要求的合理性，通过采用结构可靠度分析理论对传统设计方法所具有的可靠度进行分析，以结构传统设计方法的可靠度水平作为结构概率可靠度设计方法的目标可靠度。例如，我国现行的建筑结构概率定值设计法所采用的目标可靠度就是根据原来半经验半概率定值设计法所具有的可靠度水平确定的。

《建筑结构可靠性设计统一标准》(GB 50068—2018)[8-15]根据结构的安全等级和破坏类型，规定了按承载能力极限状态设计时的目标可靠指标 β，如表 8-1 所示。

表 8-1　我国现行建筑结构目标可靠指标
Tab. 8-1　Reliability index of current building structure target in China

破坏类型	结构等级		
	重要	一般	次要
延性结构	3.7	3.2	2.7
脆性结构	4.2	3.7	3.2

结构和结构构件的破坏类型分为延性破坏和脆性破坏两类。延性破坏有明显的预兆，可及时采取补救措施，所以目标可靠指标可定得稍低些。脆性破坏常常是突发性破坏，破坏前没有明显的预兆，所以目标可靠指标就应该定得高一些。

用可靠指标 β 进行结构设计和可靠度校核[8-17]，可以较全面地考虑可靠度影响因素的客观变异性，使结构满足预期的可靠度要求。

经验校准法采用可靠度方法对原结构规范进行反演分析，确定原结构设计规范隐含的可靠度水准，以此为基础，综合考虑确定目标可靠度水准。步骤为：①确定构件抗力标准值；②确定各基本变量的均值、标准差及分布类型；③采用 JC 法确定可靠指标。

实际工程中，荷载效应常常为两个或两个以上荷载效应的组合，且荷载效应不一定为正态分布或对数正态分布，结构的极限状态方程也很可能是非线性形式，这时结构的可靠度需要采用验算点法按迭代方式进行计算。求解步骤如下：

(1) 确定极限状态方程。
(2) 给定随机变量的初值。
(3) 将正态、非正态随机变量变换为标准正态随机变量。
(4) 将可靠指标及随机变量代入，采用验算点法公式迭代计算直到结果收敛，得到验算点坐标。

8.1.4 结构设计的极限状态

《工程结构可靠性设计统一标准》(GB 50153—2008)[8-14]将结构的功能要求划分为安全性、适用性、耐久性三个方面。

结构的安全性(safety)是指结构在预定的使用期间内，应能承受正常施工、正常使用情况下可能出现的各种荷载、外加变形(如超静定结构的支座不均匀沉降)、约束变形(如温度和收缩变形受到约束时)等作用。在偶然事件(如地震、爆炸)发生时和发生后，结构应能保持整体稳定性，不应发生倒塌或连续破坏而造成生命财产的严重损失。安全性是结构工程最重要的指标，主要取决于结构的设计与施工水准，也与结构的正确使用(维护、检测)有关，而这些又与土建法规和技术标准的合理规定及正确运用相关联。对结构工程的设计而言，结构的安全性主要体现在结构构件承载能力的安全性、结构的整体牢固性等方面。

结构的适用性(serviceability)是指结构在正常使用期间具有良好的工作性能，如不发生影响正常使用的过大变形(挠度、侧移)、振动(频率、振幅)，或产生让使用者感到不安的过大裂缝宽度。《混凝土结构设计规范(2015 年版)》(GB 50010—2010)对适用性的要求主要是通过控制变形和裂缝宽度来实现。对变形和裂宽限值的取值，除保证结构的使用功能要求，防止对结构构件和非结构构件产生不良影响外，还应保证使用者的感觉在可接受的程度之内。

结构的耐久性(durability)是指结构在可能引起其性能变化的各种作用(荷载、环境、材料内部因素等)下，在预定的使用年限和适当的维修条件下，结构能够长期抵御性能劣化的能力。

从结构的安全性、适用性、耐久性的概念可以看出，三者都有明确的内涵。结构的安全性就是结构抵御各种作用的能力，结构的适用性是良好的适宜的工作性能，两者主要表征结构的功能问题。而结构的耐久性是在长期作用下(环境、循环荷载等)结构抵御性能劣化的能力。耐久性问题存在于结构的整个生命历程中，并对安全性和适用性产生影响，是导致结构性能退化的最根本原因。

因此，《建筑结构可靠性设计统一标准》(GB 50068—2018)[8-15]新增了耐久性极限状态，将其与承载能力极限状态和正常使用极限状态并列成为结构设计的基本要求。事实上，国际标准《结构可靠性总则》(ISO 2394—2015)[8-21]和《结构耐久性设计总原则》(ISO 13823—2008)[8-22]均并列提出了耐久性极限状态[即 ISO 2394 中的条件极限状态

(condition limit states)和 ISO 13823 中的初始劣化极限状态(initiation limit state)]、正常使用极限状态和承载能力极限状态，与上述三类极限状态相对应。显然，耐久性极限状态是发生在正常使用极限状态和承载能力极限状态之前，是结构设计的控制条件之一。图 8-1 给出了结构设计中三个极限状态表现在不同结构设计阶段的示意图。

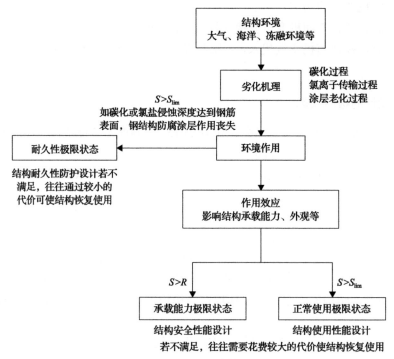

图 8-1　结构设计的极限状态

Fig. 8-1　Limit state of structural design

8.2　设计规范中结构可靠度的表达方式

8.2.1　分项系数设计表达式

由概率极限状态设计理论可知，在工程极限状态设计表达式[8-16]中有荷载分项系数（包括恒荷载和可变荷载）、抗力分项系数。设计表达式中材料性能、几何参数的变异系数及抗力计算模式不确定性均已包含在抗力分项系数中。荷载计算模式不确定性也包含在荷载分项系数中。

确定设计分项系数的目的是将工程结构的目标可靠指标落实到极限状态设计表达式中的各个分项系数上，以使概率极限状态的复杂数值运算转化为简单的代数运算。

经验表明，对于同一种结构构件，当荷载效应比即可变荷载效应与恒荷载效应的比值变化时，可靠指标变化较大，即可靠度一致性较差。其原因是可变荷载的差异性比恒荷载大，当可变荷载占主要地位时，由同一设计表达式设计的结构可靠度降低。

如果采用多系数表达式,结构可获得较好的可靠度一致性。因此,分项系数设计法是为克服单一系数设计法的缺点而提出的,其将单一系数设计表达式中的安全系数分解成荷载分项系数和抗力分项系数,当荷载效应由多个荷载引起时,各个荷载都采用各自的分项系数[8-23]。

分项系数设计表达式的一般形式为

$$\gamma_0 \left(\gamma_G S_{GK} + \gamma_{Q_1} S_{Q_1K} + \sum_{i=2}^{n} \gamma_{Q_i} \psi_{ci} S_{Q_iK} \right) \leq \frac{1}{\gamma_R} R(f_K, a_K, \cdots) \tag{8-3}$$

式中,γ_0 为结构重要性系数;γ_G 为永久荷载分项系数;γ_{Q_1}、γ_{Q_i} 为可变荷载分项系数;S_{GK} 为永久荷载标准值效应;S_{Q_1K} 为最大的一个可变荷载的标准值效应;S_{Q_iK} 为其余可变荷载的标准值效应;ψ_{ci} 为第 i 个可变荷载的组合系数;$R(\cdot)$ 为结构构件的抗力函数;γ_R 为结构构件抗力分项系数;f_K 为材料性能的标准值;a_K 为几何尺寸的标准值。

式(8-3)形式的设计表达式适用性很强,能对影响结构可靠度的各种因素分别进行研究,可根据荷载的变异性质,采用不同的荷载分项系数。而结构抗力分项系数可根据结构材料的工作性能不同,采用不同的数值。

由于各国荷载和抗力标准值确定的方式不同,设计目标可靠度的水准也有差异,因此不同国家结构设计表达式的分项系数取值也不一致。各个国家的荷载分项系数、抗力分项系数与荷载标准值、抗力标准值是配套使用的,它们作为设计表达式中的一个整体有确定的概率可靠度意义,不能采用某一个国家的荷载标准值或抗力标准值,而套用另一个国家的设计表达式进行结构设计。

8.2.2 承载能力极限状态设计表达式

当结构或结构构件出现下列状态之一时,应认为超过了承载能力极限状态:
(1)结构构件或连接因超过材料强度而破坏,或因过度变形而不适合继续承载。
(2)整个结构或其一部分作为刚体失去平衡。
(3)结构转变为机动体系。
(4)结构或结构构件丧失稳定。
(5)结构因局部破坏而发生连续倒塌。
(6)地基丧失承载力破坏。
(7)结构或结构构件疲劳破坏。

对于承载能力极限状态,按下列设计表达式进行结构设计:

$$\gamma_0 S \leq R \tag{8-4}$$

式中,γ_0 为结构重要性系数(表8-2);S 为荷载效应组合的设计值;R 为结构构件抗力的设计值,可按不同结构的有关规范确定。

表 8-2 结构重要性系数 γ_0

Tab. 8-2 Factor for importance of structure γ_0

参数	安全等级		
	一	二	三
设计使用年限	100	50	5
重要性系数	1.1	1.0	0.9

荷载效应组合的设计值 S 表达式的一般形式为

$$S = S\left(\sum_{i \geq 1} \gamma_{G_i} G_{iK} + \gamma_{Q_1} \gamma_{L1} Q_{1K} + \sum_{j>1} \gamma_{Q_j} \psi_{cj} \gamma_{Lj} Q_{jK}\right) \tag{8-5}$$

当永久荷载效应对结构不利时,其分项系数取 1.3;而可变荷载的分项系数一般取 1.5。当永久荷载效应对结构有利时,其分项系数取 1.0,但对结构的倾覆、滑移或漂浮验算时则取 0.9;而可变荷载的分项系数一般取 0。γ_L 为结构设计使用年限的荷载调整系数(表 8-3)。

表 8-3 结构设计使用年限的荷载调整系数 γ_L

Tab. 8-3 Load adjustment coefficient of service life of structural design γ_L

结构的设计使用年限/年	γ_L
5	0.9
50	1.0
100	1.1

注:对设计使用年限为 25 年的结构构件,γ_L 应按各种材料结构设计规范的规定采用。

可变作用组合值数 ψ_{ci} 的确定应符合下列原则:在可变作用分项系数 γ_G、γ_Q 和抗力分项系数 γ_R 已给定的前提下,对两种或两种以上可变作用参与组合的情况,确定的组合系数应使按分项系数表达式设计的结构或结构构件的可靠指标 β 与目标可靠指标 β_t 具有最佳的一致性。

确定可变作用的组合系数 ψ_{ci} 可采用下列步骤:

(1)以安全等级为二级的结构或结构构件为基础,选定代表性的结构、结构构件或破坏方式、由一个永久作用和两个或两个以上可变作用组成的组合和常用的主导可变作用标准值效应与永久作用标准值效应的比值、伴随可变作用标准值效应与主导可变作用标准值效应的比值。

(2)根据已经确定的可变作用分项系数 γ_G、γ_Q,计算不同结构或结构构件、不同作用组合和常用的作用效应比下的抗力设计值。

(3)根据已经确定的抗力分项系数 γ_R,计算不同结构或结构构件、不同作用组合和常用的作用效应比下的抗力标准值。

(4)计算不同结构或结构构件、不同作用组合和常用的作用效应比下的可靠指标。

(5)对选定的所有代表性结构或结构构件、作用组合和常用的作用效应比,优化确定组合系数 ψ_c,使按分项系数表达式设计的结构或结构构件的可靠指标 β 与目标可靠指标 β_t 具有最佳的一致性。

(6) 根据以往的工程经验,对优化确定的组合系数 ψ_c 进行判断,必要时进行调整。

8.2.3 正常使用极限状态设计表达式

当结构或结构构件出现下列状态之一时,应认为超过了正常使用极限状态:
(1) 影响正常使用或外观变形。
(2) 影响正常使用的局部损坏。
(3) 影响正常使用的振动。
(4) 影响正常使用的其他特定状态。

对于正常使用极限状态,应根据不同的设计要求,采用荷载的标准组合、频遇组合或准永久组合,按式(8-6)进行设计:

$$S \leqslant C \tag{8-6}$$

式中,C 为结构或构件达到正常使用要求的规定限值,如变形、裂缝、振幅、加速度、应力等的限值。

当作用与作用效应按线性关系考虑时,标准组合的效应设计值可按式(8-7)计算:

$$S = \sum_{i \geqslant 1} S_{G_iK} + S_{Q_1K} + \sum_{j > 1} \psi_{cj} S_{Q_jK} \tag{8-7}$$

式中,各符号与承载能力极限状态设计式相同。但是,对正常使用极限状态而言[8-24],材料性能的分项系数除各种材料的结构设计规范有专门规定外,应取为 1.0。

结构构件持久设计状况正常使用极限状态设计的可靠指标宜根据其可逆程度取 $0 \sim 1.5$。

8.2.4 耐久性极限状态设计表达式

建筑结构设计时应对环境影响进行评估,当结构所处的环境对其耐久性有较大影响时,应根据不同的环境类别采用相应的结构材料、设计构造、防护措施、施工质量要求等,并应制定结构在使用期间的定期检修和维护制度,使结构在设计使用年限内不致因材料劣化而影响其安全或正常使用。环境对结构耐久性的影响可通过工程经验、试验研究、计算、检验或综合分析等方法进行评估。

当结构或结构构件出现下列状态之一时,应认为超过了耐久性极限状态:
(1) 影响承载能力和正常使用的材料性能劣化。
(2) 影响耐久性的裂缝、变形、缺口、外观、材料削弱等。
(3) 影响耐久性的其他特定状态。

对于耐久性极限状态,应根据不同的设计要求和环境条件,按式(8-8)进行设计[8-25]:

$$S \leqslant C \tag{8-8}$$

式中,C 为结构或构件及其连接依据环境侵蚀和材料特点而确定的限值,如钢结构的锈蚀、混凝土构件表面出现锈蚀裂缝、木结构出现霉菌造成的腐朽等的限值。耐久性的作用效应与构件承载力的作用效应不同，其作用效应是环境影响强度和作用时间跨度与构件抵抗环境影响能力的结合体。表 8-4 为各类结构的耐久性极限状态的标志。

表 8-4　各类结构的耐久性极限状态的标志
Tab. 8-4　Signs of durability limit state of various structures

结构类型	耐久性极限状态的标志
木结构	1. 出现霉菌造成的腐朽 2. 出现虫蛀现象 3. 发现受到白蚁的侵害等 4. 胶合木结构防潮层丧失防护作用或出现脱胶现象 5. 木结构的金属连接件出现锈蚀 6. 构件出现翘曲、变形和节点区的干缩裂缝
钢结构、钢管混凝土结构的外包钢管和组合钢结构的型钢构件	1. 构件出现锈蚀迹象 2. 防腐涂层丧失作用 3. 构件出现应力腐蚀裂纹 4. 特殊防腐保护措施失去作用
铝合金、铜及铜合金等构件及连接	1. 构件出现表观损伤 2. 出现应力腐蚀裂纹 3. 专用防护措施失去作用
混凝土结构的配筋和金属连接件	1. 预应力钢筋和直径较细的受力主筋具备锈蚀条件 2. 构件的金属连接件出现锈蚀 3. 混凝土构件表面出现锈蚀裂缝 4. 阴极或阳极保护措施失去作用
砌筑和混凝土等无机非金属材料的结构构件	1. 构件表面出现冻融损伤 2. 构件表面出现介质侵蚀造成的损伤 3. 构件表面出现风沙和人为作用造成的磨损 4. 表面出现高速气流造成的空蚀损伤 5. 因撞击等造成的表面损伤 6. 出现生物性作用损伤
聚合物材料及其结构构件	1. 因光老化，出现色泽大幅度改变、开裂或性能的明显劣化 2. 因高温、高湿等，出现色泽大幅度改变、开裂或性能的明显劣化 3. 因介质的作用等，出现色泽大幅度改变、开裂或性能的明显劣化
具有透光性要求的玻璃结构配件	1. 结构构件出现裂纹 2. 透光性受到磨蚀的影响 3. 透光性受到鸟类粪便影响等

结构构件耐久性极限状态的标志或限值及其损伤机理应作为采取各种耐久性措施的依据。结构的耐久性极限状态设计应使结构构件出现耐久性极限状态标志或限值的年限不小于其设计使用年限。结构构件持久设计状况耐久性极限状态设计的可靠指标宜根据其可逆程度取 1.0～2.0。

参 考 文 献

[8-1] NRCC. National building code of Canada for building architechers[S]. Ottawa: National Research Council of Canada, 1975.

[8-2] NRCC. National building code of Canada for bridges[S]. Ottawa: National Research Council of Canada, 1979.

[8-3] 交通部公路规划设计院. 联邦德国桥梁规范汇编[M]. 北京, 1997.

[8-4] Ellingwood B, Galambos T V, MacGregor J G, et al. Development of a probability based load criterion for American national standard A58: Building code requirements for Minimum design loads in buildings and other structures[S]. NBS Special Publication 577, 1980.

[8-5] British Standard Institution. Steel, concrete and composite bridges, Part 3[M]. BS 5400-3, London, 1982.

[8-6] 中华人民共和国建设部. 建筑结构设计统一标准(GBJ 68—84)[S]. 北京: 中国建筑工业出版社, 1985.

[8-7] 陈定外, 何广乾. 国际标准《结构可靠性总原则》(ISO 2394)1996 年修订版(三)[J]. 工程建设标准化, 1997, (5): 42-46.

[8-8] 中华人民共和国交通部. 公路工程结构可靠度设计统一标准(GB 50090—1999)[S]. 北京: 中国计划出版社, 1999.

[8-9] 中华人民共和国建设部, 国家质量监督检验检疫总局. 建筑结构可靠度设计统一标准(GB 50068—2001)[S]. 北京: 中国建筑工业出版社, 2002.

[8-10] 国家技术监督局, 中华人民共和国建设部. 铁路工程结构可靠度设计统一标准(GB 50216—1994)[S]. 北京: 中国计划出版社, 1995.

[8-11] 国家技术监督局, 中华人民共和国建设部. 水利水电工程结构可靠度设计统计一标准(GB 50199—1994)[S]. 北京: 中国计划出版社, 1994.

[8-12] 国家技术监督局, 中华人民共和国建设部. 港口工程结构可靠度设计统一标准(GB 50158—1992)[S]. 北京: 人民交通出版社, 1992.

[8-13] 国家技术监督局, 中华人民共和国建设部. 工程结构可靠度设计统一标准(GB 50153—1992)[S]. 北京: 中国建筑工业出版社, 1992.

[8-14] 中华人民共和国住房和城乡建设部. 工程结构可靠性设计统一标准(GB 50153—2008)[S]. 北京: 中国计划出版社, 2009.

[8-15] 中华人民共和国住房和城乡建设部. 建筑结构可靠性设计统一标准(GB50068—2018)[S]. 北京: 中国建筑工业出版社, 2018.

[8-16] 赵国藩, 金伟良, 贡金鑫. 工程结构可靠度理论[M]. 北京: 中国建筑工业出版社, 2000.

[8-17] 张建仁, 刘扬, 许福友, 等. 结构可靠度理论及其在桥梁工程中的应用[M]. 北京: 人民交通出版社, 2002.

[8-18] 赵国藩, 贡金鑫, 赵尚传. 我国土木工程结构可靠性研究的一些进展[J]. 大连理工大学学报, 2000, (3): 4-9.

[8-19] 金伟良. 工程荷载组合理论与应用[M]. 北京: 机械工业出版社, 2006.

[8-20] Jin W L, Hu Q Z, Shen Z W, et al. Reliability-based load and resistance factors design for offshore jacket platforms in the bohai bay: calibration on target reliability index[J]. China Ocean Engineering, 2009, 23(1): 15-26.

[8-21] ISO 2394. General principles on reliability for structures[S]. Geneva, 2015.

[8-22] ISO 13823. General principles on the design of structures for durability[S]. Geneva, 2008.

[8-23] 陈基发, 沙志国. 建筑结构荷载设计手册[M]. 北京: 中国建筑工业出版社, 1997.

[8-24] 金伟良, 胡琦忠, 帅长斌, 等. 跨海桥梁基础结构正常使用极限状态的设计方法[J]. 东南大学学报(英文版), 2008, 24(1): 74-79.

[8-25] 金伟良, 赵羽习. 混凝土结构耐久性[M]. 2版. 北京: 科学出版社, 2014.

第 9 章

海洋平台结构可靠度

海洋平台造价极为高昂,海洋环境中的风、浪和流等不确定因素大量存在,海洋平台事故偶有发生,造成了灾难性的后果。因此,需要对海洋平台进行安全性评估,可靠度方法是安全性评估的有效方法。本章结合固定式导管架平台和典型浮式平台的结构形式对海洋平台结构物的体系可靠度评估方法进行阐述。

海洋平台(offshore platform)为在海上进行钻井、采油、集运、观测、导航、施工等活动提供生产和生活设施的构筑物[9-1]。按其结构特性和工作状态可分为固定式、活动式和半固定式三大类。固定式平台的下部由桩、扩大基脚或其他构造直接支承并固定于海底，按支承情况分为桩基式和重力式两种。活动式平台浮于水中或支承于海底，可以在不同井位间移动，按支承情况可分为着底式和浮动式-深水半潜式平台两类。近年来正在研究新颖的半固定式海洋平台，它既能固定在深水中，又具有可移性，半潜式、张力腿和 Spar 平台即属此类[9-2]。

本章分别介绍两种典型的海洋平台结构，即固定式导管架平台和浮动式-深水半潜式平台。导管架平台是一种桩式平台，由打入海底的桩柱来支撑整个平台，可分为群桩式、桩基式和腿桩式，主要由导管架、桩、导管架帽和甲板四部分组成[9-3]。而深水半潜式平台是一种立柱稳定式钻井平台，具有抗风浪能力强、甲板面积和可变荷载大、适用水深范围广等优点。半潜式平台还可以用来完成钻探(钻探平台)、生产(生产平台)、起重和铺管等各种功能。随着我国南海深海油气资源的开发进程，深水半潜式平台得到了广泛的应用。

海洋环境特点决定着海洋平台的设计、生产和运营，由于海洋平台造价十分高昂，运行过程中需要经受非常恶劣的海洋环境，通常需要对海洋平台进行安全性分析，体系可靠度评估是一种常用的安全性评估手段[9-4, 9-5]。

9.1 海洋固定式平台可靠度

9.1.1 概述

影响海洋平台结构体系极限承载能力的因素很多，对桩基结构物来说，结构-桩-土相互作用的影响就是其中之一。通常，桩基海洋平台结构体系的极限承载力分析分成两个独立的部分，即桩基的极限承载力分析和上部海洋平台结构体系的极限承载力分析；而对于两者之间的结合部分，在上部海洋平台结构体系的分析中经常被处理成固端支承或线性弹簧支承[9-6, 9-7]，在桩基的分析中则视上部结构为刚性块体或具有水平移动的刚体块[9-8, 9-9]，这样处理的结果将使极限承载能力的估计偏高，无法正确反映桩基海洋平台结构体系的整个工作效应，对海洋平台结构体系的安全可靠性不利。为此，Cazzulo 等[9-10]研究了海洋导管架平台桩基结构系统的可靠性，把桩基分析结果作为输入条件代入结构系统的可靠性分析中；Amdahl 等[9-11]研究了地基效应的自升式海洋平台的极限承载能力；Hansen 和 Madsen[9-12]则采用桩头刚度矩阵来表述桩-土相互作用对海洋导管架平台的影响。但是，这些分析方法都尚未将桩基和上部结构作为一个整体来考虑，而是采用简化分析方法来处理，具有一定的近似性。因此，若能将桩基海洋平台结构体系作为一个整体，考虑桩-土的相互作用，以及对海洋平台结构体系的影响，研究其极限承载能力；并且考虑土壤参数的离散性，研究其对海洋平台结构体系的承载能力和可靠性的影响范围和作用方式，这将是一项很有意义的研究内容。

9.1.2 计算模型及单桩承载力

1. 桩-土计算模型

单桩在竖向荷载作用下的极限承载能力是由桩身的摩擦力 Q_f 和桩端的支承力 Q_p 组成的，即

$$Q = Q_f + Q_p = fA_s + qA_q \tag{9-1}$$

式中，A_s 和 A_q 分别为桩身表面积和桩端毛面积；f 为单位面积上表层摩擦力，对于黏性土，f 可由 Olson 计算模型[9-13]来表示，即

$$f = \begin{cases} 0.5\psi^{-0.5}S_u, & \psi = S_u/P_0 \leqslant 1.0 \\ 0.5\psi^{-0.5}S_u, & \psi > 1.0 \end{cases} \tag{9-2}$$

$$q = N_c S_u \tag{9-3}$$

而对于砂性土，则有

$$f = KP_0 \tan(\varphi - 5°) \tag{9-4}$$

$$q = N_q P_0 \tag{9-5}$$

式中，S_u 为黏性土的剪切强度；P_0 为计算点处土的有效覆盖压力；K 为侧向土压力系数；φ 为砂性土的内摩擦角；q 为单位桩端承载力；N_c 和 N_q 分别为黏性土和砂性土的无量纲承载能力系数[9-13]。

考虑桩在轴向荷载作用下的传递和桩的位移，美国石油学会 API 规范[9-13]在经验和全尺度桩受载试验基础上提出了桩的轴向荷载传递曲线。如图 9-1 和图 9-2 所示，图中 t 为

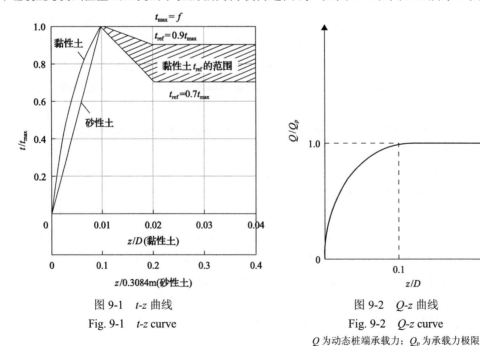

图 9-1 $t\text{-}z$ 曲线　　　　　　　　图 9-2 $Q\text{-}z$ 曲线
Fig. 9-1 $t\text{-}z$ curve　　　　　　　Fig. 9-2 $Q\text{-}z$ curve

Q 为动态桩端承载力；Q_p 为承载力极限

动态桩与土的黏接作用，$t_{\max}=f$，Q 为动态桩端承载力，D 为桩的外径，z 为桩的局部变位。

对于侧向荷载作用下的土对桩的极限承载能力，可以按照软黏性土、硬黏性土和砂性土的抗力来确定。短期静载作用下软黏性土的抗力表达式为

$$P_u = \min\left\{9S_u, 3S_u + rx + J\frac{S_u x}{D}\right\} \tag{9-6}$$

式中，J 是介于 0.25～0.50 的无量纲经验系数，可由现场试验确定；x 为计算点处土层的深度；r 为土的有效单位重量。而对于硬黏性土，则为

$$P_u = \min\left\{11S_u, 2S_u + rx + 2.83\frac{S_u x}{D}\right\} \tag{9-7}$$

两种黏性土的荷载-变形(P-y)曲线如图 9-3 所示，其中 y_{50} 是相应于应变值的位移值，即 $y_{50}=2.5\varepsilon_{50}D$，$\varepsilon_{50}$ 为在原状土不排水试验中 50%最大应力时出现的应变。

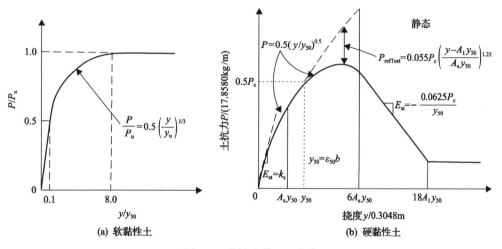

(a) 软黏性土　　(b) 硬黏性土

图 9-3　黏性土的 P-y 曲线

Fig. 9-3　P-y curve of cohesive soil

砂性土受到短期荷载作用而产生的抗力表达式可以采用下列公式[9-13]：

$$P_u = A\left\{\frac{rx}{D}\left[\frac{K_0 x\tan\varphi\sin\beta}{\tan(\beta-\varphi)} + \frac{\tan\beta}{\tan(\beta-\varphi)}(D+x\tan\beta\tan\alpha)\right.\right.$$
$$\left.\left. +K_0 x\tan\beta(\tan\varphi\tan\beta-\tan\alpha)-K_a D\right]\right\} \tag{9-8a}$$

$$P_u = A\left[K_a rx(\tan^8\beta-1) + K_0 rx\tan\varphi\tan^4\beta\right] \tag{9-8b}$$

其中，式(9-8a)适用于浅层土，而式(9-8b)适用于深层土，$A=3.0-0.8\dfrac{x}{D}$ 为经验调整系

数，$K_0 = 0.4$ 为静止土压力系数，$K_a = \tan^2(45° - \varphi/2)$ 为朗肯主动土压力系数，φ 为砂性土的内摩擦角，$\beta = 45° + \varphi/2$，$\alpha = \varphi/2$。砂性土的侧向荷载与变形(P-y)的关系(图 9-4)可按下列表达式来计算[9-13]：

$$P = AP_u \tanh\left(\frac{kx}{AP_u} y\right) \tag{9-9}$$

这里，k 为土壤的初始模量。由此，桩-土相互作用的计算模型可以采用地基反力系数方法来确定。图 9-5 表示桩上各点的反力系数计算模型，其可按图 9-1 的 t-z 曲线、图 9-2 的 Q-z 曲线、图 9-3 和图 9-4 的 P-y 曲线，以及式(9-9)来计算。在图 9-5 的计算模型中忽略了桩的扭曲与转角的变形，这在大多数实际工程中都是可以接受的。

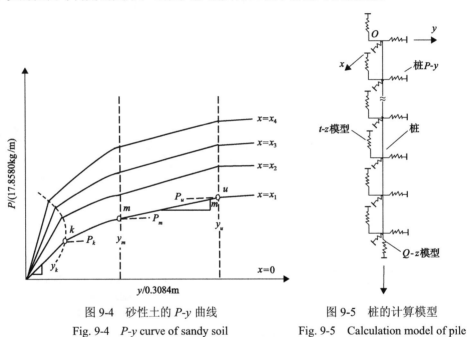

图 9-4 砂性土的 P-y 曲线
Fig. 9-4 P-y curve of sandy soil

图 9-5 桩的计算模型
Fig. 9-5 Calculation model of pile

2. 土的不确定性

这里采用的土样来自于文献[9-12]，每层土的强度和刚度特性如表 9-1 所示。由于土样的离散性，表 9-1 所列的土层性质参数反映了所测数据的平均值，但其有较大的变异性。产生土壤性质不确定性的原因有土的分类、土的取样、测试方法和计算模型等方面，表现为统计不确定性、测试不确定性和知识不确定性；前两者主要是针对土的参数，而后者来自于土的计算模型，包括轴向受拉(压)桩的计算表达式、侧向受载桩的计算公式和桩端承载力公式等。参照美国石油学会规范[9-13]和北海场地资料[9-9]，表 9-2 给出了各种土性参数的偏差、变异系数和概率分布特性，表 9-3 为土的计算模型的不确定性情况，这些资料将作为桩承载能力概率分析的依据。

表 9-1 土的参数
Tab. 9-1 Soil parameters

深度/m	土质	$\varphi/(°)$	S_u/kPa	r/kPa	极限侧摩擦力 f_{lim}/kPa	极限端支承力 q_{lim}/kPa	$\varepsilon_{50}/10^{-2}$	$k/(MN/m^3)$
0～2.0	砂性土	33		109.0	15	1		5.5
2.0～6.6	砂性土	35		10.0	100	10		34.6
6.6～7.7	砂性土	35		9.0	40	1		5.5
7.7～9.2	黏性土		30	7.0			1.0	
9.2～30.4	黏性土		75～115	9.0			0.5	
30.4～48.5	砂性土	34		10.0	120	12		34.6
48.5～50.0	黏性土		150				0.7	
50.0～69.3	砂性土	34		10.0	120	15		34.6
69.3～72.8	黏性土		200	9.5			0.7	

表 9-2 土的参数不确定性
Tab. 9-2 Uncertainty of soil parameters

土壤参数	偏差	变异系数	分布形式
φ	1.00	0.15	正态
S_u	1.00	0.20	对数正态
α	1.00	0.10	对数正态
N_c	1.00	0.10	正态
r	1.00	0.10	正态
K	1.00	0.10	对数正态
f_{lim}	1.00	0.15～0.20	正态
q_{lim}	1.20	0.20	正态
N_q	1.20	0.20	正态
k	1.00	0.40	对数正态
ε_{50}	1.00	0.40	对数正态

表 9-3 土的计算模型的不确定性
Tab. 9-3 Uncertainty of soil calculation model

土质	轴拉		轴压		侧移		端部承载	
	偏差	变异系数	偏差	变异系数	偏差	变异系数	偏差	变异系数
黏性土	1.00	0.15	1.00	0.15	1.00	0.30		
砂性土	1.00	0.15	1.10	0.15	1.00	0.30	1.20	0.15

9.1.3 单桩承载力的概率分析

这里选用的单桩直径为 2438mm，桩长 60m，埋置在表 9-2 的计算土壤中；桩被平均划分为40个有限单元,每个节点上有两个水平非线性弹簧支承和一个竖向非线性弹簧支承(图9-5),而非线性弹簧的刚度可按9.1.2节的桩-土相互作用模型来确定,单桩的承载力按非线性逐步破坏分析方法来计算;作为比较,在单桩的确定性承载力分析时选取各个变量的均值作为计算,而概率承载力分析时对每个变量产生500个随机样本来统计计算。每次非线性逐步破坏分析都包含三种荷载工况,即轴向受拉荷载、轴向受压荷载和侧向荷载。表9-4给出了单桩在轴向荷载和侧向荷载作用下承载力的确定性分析结果和概率分析的统计结果,其中Δ表示桩顶侧向位移。图9-6和图9-7分别为轴向受压和受拉的承载力及承载力的概率分布模拟,图9-8为不同桩顶侧向位移下承载力的概率分布模拟,图9-9为桩顶处于固端约束和铰接约束时的侧向承载力。

表9-4 单桩承载力

Tab. 9-4 Bearing capacity of single pile

工况		确定性分析	概率分析				Q_{Determ}/Q_{max}
		Q_{Determ}/MN	均值/MN	变异系数	畸变	陡度	
轴向	受拉	39.6275	39.2930	0.1965	0.5355	3.0203	0.9916
	受压	130.3967	127.3500	0.1728	0.1558	3.1079	0.9766
侧向	$\Delta=0.5$m	54.1108	52.3160	0.0707	0.2234	2.8828	0.9668
	$\Delta=1.0$m	64.4857	62.3260	0.0642	0.3569	3.097	0.9665
	$\Delta=1.5$m	68.0915	65.559	0.0683	0.3345	2.9919	0.9628
	$\Delta=2.0$m	69.5433	66.7710	0.0699	0.2964	3.1358	0.9601

注:Q_{Determ}为确定性分析得到的承载力。

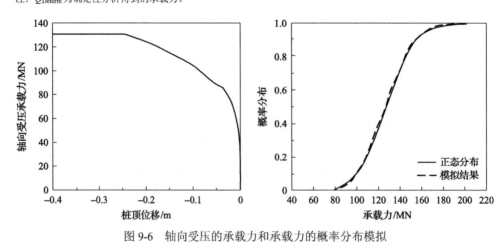

图9-6 轴向受压的承载力和承载力的概率分布模拟

Fig. 9-6 Bearing capacity under axial compression and probability distribution simulation of carrying capacity

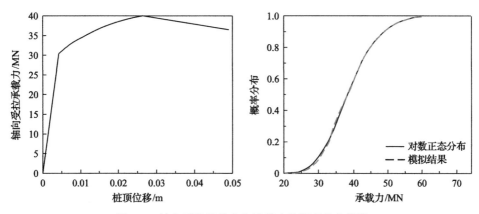

图 9-7 轴向受拉承载力和承载力的概率分布模拟

Fig. 9-7 Bearing capacity of axial tension and probability distribution simulation of carrying capacity

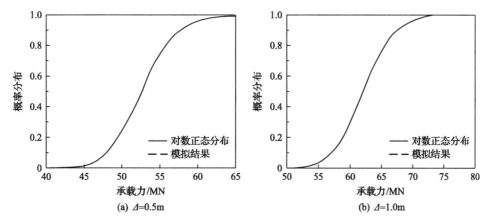

(a) $\Delta=0.5\text{m}$　　　　　　　　　　　　　　(b) $\Delta=1.0\text{m}$

图 9-8 不同桩顶侧向位移下承载力的概率分布模拟

Fig. 9-8 Probability distribution simulation of bearing capacity under different lateral displacement of pile top

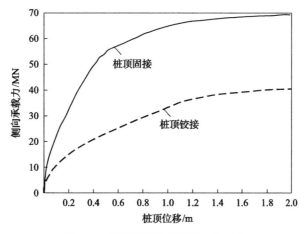

图 9-9 不同桩顶约束的侧向承载力

Fig. 9-9 Lateral bearing capacity of different pile top constraints

从以上单桩承载力分析结果中可以看到：

(1) 对于大管径桩，桩端承载力的效应是明显的；但桩长与桩径之比大于 20 时，其长度效应可以忽略[9-13]。

(2) 桩的轴向受拉与受压承载力之比为 0.30，这意味着当结构的上部竖向荷载较小时，尤其对于三脚架型导管架，结构体积的破坏就有可能因桩的轴向受拉承载力而发生桩基破坏。

(3) 由概率分析所得的单桩轴向承载力分布的不确定性主要来自于桩-土计算模型的不确定性，轴向受拉桩的变异系数为 0.1965，大于轴向受压桩的变异系数(0.1728)。

(4) 由确定性分析所得的单桩轴向承载力基本上接近概率分析的均值结果，但是轴向受拉承载力的概率分布服从对数正态分布(图 9-7)，而轴向受压承载力的概率分布服从正态分布(图 9-6)。

(5) 单桩侧向承载力的确定与桩顶的约束条件有关，桩顶铰接约束的承载力大约只有固端约束的 50%，而实际的桩顶约束却介于固端约束和铰接约束之间。

(6) 由概率分析所得的单桩侧向承载力的均值大约是确定性分析结果的 96%，但其变异系数较小，且服从对数正态分布(图 9-8)。

9.1.4 海洋平台结构体系承载能力及可靠度

1. 结构模型

结构形式选用一座三脚架式的导管架平台，如图 9-10 所示，该平台位于 70m 水深的海域，由三根桩来支承，桩长 60m，主要承受波浪荷载的作用；按照波浪入射的方向和与其他荷载组合的可能，结构系统的计算工况共有 8 种[9-14]；整个平台结构采用有限单元来离散，其中导管架结构部分有 29 个节点、78 个梁单元，桩基部分有 93 个桩节点、90 个梁单元和 96 个空间非线性弹簧单元；桩-土的相互作用通过非线性弹簧单元来模拟，由程序 NLSPRINT 来确定。整个海洋平台结构体系的承载能力采用非线性逐步破坏分析方法来计算，该方法可以计算给定荷载条件下海洋平台结构体系在各个状态下的变形和受力，反映了结构的材料和几何非线性特征以及极限承载能力。

为了分析结构-桩-土相互作用对海洋平台结构体系的影响，在海洋平台结构体系承载能力的确定性分析中考虑了三种不同支承边界条件的作用，即在泥面线处为固端支承，在泥面线处采用线性弹簧来考虑土的作用，以及采用桩支承且考虑桩-土的非线性效应；其中泥面线处线性弹簧的刚度是通过单位力作用于桩顶处而产生变位来确定的。

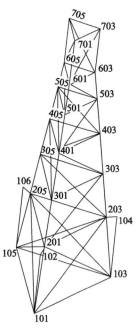

图 9-10 计算结构模型确定性分析
Fig. 9-10 Deterministic analysis of computational structure model

2. 桩基承载能力

在环境荷载作用下，海洋平台结构体系的极限承载力（剪切承载能力）如表 9-5 所示，工况 1 条件下的抗剪与抗弯承载力与结构位移图如图 9-11 所示。从表 9-5 和图 9-11 的计算结果可以看到：

(1) 对于导管架平台结构，支承边界条件对结构体系承载力的影响是明显的；固端支承的海洋平台结构体系承载力稍大于泥面处线性支承的承能力，但明显大于非线性弹簧支承的承载力；线性或非线性弹簧支承的最大承载力相对应的位移将大于固端支承的位移。

(2) 从结构的破坏状态来看，具有非线性弹簧支承的结构破坏主要表现为桩基承载力的问题，即桩的轴向受拉破坏，也能表现出结构在达到极限承载力过程中的应力、应变的变化，而具有泥面处固结或线性弹簧支承的结构表现为结构本身构件的受压屈曲或节点破坏，这说明具有线性弹簧支承的海洋平台结构体系承载能力的分析方法可以考虑结构-桩-土相互作用的影响。

表 9-5　不同支承边界条件下的海洋平台结构体系极限承载力

Tab. 9-5 Ultimate bearing capacity of offshore platform structural system under different supporting boundary conditions

工况	泥面处固端/MN	泥面处线性弹簧支承/MN	沿桩长非线性弹簧支承/MN
1	30.3290	30.2160	18.8050
2	29.4800	28.4510	20.7260
3	30.4120	30.3600	18.3790
4	25.3900	24.6530	21.3690
5	26.0330	24.9970	21.7120
6	24.2760	23.7760	16.2270
7	27.4280	26.7620	17.8520
8	26.8507	26.5166	24.3330

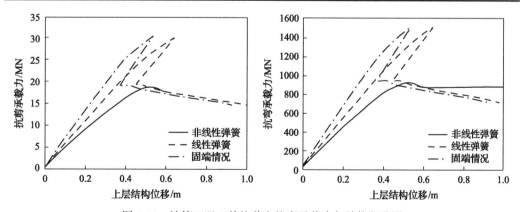

图 9-11　计算工况 1 的抗剪和抗弯承载力与结构位移图

Fig. 9-11 Shear and bending bearing capacity and structural displacement diagram under calculation condition 1

(3) 由于土的效应，固端支承的结构承载力大致与线性弹簧支承的结构承载力相等，只是结构位移有差异，而对于非线性弹簧支承的结构，每施加一级荷载就使得非线性弹簧的刚度发生变化，吸收了外荷载产生的能量，导致结构的位移增加，承载力降低；这说明要使得整个海洋平台结构体系的承载力提高，协调桩基承载力与结构承载力是必要的。

3. 概率分析

根据海洋平台结构体系承载力的确定性分析结果，为了更好地研究结构-桩-土相互作用对海洋平台结构体系的影响，在海洋平台结构体系承载力的概率分析中采用具有非线性弹簧支承的海洋平台结构体系。概率分析中所选用的随机变量包括土的参数和结构参数，土的参数不确定性可按表 9-2 和表 9-3 来确定，而结构参数的不确定性主要考虑结构材料的屈服应力，其均值为 325.0MPa，变异系数为 0.03，服从正态分布。整个概率分析是采用抽样模拟方法来统计分布的，即每种计算工况都包含 500 个计算样本，将每次逐步破坏分析的结果(如最大承载力和相对应的位移)抽取出来进行统计分析，便可获得海洋平台结构体系承载力的概率分析。表 9-6 给出了结构体系承载力的统计分析结果，图 9-12 给出了

表 9-6 结构抗剪承载力及模拟分析的统计结果

Tab. 9-6 Statistical results of shear capacity and simulation analysis of structure

工况	基底剪力 Q_0/MN	Q_{Determ}/MN	平均值 Q_{mean}/MN	模拟结果			Q_{mean}/Q_{Determ}
				变异系数	偏度	陡度	
1	4.7212	18.8050	18.3810	0.1468	0.4547	2.9568	0.9775
2	4.8076	20.7260	20.2020	0.1458	0.3471	2.6038	0.9747
3	4.3052	18.3790	17.9678	0.1469	0.4540	2.9526	0.9776
4	3.2770	21.3690	20.5430	0.1237	−0.1722	2.0835	0.9613
5	3.3761	21.7120	20.8200	0.1229	−0.1896	2.1231	0.9589
6	2.3665	16.2270	15.8360	0.1490	0.4471	2.9055	0.9759
7	2.9338	17.8520	17.4000	0.1484	0.4428	2.8899	0.9747
8	4.7057	24.3330	22.7930	0.0997	−0.5977	2.5059	0.9367
平均值				0.1354			0.9672

注：Q_{Determ} 为确定性分析得到的承载力。

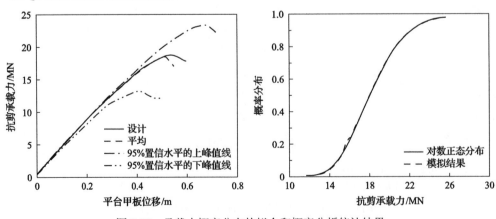

图 9-12 承载力概率分布的拟合和概率分析统计结果

Fig. 9-12 Statistical results of probability distribution fitting and probability analysis of bearing capacity

计算工况 1 的承载力概率分布的拟合和概率分析统计结果。

从上面统计结果可以看到：①概率分析的统计结果均值基本接近确定性分析结果，两者之比约为 0.9672，而变异系数的平均值为 0.1354。②海洋平台结构体系承载能力的变异性主要取决于土的计算模型的不确定性，而工况 8 的变异性主要是由海洋平台结构体系中斜撑的压溃破坏导致的，但此种工况相对其他工况而言出现的概率较小。③体系承载能力的概率分布可以拟合成对数正态分布，具有较为一致的重合性。

4. 可靠度分析

为了研究结构-桩-土相互作用对海洋平台结构体系可靠性的影响，并且与结构设计规范的极端状态条件相一致，这里仅考虑海洋平台结构体系在极端状态下的安全可靠性问题。为此，在极端荷载作用下，海洋平台结构体系可靠性的计算模型可表示为[9-15]

$$g = B_{SC}SC - B_Q Q \quad (9\text{-}10)$$

式中，SC 为海洋平台结构体系的抗力(极限承载能力)；Q 为海洋平台结构体系所承受的外部作用，而 B_{SC} 和 B_Q 分别为 SC 和 Q 的偏差系数，参照文献[9-16]的分析结果，B_{SC} 服从对数正态分布 $\ln N(1.034, 0.086)$，而 B_Q 也服从对数正态分布，且有 $\ln N(1.060, 0.265)$；结构抗力可参照上述统计分析结果，而外部作用是波浪波高的函数，呈 Weibull 分布[9-15]。因此，可以通过式(9-10)计算各个工况条件下海洋平台结构体系的可靠度。表 9-7 给出了采用三种可靠度计算方法所得的平台结构的破坏概率，即一次可靠度分析法(FORM)、二次可靠度分析法(SORM)和重要抽样法(ISM-V)[9-17]。

表 9-7 不同可靠度计算方法所得的平台结构的破坏概率
Tab. 9-7 Failure probability of platform structure obtained by different reliability calculation methods

工况	FORM		SORM		ISM-V		变异系数
	P_f	β	P_f	β	P_f	β	
1	1.2219×10^{-5}	4.2199	1.1693×10^{-5}	4.2298	1.1619×10^{-5}	4.2313	0.0483
2	6.3284×10^{-6}	4.3660	6.0412×10^{-6}	4.3761	6.0098×10^{-6}	4.3772	0.0492
3	6.8924×10^{-6}	4.3473	6.5818×10^{-6}	4.3574	6.5466×10^{-6}	4.3585	0.0491
4	1.3328×10^{-7}	5.1457	1.2562×10^{-7}	5.1568	1.2553×10^{-7}	5.1569	0.0545
5	1.5367×10^{-7}	5.1189	1.4490×10^{-7}	5.1300	1.4478×10^{-7}	5.1301	0.0543
6	7.8598×10^{-8}	5.2439	7.3963×10^{-8}	5.2551	7.3957×10^{-8}	5.2551	0.0551
7	2.6681×10^{-7}	5.1038	2.5200×10^{-7}	5.0248	2.5163×10^{-7}	5.0251	0.0536
8	1.2663×10^{-6}	5.0138	2.5200×10^{-7}	5.0248	2.5163×10^{-6}	4.7168	0.0516

9.2 海洋半潜式平台可靠度

9.2.1 概述

深水半潜式平台长期处于复杂的海洋环境中，对平台整体结构的体系可靠度评估是一项重要的工作。有限元技术的不断发展给可靠度分析工作提供了极大的便利，许多学者将有限元技术应用于海洋结构可靠度评估[9-18~9-20]。本章将对我国某海域典型深水半潜式平台结构体系可靠度进行评估，其三维有限元模型如图 9-13 所示[9-21]。

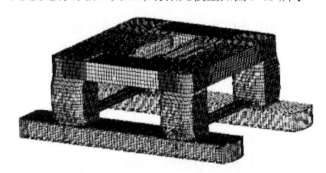

图 9-13 半潜式平台三维有限元模型

Fig. 9-13 Three-dimensional finite element model of semi-submersible platform

根据南海环境统计参数结合 ABS 规范的随机方法计算波浪参数，7 组工况下的典型波浪荷载参数如表 9-8 所示。其中，工况 1 是横浪作用下的横向力工况，工况 2 为横向扭矩工况，工况 3 为纵向剪切工况，工况 4 为垂向弯矩工况，工况 5 为纵向加速度工况，工况 6 为横向加速度工况，工况 7 为一般性工况，波幅采用工况 1~6 的最大波幅值。

表 9-8　100 年重现期的波浪参数

Tab. 9-8　Wave parameters of 100-year return period

荷载参数	工况						
	1	2	3	4	5	6	7
周期/s	9	7	8	9.6	7	6	9
波幅/m	8.89	6.33	8.15	8.21	7.32	7.01	8.89
入射角度/(°)	90	120	135	180	180	90	180
相位角/(°)	−33.6	160.2	108	133	40.1	−108	50

采用表 9-8 的波浪参数，对目标半潜式平台进行结构有限元计算，运用 ANSYS 后处理工具分析计算结果。各工况下的截面力和弯矩计算结果如表 9-9 所示，统计出的极限承载力计算结果如表 9-10 所示。

表 9-9 各工况的截面力和弯矩统计
Tab. 9-9 Section force and bending moment statistics of each working condition

工况	$F_s/10^7$N	$M_t/(10^8$N·m)	$F_s/10^7$N	$M_b/(10^8$N·m)	$F_s/10^7$N	$F_{Ta}/10^7$N
1	10.2	6.28	1.21	2.23	0.0025	2.92
2	2.66	24.3	1.38	3.76	0.24	0.0056
3	1.48	2.81	2.56	2.62	0.00075	0.0035
4	1.41	8.22	1.91	9.07	0.35	0.000031
5	1.57	5.79	0.7	2.87	6.43	0.060
6	4.06	4.06	0.014	4.13	0.00036	11.05
7	5.40	13.144	0.040	1.80	0.0030	0.0014

表 9-10 各工况极限状态参数统计
Tab. 9-10 Statistics of limit state parameters of each working condition

参数	工况						
	静水	1	2	3	4	5	6
波幅/m		25	24	20	19	26	19
极值/10^8	3.42N·m	2.84N	75.4N·m	0.74N	16.4N·m	2.30N	3.00N

9.2.2 不确定性分析

海洋中存在大量的不确定性。对海洋结构物来说，这种不确定性主要体现在：①海洋环境因素的不确定性，如风、浪、流等不确定性；②结构物抗力的不确定性因素；③计算模型不确定性等。本章主要讨论极限强度的不确定性和荷载效应的不确定性。深水半潜式平台长期处于海洋环境中，波浪荷载是平台结构最主要的环境荷载因素。

小尺度构件波浪荷载应用莫里森公式进行计算，而大尺度构件至今没有普遍适用的解析公式。应用水动力学软件 AQWA 计算深水浮式平台波浪荷载，基于南海某海域 50 年一遇年极值波高统计了大尺度构件波浪荷载的概率特征参数。另外，还对南海某 12 处海域年极值风速及年极值波高的实际概率分布模型进行了验证。

利用南海多年年极值风速及年极值波高环境数据，对深水浮式平台风荷载及小尺度构件波浪荷载运用解析方法进行统计分析，得到了各海域的概率特征参数；利用水动力学软件 AQWA 计算了大尺度构件波浪荷载，进而进行统计分析，最终得到大尺度构件波浪荷载的概率特征参数[9-22]。

Mansour 和 Hovem[9-23]进行了船体结构的可靠度评估，考虑了静水和波浪相互作用变化的影响，得出静水和和波浪相互作用的影响通常可以忽略。表 9-11 为极限状态方程中变量的分布类型统计及均值和变异系数的选取方法。根据 Teixeira[9-24]、Faulkner[9-25]和其他学者的研究，挪威 Glasgow 和 Strathclyde 大学[9-26, 9-27]推荐了浮式生产系统中的随机变量可靠度计算模型[9-28, 9-29]，选取了相似的随机模型，但在均值和变异系数上的取值上进行了一定的调整。表 9-12 为计算变量及其分布类型。

表 9-11 计算变量分布类型统计
Tab. 9-11 Statistics of calculated variables distribution type

变量	分布类型	变异系数	均值
R_u	对数正态	0.15	计算
S_w	极值Ⅰ型	0.10	计算
S_{sw}	正态分布	0.02	计算
γ_u	正态分布	0.1	1
γ_w	正态分布	0.1	1
γ_m	正态分布	0.1	1

注：R_u 为结构的极限承载力；S_w 为波浪的荷载效应；S_{sw} 为静水压力荷载效应；γ_u、γ_w、γ_m 分别为极限强度、模型和荷载计算不确定参数。

表 9-12 计算变量及其分布类型
Tab. 9-12 Evaluate variables and distributions types

变量	分布类型	均值	标准差	方差
F_u	对数正态	2.84×10^8	4.26×10^7	0.15
F_w	极值Ⅰ型	1.02×10^8	1.02×10^7	0.1
γ_u	正态分布	1	0.1	0.1
γ_w	正态分布	1	0.1	0.1
γ_m	正态分布	1	0.1	0.1

注：F_u 为横向拉压极限承载力；F_w 为横向拉压荷载效应。

9.2.3 体系可靠度评估

1. 分析评估流程

通过对半潜式平台的结构极限状态分析[9-30]，得到了平台结构的六种主要失效形式，并且分析了失效是由不同截面力引起的，从中得到了六类不同的极限状态方程。这六种极限状态分别是：横向撑杆受到拉压、平台整体横向扭转、两个浮箱相对运动产生剪切、浮箱的垂向弯曲作用、整体结构的横向加速度和纵向加速度，这些失效形式都可以归结为与某一主要构件相关，如图 9-14 所示，图中模式 1 为横向力极限状态，是由横撑屈服

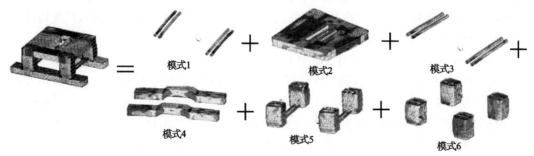

图 9-14 半潜式平台结构可靠度分析单元
Fig. 9-14 Analysis units of structural reliability of semi-submersible platform

导致的，模式 2 是横向扭矩极限状态，最终表现为甲板的扭转屈服失效，模式 3 为纵向加速度和横向加速度作用下导致立柱整体剪切失效，模式 4 为浮箱结构受到弯矩作用后屈服失效，模式 5 和模式 6 为横向加速度和纵向加速度工况。平台中每一部分的失效都会导致整体结构的失效，因此每一受力形式都会对平台的可靠度产生影响；而当平台受到某一荷载工况作用时，又要考虑到各个失效模式之间的相互影响。

考虑到在平台的使用过程中，可能处在作业和生存两种不同的状态，生存状态时平台处在风暴环境中，结构会变得更加不安全，因此选择生存状态进行计算体系可靠度计算。

海洋环境的复杂多变性使得平台的可靠度计算荷载标准成为一个关键问题，即对于不同重现期的波浪荷载，可靠指标会有所不同，采用设计中通常使用的百年一遇的波浪荷载作为荷载模型进行可靠度评估。以上述半潜式平台为例进行整体可靠度分析，采用一级可靠度计算模型，结合典型波浪荷载作用下平台的结构计算，对半潜式平台进行整体强度可靠度评估。图 9-15 为半潜式平台可靠度评估流程。

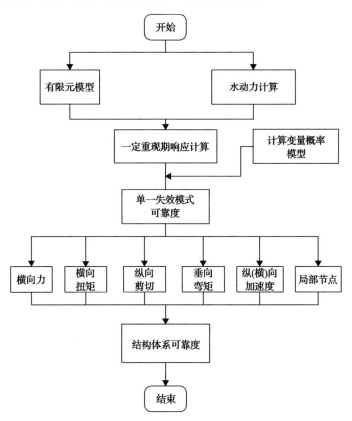

图 9-15　半潜式平台可靠度评估流程

Fig. 9-15　Reliability assessment procedure of semisubmersible platform

2. 主体构件可靠度计算

根据半潜式平台结构极限状态方程形式，采用表 9-12 中计算变量的概率分布形式，分别计算各失效模式的可靠度水平,按照图 9-15 及自编可靠度计算程序,可以计算出平台主体结构可靠指标及相应的失效概率,计算结果如表 9-13 所示。

表 9-13 半潜式平台可靠指标及失效概率统计
Tab. 9-13 Statistics of reliability index and failure probability of semi-submersible platform

工况	各失效模式可靠指标						β	P_f
	a	b	c	d	e	f		
1	4.00	8.77	6.66	7.28	12.91	7.88	4.00	3.16×10^{-5}
2	8.44	4.38	6.23	5.56	110	9.89	4.38	5.93×10^{-6}
3	9.39	9.59	4.11	6.73	12.96	10.00	4.11	2.01×10^{-5}
4	9.43	7.98	5.13	2.38	11.43	9.85	2.38	8.70×10^{-3}
5	9.35	8.98	8.38	6.46	4.87	9.98	4.87	5.58×10^{-7}
6	9.24	9.95	10.00	5.24	12.87	3.23	3.23	6.18×10^{-4}
7	6.18	6.47	20.32	7.87	12.89	10.00	6.16	3.6×10^{-10}

注:a 表示横撑受拉(压)屈服失效,b 表示整体扭转失效,c 表示横撑弯曲失效;d 表示浮箱弯曲失效,e 表示立柱纵向剪切失效,f 表示立柱横向剪切失效。

从分析结果可以看出,多种失效模式串联的可靠度计算结果和结构主要响应对应的失效模式的计算结果基本相同。总体上来说,在百年一遇的波浪荷载作用下,除垂向弯矩工况可靠度偏低外,其余工况平台整体结构可靠度较为合理;结构可靠指标的最小值为 2.38,对应垂向弯矩的工况;工况 7 对应的结构可靠指标最高,为 6.16,计算结果表明,平台主体结构即浮箱的抗弯承载力相对较低。

3. 局部节点可靠度计算

深水半潜式平台共有两个关键节点局部模型[9-30],即下部立柱与浮筒的连接、上部立柱与甲板的连接,具体应用到平台整体中共包含四种失效模式:下部浮筒剪切破坏、横撑端部弯曲破坏、下部立柱端部弯曲破坏和上部立柱端部剪切破坏。为计算各失效模式的可靠度,需要先计算各种工况对应控制截面的内力,采用类似的截面力计算方法,统计结果如表 9-14 所示,相应各截面的极限承载力如表 9-15 所示。

表 9-14 半潜式平台节点截面力计算值
Tab. 9-14 The calculated values of cross-section force of semi-submersible platform node

截面力	工况							分布类型	变异系数
	1	2	3	4	5	6	7		
下部浮筒剪力/10^6N	10.4	12.9	5.90	1.17	5.23	6.25	1.12	极值Ⅰ型	0.10
横撑端部弯矩/(10^5N·m)	39.2	181	4.10	40.1	32.1	26.4	12.2	极值Ⅰ型	0.10
下部柱端弯矩/10^7N	37.5	6.20	3.44	54.8	35.9	34.3	4.83	极值Ⅰ型	0.10
上部柱端剪力/(10^6N·m)	9.54	2.57	12.8	6.81	6.31	8.56	3.24	极值Ⅰ型	0.10

表 9-15 半潜式结构节点抗力参数
Tab. 9-15 Resistance parameters of semi-submersible structural joints

截面抗力极值	均值	变异系数	分布类型
下部浮筒剪力/kN	2.45×10^7	0.15	对数正态
横撑端部弯矩/(kN·m)	3.35×10^7	0.15	对数正态
下部柱端弯矩/(kN·m)	1.12×10^9	0.15	对数正态
上部柱端剪力/kN	2.27×10^7	0.15	对数正态

参考半潜式平台主体构件失效的极限状态方程形式，但在计算可靠度时，局部节点失效方程形式可以统一归结为

$$Z = \gamma_u R - \gamma_w \gamma_m S \tag{9-11}$$

式中，R 为截面极限承载力，此处截面力可以是拉(压)力或者弯矩；S 为荷载产生的截面内力；γ_u 为极限强度计算不确定性参数；γ_w 为荷载计算不确定性参数；γ_m 为模型不确定性参数。γ_u、γ_w、γ_m 都为正态分布，取其均值都为 1.0，变异系数均为 0.1。

表 9-15 中节点极限承载力为统计整体结构模型失效时的截面内力计算得到的。严格意义上说，在整体结构失效时，节点并不一定完全失效，也就是说，当截面力达到表中的统计值时，所对应的控制截面不一定处于完全失效状态，因为此时结构的其他部分可能已经失效，该节点已经无法继续加载，故节点极限承载力取值可能偏小，造成可靠度计算值偏小，如果要得到更为精确的可靠度计算结果，需要进一步计算起控制作用的失效节点的极限承载力精确值。采用式(9-11)及表 9-15 中的数据计算半潜式平台各个节点的局部可靠度，计算结果如表 9-16 所示，下部浮筒受剪记为编号 1，横撑端部受弯记为编号 2，下部柱端受弯记为编号 3，上部柱端受剪记为编号 4。

表 9-16 局部节点可靠度统计
Tab. 9-16 Reliability statistics of local nodes

编号	工况						
	1	2	3	4	5	6	7
1	3.39	2.57	5.39	9.45	5.80	5.19	9.48
2	7.76	2.47	9.87	7.68	8.37	8.92	9.60
3	4.24	9.35	9.67	2.85	4.40	4.56	9.51
4	3.42	7.86	2.30	4.63	4.90	3.82	7.12

4. 平台整体可靠度计算

综合目标半潜式平台的构件可靠度分析和关键连接节点可靠度分析，采用本节简化体系可靠度计算方法(式(9-11))，计算不同工况下目标平台的体系可靠度，计算结果如表 9-17 所示。

表 9-17 目标平台整体可靠度
Tab. 9-17 Overall reliability of target platform

部位	β 和 P_f	工况 1	2	3	4	5	6	7
主体	β	4	4.38	4.11	2.38	4.87	3.23	6.16
	P_f	3.16×10^{-5}	5.93×10^{-6}	2.01×10^{-5}	8.70×10^{-3}	5.58×10^{-7}	6.18×10^{-4}	3.6×10^{-10}
节点	β	3.21	2.26	2.30	2.85	4.38	3.81	7.12
	P_f	6.64×10^{-4}	1.19×10^{-2}	1.07×10^{-2}	2.19×10^{-3}	5.91×10^{-6}	6.95×10^{-5}	5.40×10^{-13}
整体	β	3.20	2.26	2.30	2.29	4.36	3.20	6.16
	P_f	6.87×10^{-4}	1.19×10^{-2}	1.07×10^{-2}	1.10×10^{-2}	6.50×10^{-6}	6.87×10^{-4}	3.6×10^{-10}

从表 9-17 可以看出，在工况 2、3、4 的作用下，目标平台可靠度计算结果较低，均低于 3，其中工况 2、3 的控制因素是节点可靠度，工况 4 的主要控制因素是平台的主体结构。总体上来说，目标半潜式平台的体系可靠指标较低，但都大于 2.0，这与海洋平台的设计使用年限有关，通常为 20~25 年。

参 考 文 献

[9-1] 陆文发, 李林普, 高明道. 近海导管架平台[M]. 北京: 海洋出版社, 1992.

[9-2] 王妍, 蒋建平. 浅淡海洋平台的类型及发展[J]. 山东工业技术, 2016, (6): 245.

[9-3] Bai Y, Jin W L. Marine Structural Design[M]. 2nd ed. London: Butterworth-Heinemann, 2015.

[9-4] Jin W L. Reliability-based design for jacket platform under extreme loads[J]. China Ocean Engineering, 1996, 2: 20-35.

[9-5] 吴剑国, 金伟良, 吴亚舸. 结构系统可靠性计算的方向概率法[J]. 海洋工程, 2004, 22(2): 62-65.

[9-6] Hellan Y, Moan T, Drange S O. Use of nonlinear pushover analyses in ultimate limit state design and integrity assessment of jacket structures[J]. Safety & Reliability, 1994, 2: 323-345.

[9-7] Sigurdsson G, Skjong R, Skallerud B. Probabilistic collapse analysis of jackets[J]. Structural Safety & Reliability, 1994, 1: 535-543.

[9-8] Tang W H. Gilbert R B. Case study of offshore pile system reliability[J]. Offshore Technology Conference, 1993: 677-686.

[9-9] Langen H V, Swee J, Efthymiou M V, et al. Integrated foundation and structural reliability analysis of a North sea structure[C]//Offshore Technology Conference, Houston, 1995: 809-820.

[9-10] Cazzulo R, Pittaluga A, Ferro G. Reliability of a jacket foundation system[C]//Proceedings of the Fifth International Symposium on Offshore Mechanics and Arctic Engineering, Tokyo, 1986: 73-80.

[9-11] Amdahl J, Johansen A, Svan G. Ultimate capacity of jack-up considering foundation behavior[J]. Safety & Reliability, 1994, 2: 347-358.

[9-12] Hansen P F, Madsen H O, Tjelta T I. Reliability analysis of a pile design[J]. Marine Structures, 1995, 8(2): 171-198.

[9-13] American Petroleum Institute. Planning designing and constructing fixed offshore platforms(API RP2A-LRFD)[S]. USA, 1993.

[9-14] 金伟良, 庄一舟, 邹道勤. 具有结构-桩-土相互作用的海洋平台结构体系承载能力的概率分析[J]. 海洋工程, 1998, 16(1): 1-13.

[9-15] Jin W L. A practical method of offshore structural reliability[C]//Proceedings of 4th International Symposium on Structural Engineering for Young Experts, Beijing, 1996: 2-7.

[9-16] 张燕坤, 金伟良, 李卓东. 极端荷载作用下海洋导管架平台体系可靠度分析[J]. 海洋工程, 2001, 19(4): 15-20, 28.

[9-17] Jin W L, Luz E. Improving importance sampling method in structural reliability[J]. Nuclear Engineering and Design, 1994, 147(3): 393-401.

[9-18] Ditlevsen O, Bjerager P. Plastic reliability analysis by directional simulation[J]. Journal of Engineering Mechanics, 1988, 115(6): 1347-1362.

[9-19] Schuëller G I, Calvi A, Pellissetti M F, et al. Uncertainty analysis of a large-scale satellite finite element model[J]. Journal of Spacecraft and Rockets, 2015, 46(1): 191-202.

[9-20] Murotsu Y, Okada H, Matsuda A. Application of the structural reliability analysis system (STRELAS) to a semisubmersible platform[C]//Proceedings of the International Offshore Mechanics and Arctic Engineering, Calgary, 1992: 209-217.

[9-21] 叶谦. 典型浮式平台整体承载力及可靠度分析方法研究[D]. 杭州: 浙江大学, 2013.

[9-22] 叶谦, 金伟良, 何勇, 等. 半潜式平台极限状态评估[J]. 船舶力学, 2012, 16(3): 277-295.

[9-23] Mansour A E, Hovem L. Probability-based ship structural safety analysis[J]. Journal of Ship Research, 1994, 38(4): 329-339.

[9-24] Teixeira A. Reliability of marine structures in the context of risk based design[D]. Glasgow: University of Glasgow, 1997.

[9-25] Faulkner D. Semi-probabilistic approach to the design of marine structures[R]. SNAME Extreme Loads Symposium, Arlington, 1981.

[9-26] Dogliani M, Casells G, Guedes Soares C. SHIPREL-Reliability methods for ship structural design[R]. BRITE/EURAM Project 9559, Lisbon, 1998.

[9-27] Shellin T, Ostergaard C, Guedes Soares C. Uncertainty assessment of low frequency wave induced load effects for container ships[J]. Marine Structures, 1996, 9(3-4): 313-332.

[9-28] Sun H H, Bai Y. Time-variant reliability assessment of FPSO hull girders[J]. Marine Structures, 2003, 16(3): 219-253.

[9-29] Purnendu K, Das B E. Structural reliability framework for FPSOs/FSUs[R]. Glasgow: Universities of Glasgow and Strathclyde, 2004.

[9-30] 叶谦, 何勇, 金伟良. 半潜式平台结构整体可靠性分析方法[J]. 海洋工程, 2011, 29(3): 31-36.

第 10 章

海洋结构物疲劳可靠度

　　海洋中的固定式平台、浮式平台和海底管道等工程结构物长期受到风、浪、流等随机荷载作用，容易产生微裂纹，造成结构疲劳断裂。本章结合工程实例对海洋管道、导管架平台和深水半潜式平台进行疲劳评估，疲劳分析中常用的方法为 S-N 曲线法和断裂力学法，同时进行了疲劳的敏感性分析。

海洋结构物在风、浪、流等随机荷载的长期作用下会产生交变应力，构件出现微裂纹，并持续扩展，从而造成结构物的疲劳失效。已有的工程经验表明，一旦海洋结构物产生疲劳问题，就会造成严重的后果。海洋结构物的疲劳失效事故时有发生。1981年，亚历山大·基兰号半潜式平台造成 123 人丧生[10-1]；英国健康与安全执行局(Health and Safety Executive，HSE) 曾对英国北海所属的海底管道进行了失效原因统计分析[10-2]，如图 10-1 所示；2000 年 10 月，我国东海平湖油气田海底输气管道在台风的袭击下出现了疲劳失效问题，产生了极其不良的社会影响和重大的经济损失[10-3]。

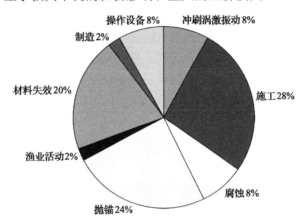

图 10-1 英国北海海底管道失效原因统计

Fig. 10-1 Statistics on failure causes of submarine pipelines in the North Sea of England

要保证海洋管道、海洋平台安全可靠地运行，就需要对其进行疲劳评估，分析结构疲劳的敏感部位，估算出结构物的疲劳寿命。$S\text{-}N$ 曲线法和断裂力学法是疲劳评估的两种基本方法，但是由于问题的复杂性，其处理的途径和方法各有不同。国内外学者在海底管道、固定式导管架平台、深水浮式平台的疲劳研究方面做了大量的研究工作[10-4~10-7]。本章对所研究的工程进行简要概述，说明海洋管道、单点系泊导管架平台和深水半潜式平台的疲劳可靠度评估流程及方法，为海洋结构物的疲劳评估问题提供借鉴。

10.1 海底管道疲劳可靠度

10.1.1 引言

一直以来，海底管道疲劳被各国研究学者所重视。Xu 等[10-8]评估了线性海底管道悬跨段的涡激振动响应及疲劳寿命。Nguyen 和 Kocabiyik[10-9]采用数值模拟方法对涡激振动进行了模拟研究。潘志远等[10-10, 10-11]研究了柔性立管在海流作用下的涡激振动和疲劳损伤。署恒木和黄小光[10-12]对三维海底悬空管道进行了随机振动分析。余建星等[10-13]对管道悬跨状态下涡激振动疲劳可靠性进行了研究，考虑了波浪荷载的二阶平方阻尼项，建立了管跨段力非线性涡激振动方程。李昕等[10-14]采用动力模型试验研究了管道悬跨长度、悬跨高度、支撑情况和管道内流体对悬跨管道动力响应的影响。

悬跨管道的随机振动响应和疲劳可靠性分析方法可以分为时域分析和频域分析两

类,但是时域分析方法由于其复杂的计算过程和较低的计算效率很难运用于实际工程,而频域分析方法虽然计算简单,但无法准确考虑几何非线性因素的影响,通常会导致一定的误差,特别是当管道大跨度悬跨时,这样的分析方法会导致较大的误差。因此,有必要对悬跨管道的频域随机振动响应方法进行改进,考虑管道几何非线性因素对随机振动响应的影响[10-15, 10-16]。

10.1.2 分析流程

参照渤海某海底管道的设计参数建立结构模型,运用考虑非线性因素影响的随机振动分析方法对不同悬跨长度的管道进行随机运动响应分析,最后用 Palmgren-Miner 线性累积损伤准则[10-17, 10-18]结合 S-N 曲线的方法计算管道横向涡激振动引起的疲劳损伤,预测结构疲劳寿命和疲劳可靠性,并分别讨论悬跨长度、波高、水深、管道外径和初始应力对结构疲劳寿命和疲劳可靠性的影响。

10.1.3 有限元模型

选用渤海某海底管线设计参数建立结构有限元模型,结构参数如图10-2和表10-1所示。

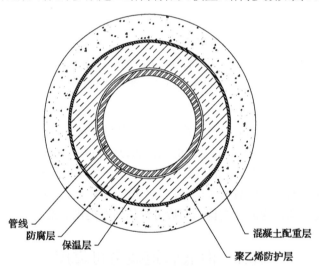

图 10-2 某输油管道原型截面图

Fig. 10-2 Prototype cross section of an oil pipeline

表 10-1 海底管道设计参数

Tab. 10-1 Design parameters of submarine pipeline

结构组成	材料	尺寸	说明
管线	钢(API 5L X65 SML)	直径168.3mm,壁厚11.0mm	弹性模量为 2.07×10^5MPa
防腐层	环氧粉末	厚 0.4mm	密度为 940kg/m^3
保温层	聚氨酯泡沫	厚 40mm	密度为 60kg/m^3
防护层	聚乙烯	厚 8mm	防水
配重层	混凝土	厚 40mm	密度为 2950kg/m^3

10.1.4 随机升举力模型

文献[10-19]指出，管跨的纵向共振振幅较小，其振动应力范围一般不会超过管线的疲劳极限，因而不存在疲劳破坏问题；管跨的横向共振振幅很大，其振动应力范围可能远远超过管线的疲劳极限。因此，管跨的横向振动疲劳失效是海底管线发生涡激振动失效的主要模式。为此，仅考虑引起横向振动的波浪力荷载引起的横向波浪力的升举力，可表示为

$$f_L(t) = Ku(t)|u(t)| \tag{10-1}$$

式中，$K = \frac{1}{2}C_L\rho D$，ρ 为海水的密度，D 为管线外径，C_L 为升力系数；$u(t)$ 为管线轴线所在深度波浪水质点的水平速度。由式(10-1)和线性波浪理论可知，横向波浪力与 $u(t)|u(t)|$ 成正比，将 Morison 方程线性化，横向波浪力就可以表示为

$$f_L(t) = K\sigma_u\sqrt{\frac{8}{\pi}}u(t) \tag{10-2}$$

式中，σ_u 为波浪速度随机过程 $u(t)$ 的均方差。

波浪水质点的水平速度 $u(t)$ 是随机过程，因而横向波浪力 $f_L(t)$ 也是随机过程。按照线性波理论，单个余弦波组成波浪水质点的最大水平速度为

$$u_{\max} = \frac{\pi H}{T}\frac{\cosh[k(z+d)]}{\sinh(kd)} \tag{10-3}$$

式中，k 为波数；H 为波高；T 为波浪周期；d 为水深；z 为波浪水质点相对波面的高度。则

$$u(t) = \omega\frac{\cosh[k(z+d)]}{\sinh(kd)}\eta(t) \tag{10-4}$$

式中，$\omega = \frac{2\pi}{T}$ 为波浪圆频率；$\eta(t)$ 为波面高度函数。

由随机过程理论，可得到深度 z 处波浪水质点水平速度谱密度为

$$S_u(\omega) = |T_u(\omega)|^2 S_\eta(\omega) \tag{10-5}$$

式中，$|T_u(\omega)| = \left\{\omega\frac{\cosh[k(z+d)]}{\sinh(kd)}\right\}^2$，为波浪水质点水平速度的传递函数；$S_\eta(\omega)$ 为波浪谱密度函数。

因此，依据谱分析方法，波浪速度随机过程 $u(t)$ 的均方差 σ_u 可由式(10-6)得到

$$\sigma_u^2 = \int_0^\infty S_u(\omega)\mathrm{d}\omega \tag{10-6}$$

横向波浪力的自相关函数 $R_{f_L}(\tau)$ 和水质点速度的自相关函数 $R_u(\tau)$ 之间的关系为

$$R_{f_L}(\tau) = K^2 \sigma_u^2 \frac{8}{\pi} R_u(\tau) \tag{10-7}$$

因此，可得横向波浪力谱密度为

$$\begin{aligned} S_{f_L}(\omega) &= K^2 \sigma_u^2 \frac{8}{\pi} S_u(\omega) \\ &= K^2 \sigma_u^2 \frac{8}{\pi} \left\{ \omega \frac{\cosh[k(z+d)]}{\sinh(kd)} \right\}^2 S_\eta(\omega) \end{aligned} \tag{10-8}$$

10.1.5 结构模态分析

根据文献[10-2]对埕岛油田海底管道悬跨长度的统计结果，考虑不同悬跨长度对计算结果的影响，选取三种悬跨长度进行计算，计算工况如表 10-2 所示。

表 10-2 计算工况
Tab. 10-2 Calculated work condition

工况	1	2	3
悬跨长度/m	50	40	30

根据表 10-1 管道相关参数，考虑不同的悬跨长度，建立管道有限元模型。对模型进行模态分析，表 10-3 给出了各工况下横向振动的前 10 阶模态频率。运用模态贡献率系数的计算方法，输入随机波浪力，计算工况 1 的各阶模态贡献率，通过对贡献率的分析，工况 1 选择 1、2、3 阶模态进行组合分析。由于其他工况仅改变了悬跨长度，各模态的贡献率不会有较大的改变，故未做计算，仍选取 1、2、3 阶模态。

表 10-3 结构模态分析结果
Tab. 10-3 Structural modal analysis results

模态	工况 1		工况 2	工况 3
	频率/Hz	模态贡献率	频率/Hz	频率/Hz
1	0.400	0.8379	0.625	1.111
2	1.102	0.1107	1.722	3.059
3	2.160	0.0289	3.373	5.989
4	3.568	0.0106	5.571	9.886
5	5.327	0.0048	8.314	14.742
6	7.435	0.0025	11.598	20.548
7	9.890	0.0014	15.421	27.294
8	12.691	0.0009	19.799	34.967
9	15.836	0.0006	24.666	43.555
10	19.323	0.0004	30.078	53.041

10.1.6 悬跨管道随机振动响应

1) 位移响应谱

根据文献[10-20]和[10-21]中给出的升力系数取值方法,结合本章的模型和环境参数,选取升力系数为1.0,考虑管道在3m有效波高作用和20m水深环境下的运动响应。图10-3给出了各工况下的节点力谱。整个管道均匀划分为100等份,各节点的随机升举力简化考虑为完全相关。从图中可以看出,随机升举力的峰频为1.1rad/s。

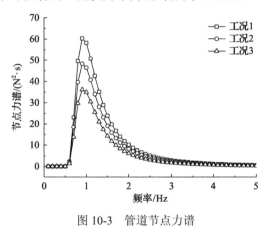

图 10-3 管道节点力谱

Fig. 10-3 Force spectrum of pipeline nodes

图10-4(a)给出了工况10~50Hz频率段的位移响应谱。从图中可以看出,悬跨管道的振动主要集中在两个谱频段上,第一个为随机升举力谱的频峰段,第二个为管道振动一阶频率段。图10-4(b)给出了各工况0~8Hz频率段管道跨中不考虑和考虑非线性因素影响的位移响应谱。

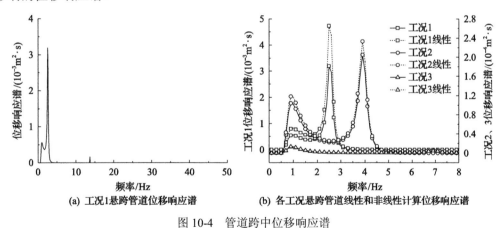

(a) 工况1悬跨管道位移响应谱 (b) 各工况悬跨管道线性和非线性计算位移响应谱

图 10-4 管道跨中位移响应谱

Fig. 10-4 Spectrum of pipeline midspan displacement response

2) 应力响应谱

在位移响应谱已知的情况下,通过有限元方法,可以进一步求得结构应力功率谱。

由于管道的特性，可以采用梁单元来求解管道的应力值。假定局部坐标下管道单元内任一点处的位移可表示为

$$u = Nd^e \tag{10-9}$$

式中，u 为单元内任意点的位移矢量；d^e 为单元所有节点的位移矢量，记为 $(u_i, v_i, \theta_i, u_j, v_j, \theta_j)^T$，$N$ 为位移插值形函数矩阵，记为 $\begin{bmatrix} N_1 & N_2 \end{bmatrix}$。

$$N_1 = \begin{bmatrix} 1-\dfrac{x}{L} & 0 & 0 \\ 0 & \dfrac{1}{L^3}(2x^3 - 3x^2L + L^3) & \dfrac{1}{L^3}(x^3L - 2x^2L^2 + xL^3) \end{bmatrix}$$
$$N_2 = \begin{bmatrix} \dfrac{x}{L} & 0 & 0 \\ 0 & \dfrac{1}{L^3}(-2x^3 + 3x^2L) & \dfrac{1}{L^3}(x^3L - x^2L^2) \end{bmatrix} \tag{10-10}$$

式中，L 为单元的长度；x 为计算点的坐标。

通过几何方程，可以求得单元内任一点的应变，即

$$\varepsilon = H^T u = Bd^e \tag{10-11}$$

式中，H 为坐标的线性算子。

对于梁单元，当结构受轴向和弯曲变形后，应变由轴向和弯曲两部分组成，即

$$\varepsilon = \begin{bmatrix} \varepsilon_0 \\ \varepsilon_b \end{bmatrix} = \begin{bmatrix} \dfrac{du}{dx} \\ -\gamma \dfrac{d^2 v}{dx^2} \end{bmatrix} = Bd^e \tag{10-12}$$

式中，γ 为中性轴到应力计算点的距离；u 为轴向变形长度；v 为挠度；B 为应变矩阵，表示为

$$B = \begin{bmatrix} -\dfrac{1}{L} & 0 & 0 & \dfrac{1}{L} & 0 & 0 \\ 0 & \dfrac{1}{L^3}(-12\gamma x + 6\gamma L) & \dfrac{1}{L^2}(-6\gamma x + 4\gamma L) & 0 & \dfrac{1}{L^3}(12\gamma x - 6\gamma L) & \dfrac{1}{L^2}(-6\gamma x + 2\gamma L) \end{bmatrix}$$
$$\tag{10-13}$$

在得到应变矩阵后，通过物理方程，可以求得单元内任意点的应力：

$$\sigma = D\varepsilon = DBd^e \tag{10-14}$$

式中，D 为弹性矩阵。

由于 d^e 为单元局部坐标下的位移向量，需要在局部坐标系和整体坐标系之间进行转化。坐标变换矩阵表示为 T，则整体坐标系与局部坐标系存在如下变换关系：

$$d^e = Td \tag{10-15}$$

得到式(10-14)后，可以将单元内任一点处平稳随机过程应力谱的相关系数表示为

$$\begin{aligned} R_\sigma(\tau) &= E\left\{\sigma(t)[\sigma(t+\tau)]^{\mathrm{T}}\right\} \\ &= DBE\left\{d^e(t)[d^e(t+\tau)]^{\mathrm{T}}\right\}B^{\mathrm{T}}D^{\mathrm{T}} \\ &= DBTE\left\{d(t)[d(t+\tau)]^{\mathrm{T}}\right\}T^{\mathrm{T}}B^{\mathrm{T}}D^{\mathrm{T}} \\ &= DBT[R_d(\tau)]T^{\mathrm{T}}B^{\mathrm{T}}D^{\mathrm{T}} \end{aligned} \tag{10-16}$$

为此，随机应力谱可以表示为

$$S_\sigma(\omega) = DBT[S_d(\omega)]T^{\mathrm{T}}B^{\mathrm{T}}D^{\mathrm{T}} \tag{10-17}$$

通过以上方法，可以计算悬跨管道跨中危险截面处的应力谱。为了计算应力谱，首先选取跨中单元，求得单元两个节点的位移响应谱，然后代入式(10-17)，选择 x 坐标，可以求得相应位置的应力谱。图 10-5 给出了各工况下跨中危险截面的最大应力谱。

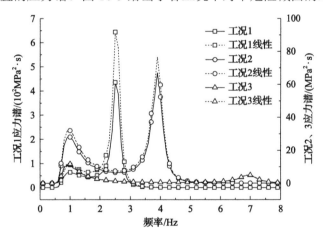

图 10-5 各工况悬跨管道线性和非线性计算跨中截面最大应力谱

Fig. 10-5 Linear and nonlinear calculation of maximum stress spectrum of midspan section of suspended pipeline under various working conditions

10.1.7 悬跨管道随机疲劳寿命和疲劳可靠度分析

在频域内计算结构疲劳损伤时，需要确定以下几个参数。

(1) 应力谱的 m 阶矩：

$$\lambda_m = \int_{-\infty}^{+\infty} |\omega|^m S(\omega) \mathrm{d}\omega \tag{10-18}$$

式中，ω 为频率；$S(\omega)$ 为应力功率谱。因此，应力谱的 0 阶矩、2 阶矩和 4 阶矩分别表示为

$$\lambda_0 = \sigma_\sigma^2, \quad \lambda_2 = \sigma_{\dot\sigma}^2, \quad \lambda_4 = \sigma_{\ddot\sigma}^2 \tag{10-19}$$

(2) 应力谱特征参数：

$$\alpha_1 = \frac{\lambda_1}{\sqrt{\lambda_0 \lambda_2}}, \quad \alpha_2 = \frac{\lambda_2}{\sqrt{\lambda_0 \lambda_4}} \tag{10-20}$$

(3) 应力谱谱宽参数：

$$\varepsilon = \sqrt{1 - \frac{\lambda_1^2}{\lambda_0 \lambda_2}} = \sqrt{1 - \alpha_1^2} \tag{10-21}$$

(4) 极大值频率：

$$v_p = \frac{1}{2\pi}\sqrt{\frac{\lambda_4}{\lambda_2}} \tag{10-22}$$

(5) 应力过程的正穿越零频率：

$$v_0^+ = \frac{1}{2\pi}\sqrt{\frac{\lambda_2}{\lambda_0}} \tag{10-23}$$

对于窄带高斯随机过程，T 时间段内的累积疲劳损伤可以表示为[10-22, 10-23]

$$D_{NB} = v_p K^{-1} T \alpha_2 \left(\sqrt{2\lambda_0}\right)^m \Gamma\left(\frac{m}{2} + 1\right) \tag{10-24}$$

式中，v_p 为应力过程的极大值频率；Γ 表示伽马函数；K、m 为材料的疲劳参数，满足式 (10-25) 的关系：

$$NS^m = K \tag{10-25}$$

对于宽带高斯随机过程，可以用具有相同 σ 的窄带过程的累积疲劳损伤乘以一个等效系数 λ 来近似，即

$$D = \lambda D_{NB} \tag{10-26}$$

Wirsching[10-24]通过对各种应力谱的大量模拟计算，给出计算 λ 的经验公式：

$$\lambda = a + (1-a)(1-\varepsilon)^b \tag{10-27}$$

式中，a 和 b 都是疲劳参数 m 的函数，可以用以下经验公式计算：

$$a(m) = 0.926 - 0.033m$$
$$b(m) = 1.587m - 2.323 \quad (10\text{-}28)$$

根据 Palmgren-Miner 假说，管线横向振动疲劳失效概率为[10-25]

$$P_{f_L} = \left(v_0^+ T\right) \int_0^\infty \frac{1}{N(S)} P_p(S) \mathrm{d}s \quad (10\text{-}29)$$

式中，$N(S)$ 为材料疲劳参数关系式；$P_p(S)$ 为随机应力的概率分布密度函数。

由于假设位移响应满足高斯正态分布，横向振动时危险截面处的应力随机过程也满足高斯正态分布。$P_p(S)$ 具有如下形式：

$$P_p(S) = \frac{1}{\sqrt{2\pi}\sigma} \mathrm{e}^{-\frac{S^2}{2\sigma^2}} \quad (10\text{-}30)$$

通过式(10-24)和式(10-29)，可以求得结构的累积损伤和失效概率。

根据 API 规范[10-26]给出的 S-N 曲线，选取疲劳参数 $m=4.38$，$K=1.15\times10^{15}$，各工况悬跨管道疲劳寿命和失效概率计算结果如表 10-4 所示。从表中可以看出，随悬跨长度的加大，管道疲劳寿命可靠指标快速下降；在工况 3 中，线性和非线性计算结果相差不大；在工况 2 中，两者有较大差异；在工况 1 中，两者差异非常显著，在这种情况下，再不考虑几何非线性的影响，将会给管道的疲劳性能评估带来相当大的误差。

表 10-4 各工况悬跨管道疲劳寿命和失效概率

Tab. 10-4 Fatigue life and failure probability of suspended pipeline under different working conditions

工况	悬跨长度/m	年累积损伤	疲劳寿命/年	可靠指标	失效概率
1	50	2.39×10^{-1}	4.18	2.87	2.07×10^{-3}
2	40	2.00×10^{-2}	5.0×10	3.58	1.73×10^{-4}
3	30	8.43×10^{-4}	1.2×10^3	4.34	7.30×10^{-4}
1-线性	50	6.92×10^{-1}	1.45	2.51	5.99×10^{-3}
2-线性	40	3.42×10^{-2}	2.9×10	3.43	2.96×10^{-4}
3-线性	30	9.42×10^{-4}	1.1×10^3	4.20	8.15×10^{-6}

10.1.8 悬跨管道随机振动影响因素敏感性分析

悬跨管道随机振动的主要影响因素有悬跨长度、波高、水深、管道外径和残余应力等。

1) 悬跨长度

表 10-5 给出了不同悬跨长度下管道疲劳寿命和失效概率。可以看出，外径为 0.345m 时不同悬跨长度(30mm、35mm、40mm、45mm、50m)对疲劳寿命和疲劳失效概率的影响非常显著。

表 10-5　不同悬跨长度下管道疲劳寿命和失效概率

Tab. 10-5　Fatigue life and failure probability of pipeline under different span lengths

悬跨长度/m	年累积损伤/10^{-3}	疲劳寿命/10^2 年	可靠指标	失效概率/10^{-5}
30	0.843	12	4.34	0.73
35	4.27	0.23	3.96	3.7
40	20	0.50	3.58	17.3
45	56.7	0.18	3.30	49.1
50	239	0.0418	2.87	207

2) 波高

我国不同海域海洋环境差异大，必须考虑不同有效波高带来的影响。选取悬跨长度 40m、外径 0.345m 的管道，分析其在 2m、3m、4m 和 5m 不同有效波高下的运动响应、疲劳寿命及疲劳可靠性。表 10-6 给出了不同波高下管道的疲劳寿命和失效概率。分析表明，波高和可靠指标以及应力谱峰值接近于线性关系。这一结论是在仅考虑波浪升举力单因素时给出的，假如再考虑由于波高的增大及海流速度的提高，可能引起海底冲刷的加强，导致悬跨长度加大等不利影响，波高对悬跨管道的影响将会比本节分析更为显著。

表 10-6　不同波高下管道疲劳寿命和失效概率

Tab. 10-6　Fatigue life and failure probability of pipeline under different wave heights

波高/m	年累积损伤/10^{-1}	疲劳寿命/10^2 年	可靠指标	失效概率/10^{-3}
2	0.122	0.82	3.71	0.105
3	0.200	0.50	3.58	0.173
4	0.430	0.23	3.37	0.372
5	0.823	0.12	3.19	0.712

3) 水深

选取悬跨长度 40m、外径 0.345m 的管道，在 3m 有效波高下，分析其在 15m、20m、30m 和 40m 不同水深处的运动响应及疲劳可靠性，结果如图 10-6～图 10-8 和表 10-7 所

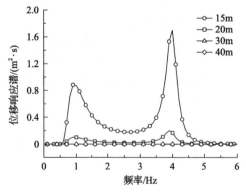

图 10-6　不同水深时管道振动位移响应谱

Fig. 10-6　Vibration displacement response spectrum of pipeline at different water depths

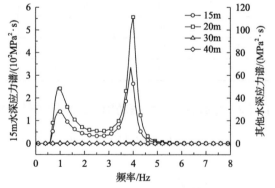

图 10-7　不同水深时管道振动应力响应谱

Fig. 10-7　Vibration stress response spectrum of pipeline at different water depths

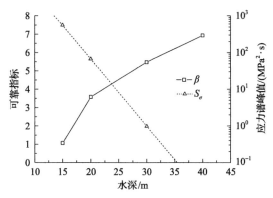

图 10-8 不同水深时管道可靠指标和应力谱峰值

Fig. 10-8 Pipeline reliability index and peak stress spectrum at different water depths

表 10-7 不同水深下管道的疲劳寿命和失效概率

Tab. 10-7 Fatigue life and failure probability of pipeline under different water depths

水深/m	年累积损伤	疲劳寿命/年	可靠指标	失效概率
15	2.00	5.0×10^{-1}	2.11	1.74×10^{-2}
20	2.00×10^{-2}	5.1×10^{1}	3.58	1.73×10^{-4}
30	2.52×10^{-6}	4.0×10^{5}	5.48	2.18×10^{-8}
40	2.51×10^{-10}	4.0×10^{9}	6.93	2.17×10^{-12}

示，表明 15m 水深时的管道位移和应力响应谱值要远远高于另外 3 个水深条件下的响应谱值。在 20m、30m 和 40m 水深条件下，运动响应相差不大。

4) 管道外径

为了研究外径差异对悬跨管道运动响应和疲劳分析的影响程度，图 10-9 给出了不同管道外径管道振动位移响应谱，图 10-10 给出了相应的应力谱，图 10-11 给出了管道外径和可靠指标以及最大应力谱间的对应关系曲线。表 10-8 列出了不同外径管道的疲劳寿命和失效概率。

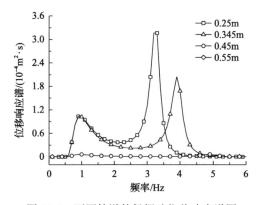

图 10-9 不同管道外径振动位移响应谱图

Fig. 10-9 Vibration displacement response spectra of pipelines with different diameters

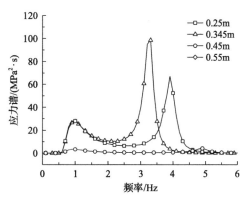

图 10-10 不同外径管道振动应力谱

Fig. 10-10 Vibration stress response spectrum of pipes with different diameters

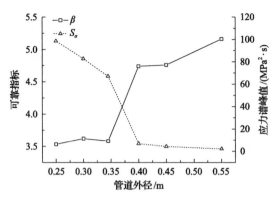

图 10-11 不同外径管道可靠指标和应力谱峰值

Fig. 10-11 Reliability index and peak stress spectrum of pipelines with different outer diameter

表 10-8 不同外径管道疲劳寿命和失效概率

Tab. 10-8 Fatigue life and failure probability of pipelines with different diameters

管道外径/m	年累积损伤	疲劳寿命/年	可靠指标	失效概率
0.25	2.41×10^{-2}	4.1×10^{1}	3.53	2.09×10^{-4}
0.30	1.68×10^{-2}	6.0×10^{1}	3.62	1.45×10^{-4}
0.345	2.00×10^{-2}	5.0×10^{1}	3.58	1.73×10^{-4}
0.40	1.25×10^{-4}	8.0×10^{3}	4.74	1.08×10^{-6}
0.45	1.12×10^{-4}	8.9×10^{3}	4.76	9.71×10^{-7}
0.55	1.42×10^{-5}	7.0×10^{4}	5.16	1.23×10^{-7}

5) 残余应力

采用铺管船法以及使用过程受荷载及温度的影响，在管道上会有轴向残余应力。图 10-12 给出了不同残余应力下管道振动位移响应谱，图 10-13 给出了相应的应力响应谱。图 10-14 为不同初始应力和可靠指标以及最大应力谱间的对应关系曲线。表 10-9 列出了不同残余应力时管道的疲劳寿命和疲劳失效概率。可以看出，疲劳寿命和疲劳失效概率也相应快速变化。

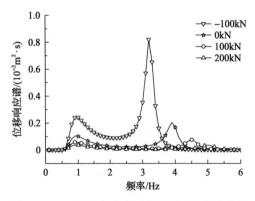

图 10-12 不同残余应力下管道振动位移响应谱

Fig. 10-12 Vibration displacement response spectrum of pipeline under different residual stresses

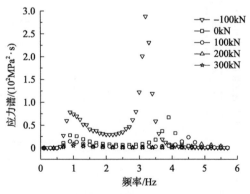

图 10-13 不同残余应力下管道振动应力响应谱

Fig. 10-13 Vibration stress response spectrum of pipeline under different residual stresses

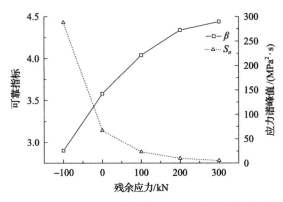

图 10-14 不同残余应力下管道可靠指标和应力谱峰值

Fig. 10-14 Pipeline reliability index and peak stress spectrum under different residual stresses

表 10-9 不同残余应力下管道疲劳寿命和失效概率

Tab. 10-9 Fatigue life and failure probability of pipeline under different residual stresses

残余应力/kN	年累积损伤	疲劳寿命/年	可靠指标	失效概率
−100	2.19×10^{-1}	4.6	2.90	1.89×10^{-3}
0	2.00×10^{-2}	5.0×10	3.58	1.73×10^{-4}
100	3.15×10^{-3}	3.2×10^{2}	4.04	2.73×10^{-5}
200	8.12×10^{-4}	1.2×10^{3}	4.34	7.03×10^{-6}
300	2.47×10^{-4}	4.0×10^{3}	4.44	4.43×10^{-6}

10.2 导管架平台疲劳可靠性

10.2.1 疲劳荷载的概率模型

在对平台结构进行疲劳寿命分析之前，必须先了解结构受到的疲劳荷载。BZ28-1 SPM 系统的系泊力以及运动参数来源于 1986 年在荷兰船模试验池进行的模型试验[10-27]，通过分析试验数据得出系泊力与波浪环境参数之间的非线性关系，以便于对导管架结构进行疲劳寿命分析。

1) 环境荷载的统计特性

由于该平台结构的对称性和海况的各方向统计特性比较相近，分别考虑 0°、45°、90°这 3 个波向(相应于东、东北和北，见图 10-15)的 11 种海况用于疲劳计算分析，每个方向具有相同的发生概率 P，并且假定在这 3 个波向中，波浪与波流同向和波浪与波流相互垂直各占一半的发生概率，如表 10-10 所示，其中 H_S 为有效波高，T_Z 为平均跨零周期。系泊力与波高的关系是由水池模型试验得到的，表 10-10 和表 10-11 分别列出了用于疲劳计算分析的高频和低频系泊力范围统计标准差，其中 F_{US} 和 F_{ZS} 分别为水平和竖向系泊力统计标准差。

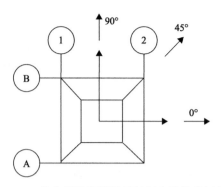

图 10-15 单点系泊海洋导管架平台结构坐标体系

Fig. 10-15 Structure coordinate system of single point mooring offshore jacket platform

表 10-10 高频系泊力范围的统计标准差

Tab. 10-10 Statistical standard deviation of high-frequency mooring range

H_S / m	P	T_Z / s	波浪与波流同向		波浪与波流方向垂直	
			F_{US} / kN	F_{ZS} / kN	F_{US} / kN	F_{ZS} / kN
0.25	0.15000	4.0	0.4	0.1	0.6	0.1
0.75	0.17500	4.0	5.5	1.3	7.4	1.6
1.25	0.11000	4.2	17.5	5.2	23.6	6.5
1.75	0.03750	4.7	37.4	13.1	50.6	16.3
2.25	0.01700	5.2	66.1	26.2	89.3	32.6
2.75	0.00600	5.6	104.0	45.5	146.0	56.6
3.25	0.00300	6.1	151.7	72.1	205.2	89.7
3.75	0.00100	6.6	209.7	106.8	283.5	133.0
4.25	0.00030	7.0	278.3	150.8	376.3	187.6
4.75	0.00015	7.4	357.8	208.0	483.9	254.8
5.25	0.00005	7.8	448.7	269.6	606.8	335.5

表 10-11 低频系泊力范围的统计标准差

Tab. 10-11 Statistical standard deviation of low-frequency mooring range

H_S / m	P	T_Z / s	波浪与波流同向		波浪与波流方向垂直	
			F_{US} / kN	F_{ZS} / kN	F_{US} / kN	F_{ZS} / kN
0.25	0.15000	90.0	3.9	2.25	2.0	1.4
0.75	0.17500	90.0	43.1	15.4	26.5	9.0
1.25	0.11000	90.0	131.3	37.4	80.4	22.0
1.75	0.03750	90.0	272.4	67.2	167.6	39.4
2.25	0.01700	90.0	470.4	104.2	289.1	61.0
2.75	0.00600	90.0	727.2	147.8	446.9	86.5
3.25	0.00300	90.0	1044.7	197.7	642.9	115.8
3.75	0.00100	90.0	1426.9	253.6	878.1	148.6
4.25	0.00030	90.0	1872.8	315.4	1152.5	184.6
4.75	0.00015	90.0	2384.3	382.8	1467.1	224.2
5.25	0.00005	90.0	2964.5	455.7	1823.8	267.0

2) 环境荷载的分布

荷载在结构整个寿命期间的分布通常称为疲劳荷载的长期分布,但是当进行疲劳寿命分析时,结构的疲劳寿命事先是不知道的,因此通常将疲劳荷载在一个适当的确定时间长度内有代表性的分布看成长期分布来使用,这一时间长度称为荷载谱的回复周期。在计算分析中取荷载谱回复周期为 1 年,荷载谱的长期分布是由若干短期海况组成的,每一短期海况波高和系泊力的分布假定为瑞利分布,表示为

$$P(H) = \frac{4H}{H_S^2} \exp\left(-2\frac{H^2}{H_S^2}\right) \tag{10-31}$$

式中,$P(H)$ 为相应波高的概率密度函数。

因此,在波高 H 和 $H+\Delta H$ 之间的循环次数为

$$n_i = n\int_H^{H+\Delta H} P(H)\mathrm{d}H = n\left\{\exp\left(-2\frac{H^2}{H_S^2}\right) - \exp\left[-2\frac{(H+\Delta H)^2}{H_S^2}\right]\right\} \tag{10-32}$$

式中,n 为海况在回复周期内的循环次数。

对每一有效波高 H_S,根据瑞利分布离散化为一序列波高为 H_d 的规则波。离散波列里包含了 100 年内可能出现的最大波高,在离散化后,波高在 1 年回复周期内相应的循环次数如表 10-12 所示。

表 10-12 不同有效波高下的系泊力离散序列

Tab. 10-12 Mooring force discrete series under different effective wave heights

系泊力	H_d / m	波浪与波流同向		波浪与波流方向垂直	
		F_{US} / kN	F_{ZS} / kN	F_{US} / kN	F_{ZS} / kN
高频系泊力	0.25	10.74	6.29	14.16	7.83
	1.00	52.35	31.45	70.79	39.14
	1.75	115.17	69.20	155.75	86.11
	2.50	177.98	106.94	240.70	133.08
	3.25	240.80	144.69	325.65	180.05
	4.00	303.62	182.43	410.60	227.02
	4.75	366.44	220.17	495.55	273.99
	5.50	429.26	257.92	580.51	320.96
	6.25	492.07	295.66	665.46	367.93
	7.00	554.89	333.41	750.41	414.90
	7.75	617.71	371.15	835.36	461.90
	8.50	680.53	408.89	920.31	508.84
	9.25	743.35	446.64	1005.27	555.81
	10.00	806.16	484.38	1090.22	602.78
	10.75	868.98	522.13	1175.17	649.75

续表

系泊力	H_d / m	波浪与波流同向		波浪与波流方向垂直	
		F_{US} / kN	F_{ZS} / kN	F_{US} / kN	F_{ZS} / kN
低频系泊力	0.25	70.58	10.85	43.42	6.36
	1.00	352.92	54.25	217.12	31.78
	1.75	776.42	119.35	477.66	69.72
	2.50	1199.92	184.45	738.20	108.05
	3.25	1 623.42	249.55	998.74	146.19
	4.00	2 046.92	314.65	1 259.28	184.32
	4.75	2 470.42	379.75	1 519.28	222.46
	5.50	2 893.92	444.85	1 780.36	260.60
	6.25	3 317.42	509.95	2 040.90	298.73
	7.00	3 740.92	575.05	2 301.44	336.87
	7.75	4164.42	640.15	2 561.98	375.0
	8.50	4587.92	705.25	2822.52	413.14
	9.25	5011.42	770.35	3083.06	451.28
	10.00	5434.92	835.45	3343.60	489.41
	10.75	5 858.42	900.55	3604.14	527.55

同样根据瑞利分布且假定系泊力与波高有相同的概率密度函数,系泊力离散序列如表 10-12 所示,得到了各离散波列相对应的高频和低频系泊力,其中 F_{US} 和 F_{ZS} 分别为水平和竖向系泊力离散序列。离散化后的高频系泊力在 1 年回复周期内的循环次数与波浪相同,如表 10-13 所示。低频系泊力离散序列在 1 年回复周期内的循环次数如表 10-14 所示。

表 10-13 高频系泊力循环次数
Tab. 10-13 High-frequency mooring force cycles

H_d / m	H_S / m										
	0.25	0.75	1.25	1.75	2.25	2.75	3.25	3.75	4.25	4.75	5.25
0.25	340851	91641	21167	3354	838	185	61	14	3	1	0
1.00	53349	355122	177599	36867	10378	2433	831	197	44	17	4
1.75	0	13129	71085	32300	12901	3635	1383	351	82	33	9
2.50	0	0	5370	9935	7340	2854	1312	376	95	40	11
3.25	0	0	92	1331	2380	1467	883	300	86	39	12
4.00	0	0	0	0	468	526	450	191	63	32	10
4.75	0	0	0	0	57	135	178	99	40	23	8
5.50	0	0	0	0	4	25	55	43	21	14	6
6.25	0	0	0	0	0	3	14	15	10	8	4
7.00	0	0	0	0	0	0	3	5	4	4	2
7.75	0	0	0	0	0	0	0	1	1	2	1
8.50	0	0	0	0	0	0	0	0	0	1	1
9.25	0	0	0	0	0	0	0	0	0	0	0
10.00	0	0	0	0	0	0	0	0	0	0	0
10.75	0	0	0	0	0	0	0	0	0	0	0

表 10-14 低频系泊力循环次数
Tab. 10-14 Low-frequency mooring force cycles

H_d/m	H_S/m										
	0.25	0.75	1.25	1.75	2.25	2.75	3.25	3.75	4.25	4.75	5.25
0.25	15149	4073	988	175	48	12	4	1	0	0	0
1.00	2371	15783	8288	1925	600	151	56	14	3	1	0
1.75	0	584	3317	1687	745	226	94	26	6	3	1
2.50	0	0	251	519	424	178	89	28	7	3	1
3.25	0	0	4	70	138	91	60	22	7	3	1
4.00	0	0	0	4	27	33	31	14	5	3	1
4.75	0	0	0	0	3	8	12	7	3	2	1
5.50	0	0	0	0	0	2	4	3	2	1	1
6.25	0	0	0	0	0	0	1	1	1	1	0
7.00	0	0	0	0	0	0	3	0	0	0	0
7.75	0	0	0	0	0	0	0	0	0	0	0
8.50	0	0	0	0	0	0	0	0	0	0	0
9.25	0	0	0	0	0	0	0	0	0	0	0
10.00	0	0	0	0	0	0	0	0	0	0	0
10.75	0	0	0	0	0	0	0	0	0	0	0

10.2.2 疲劳寿命评估

1) 平台结构数值模拟

分析海洋导管架平台结构-桩-土相互作用是通过子结构法，即在桩头将整体结构分为上部导管架结构、桩及地基土各子系统，再联合单体反应使其满足相互作用条件，得到整体结构的反应。

采用 Winkler 地基梁模型模拟桩土动力相互作用，土按 Winkler 地基来处理，桩为埋置于土中的长梁，当分析单桩承载能力时采用有限元模型计算，其模型的构建可以参见第 9 章相关内容。

采用确定性分析方法(也称为离散波法)来分析波浪和系泊力荷载对平台导管架结构的作用。一般包括下面的计算分析：在每个海况下进行结构的准静态分析，由前面确定的疲劳荷载工况，对于波浪海况，按每一波高及周期应用线性波浪理论计算作用在导管架构件上的波浪力；对于系泊力，则在立柱顶部直接施加离散化后的水平和竖向系泊力分量，然后对平台导管架结构进行有限元分析求出构件上的内力和应力。考虑结构上相应焊接管节点的应力集中，由计算得到的名义应力乘以相应的应力集中系数，得到管节点的热点应力范围，以供疲劳寿命分析。

2) 疲劳累积损伤和寿命评估方法

应力范围的长期分布由一系列瑞利分布的短期海况组成，单点系泊导管架平台结构的疲劳荷载包括波浪力、高频系泊力和低频系泊力。中国船级社对 BZ28-1 SPM 导管架结构的疲劳寿命进行了分析[10-28],将这 3 种力引起的疲劳损伤分开计算,然后相加得到总的损伤,并以此评估结构的疲劳寿命。这样做是不合理的,会导致过高地估计结构的疲劳寿命。上海交通大学在波频和低频系泊力组合情况下对浮式生产储油轮船艏结构进行了疲劳分析[10-29]。挪威船级社 Offshore Standard 手册[10-30]介绍了有关波频和低频系泊力组合应力的疲劳损伤计算方法:

$$D = \sum_{j=1}^{N_D} \sum_{i=1}^{N_S} d_{ij} \tag{10-33}$$

$$d_{ij} = n_i / N_i \tag{10-34}$$

式中,d_{ij} 为第 j 波浪方向第 i 子海况由波浪、低频和高频组合应力 S_i 计算的疲劳损伤;n_i 为组合应力 S_i 的循环次数;N_i 为根据 API 规范推荐的 X' 曲线在给定组合应力范围 S_i 下的疲劳寿命;N_D 为波浪方向数,取 3;N_S 为每一波浪方向的子海况数,取 90。

$$S_i = \sqrt{S_{Wi}^2 + S_{Li}^2 + S_{Hi}^2} \tag{10-35}$$

式中,S_{Wi}、S_{Li}、S_{Hi} 分别为 i 工况波浪、低频和高频管节点的热点应力幅值。

$$f_i = \sqrt{\lambda_{Wi}^2 f_{Wi}^2 + \lambda_{Li}^2 f_{Li}^2 + \lambda_{Hi}^2 f_{Hi}^2} \tag{10-36}$$

式中,f_i 为平均跨零率;f_{Wi} 为波浪力跨零率;f_{Li} 为低频系泊力跨零率;f_{Hi} 为高频系泊力跨零率。

$$\lambda_{Wi} = \frac{S_{Wi}^2}{S_{Wi}^2 + S_{Li}^2 + S_{Hi}^2}, \quad \lambda_{Li} = \frac{S_{Li}^2}{S_{Wi}^2 + S_{Li}^2 + S_{Hi}^2}, \quad \lambda_{Hi} = \frac{S_{Hi}^2}{S_{Wi}^2 + S_{Li}^2 + S_{Hi}^2}$$

组合应力循环次数为

$$n_i = \frac{1}{f_i} = \sqrt{\frac{n_{Wi}^2 S_{Wi}^2 + n_{Li}^2 S_{Li}^2 + n_{Hi}^2 S_{Hi}^2}{S_{Wi}^2 + S_{Li}^2 + S_{Hi}^2}} \tag{10-37}$$

式中,n_{Wi}、n_{Li}、n_{Hi} 分别为波浪力、低频系泊力和高频系泊力的循环次数。

总的疲劳累计损伤为 3 个波向,每个波向为 180 个子工况的疲劳损伤之和:

$$D = \sum_{j=1}^{3} \left(\sum_{i=1}^{90} d_{ij} \bigg|_P + \sum_{i=1}^{90} d_{ij} \bigg|_V \right) \tag{10-38}$$

式中,P 表示波浪与波流同向;V 表示波浪与波流垂直。以回复周期为 1 年计算得到管节点的疲劳损伤 D,推算出当 $D=1.0$ 时所需的年数即为管节点的疲劳寿命:

$$T_f = 1.0/D \tag{10-39}$$

因此，为了延长平台结构寿命，使其能够继续使用 20 年，结构总的使用寿命延伸为 25 年，考虑 API 规范对近海导管架平台结构焊接管节点疲劳设计寿命的严格要求，对于单点系泊导管架平台结构的疲劳设计寿命需要提高到 50 年。表 10-15 列出了平台导管架结构一些主要构件在波浪力、高频和低频系泊力等荷载组合引起的疲劳累积损伤和疲劳寿命分析结果，其中 F_{SC} 为应力集中系数，相应的管节点编号如图 10-16 所示[10-31]。

表 10-15 主要管节的疲劳损伤与疲劳寿命
Tab. 10-15 Fatigue damage and fatigue life of main pipe joints

节点	杆件	杆件类型	F_{SC} 轴向	平面内弯矩	平面外弯矩	D	T_f/年
36	36-32	CHD	4.524	1.833	3.261	0.0207	48.3
	36-35	BRC	4.555	2.011	2.895	0.0219	45.6
	36-40	CHD	6.104	2.027	4.297	0.0159	62.7
	36-39	BRC	6.420	2.087	4.145	0.0181	55.4
	36-40	CHD	6.104	2.027	4.297	0.0159	62.9
	36-37	BRC	6.420	2.087	4.145	0.0180	55.5
	36-32	CHD	4.524	1.833	3.261	0.0207	48.4
	36-33	BRC	4.555	2.011	2.895	0.0219	45.7
37	37-41	CHD	6.104	2.027	4.297	0.0163	61.2
	37-38	BRC	6.420	2.087	4.145	0.0186	53.9
	37-41	CHD	6.104	2.027	4.297	0.0163	61.2
	37-36	BRC	6.420	2.087	4.145	0.0185	54.0
38	38-34	CHD	4.524	1.833	3.261	0.0206	48.6
	38-35	BRC	4.555	2.011	2.895	0.0218	45.9
	38-42	CHD	6.104	2.027	4.297	0.0155	64.4
	38-39	BRC	6.420	2.087	4.145	0.0176	56.8
	38-42	CHD	6.104	2.027	4.297	0.0156	64.2
	38-37	BRC	6.420	2.087	4.145	0.0176	56.7
	38-34	CHD	4.524	1.833	3.261	0.0206	48.5
	38-33	BRC	4.555	2.011	2.895	0.0219	45.7
39	39-43	CHD	6.104	2.027	4.297	0.0165	60.4
	39-36	BRC	6.420	2.087	4.145	0.0188	53.2
	39-43	CHD	6.104	2.027	4.297	0.0163	61.3
	39-38	BRC	6.420	2.087	4.145	0.0185	54.0

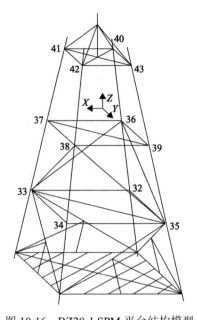

图 10-16　BZ28-1 SPM 平台结构模型
Fig. 10-16　Structural model of BZ28-1 SPM platform

10.3　深水半潜式平台结构的疲劳可靠性

前面在深水半潜式平台结构疲劳寿命分析的基础上，应用 S-N 曲线法和断裂力学法主要研究了深水半潜式平台结构立柱与横撑连接部位的疲劳可靠性。本节将根据中国南海 12 个海域的海况，分别应用 S-N 曲线法和断裂力学法对比分析不同海域深水半潜式平台结构各关键节点的疲劳可靠性，分析两种方法中疲劳参数的敏感性。

10.3.1　疲劳可靠性分析流程

应用 S-N 曲线法和断裂力学法进行深水半潜式平台的疲劳可靠性分析，其分析流程与深水半潜式平台结构的疲劳寿命分析类似，如图 10-17 所示。

10.3.2　平台关键节点的疲劳可靠性分析

1) 结构有限元模型

根据深水半潜式平台结构强度和疲劳分析结果，可知平台立柱与横撑连接部位的疲劳寿命最小，如图 10-18 所示。因此，本节主要研究平台立柱与横撑 8 个连接部位关键节点的疲劳可靠性，如图 10-19 所示。建立深水半潜式平台立柱与横撑连接部位的局部子模型，选择中国南海某海域波浪散布图(表 10-16)，分析子模型在不同工况下的应力响应，得到热点应力的计算结果，然后计算疲劳关键节点的应力参数。

第 10 章 海洋结构物疲劳可靠度

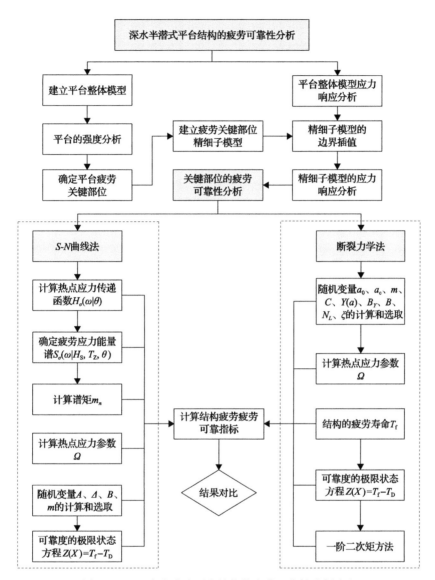

图 10-17 深水半潜式平台结构的疲劳可靠性分析流程

Fig. 10-17 Fatigue reliability analysis process of deepwater semi-submersible platform structure

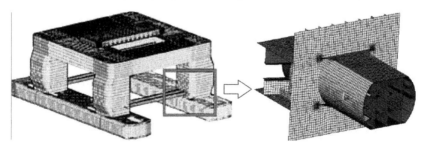

图 10-18 深水半潜式平台疲劳可靠性分析部位

Fig. 10-18 Fatigue reliability analysis part of deepwater semi-submersible platform

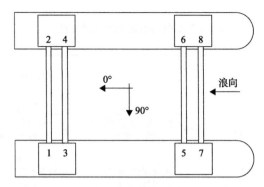

图 10-19 平台立柱与横撑连接部位示意图

Fig. 10-19 The schematic diagram of the connection between the platform column and the transverse brace

表 10-16 中国南海某海域波浪散布图(ΣP=100)

Tab. 10-16 Wave dispersion map of the South China Sea(ΣP=100)

H_S/m	T_Z/s								
	≤3	3~4	4~5	5~6	6~7	7~8	8~9	9~10	>10
0~0.5	0.29	1.13	5.35	8.20	1.47	0.12	0.01	0.00	0
0.5~1.0	0.05	0.67	7.05	6.61	4.62	1.64	0.30	0.03	0
1.0~1.5	0	0.02	1.46	8.34	5.05	2.06	0.97	0.37	0.03
1.5~2.0	0	0	0	2.24	7.91	2.21	1.09	0.69	0.16
2.0~2.5	0	0	0	0.01	3.72	4.68	0.86	0.56	0.33
2.5~3.0	0	0	0	0	0.13	4.29	1.67	0.34	0.34
3.0~3.5	0	0	0	0	0	0.91	3.17	0.38	0.20
3.5~4.0	0	0	0	0	0	0.05	1.81	1.00	0.23
4.0~4.5	0	0	0	0	0	0	0.33	1.38	0.30
4.5~5.0	0	0	0	0	0	0	0.03	0.81	0.46
5.0~6.0	0	0	0	0	0	0	0	0.17	0.84
>6.0	0	0	0	0	0	0	0	0.02	0.86

2) 应力参数计算

各关键节点的热点应力幅值计算按照 ABS 规范[10-32]中推荐的热点应力外插法，通过 Lagrange 插值和线性插值得到焊趾处节点的热点应力幅值。

基于 S-N 曲线法和 Miner 法则，应力参数与应力范围的概率分布及作用频率有关。根据不同工况下各个节点的热点应力幅值，可以得出不同周期、不同浪向下的应力幅传递函数及各热点的第一主应力幅传递函数。由疲劳应力幅传递函数确定疲劳应力能量谱，计算出谱矩，考虑雨流修正，平台结构的疲劳应力参数用式(10-40)计算：

$$\Omega = (2\sqrt{2})^m \Gamma(m/2+1) \sum_{i=1}^{M} \lambda(m,\varepsilon_i) f_{0i} p_i (\sigma_i)^m \qquad (10\text{-}40)$$

式中，p_i 表示各有效波高 H_S 和平均跨零周期 T_Z 组合海况出现的概率；M 表示波浪散布图中各海况总数；f_{0i} 表示各个短期海况的应力响应跨零频率，用式(10-41)计算：

$$f_{0i} = \frac{1}{2\pi}\sqrt{m_{2i}/m_{0i}} \tag{10-41}$$

其中，m_0 和 m_2 表示零阶和二阶谱矩。

$\lambda(m,\varepsilon_i)$ 表示雨流修正因子，可用式(10-42)表示：

$$\lambda(m,\varepsilon_i) = a(m) + [1-a(m)](1-\varepsilon_i)^{b(m)} \tag{10-42}$$

$$\varepsilon_i = \sqrt{1 - m_2^2/(m_0 m)} \tag{10-43}$$

其中，$a(m) = 0.926 - 0.033m$；$b(m) = 1.587m - 2.323$。

断裂力学中疲劳应力参数应根据平台每年在海上运行的实际天数（按 300 天计）及其所处的海洋环境、结构类型和动力性能等因素进行计算。假定平台服役期间应力范围的长期分布服从 Weibull 分布，则其概率密度函数为

$$f_s(S) = \frac{\xi \ln N_L}{S_L^\xi} S^{\xi-1} \exp\left(-\frac{S^\xi}{S_L^\xi}\ln N_L\right), \quad 0 \leqslant S < +\infty \tag{10-44}$$

式中，ξ 为形状参数；S_L 为各海况最大应力范围；N_L 为应力循环总次数。

平台的疲劳应力参数用式(10-45)计算：

$$\Omega = f_L \frac{S_L^m}{(\ln N_L)^{m/\xi}} \Gamma\left(\frac{m}{\xi}+1\right) \tag{10-45}$$

式中，Γ 为伽马函数；m 为疲劳指数。

3) 随机变量的计算选取

在 Torng 和 Wirsching[10-33]、Kung 和 Wirsching[10-34]、Jiao 和 Moan[10-35]、Moan 等[10-36]、Siddiqui 和 Ahmad[10-37,10-38]研究的基础上，结合平台结构材料特性和 S-N 曲线的相关数据，按照 ABS 规范[10-39]推荐 S-N 曲线选取 E 曲线中 m、A 及其变异系数，根据 Wirsching 等[10-40,10-41]的研究选择疲劳损伤度 Δ 的均值和变异系数，选取参数 B 的均值与变异系数。表 10-17 给出了应用 S-N 曲线法进行疲劳可靠性分析的各参数取值。

表 10-17　S-N 曲线法中疲劳可靠性分析参数

Tab. 10-17　Fatigue reliability analysis parameters in S-N curve method

随机变量	取值	变异系数
疲劳强度系数 A	4.16×10^{11}	0.4
结构疲劳损伤度 Δ	1.0	0.25
应力计算中不确定性随机变量 B	1.0	0.25
疲劳指数 m	3.0	

应用断裂力学法进行平台结构的疲劳可靠性分析时，涉及应力强度因子范围计算中的不确定性、材料裂纹扩展性能的不确定性、裂纹初始状态的不确定性、有限元计算模型结构响应的不确定性等。初始裂纹深度 a_0 按照挪威船级社[10-42]和美国船级社[10-39]规范确定，临界裂纹尺寸 a_c 按板厚减去 a_0 计算。材料裂纹扩展参数 m、C 参照美国船级社规范确定。根据胡毓仁等[10-43]分析 Guedes、Soares 和 Moan 等的研究给出的形状参数 ξ 和应力循环总次数 N_L 取值方法，确定半潜式平台进行疲劳可靠性分析的 ξ 和 N_L。几何修正系数 $Y(a)$ 及其计算中不确定的随机变量 B_Y 参照 Newman-Raju 公式[10-44]和 BS7910 规范[10-45]进行计算。

表 10-18 给出了应用断裂力学法进行疲劳可靠性分析的各参数取值。

表 10-18 断裂力学法中疲劳可靠性分析参数

Tab. 10-18 Fatigue reliability analysis parameters in fracture mechanics

随机变量	取值	变异系数
初始裂纹尺寸 a_0/mm	0.5	1.00
临界裂纹尺寸 a_c/mm	25	
Paris 系数 C	2.3×10^{-12}	0.25
应力计算中不确定性随机变量 B	1.0	0.25
几何修正系数计算中不确定性随机变量 B_Y	1.0	0.15
Paris 指数 m	3.0	0.09
疲劳裂纹扩展的门槛值 $\Delta K_{th}/(\text{MPa} \cdot \text{m}^{1/2})$	2	

4）疲劳可靠性计算

按照基于累积损伤的疲劳可靠性分析方法，通过编程计算，对深水半潜式平台结构疲劳关键部位进行疲劳可靠性分析，由式(10-46)计算得到疲劳关键节点的可靠指标[10-46]：

$$\beta = \frac{\ln\left(\dfrac{\tilde{\Delta}\tilde{A}}{\tilde{B}^m \Omega T_D}\right)}{\left\{\ln\left[\left(1+C_\Delta^2\right)\left(1+C_A^2\right)\left(1+C_B^2\right)^{m^2}\right]\right\}^{1/2}} \tag{10-46}$$

基于裂纹扩展的疲劳可靠性分析方法，采用一阶二次矩方法通过迭代计算关键节点的可靠指标，为了计算方便，根据式(10-47)定义新变量，令 $R_1 = a_0^{1-m/2}$，$R_2 = t^{1-m/2}$，$R_3 = B^m \Omega \left(\dfrac{m}{2} - 1\right) C B_Y^m [Y(a)]^m$（$a$ 为裂缝深度或宽度），则

$$T_D = \frac{1}{CB^m \Omega} \int_{a_0}^{a_c} \frac{da}{B_Y^m Y^m(a) \cdot (\pi a)^{m/2}} \tag{10-47}$$

$$T_f = \frac{R_1 - R_2}{R_3} \tag{10-48}$$

式中，Ω 为应力参数；R_1、R_2 和 R_3 为对数正态分布的随机变量，且相互独立。它们的中值和变异系数分别为

$$\tilde{R}_1 = \tilde{a}_0^{1-m/2} \tag{10-49}$$

$$\tilde{C}_{R_1} = \left[\left(1+C_a^2\right)^{(1-m/2)^2} - 1\right]^{1/2} \tag{10-50}$$

$$\tilde{R}_2 = \tilde{t}^{1-m/2} \tag{10-51}$$

$$\tilde{C}_{R_2} = \left[\left(1+C_t^2\right)^{(1-m/2)^2} - 1\right]^{1/2} \tag{10-52}$$

$$\tilde{R}_3 = \tilde{B}^m \Omega \left(\frac{m}{2}-1\right) \tilde{C} \tilde{B}_Y^m [Y(a)]^m \tag{10-53}$$

$$C_{R_3} = \left[\left(1+C_B^2\right)^{m^2}\left(1+C_C^2\right)\left(1+C_{B_Y}^2\right)^{m^2} - 1\right]^{1/2} \tag{10-54}$$

令 $R_i = \ln X_i (i=1, 2, 3)$，则 X_1、X_2 和 X_3 为正态分布的随机变量，其均值和标准差为

$$\mu_{X_i} = \ln \tilde{X}_i \tag{10-55}$$

$$\sigma_{X_i} = \left[\ln\left(1+C_{X_i}^2\right)\right]^{1/2}, \quad i=1,2,3 \tag{10-56}$$

那么安全余量为

$$Z = T_f - T_D = \frac{X_1 - X_2}{X_3} - T_D = \left(e^{X_1} - e^{X_2}\right)e^{-X_3} - T_D = G(X_1, X_2, X_3) \tag{10-57}$$

根据迭代步骤做正态变换，令 $Y_i = \dfrac{X_i - \mu_{X_i}}{\sigma_{X_i}}$，则极限状态函数变换为

$$g(y_1, y_2, y_3) = \left(e^{\sigma_{X_1} y_1 + \mu_{X_1}} - e^{\sigma_{X_2} y_2 + \mu_{X_2}}\right) e^{-(\sigma_{X_3} y_3 + \mu_{X_3})} - T_D \tag{10-58}$$

极限状态函数的偏导数为

$$\frac{\partial g}{\partial y_1} = \sigma_{X_1} e^{\sigma_{X_1} y_1 + \mu_{X_1}} e^{-(\sigma_{X_3} y_3 + \mu_{X_3})} \tag{10-59}$$

$$\frac{\partial g}{\partial y_2} = -\sigma_{X_2} e^{\sigma_{X_2} y_2 + \mu_{X_2}} e^{-(\sigma_{X_3} y_3 + \mu_{X_3})} \tag{10-60}$$

$$\frac{\partial g}{\partial y_3} = -\sigma_{X_3} \left(e^{\sigma_{X_1} y_1 + \mu_{X_1}} - e^{\sigma_{X_2} y_2 + \mu_{X_2}}\right) e^{-(\sigma_{X_3} y_3 + \mu_{X_3})} \tag{10-61}$$

初始值取 $y_1^{(0)} = y_2^{(0)} = y_3^{(0)} = 0$ 迭代计算结果，上述步骤通过编程进行计算，最后得到疲劳关键节点的疲劳可靠度指标。

5) 计算结果与分析

应用 S-N 曲线法和断裂力学法计算深水半潜式平台立柱与横撑连接部位关键节点的疲劳可靠指标和失效概率，结果如表 10-19 和表 10-20 所示。分析结果表明，疲劳可靠指标的最大值分别为 7.354 和 5.553，最小值分别为 3.018 和 2.977。由于平台立柱与横撑连接部位的结构较为复杂，多为焊接连接，不同工况下结构各处的应力响应不同，使得各连接部位关键节点的可靠指标大小存在差异。5 号连接部位 B 节点的可靠指标最小，表明其失效概率最大，这与疲劳寿命分析的结果一致。因此，平台在上述海域服役时应特别关注这些部位节点的疲劳变化，需要加强相应节点连接处焊缝的定期检测，以保证平台结构的安全可靠运行。

图 10-20 给出了计算结果的对比，由于断裂力学法没有考虑裂纹开展前的结构累积损伤且临界裂纹尺寸 a_c 按板厚减去 a_0 计算，计算所得疲劳可靠指标低于用 S-N 曲线法计算所得疲劳可靠指标。应用两种方法计算所得的疲劳可靠指标的最大值和最小值出现在相同的部位，表明分析结果合理，可以用上述两种方法进行深水半潜式平台结构的疲劳可靠性分析。

表 10-19 基于 S-N 曲线法的各关键节点的疲劳可靠指标和失效概率
Tab. 10-19 Fatigue reliability index and failure probability of key nodes based on S-N curve method

连接部位编号	可靠指标和失效概率	S-N 曲线法			
		A	B	C	D
1	β	6.840	5.997	5.736	4.825
	P_f	3.960×10^{-12}	1.005×10^{-9}	4.847×10^{-9}	7.000×10^{-7}
2	β	7.354	6.565	5.625	4.689
	P_f	9.618×10^{-14}	2.602×10^{-11}	9.275×10^{-9}	1.373×10^{-6}
3	β	6.423	3.976	5.318	5.219
	P_f	6.681×10^{-11}	3.504×10^{-5}	5.246×10^{-8}	8.995×10^{-8}
4	β	5.453	3.496	5.075	5.812
	P_f	2.476×10^{-8}	2.361×10^{-4}	1.937×10^{-7}	3.087×10^{-9}
5	β	5.644	3.018	5.244	5.485
	P_f	8.307×10^{-9}	1.272×10^{-3}	7.857×10^{-8}	2.067×10^{-8}
6	β	6.158	4.139	5.196	5.421
	P_f	3.683×10^{-10}	1.744×10^{-5}	1.018×10^{-7}	2.963×10^{-8}
7	β	5.549	5.415	4.891	3.924
	P_f	1.437×10^{-8}	3.064×10^{-8}	5.016×10^{-7}	4.355×10^{-5}
8	β	5.830	5.096	5.631	5.358
	P_f	2.771×10^{-9}	1.735×10^{-7}	8.958×10^{-9}	4.207×10^{-8}

表 10-20 基于断裂力学法的各关键节点的疲劳可靠指标和失效概率

Tab. 10-20 Fatigue reliability index and failure probability of key nodes based on fracture mechanics

连接部位编号	可靠指标和失效概率	断裂力学法			
		A	B	C	D
1	β	4.973	4.625	4.305	3.004
	P_f	3.304×10^{-7}	1.874×10^{-6}	8.351×10^{-6}	1.332×10^{-3}
2	β	5.553	4.962	4.376	3.396
	P_f	1.401×10^{-8}	3.482×10^{-7}	6.056×10^{-6}	3.415×10^{-4}
3	β	4.666	3.372	4.313	3.849
	P_f	1.539×10^{-6}	3.728×10^{-4}	8.038×10^{-6}	5.928×10^{-5}
4	β	4.581	3.389	3.728	3.985
	P_f	2.312×10^{-6}	3.503×10^{-4}	9.633×10^{-5}	3.380×10^{-5}
5	β	4.402	2.977	4.517	4.003
	P_f	5.351×10^{-6}	1.457×10^{-3}	3.130×10^{-6}	3.123×10^{-5}
6	β	5.510	3.439	4.263	4.320
	P_f	1.793×10^{-8}	2.915×10^{-4}	1.010×10^{-5}	7.786×10^{-6}
7	β	4.506	4.357	3.919	3.482
	P_f	3.302×10^{-6}	6.588×10^{-6}	4.437×10^{-5}	2.492×10^{-4}
8	β	4.661	3.782	4.882	3.991
	P_f	1.571×10^{-6}	7.786×10^{-5}	5.261×10^{-7}	3.284×10^{-5}

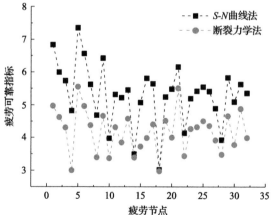

图 10-20 疲劳可靠指标的计算结果对比

Fig. 10-20 Comparison of calculation results of fatigue reliability index

10.3.3 疲劳参数敏感性分析

深水半潜式平台疲劳可靠度分析分析涉及诸多参数，需要分析选取参数的合理性及参数的重要性。不同的参数对疲劳可靠性的影响相差较大，必须依据规范和相关研究进行参数的计算和选取。本节主要通过计算讨论了 S-N 曲线法和断裂力学法中各参数对平台结构疲劳可靠性的影响[10-47]。

基于上述评价原则，疲劳敏感性分析采用以下方式进行。

1. S-N 曲线法中的参数敏感性分析

1) 不同 S-N 曲线对疲劳可靠性的影响

由于各国船级社给出的 S-N 曲线不同，本节选择在船舶与海洋工程中应用最多的三组 S-N 曲线，分析不同 S-N 曲线对疲劳可靠性的影响。表 10-21 为 ABS 规范[10-39]给出的不同环境下的 S-N 曲线中 B、C、D、E、F、G、W 曲线的参数。

表 10-21 不同环境下的 S-N 曲线
Tab. 10-21 S-N curves in different environments

曲线类型	空气中		海水中有阴极保护		海水中自由腐蚀	
	A	m	A	m	A	m
B	1.01×10^{15}	4	4.04×10^{14}	4	3.37×10^{14}	4
C	4.23×10^{13}	3.5	1.69×10^{13}	3.5	1.41×10^{13}	3.5
D	1.52×10^{12}	3	6.08×10^{11}	3	5.07×10^{11}	3
E	1.04×10^{12}	3	4.16×10^{11}	3	3.47×10^{11}	3
F	6.30×10^{11}	3	2.52×10^{11}	3	2.10×10^{11}	3
G	2.50×10^{11}	3	1.00×10^{11}	3	8.33×10^{10}	3
W	1.60×10^{11}	3	6.40×10^{10}	3	5.33×10^{10}	3

应用基于 S-N 曲线的疲劳可靠性分析方法，选取 S-N 曲线中的 B、C、D、E、F、G、W 曲线，分别计算平台 1 号连接部位各关键节点在空气中、海水中有阴极保护、海水中自由腐蚀下的疲劳可靠指标，计算结果如表 10-22 所示。

表 10-22 不同 S-N 曲线下 1 号连接部位各关键节点的疲劳可靠指标
Tab. 10-22 Fatigue reliability index of key nodes in No. 1 connection under different S-N curves

曲线类型	空气中				海水中有阴极保护				海水中自由腐蚀			
	1	2	3	4	1	2	3	4	1	2	3	4
B	8.87	7.94	7.53	6.34	8.87	7.94	7.53	6.34	8.71	7.77	7.36	6.17
C	8.29	7.40	7.06	5.98	8.29	7.40	7.06	5.98	8.10	7.21	6.87	5.80
D	7.28	6.43	6.17	5.26	7.28	6.43	6.17	5.26	7.07	6.23	5.96	5.05
E	6.84	6.00	5.74	4.83	6.84	6.00	5.74	4.83	6.63	5.79	5.53	4.62
F	6.26	5.42	5.16	4.25	6.26	5.42	5.16	4.25	6.05	5.21	4.95	4.04
G	5.20	4.36	4.10	3.19	5.20	4.36	4.10	3.19	4.99	4.15	3.89	2.97
W	5.74	4.90	4.64	3.73	4.69	3.84	3.58	2.67	4.48	3.63	3.37	2.46

在空气中、海水中有阴极保护、海水中自由腐蚀三种环境中，用 B 曲线计算得到的疲劳可靠指标最高，用 W 曲线计算得到的疲劳可靠指标最低，其他曲线的计算结果介于两者之间，各节点的计算值变化趋势一致。从表 10-22 可以看出，用空气中的 B、

C、D、E、F、G、W 曲线计算得到的疲劳可靠指标高于海水中有阴极保护和海水中自由腐蚀两种环境下计算得到的疲劳可靠指标，用海水中有阴极保护的 B、C、D、E、F、G、W 曲线计算得到的疲劳可靠指标高于海水中自由腐蚀环境下计算得到的疲劳可靠指标。通过不同环境下 E 曲线的计算结果对比，应用空气中的 E 曲线计算所得疲劳可靠指标比应用海水中有阴极保护的 E 曲线计算所得疲劳可靠指标高 13.31%，比应用海水中自由腐蚀的 E 曲线计算所得疲劳可靠指标高 16%；应用海水中有阴极保护的 E 曲线计算所得疲劳可靠指标比应用海水中自由腐蚀的 E 曲线计算所得疲劳可靠指标高 3.1%。因此，在疲劳分析时，必须根据平台结构节点所处的环境选择合适的曲线进行分析。

2) S-N 曲线法中的参数对疲劳可靠性的影响

应用 S-N 曲线法进行平台结构的疲劳可靠性分析时涉及相关海域波浪散布图数据统计的不确定性、P-M 谱模拟波浪环境的不确定性、有限元计算模型结构响应的不确定性、波浪荷载计算的不确定性等。因此，随机变量的确定至关重要，关系到分析结果的准确性和合理性。由于材料性能、温度、环境、应力集中和荷载作用次序等原因的影响，各国规范和相关研究给出的参数取值各不相同，为了研究各参数对平台结构疲劳可靠性的影响，根据各国规范和相关的研究，分别计算 S-N 曲线法中各参数不同取值下 1 号连接部位关键节点 A 的疲劳可靠指标。

节点 A 的变异系数 C_A 从 0.30 增大到 0.60，疲劳可靠指标 β 降低了 12.95%；疲劳指数 m 从 2.5 增大到 5.0，β 降低了 41.61%；应力计算中不确定性随机变量中值 B 从 0.8 增大到 1.2，β 降低了 18.40%；B 的变异系数 C_B 从 0.15 增大到 0.35，β 降低了 42.76%。表明参数 C_A、m、B、C_B 对结构的疲劳可靠性影响较为显著，疲劳可靠指标 β 随 C_A、m、B、C_B 的增大而迅速减小。分析表明，参数 Δ、C_Δ 对结构疲劳可靠性的影响并不明显，疲劳可靠指标 β 随 Δ 的增大而略微增加，随 C_Δ 的增大而略微减小。因此，在应用 S-N 曲线法对平台结构的疲劳可靠性进行分析时，对敏感性参数 C_A、m、B、C_B 需谨慎取值。

2. 断裂力学法中的参数敏感性分析

用断裂力学法对平台结构的疲劳可靠性进行分析时涉及很多计算参数的不确定性，如应力强度因子范围计算中的不确定性、材料裂纹扩展性能的不确定性、裂纹初始状态的不确定性、有限元计算模型结构响应的不确定性等。各国规范和相关文献提供了多种参数计算和取值方法，目前尚无法统一。为了研究断裂力学方法中各参数对平台结构疲劳可靠性的影响，根据各国规范和相关的研究，分别计算各参数不同取值下 1 号连接部位关键节点 A 的疲劳可靠指标。

经分析可以得出，初始裂纹尺寸 a_0，材料裂纹扩展参数 C、m，几何修正系数计算中不确定的随机变量中值 B_Y，应力计算中不确定性随机变量中值 B 和几何修正系数 $Y(a)$ 对结构的疲劳可靠性影响显著，疲劳可靠指标 β 随 a_0、C、m、B_Y、B 和 $Y(a)$ 的增大而迅速减小。

分析表明[10-48]，参数 a_c、ζ 和 N_L 对结构的疲劳可靠性影响不显著，疲劳可靠指标 β 随 a_c、ζ 的增大而略微增大，随 N_L 的增大而略微减小。因此，在应用断裂力学法对平台结构的疲劳可靠性进行分析时，敏感性参数 a_0、C、m、B_Y、B 和 $Y(a)$ 的计算和确定需慎重。

3. 设计寿命对疲劳可靠性的影响分析

深水半潜式平台的设计寿命对其结构的疲劳可靠性有直接影响，分别应用 S-N 曲线法和断裂力学法计算立柱与横撑 1 号连接部位关键节点 A 的疲劳可靠指标 β，得到其与平台设计寿命 T_D 的拟合关系曲线，得到 β 随 T_D 的增加而逐渐减小，也就是说，平台设计服役寿命越长，其疲劳可靠指标越小，比较符合实际。

参 考 文 献

[10-1] Supple W J. The 'Alexander L. Kielland' Accident[J]. International Journal of Fatigue, 1983, 5(1): 50.

[10-2] HSE. Parloc 96: The Update of Loss Containment Data for Offshore Pipelines[R]. London, 1996.

[10-3] 廖谟圣. 平湖油气田海底管道设计施工与缺陷修复中的新技术[J]. 中国海洋平台, 2003, 18(3): 24-27.

[10-4] 李林普, 金伟良. 自升式钻井平台结构疲劳寿命分析[J]. 大连理工大学学报, 1989, 29(3): 343-351.

[10-5] 张立, 金伟良. 海洋平台结构疲劳损伤与寿命预测方法[J]. 浙江大学学报(工学版), 2002, 36(2): 138-142.

[10-6] 徐伽南, 何勇, 崔磊, 等. 基于改进子模型技术的 TLP 平台疲劳分析[J]. 船舶工程, 2012, (1): 84-87.

[10-7] 龚顺风, 何勇, 金伟良. 单点系泊海洋导管架平台结构的疲劳寿命可靠性分析[J]. 浙江大学学报(工学版), 2007, 41(6): 995-999.

[10-8] Xu T, Lauridsen B, Bai Y. Wave-induced fatigue of multi-span pipelines[J]. Marine Structures, 1999, 12(2): 83-106.

[10-9] Nguyen P, Kocabiyik S. On a translating and transversely oscillating cylinder. Part 1-The effect of the strouhal number on the hydrodynamic forces and the near-wake structure[J]. Ocean Engineering, 1997, 24(8): 677-693.

[10-10] 潘志远, 崔维成, 刘应中. 阶梯状来流中立管的涡激振动响应预报[J]. 上海交通大学学报, 2006, 40(6): 1064-1068.

[10-11] Pan Z Y, Cui W C, Miao Q M. A prediction model for vortex-induced vibration of slender marine risers[J]. Journal of Ship Mechanics, 2006, 10(3): 42-52.

[10-12] 暑恒木, 黄小光. 三维海底悬空管道的随机振动分析[J]. 中国海洋平台, 2006, 21(1): 30-34.

[10-13] 余建星, 俞永清, 李红涛. 海底管跨涡激振动疲劳可靠性研究[J]. 船舶力学, 2005, 9(2): 109-114.

[10-14] 李昕, 刘亚坤, 周晶, 等. 海底悬跨管道动力响应的试验研究和数值模拟[J]. 工程力学, 2003, 20(2): 21-25.

[10-15] 何勇, 龚顺风, 金伟良. 考虑几何非线性海底悬跨管道随机振动分析方法[J]. 工程力学, 2009, 26(10): 233-239.

[10-16] 何勇, 龚顺风, 金伟良. 考虑几何非线性的海底悬跨管道疲劳可靠性分析方法[J]. 振动工程学报, 2009, 22(3): 313-318.

[10-17] 胡毓仁, 陈伯真. 船舶及海洋工程结构疲劳可靠性分析[M]. 北京: 人民交通出版社, 1996.

[10-18] 姚卫星. 结构疲劳寿命分析[M]. 北京: 国防工业出版社, 2003.

[10-19] Bai Y. Pipelines and Risers[M]. New York: Elsevier, 2004.

[10-20] 哈勒姆 M G. 海洋建筑物动力学[M]. 候国本, 徐立论, 钟礼英译. 北京: 海洋出版社, 1981.

[10-21] 白莱文斯 R D. 流体诱发振动[M]. 北京: 机械工业出版社, 1981.

[10-22] Benasciutti D, Tovo R. Spectral methods for lifetime prediction under wide-band stationary random process[J]. International Journal of Fatigue, 2005, 27(8): 867-877.

[10-23] 龚顺风, 何勇, 金伟良. 海洋平台结构随机动力响应谱疲劳寿命可靠性分析[J]. 浙江大学学报(工学版), 2007, 41(1): 12-17.

[10-24] Wirsching E H. Fatigue under wide band random stresses[J]. Journal of the Structural Division, 1980, 106: 1593-1607.

[10-25] Wirsching P H, Martn W S. Advanced fatigue reliability analysis[J]. International Journal of Fatigue, 1991, 13(5): 389-394.

[10-26] API. Recommended Practice 2A·WSD(RP 2A—WSD)[M]. Washington D. C.: American Petroleum Institute, 2000.

[10-27] Single Buoy Mooring Inc. BZ28-1 field development SPM jacket: calculation report[R]. Abu Dhabi: Single Buoy Mooring Inc, 1987.

[10-28] CCS. BZ28-1 SPM jacket structure re-analysis report[R]. Beijing, 2002.

[10-29] 高震, 胡志强, 顾永宁, 等. 浮式生产储油轮船艏结构疲劳分析[J]. 海洋工程, 2003, 21(2): 8-15.

[10-30] DNV. Offshore standard: OS-E 301[S]. 2001.

[10-31] 张立, 金伟良. 考虑检修因素的海洋工程结构疲劳可靠性分析[J]. 强度与环境, 2001, (3): 22-30.

[10-32] ABS. Guidance notes on spectral-based fatigue analysis for floating offshore structures(104—2005)[S]. New York: American Bureau of Shipping, 2005.

[10-33] Torng T Y, Wirsching P H. Fatigue and fracture reliability and maintainability process[J]. Journal of Structural Engineering, 1991, 117(12): 3804-3822.

[10-34] Kung C J, Wirsching P H. Fatigue and fracture reliability and maintain ability of TLP tendons[J]. Safety and Reliability, 1992, 1(2): 15-21.

[10-35] Jiao G Y, Moan T. Reliability-based fatigue and fracture design criteria for welded offshore structures[J]. Engineering Fracture Mechanics, 1992, 41(2): 271-282.

[10-36] Moan T, Hovde G O. Blanker A M. Reliability-based fatigue design criteria for offshore structures considering the effect of inspection and repair[C]//Proceeding of 25th Annual Offshore Technology Conference, Houston, 1993: 591-600.

[10-37] Siddiqui N A, Ahmad S. Reliability analysis against progressive failure of TLP tethers in extreme tension[J]. Reliability Engineering System Safety, 2000, 68(3): 195-205.

[10-38] Siddiqui N A, Ahmad S. Fatigue and fracture reliability of TLP tethers under random loading[J]. Marine Structures, 2001, 14(3): 331-352.

[10-39] ABS. Guide for the fatigue assessment of offshore structures(115—2003)[S]. New York, 2003.

[10-40] Wirsching P H. Fatigue reliability for offshore structures[J]. Journal of Structural Engineering, 1984, 110(10): 2340-2356.

[10-41] Kjerengtroen L, Wirsching P H. Structural reliability analysis[J]. Journal of Structural Engineering, 1984, 10(7): 1495-1511.

[10-42] DNV. Fatigue design of offshore steel structures[S]. Norway, 2006.

[10-43] 胡毓仁, 李庆典, 陈伯真. 船舶与海洋工程结构疲劳可靠性分析[M]. 哈尔滨: 哈尔滨工程大学出版社, 2010.

[10-44] Newman J C, Raju I S. An empirical stress-intensity factor equation for the surface crack[J]. Engineering Fracture Mechanics, 1981, 15(1-2): 185-192.

[10-45] British Standards Institution. Guide to methods for assessing the acceptability of flaws in metallic structures: BS7910[S]. London, 2005.

[10-46] 崔磊, 何勇, 徐伽南, 等. 张力腿平台关键部位疲劳可靠性分析[J]. 海洋工程, 2013, (1): 16-25.

[10-47] Ye Q, Jin W L, He Y, et al. System reliability of a semi-submersible drilling rig[J]. Ships & Offshore Structures, 2013, 8(1): 84-93.

[10-48] 崔磊, 何勇, 金伟良. 不同海域 Semi 平台关键节点的疲劳可靠性分析[J]. 浙江大学学报(工学版), 2013, 47(8): 1329-1337.

第 11 章

桥梁结构可靠度

桥梁结构（包括上部结构和下部结构）承受着复杂的外部作用和内部作用效应，其安全可靠性尤为突出。本章结合实际工程案例对桥梁结构物进行体系可靠度评估，为该类结构的可靠度评估提供参考实例；同时，对新建桥梁结构的特殊部位进行目标可靠度和可靠度标定具有参考价值。

随着社会经济的不断发展，桥梁在国民经济的发展中起着越来越重要的作用，很多桥梁结构已成为必不可少的重要交通运输枢纽工程。因此，桥梁结构的安全与否不仅会给人们的出行、运输造成影响，甚至会危及人们的生命财产安全。桥梁结构物是一种复杂的结构系统，对桥梁结构的评估需要采用体系可靠度分析方法。通常，体系可靠度的分析先要确定失效模式，而失效模式的搜寻对大型结构来说是非常复杂的。要获得所有的失效模式是非常困难的，一般采用主要失效模式来计算结构体系的失效概率[11-1]。当获得主要失效模式后，失效模式间相关系数的确定就成为一个需要解决的问题。一般来说，工程结构失效模式间的相关性都是依靠统计数据来获得的。针对某个实际工程来说，很难及时获得充分的数据资料统计，需要考虑采用别的方法来确定失效模式之间的相关性。同一结构的失效模式往往包含相同的随机变量，而且用来计算可靠度的表述失效模式的极限状态方程本身就是基本随机变量的函数，因此可以考虑通过功能函数来得到失效模式间的相关性。

但由于近似方法有一定的局限性和针对性，需要考虑把失效模式按体系特点进行分组，在各组内选择适合的方法来计算。但这时就会产生一个问题，获得各组的体系失效概率后，又需要确定各组间的相关系数，以便计算整个体系的失效概率。但因为各组自成一个体系，并没有明确的表达式，其相关系数的确定就成为一个需要解决的问题。由于可靠指标矢量可以用来计算失效模式间的相关系数，采用可靠指标矢量计算方法来获得各组的组体系可靠指标矢量，再用组体系可靠指标矢量来求解整个体系的失效概率[11-2]。

对于沿海地区的桥梁结构，桥梁的上部结构、下部结构和水中结构所承受的外部荷载有自重、汽车荷载、土压力、波浪荷载和碰撞荷载等作用。结构设计公式中各种分项系数、组合系数的取值方法以及各种荷载的取值方法在公路工程、建筑结构和港口工程的可靠度统一标准和荷载规范中都有相应的规定，但是在桥梁工程的下部结构设计时就可能存在着如何选择相关设计参数的问题。因此，有必要进行相关桥梁结构的目标可靠度确定和开展其可靠度的标定工作[11-3]。

11.1 拱桥的可靠度

11.1.1 桥梁概况

某钢管混凝土拱桥主桥由三孔不等跨中承式钢管混凝土拱桥组成，具体结构形式如图 11-1 和图 11-2 所示。

主桥总长 403.928m，三孔净跨径分别为 121.209m、141.229m、121.209m。主桥桥面总宽 32.5m，桥面布置为 1.8m 人行道+4.55m 慢车道+1.8m 拱肋+16.2m 快车道+1.8m 拱肋+4.55m 慢车道+1.8m 人行道。主桥拱肋为两条分离式平行无铰钢管混凝土拱肋，两拱肋中心距离为 18m。主孔净跨径为 141.229m，计算跨径为 143.666m，净矢高为 34.302m，计算矢高为 35.017m。

主孔拱肋由两根 $\varPhi 700mm \times 10mm$ 上弦钢管、两根 $\varPhi 700mm \times 10mm$ 下弦钢管、

Φ245mm×10mm 竖腹杆和斜腹杆及 Φ300mm×10mm 横联钢管组成等截面钢桁架，拱肋高 3.4m，宽 1.8m，上、下弦钢管内填充 C50 混凝土。

图 11-1 某钢管混凝土拱桥主孔钢管混凝土拱

Fig. 11-1 The main hole concrete filled steel tube arch of a concrete filled steel tube arch bridge

图 11-2 某钢管混凝土拱桥主桥

Fig. 11-2 Main bridge of a concrete filled steel tube arch bridge

主孔和边孔在拱脚处、C 型横梁下有一 X 撑，X 撑由型钢骨架混凝土组成，断面为 300mm×2100mm 的箱形，拱顶横梁、K 型横梁及 X 撑与 C 型横梁把两条拱肋联系在一起。

11.1.2 计算模型

以某钢管混凝土拱桥主孔钢管混凝土拱桥作为实际工程算例进行可靠度分析[11-4]，确定失效模式及功能函数，但功能函数中随机变量与作用效应的关系很难直接用明确的表达式写出来，作用效应的确定依赖于结构计算，同时失效模式的确定也需要以结构分析为依托，因此进行可靠度分析首先要建立结构的有限元分析模型。某钢管混凝土拱桥拱轴线形式为悬链线，其表达式为

$$\dot{y}_i = [f/(m-1)](\tan\xi - 1) \tag{11-1}$$

式中，y_i 为以拱顶为坐标原点的拱轴上任意一点的纵坐标，m；f 为计算矢高，m，$f = 35.017\text{m}$；m 为拱轴系数，$m = 1.347$；$\xi = 2x_i/L$，L 为计算跨径，m，x_i 为以拱顶为坐标原点的拱轴上 i 点的横坐标。

全桥的弦杆、斜杆、横联、K 撑、X 撑、横撑都分别用三维空间梁单元 beam44 来模拟，按竣工图拱肋放样坐标表建立节点，通过节点生成单元，每两个节点之间分别生成钢管单元和混凝土单元。吊杆采用空间杆单元 link10 来模拟，link10 单元只能承受拉力或压力，将吊杆设置为只受拉力的吊杆，不承受压力，在与拱肋和横梁连接处将吊杆转动进行放松，使其不承受任何力矩；最外边的两个吊杆与 B 型横梁相连，其余均与 A 型横梁相连，C、D 型横梁位于拱肋的上面，支座采用空间杆单元 link10 来模拟；横梁也采用 beam44 单元模拟；行车道板采用 shell63 板单元模拟。

以整座桥的桥面中心处与拱顶高度相同的点为坐标原点，顺桥向为 x 轴，竖直方向为 y 轴，水流方向为 z 轴，分别以设计和实测数据为坐标建立整座桥的三维结构计算模型。

主孔共有 4753 个节点、3078 个单元(其中有 2308 个 beam44 单元、42 个 link10 单元、728 个 shell63 单元)，所建主拱计算模型如图 11-3 所示。计算设计可靠度按设计图纸坐标建模，计算实际可靠度按施工监测实测数据建模，计算模型如图 11-4 和图 11-5 所示。

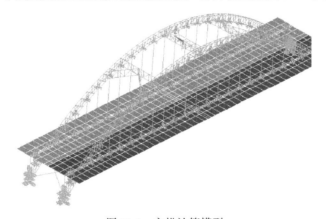

图 11-3　主拱计算模型

Fig. 11-3　Main arch calculation model diagram

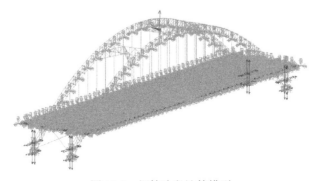

图 11-4　钢管阶段计算模型

Fig. 11-4　Calculation model of steel pipe stage

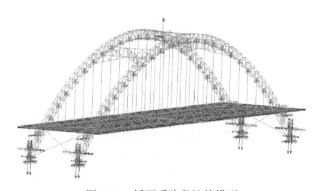

图 11-5 桥面系阶段计算模型

Fig. 11-5 Calculation model of bridge deck system stage

由于钢管混凝土结构是分步施工的，应力叠加法的计算过程如下：

(1) 钢管铰接时自重。
(2) 钢管铰接时温降荷载。
(3) 钢管铰接时混凝土自重。
(4) 钢管固结、混凝土温度收缩。
(5) 安装桥横梁和面板后，桥面板和横梁自重。
(6) 汽车、人群荷载。
(7) 桥梁的温度下降。

11.1.3 构件可靠度分析

1) 极限状态的确定

用设计桥型和实际桥型分别建立结构模型，计算以下三种情况的结构体系可靠度。

工况 1：汽车荷载按跨中挠度和弯矩最不利的位置布载。

工况 2：汽车荷载按 1/4 跨挠度和弯矩最不利的位置布载。

工况 3：汽车荷载按 1/8 跨挠度和弯矩最不利的位置布载。

以材料屈服强度为控制条件，确定极限状态函数[11-5]。拱肋的可靠度评估考虑以下六种极限状态：

1/4 跨到拱顶拱肋钢管的应力不能超过屈服应力：

$$Z_1 = g_1(X_1, X_2, X_3, X_4, X_5, X_6) = X_1 \times 3.43 \times 10^8 - X_5 \sigma_1(X_3, X_4) \tag{11-2}$$

1/4 跨到拱顶拱肋混凝土的应力不能超过屈服应力：

$$Z_2 = g_2(X_1, X_2, X_3, X_4, X_5, X_6) = X_2 \times 3.24 \times 10^7 - X_6 \sigma_2(X_3, X_4) \tag{11-3}$$

1/8 跨到 1/4 跨拱肋钢管的应力不能超过屈服应力：

$$Z_3 = g_3(X_1, X_2, X_3, X_4, X_5, X_6) = X_1 \times 3.43 \times 10^8 - X_5 \sigma_1(X_3, X_4) \tag{11-4}$$

1/8 跨到 1/4 跨拱肋混凝土的应力不能超过屈服应力：

$$Z_4 = g_4(X_1, X_2, X_3, X_4, X_5, X_6) = X_2 \times 3.24 \times 10^7 - X_6 \sigma_2(X_3, X_4) \tag{11-5}$$

拱脚到 1/8 跨拱肋钢管的应力不能超过屈服应力：

$$Z_5 = g_5(X_1, X_2, X_3, X_4, X_5, X_6) = X_1 \times 3.43 \times 10^8 - X_5 \sigma_1(X_3, X_4) \tag{11-6}$$

拱脚到 1/8 跨拱肋混凝土的应力不能超过屈服应力：

$$Z_6 = g_6(X_1, X_2, X_3, X_4, X_5, X_6) = X_2 \times 3.24 \times 10^7 - X_6 \sigma_2(X_3, X_4) \tag{11-7}$$

式中，X_1 为 16Mn 钢材料不确定性，服从正态分布 $N(1.08, 0.08)$；X_2 为 C50 混凝土的材料不确定性，服从正态分布 $N(1.32, 0.135)$；X_3 为汽车荷载，服从正态分布，均值为 110.348kN，标准差为 12.138kN；X_4 为人群荷载，服从 Gumbel 分布，均值为 3.5kN/m，标准差为 0.7511kN/m；X_5 为 16Mn 钢计算模式不确定性，服从正态分布 $N(1.15, 0.13)$；X_6 为 C50 混凝土计算模式不确定性，服从正态分布 $N(1.145, 0.135)$；$\sigma_1(\cdot)$ 为 16Mn 钢的最大 Mises 应力；$\sigma_2(\cdot)$ 为 C50 混凝土的最大 Mises 应力。

2) 各失效模式可靠度的计算

用 ANSYS 有限元软件建立可靠度结构分析文件，具体过程如下：
(1) 利用 APDL 语言建立可靠度结构分析文件。
(2) 运行 ANSYS 的批处理方式，利用分析文件建立模型，进行结构分析与敏感度分析。
(3) 进入用户优化模块完成可靠度分析的一次迭代过程。
(4) 进行试验设计，拟合响应面函数。
(5) 求解响应面函数得到各失效模式的可靠指标矢量。

按以上步骤计算主拱各失效模式的可靠度[11-6]，各工况下各失效模式可靠度计算结果如表 11-1～表 11-3 所示。设计模型按工况 1 布载时各功能函数对随机变量的灵敏度分析如图 11-6～图 11-11 所示。

表 11-1 工况 1 各失效模式可靠度结果

Tab. 11-1 Reliability results of each failure mode in condition 1

工况 1	失效模式	可靠指标矢量	可靠指标
设计	G_1	[0.3183 0.1039 −0.4555 0 4.0884 0]	4.1273
	G_2	[0.2270 0.0757 0 −3.0814 0 1.9585]	3.6589
	G_3	[0.3614 0.1606 −0.8056 0 5.7575 0]	5.8270
	G_4	[0.1843 0.0871 0 −4.0630 0 2.1625]	4.6072
	G_5	[0.1389 0.1291 −0.5343 0 4.5323 0]	4.5676
	G_6	[0.0878 0.0808 0 −3.2215 0 2.0006]	3.7941
实际	G_1	[0.2959 0.0988 −0.4111 0 3.8217 0]	3.8564
	G_2	[0.2074 0.0672 0 −2.5961 0 1.7980]	3.1655
	G_3	[0.3140 0.1499 −0.6964 0 5.3076 0]	5.3644
	G_4	[0.1631 0.0829 0 −3.5528 0 2.0775]	4.1197
	G_5	[0.1296 0.1320 −0.5965 0 4.8491 0]	4.8892
	G_6	[0.0544 −3.0826 0.0001 −2.4641 0.0003 1.4213]	4.1949

从表 11-1 可以看出，汽车荷载按跨中挠度和弯矩最不利位置布载时，以 1/4 跨到拱顶拱肋混凝土的应力不能超过屈服应力为控制条件的失效模式的可靠指标最小，设计时可靠指标大小为 3.6589，对应的失效概率为 1.2665×10^{-4}；实际的可靠指标大小为 3.1655，对应的失效概率为 7.7408×10^{-4}。

表 11-2　工况 2 各失效模式可靠度结果

Tab. 11-2　Reliability results of each failure mode in condition 2

工况 2	失效模式	可靠指标矢量	可靠指标
设计	G_1	[−0.1373　0.1387　−0.6122　0　4.9257　0]	4.9675
	G_2	[−0.1030　0.0993　0　−4.0674　0　2.1650]	4.6099
	G_3	[−0.5814　0.2151　−1.0922　0　6.7267　0]	6.8429
	G_4	[−0.2558　0.1083　0　−5.1036　0　2.2080]	5.5676
	G_5	[0.1873　0.1252　−0.5170　0　4.4384　0]	4.4740
	G_6	[0.1244　0.0780　0　−3.0999　0　1.9666]	3.6740
实际	G_1	[−0.0517　0.1282　−0.5364　0　4.5441　0]	4.5778
	G_2	[−0.0052　0.0862　0　−3.3466　0　2.0331]	3.9167
	G_3	[−0.4581　0.1987　−0.9323　0　6.2203　0]	6.3096
	G_4	[−0.2093　0.1044　0　−4.5099　0　2.2029]	5.0245
	G_5	[0.2196　0.1253　−0.5647　0　4.6879　0]	4.7286
	G_6	[0.1453　0.0776　0　−3.4307　0　2.0510]	4.0004

表 11-3　工况 3 各失效模式可靠度结果

Tab. 11-3　Reliability results of each failure mode in condition 3

工况 3	失效模式	可靠指标矢量	可靠指标
设计	G_1	[−0.0555　0.1335　−0.5882　0　4.8092　0]	4.8472
	G_2	[−0.0398　0.0957　0　−3.9126　0　2.1442]	4.4628
	G_3	[−0.1554　0.1934　−0.9757　0　6.3753　0]	6.4543
	G_4	[−0.0774　0.1010　0　−4.7339　0　2.2146]	5.2279
	G_5	[0.0656　0.1524　−0.7509　0　5.5447　0]	5.5978
	G_6	[0.0081　0.0911　0　−3.5234　0　2.0736]	4.0893
实际	G_1	[−0.0345　0.1270　−0.5311　0　4.5165　0]	4.5495
	G_2	[−0.0183　0.0872　0　−3.3839　0　2.0420]	3.9533
	G_3	[−0.1243　0.1801　−0.8405　0　5.8985　0]	5.9621
	G_4	[−0.0636　0.0972　0　−4.1824　0　2.1790]	4.7174
	G_5	[0.1985　−2.0243　−0.5994　0.6216　4.4842　−0.8279]	5.0672
	G_6	[0.0216　0.0856　0　−3.7993　0　2.1260]	4.3546

从表 11-2 可以看出，汽车荷载按 1/4 跨挠度和弯矩最不利位置布载时，设计情况以拱脚到 1/8 跨拱肋混凝土的应力不能超过屈服应力为控制条件的失效模式的可靠指标最小，其值为 3.6740，对应的失效概率为 1.1939×10^{-4}；实际情况则以 1/4 跨到拱顶拱肋混凝土的应力不能超过屈服应力为控制条件的失效模式的可靠指标最小，其值为 3.9167，对应的失效概率为 4.4885×10^{-5}。

从表 11-3 可以看出，汽车荷载按 1/8 跨挠度和弯矩最不利位置布载时，设计情况以拱脚到 1/8 跨拱肋混凝土的应力不能超过屈服应力为控制条件的失效模式的可靠指标最小，其值为 4.0839，对应的失效概率为 2.2143×10^{-5}；实际情况以 1/4 跨到拱顶拱肋混凝土的应力不能超过屈服应力为控制条件的失效模式的可靠指标最小，其值为 3.9533，对应的失效概率为 3.8540×10^{-5}。

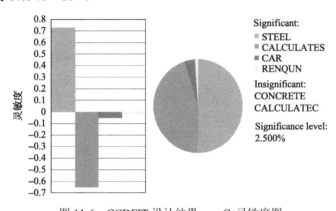

图 11-6 CCDFIT 设计结果——G_1 灵敏度图

Fig. 11-6 Design result of CCDFIT—G_1 sensitivity map

由 G_1 的灵敏度分析图 11-6 可以看出，对功能函数 G_1 影响显著的随机变量有钢材材料的不确定性、钢材计算模式的不确定性、汽车荷载、人群荷载。

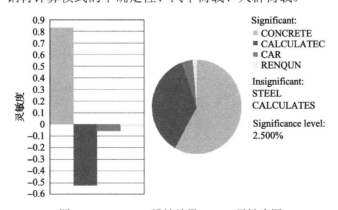

图 11-7 CCDFIT 设计结果——G_2 灵敏度图

Fig. 11-7 Design result of CCDFIT—G_2 sensitivity map

由 G_2 的灵敏度分析图 11-7 可以看出，对功能函数 G_2 影响显著的随机变量有混凝土材料的不确定性、混凝土计算模式的不确定性、汽车荷载、人群荷载。

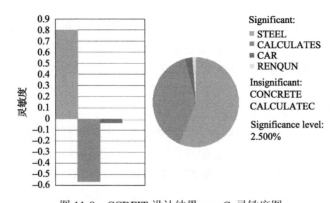

图 11-8 CCDFIT 设计结果——G_3 灵敏度图

Fig. 11-8 Design result of CCDFIT—G_3 sensitivity map

由 G_3 的灵敏度分析图 11-8 可以看出，对功能函数 G_3 影响显著的随机变量有钢材材料的不确定性、钢材计算模式的不确定性、汽车荷载、人群荷载。

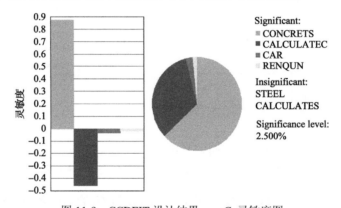

图 11-9 CCDFIT 设计结果——G_4 灵敏度图

Fig. 11-9 Design result of CCDFIT—G_4 sensitivity map

由 G_4 的灵敏度分析图 11-9 可以看出，对功能函数 G_4 影响显著的随机变量有混凝土材料的不确定性、混凝土计算模式的不确定性、汽车荷载、人群荷载。

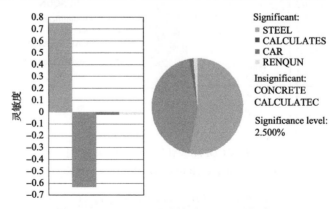

图 11-10 CCDFIT 设计结果——G_5 灵敏度图

Fig. 11-10 Design result of CCDFIT—G_5 sensitivity map

由 G_5 的灵敏度分析图 11-10 可以看出，对功能函数 G_5 影响显著的随机变量有钢材材料的不确定性、钢材计算模式的不确定性、汽车荷载、人群荷载。

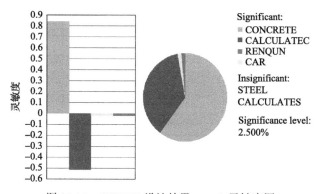

图 11-11　CCDFIT 设计结果——G_6 灵敏度图
Fig. 11-11　Design result of CCDFIT—G_6 sensitivity map

由 G_6 的灵敏度分析图 11-11 可以看出，对功能函数 G_6 影响显著的随机变量有混凝土材料的不确定性、混凝土计算模式的不确定性、汽车荷载、人群荷载。

11.1.4　体系可靠度计算

某钢管混凝土拱桥可以看成六种失效模式 G_1、G_2、G_3、G_4、G_5、G_6 组成的串联体系。计算结构的体系失效概率，首先要确定各失效模式间的相关系数。由前面各种工况下各失效模式的可靠指标矢量，通过运算可以得到失效模式间的相关系数，如表 11-4～表 11-9 所示。

表 11-4　失效模式间的相关系数（工况 1 实际）
Tab. 11-4　Correlation coefficient between failure modes(working condition 1/actual)

ρ	G_1	G_2	G_3	G_4	G_5	G_6
G_1	1	0.0056	0.9996	0.0036	0.9986	−0.0178
G_2	0.0056	1	0.0044	0.9967	0.0023	0.6595
G_3	0.9996	0.0044	1	0.0029	0.9995	−0.0197
G_4	0.0036	0.9967	0.0029	1	0.0016	0.6632
G_5	0.9986	0.0023	0.9995	0.0016	1	−0.0194
G_6	−0.0178	0.6595	−0.0197	0.6632	−0.0194	1

表 11-5　失效模式间的相关系数（工况 1 设计）
Tab. 11-5　Correlation coefficient between failure modes(working condition 1/design)

ρ	G_1	G_2	G_3	G_4	G_5	G_6
G_1	1	0.0053	0.9995	0.0036	0.9989	0.0023
G_2	0.0053	1	0.0044	0.9968	0.0025	0.9992
G_3	0.9995	0.0044	1	0.0030	0.9993	0.0020
G_4	0.0036	0.9968	0.0030	1	0.0018	0.9976
G_5	0.9989	0.0025	0.9993	0.0018	1	0.0013
G_6	0.0023	0.9992	0.0020	0.9976	0.0013	1

表 11-6　失效模式间的相关系数（工况 2 实际）
Tab. 11-6　Correlation coefficient between failure modes（working condition 2/actual）

ρ	G_1	G_2	G_3	G_4	G_5	G_6
G_1	1	0.0006	0.9976	0.0011	0.9983	0.0001
G_2	0.0006	1	0.0008	0.9950	0.0005	0.9993
G_3	0.9976	0.0008	1	0.0037	0.9925	−0.0020
G_4	0.0011	0.9950	0.0037	1	−0.0014	0.9934
G_5	0.9983	0.0005	0.9925	−0.0014	1	0.0022
G_6	0.0001	0.9993	−0.0020	0.9934	0.0022	1

表 11-7　失效模式间的相关系数（工况 2 设计）
Tab. 11-7　Correlation coefficient between failure modes（working condition 2/design）

ρ	G_1	G_2	G_3	G_4	G_5	G_6
G_1	1	0.0012	0.9977	0.0018	0.9976	−0.0003
G_2	0.0012	1	0.0026	0.9965	−0.0003	0.9955
G_3	0.9977	0.0026	1	0.0045	0.9909	−0.0022
G_4	0.0018	0.9965	0.0045	1	−0.0014	0.9845
G_5	0.9976	−0.0003	0.9909	−0.0014	1	0.0020
G_6	−0.0003	0.9955	−0.0022	0.9845	0.0020	1

表 11-8　失效模式间的相关系数（工况 3 实际）
Tab. 11-8　Correlation coefficient between failure modes（working condition 3/actual）

ρ	G_1	G_2	G_3	G_4	G_5	G_6
G_1	1	0.0007	0.9996	0.0007	0.8809	0.0005
G_2	0.0007	1	0.0008	0.9980	−0.1984	0.9994
G_3	0.9996	0.0008	1	0.0009	0.8793	0.0005
G_4	0.0007	0.9980	0.0009	1	−0.1930	0.9994
G_5	0.8809	−0.1984	0.8793	−0.1930	1	−0.1945
G_6	0.0005	0.9994	0.0005	0.9994	−0.1945	1

表 11-9　失效模式间的相关系数（工况 3 设计）
Tab. 11-9　Correlation coefficient between failure modes（working condition 3/design）

ρ	G_1	G_2	G_3	G_4	G_5	G_6
G_1	1	0.0007	0.9995	0.0007	0.9996	0.0006
G_2	0.0007	1	0.0009	0.9979	0.0005	0.9995
G_3	0.9995	0.0009	1	0.0009	0.9992	0.0006
G_4	0.0007	0.9979	0.0009	1	0.0004	0.9954
G_5	0.9996	0.0005	0.9992	0.0004	1	0.0006
G_6	0.0006	0.9995	0.0006	0.9954	0.9954	1

由表 11-4～表 11-9 可以看出，当各功能函数为同一类型时，相关性较强，从侧面说明可以用失效概率最大的失效模式代表某一功能的体系失效模式。各工况下失效模式的

特点是：以钢材应力为控制条件的失效模式 G_1、G_3、G_5 间的相关性非常强；以混凝土应力为控制条件的失效模式 G_2、G_4、G_6 间的相关性较强；两种控制条件失效模式间的相关性相对较弱。因此，可以将各体系分为两组来计算体系失效概率，由于各组内的相关性都较强，各组内可以采用等价平面的串联体系可靠指标矢量法计算，各组间采用条件概率的可靠指标矢量法计算，最终求得整个体系的失效概率[11-7]，如表 11-10 所示。

表 11-10 主拱体系可靠度结果
Tab. 11-10 Reliability results of main arch system

	工况	可靠指标	失效概率
设计	工况 1	3.6241	1.4500×10^{-4}
	工况 2	3.6659	1.2322×10^{-4}
	工况 3	4.0827	2.2258×10^{-4}
实际	工况 1	3.1415	8.4042×10^{-4}
	工况 2	3.9043	4.7245×10^{-4}
	工况 3	3.9366	4.1321×10^{-4}

对某钢管混凝土拱桥[11-8]进行了体系可靠度分析，得到以下结论：

(1) 对于某功能的失效模式，可以采用该功能下失效概率最大的失效模式作为该功能的主要失效模式。

(2) 采用可靠指标矢量计算体系失效概率，可以很方便地获得各组的相关系数，为统计资料缺乏时确定失效模式间的相关性问题提供了有效、方便的解决途径。

(3) 按工况 1 布载时体系失效概率最大：设计情况的体系失效概率计算结果为 1.4500×10^{-4}，实际情况的体系失效概率计算结果为 8.4042×10^{-4}，是设计时的 5.8 倍，说明工程施工应严格按照设计标准控制施工精度和质量，以保证工程能达到预定的可靠性程度。

11.2 桥梁的目标可靠度与可靠度标定

11.2.1 基本问题

对于结构设计公式中各种分项系数、组合系数的取值方法以及各种荷载的取值方法，在公路工程、建筑结构和港口工程的可靠度统一标准和荷载规范中都有相应的规定，但是将这些规定进行相互比较不难发现：

(1) 这些规范均规定以跨阈率来确定可变荷载的频遇值和准永久值，但是不同规范对跨阈率的选择并不相同，对于确定可变荷载频遇值的跨阈率，建筑结构规范取 0.1，港口及公路规范取 0.05，对于确定可变荷载准永久值的跨阈率，各规范均没有给出明确的取值标准，仅要求跨阈率不超过 0.5。因此，不同规范设计公式中可变荷载频遇值系数和准永久值系数的取值具有较大差别。例如，对于风荷载，在建筑结构荷载规范中，这两个系数分别取 0.4 和 0，在公路桥涵设计通用规范中均取为 0.75，而在港口工程荷载规范中分别取 0.8 和 0.6，这些取值的差异在设计实践中导致相同荷载条件下，同一构件按不同设计规范得到的截面大小或钢筋用量会有显著的差别。

(2) 规范给出的设计公式中的荷载分项系数、组合系数是在常遇的荷载效应比条件下，综合考虑构件拉、压、弯、剪、扭等失效状态的可靠度计算基础上进行优化、拟合获得的，按这些系数进行满应力设计时，在常遇荷载效应比范围和各种失效模式下的名义可靠指标与设计目标可靠指标之间的差别在总体上最小，然而，对于特定构件，并不可能同时具有拉、压、弯、剪、扭等多种受力状态，其荷载效应比范围也不一定在规范标定时考虑的荷载效应比范围内，因此既有规范对特殊构件和特殊结构的适用性还有待进一步研究。

(3) 对于一些可变荷载，各个规范都高度重视现场实测资料，在现场实测资料齐备的情况下，所有规范都建议依据现场实测资料确定可变荷载的取值，对于具有一定荷载现场观测资料的工程，如何根据统计资料确定相关荷载的取值需要进行研究。

11.2.2 规范比较

我国《公路钢筋混凝土及预应力混凝土桥涵设计规范》(JTG 3362—2018)采用如下公式计算混凝土构件最大裂缝宽度。

对于矩形或 T 形截面：

$$W_{fk} = C_1 C_2 C_3 \frac{\sigma_{SS}}{E_S} \frac{30+d}{0.28+10\rho} \tag{11-8}$$

对于圆形截面：

$$W_{fk} = C_1 C_2 \left[0.03 + \frac{\sigma_{SS}}{E_S} \left(0.004 \frac{d}{\rho} + 1.52C \right) \right] \tag{11-9}$$

式中，σ_{SS} 为短期效应荷载组合下的钢筋拉应力；C_1 为钢筋表面形状系数，对于光面钢筋，$C_1=1.4$，对于带肋钢筋，$C_1=1.0$；C_3 为构件受力性质系数，对于板式受弯构件，$C_3=1.15$，对于其他受弯构件，$C_3=1.0$，对于轴心受拉构件，$C_3=1.2$，对于偏心受拉构件，$C_3=1.1$，对于偏心受压构件，$C_3=0.9$；C_2 为作用长期效应影响系数，表达式为

$$C_2 = 1 + 0.5 \frac{N_L}{N_S} \tag{11-10}$$

式中，N_L 和 N_S 分别为长期作用和短期作用下的构件内力值，这两个内力值与可变荷载的频遇值系数 ψ_S、准永久系数 ψ_L 以及可变荷载和永久荷载的荷载效应比有关。

对于风荷载作用，我国《公路钢筋混凝土及预应力混凝土桥涵设计规范》(JTG 3362—2018)规定 ψ_S 和 ψ_L 均取为 0.75；《建筑结构荷载规范》(GB 50009—2012)[11-9]规定 $\psi_S=0.6$，$\psi_L=0$；德国公路桥梁规范 DIN-Report 101[11-10]推荐 $\psi_S=0.5$，$\psi_L=0$。若风荷载 W 和恒荷载 G 的荷载效应比为 ρ，那么

$$N_L = G + \psi_L W = G(1+\psi_L \rho) \tag{11-11}$$

$$N_S = G + \psi_S W = G(1+\psi_S \rho) \tag{11-12}$$

$$C_2 = 1 + 0.5\frac{N_L}{N_S} = 1 + 0.5\frac{1+\psi_L\rho}{1+\psi_S\rho} \tag{11-13}$$

按相同裂缝计算公式，不同规范在不同荷载效应比下计算得到的裂缝宽度系数为

$$C = C_2(1+\psi_S\rho) \tag{11-14}$$

考虑几种荷载效应比范围，计算得到的 C_2 和 C 如表 11-11 所示。

表 11-11 规范计算结果比较
Tab. 11-11 Comparison of specification calculation results

规范	ψ_S	ψ_L	计算结果	ρ							
				0	0.5	1.0	1.5	2.0	3.0	4.0	5.0
JTG 3362—2018	0.75	0.75	C_2	1.500	1.500	1.500	1.500	1.500	1.500	1.500	1.500
			C	1.500	2.063	2.625	3.188	3.750	4.875	6.000	7.125
GB 50009—2012	0.6	0	C_2	1.500	1.385	1.313	1.263	1.227	1.179	1.147	1.125
			C	1.500	1.801	2.101	2.400	2.699	3.301	3.900	4.500
DIN-Report101	0.5	0	C_2	1.500	1.400	1.333	1.286	1.250	1.200	1.167	1.143
			C	1.500	1.750	2.000	2.251	2.500	3.000	3.501	4.001

11.2.3 参数分析

《工程结构可靠性设计统一标准》(GB 50153—2008) 和《公路工程结构可靠度设计统一标准》(GB/T 50283—1999)[11-11]规定，可变荷载的频遇值取为 5%跨时率的荷载值，可变荷载的准永久值取为不低于 50%跨时率的荷载值，实践中常取为 50%跨阈率的荷载值。《舟山大陆连岛工程可行性研究——气象观测、风参数研究报告》[11-12]给出了舟山、嵊泗、北仑的月极值风速统计数据，在此基础上进一步给出了金塘大桥桥位风速设计参数，本节根据这些数据，结合 Monte Carlo 模拟分析风速跨阈率分布曲线，如图 11-12 所示。

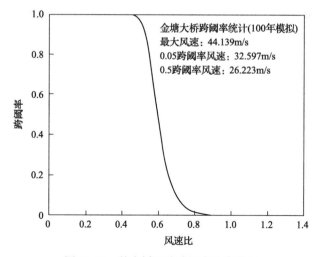

图 11-12 某大桥风速跨阈率分布曲线

Fig. 11-12 Wind speed span-time rate distribution curve of a bridge

图 11-12 中，舟山、嵊泗、北仑的月极值风速为实测值，依据《舟山大陆连岛工程可行性研究——气象观测、风参数研究报告》，金塘大桥数据为依据上述实测值的推定值，报告中建议采用北仑实测风速进行推定。本节通过大桥位风速推定值获得了月极值统计分布，在此基础上进行 100 年的 Monte Carlo 模拟，获得大桥位 100 年的月极值风速值，然后进行跨阈率分布统计，统计结果见图 11-12，各个跨时率统计分布图中，横坐标为风速比，即设定风速与总时间内出现的最大风速的比值，纵坐标为跨阈率，即超越设定风速的时间的总和与总时间的比值。由图 11-12 给出的结果得到，100 年内，0.05 跨阈率风速 $V_{0.05}$ 为 32.597m/s，0.5 跨阈率风速 $V_{0.5}$ 为 26.223m/s，《舟山大陆连岛工程可行性研究——气象观测、风参数研究报告》建议的 100 年重现期的设计风速 V_K 为 40.16m/s，那么 0.05 和 0.5 跨阈率的风压值与风压标准值的比值分别为

$$r_1 = \left(\frac{V_{0.05}}{V_K}\right)^2 = \left(\frac{32.597}{40.16}\right)^2 = 0.6588 \tag{11-15}$$

$$r_2 = \left(\frac{V_{0.5}}{V_K}\right)^2 = \left(\frac{26.223}{40.16}\right)^2 = 0.4264 \tag{11-16}$$

显然，从规范比较结果来看，JTG 3362—2018 建议的计算方法要显著高于其他规范的计算结果，而从参数分析的角度看，把 ψ_L 和 ψ_S 均取为 0.75 可能过于保守，因此有必要采用可靠度标定的方法，对这两个系数进行标定。

11.2.4 标定目标可靠度

目标可靠度是指按设计验算公式设计的结构应具有的可靠度，由于各个国家的结构可靠度标准均以 JCSS 可靠度模式规范为蓝本，本次标定的目标可靠度按 JCSS 模式规范的规定确定[11-13]，如表 11-12 和表 11-13 所示。

表 11-12 承载能力极限状态的年目标可靠度和年失效概率
Tab. 11-12 Annual target reliability and annual failure probability of limit state of bearing capacity

1	2	3	4
相对失效损失	失效后果轻微	失效后果中等	失效后果重大
大	$\beta = 3.1, P_f \approx 10^{-3}$	$\beta = 3.3, P_f \approx 5 \times 10^{-4}$	$\beta = 3.7, P_f \approx 10^{-4}$
中	$\beta = 3.7, P_f \approx 10^{-4}$	$\beta = 4.2, P_f \approx 10^{-5}$	$\beta = 4.4, P_f \approx 5 \times 10^{-6}$
小	$\beta = 4.2, P_f \approx 10^{-5}$	$\beta = 4.4, P_f \approx 5 \times 10^{-6}$	$\beta = 4.7, P_f \approx 10^{-6}$

表 11-13 正常使用极限状态的年目标可靠度和年失效概率
Tab. 11-13 The annual target reliability and annual failure probability of normal use limit state

相对失效损失	不可恢复极限状态的目标可靠指标和失效概率
高	$\beta = 1.3, P_f \approx 10^{-1}$
中	$\beta = 1.5, P_f \approx 5 \times 10^{-2}$
低	$\beta = 2.3, P_f \approx 10^{-3}$

由于跨海大桥属于重要工程,对于大桥构件抗裂的可靠指标可选择 $\beta = 1.5 \sim 2.3$,本次标定选择 3 个目标可靠指标为标定点: $\beta_T = 1.5$、$\beta_T = 2.0$ 和 $\beta_T = 2.3$。

11.2.5 工况及参数

拟标定的工况如表 11-14 所示,各工况下的参数统计特征如表 11-15 所示。

表 11-14 标定工况
Tab. 11-14 Calibration working condition

	工况号	工况内容	参与作用
纵向	1	永久作用+极限风荷载	恒荷载、风
	2	永久作用+汽车+汽车制动力+温度+车载	恒荷载、温度、车载
	3	永久作用+极限风荷载+极限波流力	恒荷载、风、波流
	4	永久作用+极限风荷载+极限波流力+温度	恒荷载、风、波流、温度
横向	5	永久作用+极限风荷载	恒荷载、风

注:纵向和横向计算的差异体现在荷载效应比上,在标定过程中可以综合考虑纵向和横向总的荷载效应比范围,因此相同种类的荷载作用下,可以合并为一个工况;由于极限波流参数是在风速参数基础上的推定值,无完整实测资料,考虑最不利情况(风和波流完全相关),波流+风的情况可以统一按照仅有风的情况考虑,两者的差异体现在荷载效应比不同,综合考虑仅有风和风+波流作用的荷载效应比后,可以将这两种情况合并。

表 11-15 作用分布及参数
Tab. 11-15 Function distribution and parameters

作用	分布形式	变异系数	偏差系数
恒荷载	$f(x) = \frac{1}{\sqrt{2\pi}\sigma} \exp\left[-\frac{1}{2}\left(\frac{x-\mu}{\sigma}\right)^2\right]$	0.05	0.924
风荷载	年极值分布: $F(x) = \exp\{-\exp[-\alpha(x-\mu)]\}$	0.412	0.3266
温度	年极值分布: $F(x) = \exp\{-\exp[-\alpha(x-\mu)]\}$	0.03(最高) 0.474(最低) 0.276(温度差)	0.9614
车载	$f(x) = \frac{1}{\sqrt{2\pi}\sigma} \exp\left[-\frac{1}{2}\left(\frac{x-\mu}{\sigma}\right)^2\right]$	见规范 GB/T 50283—1999	
车制动力	年极值分布: $F(x) = \exp\{-\exp[-\alpha(x-\mu)]\}$	见规范 GB/T 50283—1999	

注:恒荷载、温度、车载和车制动力分布形式和变异系数取自荷载规范,风荷载变异系数根据《舟山大陆连岛工程可行性研究——气象观测、风参数研究报告》给出的风速分布特征推定,推定过程见后续说明;偏差系数按作用年分布的平均值与设计基准期作用标准值的比值确定。

11.2.6 荷载效应比

本次标定所有荷载效应均考虑为钢筋拉应力,并按如下方式确定 4 组荷载效应比:

$$\rho_1 = \frac{\sigma_{WK}}{\sigma_{GK}}, \quad \rho_2 = \frac{\sigma_{WL}}{\sigma_{WK}}, \quad \rho_3 = \frac{\sigma_{VGK}}{\sigma_{GK}}, \quad \rho_4 = \frac{\sigma_{VSK}}{\sigma_{GK}}, \quad \rho_5 = \frac{\sigma_{TK}}{\sigma_{GK}}$$

式中,σ_{GK} 为恒荷载产生的钢筋应力标准值;σ_{WK} 为风(或风+波流)作用产生的钢筋应力标准值；σ_{WL} 为风(或风+波流)作用产生的钢筋应力长期效应值；σ_{VGK} 为车载产生的钢筋应力标准值；σ_{VSK} 为汽车制动力产生的钢筋应力标准值；σ_{TK} 为温度作用产生的钢筋应力标准值。根据舟山连岛工程墩和桩基础的钢筋应力计算(内力计算结果由浙江省交通规划设计研究院提供)，各种荷载效应比计算结果如表 11-16 所示。

表 11-16 荷载效应比
Tab. 11-16 Load ratio

墩号	恒荷载 G			风荷载 W		$\rho_1 = \sigma_{WK}/\sigma_{GK}$	
	N_z/kN	H_x/kN	M_y/(kN·m)	H_x/kN	M_y/(kN·m)	压应力比	拉应力比
顺桥向墩身墩底荷载(作用)效应							
c24	20785	110	1379	306	1829	0.073	−0.0822
c25	52784	1443	12530	202	786	0.011	−0.0166
c26	54011	1463	14843	244	1130	0.015	−0.0243
c27	54911	1467	17801	303	1700	0.021	−0.0381
c28	55601	1458	21368	377	2593	0.031	−0.0620
c32	60589	1458	40258	786	10498	0.096	−0.0367
c33	62139	1467	45335	899	13489	0.116	−0.0534
c34	63277	1463	50044	1015	16913	0.139	−0.0774
c35	63882	1443	54112	1135	20772	0.164	−1.12
横桥向墩身墩底荷载(作用)效应							
c24	20785	110	1379	2186	30670	0.551	−0.580
c25	52784	1443	12530	4973	67817	0.451	−0.542
c26	54011	1463	14843	5000	75125	0.482	−0.596
c27	54911	1467	17801	5036	85124	0.528	−0.678
c28	55601	1458	21368	5083	97882	0.588	−0.791
c29	54905	538	21449	5162	118148	0.717	−0.970
c30	57259	185	1257	5232	135418	0.899	−0.914
c31	57815	354	25314	5304	152948	0.868	−1.22
c32	60589	1458	40258	5358	165880	0.836	−1.41
c33	62139	1467	45335	5435	183901	0.886	−1.57
c34	63277	1463	50044	5510	202134	0.939	−1.76
c35	63882	1443	54112	5586	220579	0.999	−1.96

注：N_z 为 z 方向的轴力；H_x 为 x 方向的力；M_y 为弯矩。

11.2.7 可靠度标定流程

可靠度标定按如图 11-13 所示流程进行。

对荷载效应比的分析计算表明，荷载效应比具有如下特点：①(风或风+波流)与恒荷载的荷载效应比变化范围很大(0.07～30)，在较小的荷载效应比范围内，钢筋实际处于受压状态，无需进行抗裂验算；②恒荷载在一些情况下产生钢筋拉应力，一些情况下产生钢筋压应力，导致极限状态方程中恒荷载作用的符号有所不同。因此，标定采用分层次、分情况的标定方法，按如下步骤进行：

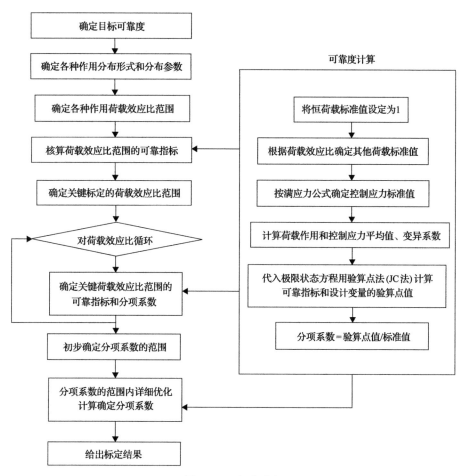

图 11-13 标定流程

Fig. 11-13 Calibration process

(1)首先初步设定几组分项系数,在不同荷载效应比下计算相应的可靠指标变化范围,可靠指标大于 5 的荷载效应比范围不作为标定关键范围(钢筋拉应力很小或处于受压状态)。

(2)剔除非关键范围后,着重对关键范围进行分析,即选择几组不同的分项系数计算关键荷载效应比范围的可靠指标,调整这些分项系数,使得计算可靠指标总体上接近目标可靠指标,从而确定出分项系数的变化范围。

(3)在分项系数的变化范围内详细优化分析,最终确定出一组总体上偏离目标可靠指标的分项系数值。

11.2.8 可靠度标定计算结果

对于恒荷载+极限风荷载、恒荷载+极限风荷载+极限波流力两种工况,可靠度的核算可按如下公式计算:

$$\sigma_{\text{con}K} = 1.5\sigma_G + 1.0\gamma_1\sigma_{WK} + 0.5\gamma_2\sigma_{WK} \tag{11-17}$$

$$\sigma_{\text{con}K} = 1.5\sigma_G + 1.0\gamma_1(\sigma_{WK} + \sigma_{FK}) + 0.5\gamma_2(\sigma_{WK} + \sigma_{FK}) \tag{11-18}$$

式中，σ_G 为恒载效应标准值；σ_{WK} 为风荷载效应标准值；σ_{FK} 为波流荷载效应标准值；γ_1 和 γ_2 为初步确定的分项系数，可分别认为是荷载频遇值和准永久值的近似值。

可以发现：①对于桥墩，当荷载效应比小于 0.5 时，可靠指标非常高，这个范围不属于标定关键范围，在剩余部分，$\gamma_1 = 0.4 \sim 0.7$、$\gamma_2 = 0.1 \sim 0.7$ 时确定的最小可靠指标范围为 $0 \sim 3$；②对于桩基础，当恒荷载产生拉应力时，$\gamma_1 = 0.5 \sim 0.7$、$\gamma_2 = 0.1 \sim 0.7$ 时确定的最小可靠指标范围为 $0 \sim 2.6$；③对于桥墩，当恒荷载产生压应力时，$\gamma_1 = 0.5 \sim 0.7$、$\gamma_2 = 0.1 \sim 0.5$ 时确定的最小可靠指标范围为 $0 \sim 2.4$。

因此，分析表明，与目标可靠指标相应的频遇值分项系数在 $0.5 \sim 0.7$ 范围内选择，准永久值分项系数在 $0.1 \sim 0.5$ 范围内选择。

可靠度的标定分别选择目标可靠度为 1.5、2.0、2.3 进行。对于恒荷载+极限风荷载、恒荷载+极限风荷载+极限波流两种工况，优化分析中仍按式(11-17)和式(11-18)给出满应力表达式，主要标定结果给出了可靠指标随荷载效应比变化的规律及相应的验算点值。可以发现：①在 $\gamma_1 = 0.54 \sim 0.56$、$\gamma_2 = 0.31 \sim 0.4$ 时，获得的最小可靠指标在 1.5 附近；②在 $\gamma_1 = 0.65$、$\gamma_2 = 0.35 \sim 0.4$ 时，获得的最小可靠指标在 2.0 附近；③在 $\gamma_1 = 0.7 \sim 0.72$、$\gamma_2 = 0.38 \sim 0.4$ 时，获得的最小可靠指标在 2.3 附近。由于这些 γ_1、γ_2 的取值范围已经很小，基本上可以认为它们就是 ψ_S、ψ_L 值。

在第 8 章优化分析的基础上，选择一组偏离目标可靠度最小且与按验算点计算的分项系数偏差最小的系数作为最终标定结果，对于恒荷载+极限风荷载、恒荷载+极限风荷载+极限波流两种工况，可靠度标定建议值如表 11-17 所示。

表 11-17 可靠度标定建议值

Tab. 11-17 Recommended value for reliability calibration

β_T	P_f	γ_G	ψ_S	ψ_L
1.5	7×10^{-2}	1.0	0.55	0.35
2.0	3×10^{-2}	1.0	0.65	0.35
2.3	1×10^{-3}	1.0	0.70	0.40

注：γ_G 为恒载分项系数。

短期效应组合和长期效应组合的内力分别按如下公式计算：

$$N_S = \begin{cases} G_K + \psi_S W_K, & \text{仅风作用} \\ G_K + \psi_S (W_K + F_K), & \text{风和波流联合作用} \end{cases} \tag{11-19}$$

$$N_L = \begin{cases} G_K + \psi_L W_K, & \text{仅风作用} \\ G_K + \psi_L (W_K + F_K), & \text{风和波流联合作用} \end{cases} \tag{11-20}$$

式中，G_K 为恒荷载作用下的内力(或钢筋应力)标准值；W_K 为 100 年设计基准期风荷载作用下的内力(或钢筋应力)标准值；F_K 为 100 年设计基准期波流荷载作用下的内力(或钢筋应力)标准值。

参 考 文 献

[11-1] 赵国藩, 金伟良, 贡金鑫. 结构可靠度理论[M]. 北京: 中国建筑工业出版社, 2000.

[11-2] Jin W L. Reliability based-design for jacket platform under extreme loads[J]. China Ocean Engineering., 1996, 10(2): 145-160.

[11-3] Jin W L, Hu Q Z, Shuai C B, et al. Design of foundation structures of sea-crossing bridges on serviceability limit state[J]. Journal of Southeast University (English Edition), 2008, 24(1): 74-79.

[11-4] 康海贵, 张晶, 余大胜. 钢管混凝土拱桥可靠度分析[J]. 大连理工大学学报, 2011, 51(2): 226-229.

[11-5] 中华人民共和国交通运输部. 公路钢筋混凝土及预应力混凝土桥涵设计规范(JTG 3362—2018)[S]. 北京: 人民交通出版社, 2018.

[11-6] Sudret B, der Kiureghian A. Comparison of finite element reliability methods[J]. Probabilistic Engineering Mechanics, 2002, 17(4): 337-348.

[11-7] 贡金鑫. 工程结构可靠度计算方法[M]. 大连: 大连理工大学出版社, 2003.

[11-8] 中华人民共和国住房和城乡建设部. 工程结构可靠性设计统一标准(GB 50153—2008)[S]. 北京: 中国计划出版社, 1992.

[11-9] 中华人民共和国住房和城乡建设部. 建筑结构荷载规范(GB 50009—2012)[S]. 北京: 中国建筑工业出版社, 2012.

[11-10] 交通部公路规划设计院. 联邦德国桥梁规范汇编[M]. 北京: 交通部公路规划设计院, 1997.

[11-11] 国家质量技术监督局, 中华人民共和国建设部. 公路工程结构可靠度设计统一标准(GB/T 50283—1999)[S]. 北京: 中国计划出版社, 1999.

[11-12] 舟山连岛工程指挥部. 舟山大陆连岛工程可行性研究——气象观测、风参数研究报告[R]. 舟山, 1999.

[11-13] 胡琦忠, 金伟良, 史方华, 等. 大型跨海桥梁基础结构正常使用极限状态的可靠度分析[J]. 中国公路学报, 2008, 21(1): 53-58.

第 12 章

临时性结构可靠度

混凝土在施工期间由于结构尚未完全形成,结构安全存在较大的不确定性,存在安全隐患。本章讨论混凝土施工期间可靠度问题和施工期模板的可靠度问题,讨论施工期结构失效模式问题、荷载的概率模型和抗力概率模型,分析施工期混凝土结构可靠度问题,建立施工风险评估系统。

由于难以控制的各种因素影响，钢筋混凝土结构施工期存在着许多不确定性和复杂性，而大多数现行的结构设计规范和施工规范并未能为施工期钢筋混凝土结构提供较统一的可靠性要求，如未对连续支模层数、施工周期、混凝土强度等提出规定。这是施工期钢筋混凝土结构的风险率高于使用期的主要原因之一。澳大利亚模板工程规范(AS 3610)[12-1]虽然规定了最小连续支模层数(从2层到5层)和施工周期，但是上述规定是由确定性方法结合过去经验得到的，未考虑系统可靠性的要求。

混凝土结构的施工期安全性涉及两个不同的结构体系，即临时性结构(包括模板支撑系统)和混凝土结构本身。模板支撑系统不仅决定和主导着混凝土结构的成型尺寸和外观质量，而且是确保混凝土结构施工安全的重点防范部位[12-2]。近几年，国内就发生了数起楼屋盖模板支撑整体坍塌的重特大伤亡事故，造成数人乃至二三十人的伤亡和重大财产损失。同时，为了加快施工进度，混凝土构件常常在未达到设计强度时就拆除了其下的模板支撑。此时构件不仅要承担本身的自重，还需要承受由支撑传下来的其上数层新浇混凝土构件不能承担的施工期荷载。这些施工期荷载有时会达到或超过成熟混凝土结构正常使用状态所承担的设计荷载，由此造成现浇混凝土结构垮塌[12-3]。因此，对其可靠性进行分析有着重要的意义。

目前施工期钢筋混凝土结构可靠度研究集中在混凝土结构本身的破坏，而未考虑模板支撑的失效。众所周知，施工过程中结构形状是由已建成的部分混凝土结构和模板支撑体系组成的临时承载体系，此时结构可靠性是这个临时承载体系的系统可靠性。为此提出了考虑钢筋混凝土结构和模板支撑体系安全的施工期钢筋混凝土结构可靠度研究方法。

12.1 施工期临时性结构

12.1.1 施工期结构形状

在结构可靠性分析中，所面临的结构分析的各个设计变量都是随机和变异的，也就是说，在结构分析中可能出现的变量(如构件的材料性能及环境荷载等)都不是一个确定的单一值。因此，在分析荷载和抗力统计模型的基础上，针对混凝土结构和模板支撑体系的主要失效模式，计算施工期结构的体系可靠度。对于模板支撑体系的稳定失效模式，尚无法直接建立各基本变量显式表达的失效函数(极限状态方程)，采用插值法和Monte Carlo法相结合[12-4]考虑其不确定性，计算施工期结构的体系可靠度；然后研究支撑方案、施工活荷载对施工期结构可靠度的影响，为选择最优的施工方案提供科学依据。

施工期结构形状都是由已建的部分结构构件和临时支撑体系组成的临时承载体系，此体系与施工的模板支撑方案有关。常用的模板支撑方案有3层模板支撑(3S)、2层模板支撑(2S)、2层模板支撑1层二次支撑(2S1R)[12-5]。

对于配置数层模板支撑方案，每一个施工循环中，分为两项基本作业：
(1)安装一层支撑与模板、绑扎钢筋与浇筑混凝土。
(2)拆除相互连接的底层支撑与模板。

对于配置 2 层模板支撑 1 层二次支撑方案，每一个施工循环中，可分为三项基本作业：

(1) 安装一层支撑与模板、绑扎钢筋与浇筑混凝土。

(2) 拆除相互连接的最低层的二次支撑、拆除次层的模板和支撑。

(3) 刚拆完次层的模板与支撑，紧贴着楼板下设置二次支撑。二次支撑开始设置时，不承受任何荷载。

模板支撑方案影响了施工期结构的形状，故不同模板支撑方案在施工过程中任一时刻已建成结构构件和临时支撑体系分担的施工荷载也不尽相同。

准确、合理的施工期结构分析是施工期结构可靠度研究的前提。与使用期不同，施工期钢筋混凝土结构是一个时变结构体系，它的形状、空间位置、刚度、早龄期混凝土强度等均随施工时间的变化而变化，其承担的荷载也随施工阶段的变化而变化。而目前的建筑结构设计分析理论主要针对建成后完整的结构。

12.1.2 主要失效模式

1952 年，Nielsen[12-6]首次对楼板与模板支撑系统的相互作用进行了研究，考虑了支撑的纵向变形和板的边界条件，但计算烦琐且不实用。1963 年，Grundy 和 Kabaila[12-7]提出了计算楼板和模板支撑荷载的简化分析方法(simplified method)，其基本假定有：①模板支撑布置足够密，视其荷载为均布荷载；②结构为线弹性；③相对于楼板刚度，地基为无限刚度；④支撑为无限刚性连杆，所有板的挠度相等。该方法简单明了，适于手算，并得到现场试验验证。美国混凝土学会(ACI 347-88)[12-8]推荐在混凝土模板工程中使用这一方法。由简化法确定的 3 层模板支撑、施工周期 7 天的楼板和支撑荷载传递过程如表 12-1 所示。需要说明的是，本章施工期楼板和支撑承担的荷载均采用楼板自重 D 表示。

表 12-1 3 层模板支撑的施工步骤和荷载传递
Tab. 12-1 Construction steps and load transfer of 3-storey formwork support

施工步骤	时间/d	支撑荷载/D	结构状况	板荷载/D
1	0	1		0
2	0 7	1 2		0 0
3	0 7 14	1 2 3		0 0 0
4	7 14 21	0 0		1 1 1

续表

施工步骤	时间/d	支撑荷载/D	结构状况	板荷载/D
5	0 7 14 21	1 0.65 0.33	4 3 2 1	0 1.34 1.33 1.33
6	7 14 21	0.89 0.44	4 3 2	0.11 1.45 1.44
7	0 7 14 21	1 1.55 077	5 4 3 2	0 0.45 1.78 1.33
8	7 14 21	0.74 1.03	6 5 4 3	0.26 0.71 2.03
9	0 7 14 21	1 1.40 1.36	6 5 4 3	0 0.60 1.04 2.36
10	7 14 21	0.54 0.49	6 5 4	0.46 1.05 1.49

从 1983 年开始，Liu 和 Chen[12-9,12-10]提出了精化法(refined approach)，采用二维、三维有限元方法分析了基础刚度、柱轴向变形、板的形状比、不同楼板边界条件和混凝土收缩徐变对施工期结构荷载传递的影响。研究表明，二维结构模型能准确描述三维结构体系，混凝土的收缩和徐变对施工期结构荷载传递的影响很小。Ei-Shahhat 和 Chen[12-11]在精化法的基础上，建立位移协调条件，考虑楼板变形累计效果的改进方法(improved analysis method)，但是计算较为复杂。由于精化法考虑了支撑间距、支撑刚度和混凝土刚度时变性质，本章采用精化法进行施工期结构分析。

施工期临时承载体系的主要失效模式应考虑混凝土结构和模板支撑体系的主要失效模式。对混凝土结构而言，主要的失效模式有钢筋混凝土构件弯曲破坏和冲切破坏。历年来的模板支撑体系倒塌事故[12-12]表明，扣件式钢管模板支撑体系的主要失效模式有支撑体系失稳破坏、支承模板的水平杆弯曲破坏、扣件滑移破坏。假设临时承载体系可靠度问题为串联结构体系类型，即结构中任一种失效模式出现将导致整个结构的失效。

12.2 荷载和抗力概率模型

12.2.1 荷载概率模型

1) 施工期结构荷载取值

施工期结构承受的荷载可分为恒荷载、活荷载和偶然荷载。恒荷载主要包括新浇混凝土自重、钢筋自重、模板及其支架自重。施工活荷载有施工人员重量、施工设备重量、施工材料堆积荷载、捣实混凝土时的振动荷载等。本节仅在混凝土浇筑阶段考虑施工活荷载，在该层混凝土浇筑完毕，立刻移去施工活荷载。偶然荷载包括地震和火灾等。由于这些偶然荷载发生的概率较低，且模板支撑体系的使用期相对较短，一般情况下不予考虑。

目前，还没有足够的荷载统计资料确定荷载概率模型。在仅有的几篇相关文献[12-13~12-18]中，恒荷载的统计结果比较一致，但是施工活荷载统计参数的取值差别较大，如表12-2所示。因此，本章的施工期结构体系可靠度分析中，对钢筋混凝土结构自重，假定平均值/标准值为 1.06，变异系数为 0.074，服从正态分布[12-19]。每层楼板的模板和支撑为钢筋混凝土楼板自重的 10%，二次支撑和支撑为钢筋混凝土楼板自重的 5%[12-20]，变异系数为 0.15，服从正态分布。施工活荷载均值取恒荷载的 25%，$\mu_Q=0.25\mu_G$，变异系数 $\delta_Q=0.5$，且服从极值I型分布[12-12]。

表 12-2 施工期荷载的统计参数
Tab. 12-2 Statistical parameters of load during construction

参考文献	荷载类别	分布类型	平均值或标准值	变异系数
[12-13]	恒荷载	正态分布	1.05	0.10
	活荷载	对数正态分布	0.25	0.50
	风荷载	对数正态分布	0.5~1.0	≥0.6
[12-14]	恒荷载	正态分布	1.05	0.10
	活荷载	极值I型分布	1.10	0.25~1.0
[12-15]	活荷载	伽马分布和韦布尔分布	平均值为 0.3kN/m²	1.0~2.0
[12-16]	恒荷载		平均值为 110psf	
	活荷载		平均值为 15psf	0.22
[12-17]	恒荷载	正态分布	1.06	0.07
	活荷载	极值I型分布	平均值为恒荷载的 25%	0.5
[12-18]	活荷载	指数分布	平均值为 0.19kN/m²	2.2

注：1psf=47.88Pa。

2) 施工期结构荷载效应

由于施工期结构形状和施工期材料性质随时间变化，这些变化又受到施工现场复杂条件的影响，施工期荷载效应 S 比较复杂。假定施工期结构为线弹性体系，则荷载效应 S 和荷载 Q 有线性关系，即

$$S = CQ \tag{12-1}$$

式中，C 为荷载效应系数。

在进行施工期荷载效应分析时，由于各种荷载的统计参数不同，作用方式也不一样，需要将各种荷载分别考虑。将荷载效应分为施工期钢筋混凝土构件自重的荷载效应 S_G、模板和支撑系统自重的荷载效应 S_F 和施工活荷载的荷载效应 S_Q。

在钢筋混凝土结构的施工期，由于结构的时变特征，各荷载效应系数随着时间的推移和施工步骤的变化而不断变化，综合考虑钢筋混凝土结构施工期全过程，荷载效应 S 是一个随机过程[12-21]：

$$S(t) = S(S_G, S_F, S_Q, t) \tag{12-2}$$

12.2.2 抗力概率模型

1) 材料性能的不确定性

结构构件材料性能的不确定性主要是由材料品质及工艺、受荷状况、外形尺寸、环境条件等因素引起的结构中材料性能的变异性，用材料的实际性质与标准性质的比值 K_M 表示。表 12-3 给出了钢筋混凝土结构和模板支撑构件使用期的一些 K_M 的统计特征量[12-22]。

表 12-3 材料性能不确定性 K_M 的统计特征量[12-22]
Tab. 12-3 Statistical features of material performance uncertainty K_M[12-22]

结构材料种类和受力状况	材料品种	μ_{K_M}	δ_{K_M}
薄壁型钢受拉	A3F 钢	1.08	0.08
钢筋受拉	A3 钢	1.02	0.08
	20MnSi	1.14	0.07
	25MnSi	1.09	0.06
混凝土轴心受压	C20	1.66	0.23
	C30	1.41	0.19
	C40	1.35	0.16

混凝土抗拉强度 f_t 的平均值为

$$\mu_{f_t} = 0.88 \times 0.395 \times \alpha_{c2} \mu_{f_{cu}}^{0.55} \tag{12-3}$$

式中，α_{c2} 为混凝土考虑脆性的折减系数，对 C40 混凝土取 1.00，对 C80 混凝土取 0.87，中间按线性规律变化取值；$\mu_{f_{cu}}$ 为混凝土立方体抗压强度平均值，其与轴心抗压强度平均值 μ_{f_c} 的关系为

$$\mu_{f_c} = 0.88 \alpha_{c1} \alpha_{c2} \mu_{f_{cu}} \tag{12-4}$$

式中，α_{c1} 为棱柱体与立方体强度之比，对 C50 及以下混凝土取 0.76，对 C80 混凝土取

0.82，中间按线性规律变化取值。假定立方体抗压强度、轴心抗压强度和轴心抗拉强度的变异系数相同[12-23]。

早龄期混凝土的强度 $f'_{c,t}$ 和弹性模量 $E_{c,t}$ 均随龄期的增大而增长，其随龄期的增长曲线如图 12-1 所示[12-7]。

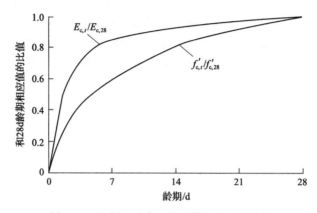

图 12-1　混凝土强度、弹性模量的时变规律

Fig. 12-1　Time-varying law of concrete strength and elastic modulus

2）几何参数的不确定性

结构几何参数的不确定性主要是指制作尺寸偏差和安装误差引起的结构构件几何参数的变异性，它反映了制作安装后的实际结构与所设计的标准结构之间几何上的差异，其特征用结构构件几何特征的实际值和标准值之比 K_A 表示。混凝土构件常用 K_A 值列于表 12-4。模板支撑体系的几何参数的不确定性表现为钢管外径 d、壁厚 t 及立杆的步距 h、纵距 l_a、横距 l_b 等材料参数和搭设参数的不定性。由于施工现场使用的钢管来源很杂，且制作尺寸偏差，钢管的外径和壁厚都存在变异性。虽然模板支撑体系设计方案中明确了立杆的搭设参数，但是在实际搭设过程中，由于施工条件的限制，很难保证这些参数

表 12-4　几何参数不确定性 K_A 的统计参数

Tab. 12-4　Statistical parameters of geometric parameter uncertainty K_A

结构构件种类	项目	μ_{K_A}	δ_{K_A}
钢筋混凝土构件	截面高度、宽度	1.00	0.02
	截面有效高度	1.00	0.03
	纵筋截面面积	1.00	0.03
	混凝土保护层厚度	0.85	0.30
	箍筋平均间距	0.99	0.07
	纵筋锚固长度	1.02	0.09
模板支撑钢管	外径	1.00	0.01
	壁厚	0.94	0.09
模板支撑搭设	步距	0.94	0.05
	立杆间距	1.05	0.21

注：δ_{K_A} 为变异系数。表中钢筋混凝土构件各项目 K_A 的统计参数来自文献[12-17]。

与设计值无偏差。鉴于有关模板支撑体系几何参数方面的调查统计资料较少的研究现状，笔者对浙江省内十个工程施工现场进行了数据调查，假定上述变量均服从正态分布，其统计参数如表 12-4 所示。

3）计算模式的不确定性

结构构件计算模式的不确定性主要是指抗力计算中采用的基本假定和计算公式的不精确等引起的变异性。结构计算模式的不确定性用实际抗力与计算抗力的比值 K_P 表示，列于表 12-5。由于缺少有关薄壁型钢受弯构件不确定性 K_{P2} 的统计资料，而受弯构件的计算模式不确定性与偏心受压构件相似，故 K_{P2} 不妨采用薄壁型钢偏心受压构件的不定性统计资料，即平均值 $\mu_{K_{P2}}=1.14$，变异系数 $\delta_{K_{P2}}=0.11$[12-17]。

表 12-5 K_P 的统计特征量

Tab. 12-5 Statistical characteristic values of K_P

结构的构件类型和受力状态	μ_{K_P}	δ_{K_P}
钢筋混凝土结构构件受弯[12-17]	1.00	0.04
钢筋混凝土结构构件受冲切[12-19]	0.974	0.164
薄壁型钢结构构件轴心受压[12-17]	1.08	0.10

4）抗力不确定性的表示方法

在施工期的任意时刻，结构构件抗力 R 一般都是多个随机变量的函数。除模板支撑体系稳定承载力外，其他破坏模式的抗力易由基本随机变量求得，因此下面着重阐述钢管扣件式模板支撑体系稳定承载力 R 的确定方法。R 由立杆步距 h、纵距 l_a、横距 l_b、钢管截面面积 A 和抗压屈服强度 f 等因素决定的，而这些因素都是随机变量，因此模板支撑体系的抗力是多元随机变量的函数，即

$$R = k_p \varphi A f = k_p \varphi(h, l_a, l_b, d, t, \cdots) \times A(d, t) \times f \tag{12-5}$$

式中，k_p 为实际抗力与计算抗力的比值；t 为计算模式的不确定性系数；稳定系数 φ 取决于步距、外径和壁厚等因素，很难建立起基本变量与稳定系数 φ 之间的显式关系。

采用 Monte Carlo 数值模拟方法确定稳定系数 φ，步骤如下：

(1) 根据变量 h、l_a、l_b、d 和 t 的分布信息，产生这 5 个变量的随机数 h_j、l_{aj}、l_{bj}、d_j 和 t_j ($j = 1, 2, \cdots, N$)，N 为模拟次数。

(2) 利用二维线性插值方法，根据步骤(5)中建立的不同 h/l_a 和 h/l_b 所对应的计算长度系数 μ，求得步距 h_j、纵距 l_{aj} 和横距 l_{bj} 情况下的计算长度系数 μ_j。

(3) 按式(12-6)将计算长度系数 μ_j 转换为长细比 λ_j：

$$\lambda_j = \frac{\mu_j h_j}{i_j} \tag{12-6}$$

式中，i_j 为回转半径，$i_j = \frac{d_j}{4}\sqrt{1+\left(\frac{d_j-2t_j}{d_j}\right)^2}$。

(4) 利用一维线性插值方法，根据《冷弯薄壁型钢结构技术规范》(GB 50018—2002)[12-24]的 φ 值表，确定长细比 λ_j 对应的 φ_j。

按照上述步骤确定 φ 后，就可以将 φ、d、t 和 f 等变量作为基本变量表示扣件式钢管模板支撑体系稳定承载力 R，确定其统计参数。考察施工的全过程，模板支撑体系的抗力不随时间变化，是一个随机变量，而混凝土结构构件的抗力是时间的函数，是一个随机过程。

(5) 确定计算长度系数。一般情况下，支模架步距 $h=1.2 \sim 1.8m$，步距 h 与纵距 l_a 的比值 $h/l_a=1.0 \sim 2.0$，步距 h 与横距 l_b 的比值 $h/l_b=1.0 \sim 2.0$。为分析所有可能性，令步距 $h=1.2m$、$1.3m$、$1.4m$、$1.5m$、$1.6m$、$1.7m$、$1.8m$，并考虑步距 h 与纵距 l_a、横距 l_b 的比值 h/l_a、$h/l_b=1.0$、1.2、1.4、1.6、1.8、2.0 六种情况，计算所有架体的稳定承载力。步骤如下：

①建立不同搭设参数架体的有限元模型。

②引入初始缺陷，由于支模架上下端铰支，在中间各纵、横向水平杆与立杆相交处施加水平力，其大小为竖向轴压的1%，求得架体的初始缺陷。

③在各个立杆顶部施加轴压，进行非线性分析，确定稳定承载力 P_u。

为方便应用于实际工程，将整个支架的杆件视为中心受压杆，把支模架的稳定承载力 P_u 转换为计算长度系数 μ。由 $P_u=\varphi_0 A f$ 计算出 φ_0，并将 φ_0 视为长度为步距 h 的立杆段的受压稳定系数，从《冷弯薄壁型钢结构技术规范》(GB 50018—2002)[12-24]的 φ 值表中查出相应的 λ_0，即可由 $\lambda_0=\mu_0 h/i$ 得到 μ_0。图 12-2 表示最终的转换结果，即不同步距的支模架计算长度系数 μ_0 随步距 h 与纵距 l_a、横距 l_b 的比值 h/l_a、h/l_b 的变化关系，图中自上到下的七个曲面分别表示步距 $h=1.2m$、$1.3m$、$1.4m$、$1.5m$、$1.6m$、$1.7m$、$1.8m$ 时的情况。这七个曲面很贴近，表明在 h/l_a、h/l_b 一定的前提下，计算长度系数 μ_0 受步距 h 的影响较小，所以取七个曲面的均值作为支模架设计验算时使用的 μ 值（μ 为等效计算的长度系数），其值如表 12-6 所示。

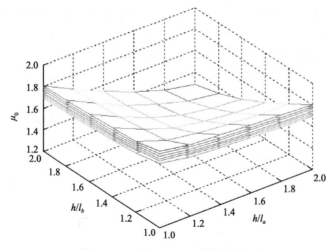

图 12-2 μ_0 和 h/l_a、h/l_b 的关系曲面

Fig. 12-2 Relation surface between μ_0 and h/l_a, h/l_b

表 12-6　等效计算长度系数 μ 的值
Tab. 12-6　Value of equivalent length coefficient μ

h/l_b	h/l_a					
	1.0	1.2	1.4	1.6	1.8	2.0
1.0	1.845	1.804	1.782	1.768	1.757	1.749
1.2	1.804	1.720	1.671	1.649	1.633	1.623
1.4	1.782	1.671	1.590	1.547	1.522	1.507
1.6	1.768	1.649	1.547	1.473	1.432	1.409
1.8	1.757	1.633	1.522	1.432	1.368	1.329
2.0	1.749	1.623	1.507	1.409	1.329	1.272

12.3　体系可靠度分析

12.3.1　体系可靠度分析方法

由于施工期结构是由很多构件组成的且包含多种破坏模式，需要用系统和联系的观点来解决施工期结构可靠度问题。作为时变结构，施工期结构的外在形态、构成方式都随时间变化。除支撑抗力外，施工期结构荷载和抗力的随机属性均随时间变化，故其功能函数也是随机过程，但是其随机过程模型难以建立。由于施工期荷载效应在各施工阶段存在突变，而混凝土结构抗力的发展是渐变并且单调增加的过程，可以在各个施工周期的荷载效应的突变点上将其转化为随机变量，同时对结构抗力随机过程在各施工阶段取最小值[12-16]。通过上述分析，可建立对应于浇筑阶段和拆模阶段的功能函数，则功能函数由随机过程模型转化为随机变量模型。

施工期结构临时承载体系的多种失效模式对应的功能函数存在相关性，而 Monte Carlo 法从数值模拟的角度求解结构的失效概率，它自然满足功能函数的相关条件，所得的结果与精确解十分相近[12-25]。因此，采用 Monte Carlo 数值模拟方法求解施工期结构的体系可靠度，计算步骤如图 12-3 所示。

由于数值模拟次数 N 与失效概率 P_f 成反比，当失效概率是一个小量时，N 必须足够大才能获得对失效概率足够可靠的估计。文献[12-26]建议模拟次数 N 必须满足 $N \geqslant \dfrac{100}{P_f}$，因此在求解施工期结构的体系可靠度时，数值模拟次数 N 设定为 10^5。

12.3.2　算例分析

一个十层无梁楼盖结构，层高 3m，柱网尺寸为 6000mm×6000mm，柱尺寸为 550mm×550mm，板厚 200mm；板和柱的混凝土强度等级为 C30，正弯矩钢筋采用 HPB235 级钢，负弯矩钢筋采用 HRB335 级钢。支座处配置钢筋面积 1214mm²/m，跨中处配置钢筋面积 808mm²/m。采用扣件式钢管模板支撑，钢管为 Φ48mm×3.5mm，立杆间距为 750mm，步距为 1700mm。考虑木龙骨对支撑刚度的影响，同时考虑到钢立杆的折旧影响，取支撑系统的截面刚度为 $6.4 \times 10^3 \text{kN}$[12-22]。

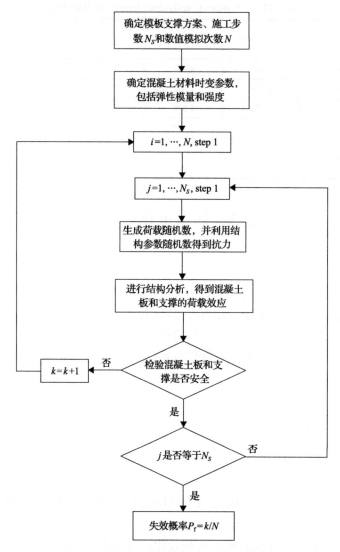

图 12-3 施工期结构体系可靠度计算流程图

Fig. 12-3 Flow chart of structural system reliability calculation during construction

需要指出的是，由于规范提出模板支撑体系的稳定承载力计算过程中，计算长度为

$$l_0 = h + 2a$$

式中，h 为步距；a 为支模架顶部横杆伸出立杆的长度，本例中 a 取 0。以规范计算结果的最大值作为支模架稳定承载力，采用 Monte Carlo 法计算稳定系数时，当计算长度系数 $\mu_j < 1.0$ 时，按 $\mu_j = 1.0$ 取值。

施工周期和混凝土强度对施工期混凝土板的安全性有较大影响，但对模板支撑体系的影响较小，而 Ei-Shahhat 和 Chen[12-11]、Eppaarachchi 等[12-27]已经详细研究了两者对施工期混凝土板可靠性的影响，因此采用 Monte Carlo 数值模拟方法计算以下情况下施工期结构体系可靠度：①三种支撑方案，即 3 层模板支撑(3S)、2 层模板支撑(2S)和 2 层模板支撑 1 层二次支撑(2S1R)；②不同施工活荷载统计参数，以研究支模方案和施工活荷载对施工期结构体系可靠度的影响。

1) 支模方案的影响

由于承担最大施工荷载的支撑体系为底层模板支架，而支模方案直接影响底层模板承担的荷载，因此支模方案对模板支撑的安全性有较大的影响。三种支模方案的计算结果如表 12-7 所示。

表 12-7 施工方案对模板支撑体系失效概率的影响
Tab. 12-7 Influence of construction scheme on failure probability of formwork support system

	失效模式	$P_f/10^{-2}$		
		3S	2S1R	2S
模板支撑	扣件滑移破坏	0.77	0.53	0.53
	水平杆弯曲破坏	0.20	0.17	0.17
混凝土楼板	冲切破坏	0.89	0.53	1.67
	弯曲破坏	0.40	0.44	0.79
	整体结构	2.21	1.64	3.13

由表 12-7 可知：

(1) 对模板支撑体系而言，方案 3S 的失效概率最大，方案 2S 和 2S1R 的失效概率相同。这是由于方案 3S 对应的底层模板支撑荷载最大，而方案 2S 和 2S1R 对应的底层模板支撑荷载较小，且两者相同。

(2) 对混凝土板而言，方案 2S 的失效概率最大，方案 3S 次之，方案 2S1R 的失效概率最小。与 3S 和 2S1R 相比，方案 2S 对应的混凝土板在承载最大施工荷载时混凝土的龄期较短、强度较低，故施工期混凝土板的失效概率较大。施工期结构分析结果表明，方案 2S1R 混凝土板承受的最大施工荷载稍小于方案 3S，故方案 2S1R 的失效概率比方案 3S 小。

(3) 对混凝土板和模板支撑体系组成的施工期整体结构而言，方案 2S 的失效概率最大，方案 3S 次之，方案 2S1R 的失效概率最小。综合上述两点原因，方案 2S1R 是最佳支模方案。

计算结果表明，在模板支撑失效中，扣件滑移破坏起控制作用，其次是支承模板水平杆弯曲破坏，而不发生模板支撑失稳破坏，因此减小立杆间距能显著提高模板支撑的可靠性。在混凝土板失效中，板的冲切破坏为主要原因。由于混凝土板按使用期设计，在施工过程中混凝土板偏于不安全。

2) 施工活荷载的影响

由图 12-4 可见，施工活荷载统计分布参数对混凝土结构可靠性影响其微，这与文献[12-28]的敏感性分析结果一致。而施工活荷载统计分布参数对模板支撑体系及施工期整体结构可靠性的影响随变异系数 δ_Q 的增大而显著增加。当 δ_Q 较小时，μ_Q 的变化对施工期整体结构的可靠性影响较小。但是由表 12-2 可见，施工活荷载具有离散性大的特点，因此进行施工活荷载数据收集和统计工作对确保模板支撑体系和施工期整体结构的安全是十分重要的。

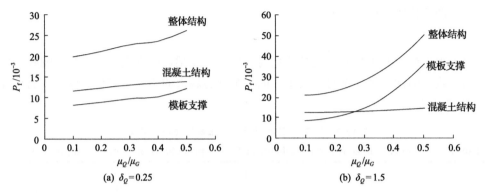

图 12-4 施工活荷载分布参数的影响

Fig. 12-4 Influence of live load distribution parameters during construction

12.3.3 讨论与结果分析

总结混凝土结构施工期的可靠度分析，可以得到下列结论[12-29]：

(1) 施工期结构的可靠性依赖于模板支撑体系和混凝土结构，为了施工期结构的安全，必须确保两者具有足够的可靠度。针对模板支撑体系和混凝土结构的主要失效模式，利用现场统计数据和文献资料，采用插值法和 Monte Carlo 法，研究了施工期建筑结构的可靠性。

(2) 对施工期结构算例进行可靠性分析，结果表明，按使用阶段设计的混凝土结构在施工期的失效概率大于使用阶段，偏于不安全。

(3) 施工阶段模板支撑体系多发生在底层，失效原因主要是扣件滑移破坏，其次是支承模板水平杆弯曲破坏，而不发生失稳破坏。

(4) 由于支模方案直接影响施工期混凝土结构和模板支撑体系承担的荷载，结构施工期的可靠性受到支模方案的影响。算例分析结果表明，与方案 3S 和 2S 相比，采用方案 2S1R 最佳。

(5) 施工活荷载对结构施工期可靠性影响的研究表明，为确保模板支撑体系的安全，对施工活荷载进行足够的统计工作是十分必要的。

12.4 模板支架施工风险评估

12.4.1 施工风险评估系统的建立

对扣件式钢管支模架进行施工风险评估，首先需要建立风险评估系统。影响扣件式钢管支模架施工安全性的指标很多，主要可以分为两类：一是现场施工，脚手架从设计到拆除有一条流程，其中每个环节都会直接影响支模架的安全；二是安全管理，它始终贯穿于整个施工过程中，对支模架安全也有重要影响。这两个指标又可以进一步划分为子指标。支模架的安全事故类型主要为脚手架倒塌，而支模架施工流程中每个环节都会影响其安全性[12-30~12-32]。设计方案、材料和搭设、检查验收、加载和拆除都是重要的影响指标，因此将施工情况指标又划分为这六个方面的指标。安全管理和现场施工紧密联系、相互影响，在支模架施工的整个过程中都需要辅助有效的安全管理。基于上述分析，并征求多位扣件式钢管支模架设计、施工专家的意见后，建立了如表 12-8 所示的多指标多层次风险评估系统[12-33]。此评估系统共有 5 层。

A 层：评估的整体目标(支模架施工风险)。

B 层：评估指标集(安全管理和现场施工)。

C 层：评估指标子集(安全教育、人员素质、安全防护、设计方案、检查验收、拆除、材料、荷载、搭设)。

D 层：评估指标次子集(拆除时间、构件拆除、钢管质量、扣件质量、动载、堆载、支座、扫地杆、剪刀撑、扣件安装、立杆)。

E 层：最底层评价指标集(位置选择、合适力矩、纵横距、步距、垂直度、连接方式)。

表 12-8 扣件式钢管支模架施工风险评估系统的指标及相对权重

Tab. 12-8 Indicators and relative weights of risk assessment system for fastener-type steel pipe formwork support construction

A 层	B 层		C 层		D 层		E 层	
指标	指标(序号)	重要分值(权重)	指标(序号)	重要分值(权重)	指标(序号)	重要分值(权重)	指标(序号)	重要分值(相对权重)
支模架施工风险	安全管理(1)	7.38(0.45)	安全教育(1)	6.28(0.28)				
			人员素质(2)	8.18(0.36)				
			安全防护(3)	7.98(0.36)				
	现场施工(2)	9.08(0.55)	设计方案(4)	8.15(0.17)				
			检查验收(5)	6.88(0.15)				
			拆除(6)	5.86(0.12)	拆除时间(1)	6.73(0.58)		
					构件拆除(2)	4.96(0.42)		
			材料(7)	9.88(0.21)	钢管质量(3)	8.93(0.48)		
					扣件质量(4)	9.86(0.52)		
			荷载(8)	7.13(0.15)	动载(5)	6.21(0.44)		
					堆载(6)	7.97(0.56)		
			搭设(9)	9.48(0.20)	支座(7)	5.05(0.15)		
					扫地杆(8)	6.14(0.18)		
					剪刀撑(9)	4.16(0.12)		
					扣件安装(10)	9.02(0.27)	位置选择(1)	6.07(0.43)
							合适力矩(2)	8.06(0.57)
					立杆(11)	9.11(0.28)	纵横距(3)	8.14(0.28)
							步距(4)	8.34(0.29)
							垂直度(5)	6.00(0.21)
							连接方式(6)	6.36(0.22)

12.4.2 指标的权重

在表 12-8 所示的评估系统中,各指标重要性存在差别,因此需要确定各指标的权重值。确定指标权重值的方法有层次分析法(analytic hierarchy process, AHP)[12-34]、专家评分法等。采用专家评分法,通过调查问卷来确定权重值,调查对象为施工现场管理人员。为反映被调查者的学历 μ_1、年龄 μ_2、从业时间 μ_3、受安全教育时间 μ_4 等方面对权重值判断的影响,问卷中还涉及对被调查者上述情况的调查。

调查问卷中指标的重要程度设定为十个等级,具体分类如表 12-9 所示。在调研的十个工程中,总共回收了 84 份问卷。

表 12-9 评分等级表

Tab. 12-9 Table of rating scale

分值	等级	分值	等级
10	最重要	5	一般重要
9	极其重要	4	不太重要
8	很重要	3	有些影响
7	比较重要	2	很小影响
6	有些重要	1	没有影响

各指标的重要分值计算公式为

$$S_i = \sum \mu_{i1}\mu_{i2}\mu_{i3}\mu_{i4}R_i / n \tag{12-7}$$

式中,μ_{i1}、μ_{i2}、μ_{i3}、μ_{i4} 分别代表学历、年龄、从业时间、受安全教育时间的权重,按表 12-10 取值;R_i 为反馈的单个调查问卷中的指标具体得分,评分标准见表 12-8;n 为回收的调查问卷份数;S_i 为同级指标中各指标的重要分值。

各指标相对权重值为

$$W_i = S_i / \sum S_i \tag{12-8}$$

经过处理,各指标的重要分值和相对权重值如表 12-8 所示。

表 12-10 个体差异性的权重

Tab. 12-10 Weight of individual differences

μ_1	μ_2	μ_3/年	μ_4/h	μ_i
初中以下	20~29	1~2	<10	0.90
高中(中专)	30~39	3~4	10~20	0.95
大专	40~49	5~10	21~30	0.98
本科及以上	50~60	>10	>30	1.00

12.4.3 专家评分结果及风险评估等级

各评价指标的评分值 $x(x \in [0,10])$ 表示其实际执行的优劣情况,然后向现场管理人员发放问卷，要求被调查者根据建筑施工现场的实际状况，对各级指标进行评分，从而确定各指标的评分值[12-35]。

在调研的十个工程中，共回收 120 份问卷，要求被调查者对整个行业中支模架施工风险按十分制进行评估。综合平均每个专家给出的评分值，结果如表 12-11 所示。支模架各评价指标的评分值具有多种不确定性，这种不确定性是支模架体系所固有的特征，不可避免。随机统计的方法只能考虑指标评分值的随机不确定性，而不能考虑其本身具有的模糊不确定性。因此，将各指标的评分值进行模糊化处理，如图 12-5 所示。图 12-5 中 $\frac{a+b}{2}$ 为评分值，引入 λ 水平截集后，令 $c=\frac{b-a}{2}$，可以得到评分值的模糊区间为

$$\bigcup_{\lambda \in [0,1]} \left[\frac{a+b}{2} + c(\lambda-1), \frac{a+b}{2} + c(1-\lambda) \right] \tag{12-9}$$

式中，c 的取值反映随机变量的模糊边界范围，根据工程实际确定，一般取 $c=\frac{a+b}{2} \times 10\%$[12-36]。若评分值的模糊区间不属于[0,10]，则低于 0 的区间按 0 处理，高于 10 的区间按 10 处理。

表 12-11 专家评分值
Tab. 12-11 Expert ratings

指标	x	指标	x	指标	x
安全教育	8.50	钢管质量	6.65	位置选择	7.45
人员素质	5.10	扣件质量	6.15	合适力矩	7.35
安全防护	7.55	动载	7.35	纵横距	8.35
设计方案	9.35	堆载	7.00	步距	8.55
检查验收	7.35	支座	7.20	垂直度	7.80
拆除时间	8.55	扫地杆	5.50	连接方式	8.00
构件拆除	8.55	剪刀撑	6.65		

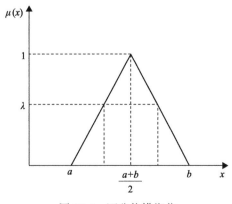

图 12-5 评分值模糊化
Fig. 12-5 Fuzzification of score value

根据扣件式钢管支模架施工风险评估的实际情况,评价等级分为 5 级,即 $V=\{v_1, v_2, v_3, v_4, v_5\}$={一级,二级,三级,四级,五级}={最不安全,不安全,较安全,安全,最安全},其隶属函数如图 12-6 所示。

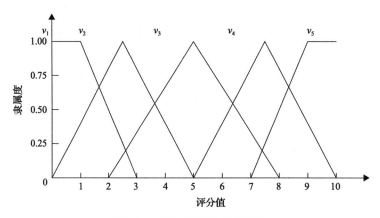

图 12-6 评价等级的隶属函数

Fig. 12-6 Membership function of evaluation grade

12.4.4　扣件式钢管支模架评估

下面以实际收集到的资料为例,分别采用模糊灰关联分析方法和传统多级灰关联分析方法逐步描述数据在支模架施工风险评估系统中的流动过程来解释多指标多层次灰关联分析的计算方法[12-36]。表 12-12～表 12-15 中上标(1)、(2)、(3)分别为平面距离、格距离表示的模糊灰关联分析方法和传统多级灰关联分析方法的计算结果。

表 12-12 扣件指标的相对权重与关联系数矩阵

Tab. 12-12 The relative weight and correlation coefficient matrix of fastener index

扣件安装	W_{10}	$E_{10}^{(1)}$	$E_{10}^{(2)}$	$E_{10}^{(3)}$
位置选择	0.43	[0.41, 0.49, 0.68, 1.00, 0.79]	[0.34, 0.34, 0.45, 1.00, 0.48]	[0.40, 0.53, 0.78, 1.00, 0.62]
合适力矩	0.57	[0.41, 0.49, 0.69, 1.00, 0.77]	[0.34, 0.34, 0.46, 0.94, 0.47]	[0.41, 0.54, 0.80, 0.97, 0.61]

表 12-13 立杆指标的相对权重与关联系数矩阵

Tab. 12-13 The relative weight and correlation coefficient matrix of pole index

立杆	W_{11}	$E_{11}^{(1)}$	$E_{11}^{(2)}$	$E_{11}^{(3)}$
纵横距	0.28	[0.41, 0.48, 0.63, 0.94, 0.95]	[0.39, 0.39, 0.43, 0.78, 0.81]	[0.34, 0.43, 0.58, 0.90, 0.67]
步距	0.29	[0.40, 0.47, 0.62, 0.91, 0.98]	[0.39, 0.39, 0.42, 0.73, 0.90]	[0.33, 0.42, 0.56, 0.86, 0.69]
垂直度	0.21	[0.43, 0.50, 0.68, 1.00, 0.86]	[0.39, 0.39, 0.48, 1.00, 0.63]	[0.36, 0.46, 0.65, 0.94, 0.60]
连接方式	0.22	[0.42, 0.49, 0.66, 0.98, 0.89]	[0.39, 0.39, 0.46, 0.91, 0.69]	[0.35, 0.45, 0.62, 1.00, 0.62]

表 12-14 材料和搭设指标的相对权重和关联系数矩阵

Tab. 12-14 The relative weight and correlation coefficient matrix of materials and erection index

材料	W_7	$D_7^{(1)}$	$D_7^{(2)}$	$D_7^{(3)}$
钢管质量	0.48	[0.46, 0.57, 0.84, 1.00, 0.73]	[0.51, 0.51, 0.81, 1.00, 0.56]	0.36, 0.50, 0.83, 0.67, 0.44
扣件质量	0.52	0.49, 0.61, 0.92, 0.91, 0.68	0.51, 0.51, 0.94, 0.82, 0.51	0.38, 0.55, 1.00, 0.59, 0.40
搭设	W_9	$D_9^{(1)}$	$D_9^{(2)}$	$D_9^{(3)}$
支座	0.15	[0.42, 0.50, 0.71, 1.00, 0.76]	[0.40, 0.40, 0.54, 1.00, 0.51]	[0.44, 0.59, 0.90, 1.00, 0.63]
扫地杆	0.18	[0.49, 0.64, 1.00, 0.77, 0.57]	[0.43, 0.43, 1.00, 0.56, 0.43]	[0.48, 0.73, 1.00, 0.58, 0.41]
剪刀撑	0.12	[0.462, 0.57, 0.84, 1.00, 0.73]	[0.51, 0.51, 0.81, 1.00, 0.56]	[0.43, 0.60, 1.00, 0.81, 0.52]
扣件安装	0.27	$D_{10}^{(1)}$	$D_{10}^{(2)}$	$D_{10}^{(3)}$
立杆	0.28	$D_{11}^{(1)}$	$D_{11}^{(2)}$	$D_{11}^{(3)}$

表 12-15 支模架施工风险指标的相对权重和关联系数矩阵

Tab. 12-15 The relative weight and correlation matrix of formwork support construction risk index

支模架施工风险	W	$B^{(1)}$	$B^{(2)}$	$B^{(3)}$
安全管理	0.45	$B_1^{(1)}$	$B_1^{(2)}$	$B_1^{(3)}$
现场施工	0.55	$B_2^{(1)}$	$B_2^{(2)}$	$B_2^{(3)}$

1) 第 D 层各指标的关联度矩阵

扣件安装指标的关联度矩阵 D_{10} 为

$$D_{10}^{(1)} = W_{10}^T \cdot E_{10}^{(1)} = [0.408, 0.489, 0.686, 0.998, 0.776]$$

$$D_{10}^{(2)} = W_{10}^T \cdot E_{10}^{(2)} = [0.344, 0.344, 0.452, 0.968, 0.474]$$

$$D_{10}^{(3)} = W_{10}^T \cdot E_{10}^{(3)} = [0.403, 0.535, 0.795, 0.983, 0.614]$$

则立杆指标的关联度矩阵 D_{11} 为

$$D_{11}^{(1)} = W_{11}^T \cdot E_{11}^{(1)} = [0.411, 0.482, 0.644, 0.950, 0.927]$$

$$D_{11}^{(2)} = W_{11}^T \cdot E_{11}^{(2)} = [0.394, 0.394, 0.442, 0.840, 0.774]$$

$$D_{11}^{(3)} = W_{11}^T \cdot E_{11}^{(3)} = [0.345, 0.438, 0.598, 0.919, 0.649]$$

2) 第 C 层各指标的关联度矩阵计算

材料指标的关联度矩阵 C_7 为

$$C_7^{(1)} = W_7^T \cdot D_7^{(1)} = [0.477, 0.590, 0.879, 0.951, 0.703]$$

$$C_7^{(2)} = W_7^{\mathrm{T}} \cdot D_7^{(2)} = [0.512, 0.512, 0.877, 0.908, 0.533]$$

$$C_7^{(3)} = W_7^{\mathrm{T}} \cdot D_7^{(3)} = [0.424, 0.570, 0.867, 0.951, 0.604]$$

搭设指标的关联度矩阵 C_9 为

$$C_9^{(1)} = W_9^{\mathrm{T}} \cdot D_9^{(1)} = [0.431, 0.525, 0.753, 0.944, 0.774]$$

$$C_9^{(2)} = W_9^{\mathrm{T}} \cdot D_9^{(2)} = [0.401, 0.402, 0.605, 0.866, 0.565]$$

$$C_9^{(3)} = W_9^{\mathrm{T}} \cdot D_9^{(3)} = [0.408, 0.559, 0.817, 0.874, 0.578]$$

拆除和荷载指标的计算同上。

3) 第 B 层各指标的关联度矩阵计算

第 B 层指标的关联度矩阵计算方法与第 C 层和第 D 层指标相同,故详细计算过程略。安全管理指标的关联度矩阵 B_1 为

$$B_1^{(1)} = [0.467, 0.563, 0.759, 0.870, 0.769]$$

$$B_1^{(2)} = [0.344, 0.356, 0.611, 0.684, 0.518]$$

$$B_1^{(3)} = [0.467, 0.636, 0.779, 0.853, 0.615]$$

现场施工指标的关联度矩阵 B_2 为

$$B_2^{(1)} = [0.424, 0.509, 0.717, 0.929, 0.820]$$

$$B_2^{(2)} = [0.406, 0.407, 0.566, 0.829, 0.659]$$

$$B_2^{(3)} = [0.410, 0.540, 0.783, 0.933, 0.694]$$

4) 第 A 层各指标的关联度矩阵计算

扣件式钢管支模架施工风险的关联度矩阵可表示为

$$A^{(1)} = W^{\mathrm{T}} \cdot B^{(1)} = [0.443, 0.533, 0.736, 0.903, 0.797]$$

$$A^{(2)} = W^{\mathrm{T}} \cdot B^{(2)} = [0.378, 0.384, 0.586, 0.764, 0.596]$$

$$A^{(3)} = W^{\mathrm{T}} \cdot B^{(3)} = [0.436, 0.583, 0.781, 0.897, 0.659]$$

5) 确定扣件式钢管支模架的施工风险等级

关联度是序列之间联系紧密程度的数量表征,在研究系统的参考序列和被比较序列的关联关系时,所关心的是参考序列与被比较序列关联度的大小次序,即关联度的排序,而不完全是关联度在数值上的大小[12-37]。根据最大关联度识别原理,三种方法的结果一

致，现场调查的扣件式钢管支模架施工风险等级都为四级，属于安全范围。考虑模糊性的前两种方法得到的关联度排序完全一致，而与传统多级灰关联分析方法得到的关联度排序略有不同。前两种方法考虑了指标标准值和评分值的模糊性，关联度的排序更符合客观要求。

12.4.5 讨论与分析

将模糊数引入多层次多指标灰关联分析理论，提出了基于模糊数的灰综合评估方法，其中模糊数距离分别采用平面距离和格距离表示。将指标标准值和指标的评分值均视为模糊数，能较好地考虑客观事物本身的复杂性及固有的模糊不确定性，从而使多层次灰关联分析更为科学、更加接近实际。将该方法应用于扣件式钢管支模架施工风险评估，结果表明，基于上述两种模糊数距离的改进灰关联分析方法的灰关联度排序完全一致，而与传统灰关联分析方法结果稍有不同。该方法可以方便地对扣件式钢管支模架的安全性进行全面的定量评估，避免了风险评估的主观随意性，帮助管理人员及时了解和掌握现场安全情况，从而提高企业对事故发生的控制能力。

参 考 文 献

[12-1] Australia Standard. Formwork for concrete - Commentary（Supplement to AS 3610-1990）[S]. Australia Standard. 1990.

[12-2] 中华人民共和国住房和城乡建设部. 混凝土结构工程施工质量验收规范（GB 50204—2015）[S]. 北京：中国建筑工业出版社，2015.

[12-3] 赵挺生. 高层建筑混凝土结构施工阶段安全性分析[D]. 上海：同济大学，2002.

[12-4] 赵国藩，金伟良，贡金鑫. 工程结构可靠度理论[M]. 北京：中国建筑工业出版社，2000.

[12-5] 杨嗣信. 建筑工程模板施工手册[M]. 2版. 北京：中国建筑工业出版社，2004.

[12-6] Nielsen K. Load on reinforced concrete floor slabs and their deformation during construction[R]. Bulletin No. 15, Final Report. Stockholm: Swedish Cement and Concrete Research Institute, Royal Institute of Technology, 1952.

[12-7] Grundy P, Kabaila A. Construction loads on slabs wall shored formwork ill multistory buildings[J]. ACI Structural Journal, 1963, 60(12): 1729-1738.

[12-8] Bordner R H. Guide to formwork for concrete[J]. ACJ Structural Journal, 1988, 85(5): 530-562.

[12-9] Liu Xila, Chen W E, Brownman M D. Shore-slab interaction in concrete buildings[J]. Journal of Construction Engineering and Management, ASCE, 1986, 2(2): 227-244.

[12-10] Liu X L, Chen W E. Effect of creep on load distribution in multistory reinforced concrete buildings during construction[J]. ACI Structural Journal, 1987, 84(3): 192-200.

[12-11] Ei-Shahhat A M, Chen W E. Improved analysis of shore-slab interaction[J]. ACI Structural Journal, 1992, 89(5): 528-537.

[12-12] 袁雪霞. 建筑施工模板支撑体系可靠性研究[D]. 杭州：浙江大学，2006.

[12-13] Ayyub B M. Structural safety analysis of reinforced concrete building during construction[D]. Atlanta: Georgia Institute of Technology, 1983.

[12-14] Ei-Shahhat A M, Rosowsky D, Chen W F. Partial factor design for reinforced concrete buildings during construction[J]. ACI Structural Journal, 1994, 91(4): 475-485.

[12-15] Karshenas S, Ayyub B M. Construction live loads on slab formworks before concrete placement[J]. Structural Safety, 1994, 14(3): 155-172.

[12-16] Huang Y L. Gravity load and resistance factor design guidelines for high-clearance scaffold system[D]. West Lafayette: Purdue University, 1995.

[12-17] 佟晓利. 钢筋混凝土结构施工期可靠性研究[D]. 大连: 大连理工大学, 1997.

[12-18] 张传敏, 方东平, 耿川东, 等. 钢筋混凝土结构施工活荷载现场调查与统计分析[J]. 工程力学, 2002, 19(5): 62-66.

[12-19] 余安东, 叶润修. 建筑结构的安全性与可靠性[M]. 上海: 上海科学技术文献出版社, 1986.

[12-20] Ei-Shahhat A M, Rosowsky D, Chen W F. Construction safety of multistory concrete buildings[J]. ACI Structural Journal, 1993, 90(4): 335-341.

[12-21] 袁雪霞, 金伟良, 刘鑫, 等. 扣件式钢管模板支撑方案的模糊风险分析模型[J]. 浙江大学学报(工学版), 2006, 40(8): 1371-1376.

[12-22] 李继华, 林忠民, 李明顺, 等. 建筑结构概率极限状态设计[M]. 北京: 中国建筑工业出版社, 1990.

[12-23] 梁兴文, 王社良, 李晓文, 等. 混凝土结构设计原理[M]. 北京: 科学出版社, 2003.

[12-24] 中华人民共和国建设部, 中华人民共和国国家质量监督检验检疫总局. 冷弯薄壁型钢结构技术规范(GB 50018—2002)[S]. 北京: 中国标准出版社, 2003.

[12-25] 吴世伟. 结构可靠度分析[M]. 北京: 人民交通出版社, 1990.

[12-26] Ma H F, Ang A H S. Reliability analysis of redundant ductile structural systems[R]. Urbana: University of Illinois at Urbana-Champaign, 1981.

[12-27] Epaarachchi D C, Stewart M G, Rosowsky D V. Structural reliability of multistory buildings during construction[J]. Journal of Structural Engineering, 2002, 128 (2): 205-213.

[12-28] 袁雪霞, 金伟良, 鲁征, 等. 扣件式钢管支模架稳定承载能力研究[J]. 土木工程学报, 2006, 39(5): 43-50.

[12-29] 金伟良, 鲁征, 刘鑫, 等. 支模架施工安全性的评价研究[J]. 浙江大学学报, 2006, 40(5): 800-803.

[12-30] 中华人民共和国住房和城乡建设部. 建筑施工安全检查标准(JGJ 59—2011)[S]. 北京: 中国建筑工业出版社, 2012.

[12-31] 中华人民共和国住房和城乡建设部. 建筑施工扣件式钢管脚手架安全技术规范(JGJ 130—2011)[S]. 北京: 中国建筑工业出版社, 2011.

[12-32] 浙江省住房和城乡建设厅. 建筑施工扣件式钢管模板支架技术规程(DB33/T 1035—2018)[S]. 北京: 中国建材工业出版社, 2018.

[12-33] 刘鑫. 扣件式钢管支架计算分析及其程序开发[D]. 杭州: 浙江大学, 2005.

[12-34] Saaty T L. The Analytic Hierarchy Process: Planning, Priority Setting, Resource, Allocation[M]. New York: McGraw-Hill International Book Co, 1980.

[12-35] 麻荣永. 土石坝风险分析方法及应用[M]. 北京: 科学出版社, 2005.

[12-36] 金伟良, 袁雪霞, 刘鑫, 等. 模糊灰关联综合评估在扣件式钢管支模架风险分析中的应用[J]. 东南大学学报(自然科学版), 2006, 36(4): 621-624.

[12-37] 刘思峰, 党耀国, 方志耕. 灰色系统理论及其应用[M]. 北京: 科学出版社, 2004.

第 13 章

水工结构可靠度

渡槽是输送水流跨越河渠、溪谷、洼地和道路的架空水槽结构,而海塘是对修筑于沿海或用以抵御洪潮水的堤防结构的特定称谓。本章对某大型预应力渡槽上部槽身(包含板、梁、肋和墙)的大型复杂结构体系采用改进的 SVM 法进行可靠度分析和敏感性分析;同时,以简化 Bishop 法和均值一次二阶矩法作为某海塘结构物断面的整体稳定分析方法,给出结构的可靠指标。

混凝土结构的设计首先应进行承载能力极限状态计算，以保证结构构件的安全性[13-1~13-5]。但许多结构构件还需进行正常使用极限状态验算，有时正常使用极限状态也可能成为设计中的控制条件[13-6,13-7]。水工渡槽作为输水建筑物，一旦开裂容易造成漏水，从而影响建筑物的功能发挥和耐久性，在有些情况下抗裂验算可能成为结构的控制设计条件，但针对渡槽进行抗裂可靠度和挠度可靠度分析的研究文献却很少[13-7~13-13]。

在对渡槽进行可靠度分析和结构设计时，常常将渡槽的上部结构(槽身)简化为板、梁和框架结构进行结构设计计算[13-9,13-14~13-16]。由于底肋、侧肋与拉杆设置较多，加上抹角等各种局部加强措施及三向预应力的采用，槽身结构呈现较强的三维特性，当简化为板、梁和框架结构进行计算时，有可能产生较大的误差。因此，采用三维有限元模型进行计算或校核更具有说服力[13-17,13-18]。在预应力构件建模计算时，一般均采用相对简单的等效应力方法[13-19~13-22]，但这样不能反映由受力条件不同引起的节点位移对静力等效的影响。实体筋方法虽然建模比较麻烦，但是计算精度较高。为此，采用实体筋方法建立预应力渡槽的三维有限元模型。

采用有限元方法对槽身结构进行力学分析可以得到更为精确的解，但可靠度分析的极限状态方程却难以显式表达。对于极限状态方程不能或不便于显式表达的复杂结构，采用响应面方法进行可靠度分析是一个理想的选择。采用改进的 SVM 响应面方法对渡槽的抗裂可靠度和挠度可靠度进行计算，通过可靠度敏感性分析来研究变量对可靠度的影响。

传统的海塘整体稳定性分析通常是按瑞典条分法和简化的毕肖普(Bishop)法[13-23]确定抗滑力矩和滑动力矩，并以两者的比值作为其安全系数，以此判断海塘的整体稳定性。其实质是把土的性质"平均"，并以确定性数值来处理，称为确定性分析方法，它不能量化反映土的性质、荷载等变量的变异性，所得的结果是从工程经验和常识上对安全度的一种概化理解，不能很好地反映结构的真实安全度；对于这类非确定性的随机变量问题，在力学分析中采用概率模式来描述参数，通过变量的变异性可以定量考虑变量的不确定性，从而对力学计算的结果赋以概率含义，对土体的性状和行为做出概率预测[13-24]，此即可靠性分析方法。用它来研究海塘稳定性可以在很大程度上改善和弥补确定性方法的不足，因此概率方法在岩土工程中越来越受到重视，国家于 1989 年公布发行的《建筑地基基础设计规范》(GBJ 7—1989)[13-25]中就考虑了土性指标的变异性，1994 年，水利电力部门也颁布了《水利水电工程结构可靠度设计统一标准》(GB 50199—1994)[13-26]。

13.1 渡槽结构可靠度

13.1.1 基本情况

渡槽[13-14]是输送渠道水流跨越河渠、道路、山冲、谷口的架空输水建筑物。南水北调中线工程 1246km 长的输水总干渠共穿越集流面积 10km² 以上的河流 603 条，其中较大的河流约 160 条，其他的 400 多条为集水面积在 20km² 以下的较小河道和坡面排水，同时与大量的交通线路、灌溉渠道相交，需要修建大量的交叉建筑物[13-17]。

以南水北调中线工程总干渠的跨沙河大型矩形单隔墙预应力输水渡槽为研究对

象[13-18],进行有限元建模和可靠度分析研究。主体建筑物级别为 I 级,防洪标准为 100 年一遇洪水设计,300 年一遇洪水校核。该区域地震动峰值加速度小于 $0.05g$,基本地震烈度小于 6 度。

槽身段是渡槽的主体部分,由上部结构(槽身)和下部结构(槽墩及基础)组成。沙河梁式渡槽槽身采用预应力混凝土矩形槽结构形式,横向双联布置,每联两槽,共 4 槽,单槽净宽 7m,共设 50 跨,单跨长 30m。本章所选的典型槽段为单隔墙预应力梁式渡槽,槽内设计水深 6.320m,加大水深 7.087m。槽身纵向、横向、竖向三个方向设置有黏结预应力钢筋,以减轻槽身自重和增加抗裂性能。槽身主要受力构件梁、肋均配置 7Φ5 钢绞线,中墙配置曲线预应力钢筋,其他构件配置 II 级普通钢筋,分布钢筋采用 I 级钢筋,混凝土等级为 C50。预应力采用后张法施工。渡槽纵向侧视图如图 13-1 所示,渡槽槽身横断面示意图如图 13-2 所示。

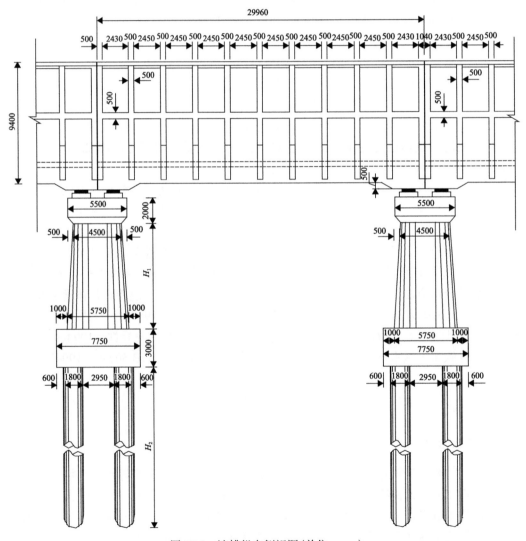

图 13-1 渡槽纵向侧视图(单位:mm)

Fig. 13-1 Longitudinal side view of aqueduct

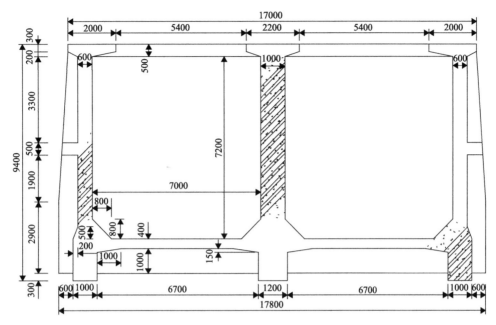

图 13-2 渡槽槽身横断面示意图(单位：mm)

Fig. 13-2 Cross section diagram of aqueduct body

13.1.2 渡槽三维有限元模型

该渡槽主要力筋为预应力钢筋，建模计算时为简化建模过程和方便计算，只考虑预应力钢筋的影响，普通钢筋不考虑。等效荷载法就是将预应力转换为节点荷载进行分析，具体方法是：①横向和纵向直线筋的预应力按其锚具所在单元的位置转化成等效的单元节点力，按集中力分别添加到锚具所在单元的节点上；②横向和纵向曲线筋的预应力按静力等效的原则，将其转化为锚具所在单元位置上的直线水平集中力和铅垂向集中力，锚具之间曲线筋所产生的向上分力亦按静力等效划为分布力。

实体力筋法就是将预应力钢筋用实体单元进行模拟的建模计算方法。采用通用有限元软件 ANSYS 进行有限元建模分析，有限元模型如图 13-3 和图 13-4 所示。其中，混凝

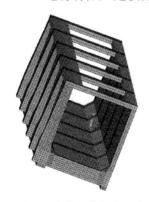

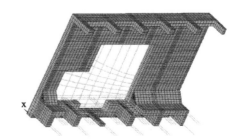

图 13-3 渡槽三维实体网格剖分示意图

Fig. 13-3 Three-dimensional solid grid Subdivision schematic diagram of aqueduct

图 13-4 渡槽三维实体力筋示意图

Fig. 13-4 3D solid reinforcement method diagram of aqueduct

土采用 solid65 单元模拟,预应力钢筋采用 link8 单元模拟。模型共划分为 51240 个单元、65881 个节点。

13.1.3 抗裂可靠度

1. 基本变量

1) 荷载

渡槽承受的主要荷载有结构自重荷载、水荷载、风荷载等,由于渡槽处于 7 度以下,不考虑地震荷载作用。自重荷载的变异性按照钢筋混凝土材料密度的变异性来考虑。由于水荷载与挠度及梁、肋底部拉应力具有明确的对应变化关系,即水位高时槽身挠度和拉应力大,因此计算设计水位和加大水位工况条件下的可靠指标来反映荷载变化对正常使用极限状态可靠度的影响。与荷载有关的变量的统计特征如表 13-1 所示。

表 13-1 抗裂可靠度分析基本变量统计参数
Tab. 13-1 Statistical parameters of basic variables for crack resistance reliability analysis

变量名称	单位	均值	变异系数
混凝土抗拉强度 f_t	MPa	3.2	0.11
有效预应力 f_p	MPa	945	0.04
预应力钢筋面积 A_p	mm^2	138	0.0125
钢筋混凝土的容重 γ_h	kN/m^3	25	0.10

2) 预应力参数

参考有关研究成果,预应力考虑有效预应力和预应力钢筋面积两个变量参数。张拉控制应力按 $0.7f_{py}$ 计算,有效预应力取张拉控制应力的 86%作为均值,变异系数参考相关文献拟定[13-29~13-31]。预应力材料参数的统计特征如表 13-1 所示。

3) 混凝土材料参数

参考相关规范,假定混凝土抗拉强度的变异性与抗压强度的变异性相等,混凝土材料参数的统计特征如表 13-1 所示。

2. 抗裂极限状态

预应力结构设计时按照环境条件和预应力筋种类选用不同的裂缝控制等级。对于渡槽结构,主要承重结构和主要的挡水板、墙浇筑为一个三维整体共同工作,梁、肋等主要受力结构受拉区一旦开裂,对整个结构的刚度和内力特性影响较大,因此设计时一般按二级裂缝控制等级设计。由此,以混凝土的轴心抗拉强度为控制条件,通过有限元计算得到渡槽槽身的第一主应力分布,选择结构主要受力构件的危险节点作为代表,进行槽身抗裂可靠度分析[13-32]。

影响渡槽抗裂可靠度的各变量取均值进行有限元计算得到的槽身第一主应力分布如图 13-5 所示。由图可知,拉应力最大的位置出现在中梁、边梁和底肋跨中底部位置。因此,分别选择中梁、边梁和底肋中部的典型节点建立抗裂极限状态方程，进行可靠度分析。

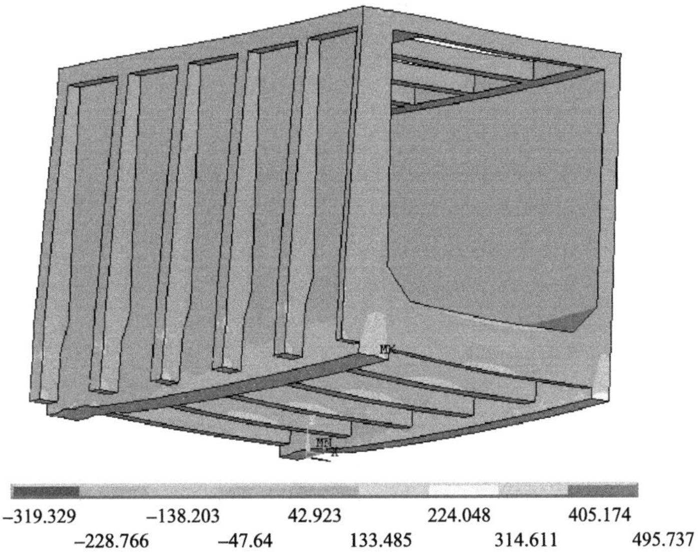

图 13-5　渡槽槽身第一主应力分布图(单位：MPa)

Fig. 13-5　The first principal stress distribution map of aqueduct body

渡槽主要受力构件的极限状态方程为

$$f_\mathrm{t} > \max(\sigma_1) \tag{13-1}$$

式中，f_t 代表混凝土的抗拉强度；σ_1 为有限元分析计算得到第一主应力。

3. SVM 方法构件抗裂可靠度分析

将原始经验点 $\{X'_i(x'_1,x'_2,\cdots,x'_n),y_i\}$ 数据归一化处理(式(13-2)和式(13-3))后，采用多项式核函数的 SVM 重构得到的抗裂响应面方程形式见式(13-4)，设计和加大水位条件下各构件极限状态方程参数如表 13-2、表 13-3 所示。各构件的抗裂可靠指标及对应的失效概率如表 13-4 和表 13-5 所示。

$$x_i = \frac{x'_i}{\max(X') - \min(X')} \tag{13-2}$$

$$y_i = \frac{y'_i}{\max(Y') - \min(Y')} \tag{13-3}$$

$$\begin{aligned} f(x,\alpha^*,a) &= \sum_{i=1}^{l}(\alpha_i^* - \alpha_i)K(X \cdot X_i) + b \\ &= \sum_{i=1}^{l}(\alpha_i^* - \alpha_i)(X \cdot X_i + 1)^2 + b \end{aligned} \tag{13-4}$$

表 13-2 设计水位工况主要受力构件极限状态方程参数

Tab. 13-2 The limit state equation parameters of main forced components under design water level condition

构件	X_i'	α_i^*	α_i	b
边梁	(3.20,945.00,138.00,25.00)		5.8483	0.1851
	(4.64,945.00,138.00,25.00)	0.7433		
	(3.20,1058.40,138.00,25.00)		0.1869	
	(3.20,945.00,143.18,25.00)		0.2135	
	(3.20,945.00,138.00,32.50)		1.1159	
	(1.76,945.00,138.00,25.00)		4.2122	
	(3.20,831.60,138.00,25.00)	0.2877		
	(3.20,945.00,132.83,25.00)	0.3209		
	(3.20,945.00,138.00,17.50)	1.0034		
	(2.59,950.32,138.29,26.85)	0.0000		
	(2.55,950.09,138.26,26.60)	9.0736		
	(2.55,949.97,138.26,26.59)	0.1478		
中梁	(3.20,945.00,138.00,25.00)		4.2612	0.2149
	(4.26,945.00,138.00,25.00)	0.6111		
	(3.20,1058.40,138.00,25.00)		0.1198	
	(3.20,945.00,143.18,25.00)		0.1422	
	(3.20,945.00,138.00,32.50)		0.6560	
	(2.14,945.00,138.00,25.00)		4.8668	
	(3.20,831.60,138.00,25.00)	0.1861		
	(3.20,945.00,132.83,25.00)	0.2285		
	(3.20,945.00,138.00,17.50)	0.8833		
	(2.65,948.52,138.22,26.62)		10.000	
	(2.62,948.69,138.21,26.44)	10.000		
	(2.62,948.53,138.21,26.44)	8.1371		
底肋	(3.20,945.00,138.00,25.00)		6.3333	0.0945
	(4.26,945.00,138.00,25.00)	1.1933		
	(3.20,1058.40,138.00,25.00)		0.2913	
	(3.20,945.00,143.18,25.00)		0.3529	
	(3.20,945.00,138.00,32.50)		0.8058	
	(2.14,945.00,138.00,25.00)		10.000	
	(3.20,831.60,138.00,25.00)	0.3518		
	(3.20,945.00,132.83,25.00)	0.4106		
	(3.20,945.00,138.00,17.50)	0.7594		
	(2.49,950.14,138.30,26.06)	6.0063		
	(2.46,949.02,138.21,25.54)	10.000		
	(2.46,948.21,138.18,25.54)		0.9380	

表 13-3 加大水位工况主要受力构件极限状态方程参数
Tab. 13-3 The limit state equation parameters of main forced components under increasing water level condition

构件	X'_i	α^*_i	α_i	b
边梁	(3.20,945.00,138.00,25.00)		5.8152	0.2250
	(4.26,945.00,138.00,25.00)	0.7558		
	(3.20,1058.40,138.00,25.00)		0.1107	
	(3.20,945.00,143.18,25.00)		0.1335	
	(3.20,945.00,138.00,32.50)		0.8157	
	(2.14,945.00,138.00,25.00)		4.4016	
	(3.20,831.60,138.00,25.00)	0.1938		
	(3.20,945.00,132.83,25.00)	0.2301		
	(3.20,945.00,138.00,17.50)	0.9753		
	(2.71,948.12,138.18,26.43)	0.0000		
	(2.69,948.21,138.18,26.29)	8.9594		
	(2.69,948.15,138.17,26.29)	0.1623		
中梁	(3.20,945.00,138.00,25.00)		7.3998	0.2264
	(4.26,945.00,138.00,25.00)	0.8909		
	(3.20,1058.40,138.00,25.00)		0.0706	
	(3.20,945.00,143.18,25.00)		0.1068	
	(3.20,945.00,138.00,32.50)		0.8066	
	(2.14,945.00,138.00,25.00)		4.2036	
	(3.20,831.60,138.00,25.00)	0.1466		
	(3.20,945.00,132.83,25.00)	0.2042		
	(3.20,945.00,138.00,17.50)	1.0041		
	(2.77,946.81,138.13,26.24)	0.3415		
	(2.75,946.95,138.13,26.15)	10.000		
底肋	(3.20,945.00,138.00,25.00)		10.000	0.1247
	(4.26,945.00,138.00,25.00)	1.5683		
	(3.20,1058.40,138.00,25.00)		0.1746	
	(3.20,945.00,143.18,25.00)		0.2501	
	(3.20,945.00,138.00,32.50)		0.7734	
	(2.14,945.00,138.00,25.00)		7.4567	
	(3.20,831.60,138.00,25.00)	0.2359		
	(3.20,945.00,132.83,25.00)	0.3121		
	(3.20,945.00,138.00,17.50)	0.7532		
	(2.65,947.66,138.18,25.75)	10.000		
	(2.64,947.50,138.15,25.59)	5.4930		
	(2.64,947.43,138.14,25.51)	0.2923		

表 13-4 设计水位工况下槽身主要承重结构抗裂可靠度计算成果
Tab. 13-4 Calculation results of crack resistance reliability of the main load-bearing structure of the groove body under designed water level condition

项目		边梁	中梁	底肋
验算点	f_{ct}/MPa	2.55	2.62	2.46
	f_p/MPa	949.97	948.44	948.18
	A_p/mm^2	138.26	138.21	138.17
	γ_h/(kN/m^3)	26.59	26.44	25.51
可靠指标 β		1.9652	1.7487	2.1130
失效概率 $\Phi(-\beta)$		0.0247	0.0402	0.0173

表 13-5 加大水位工况下槽身主要承重结构抗裂可靠度计算成果
Tab. 13-5 Calculation results of crack resistance reliability of main load-bearing structure of the groove body under increasing water level condition

项目		边梁	中梁	底肋
验算点	f_{ct}/MPa	2.69	2.76	2.64
	f_p/MPa	948.15	946.93	947.42
	A_p/mm^2	138.17	138.13	138.14
	γ_h/(kN/m^3)	26.29	26.18	25.51
可靠指标 β		1.5416	1.3499	1.6180
失效概率 $\Phi(-\beta)$		0.0616	0.0885	0.0528

从表 13-4 和表 13-5 可以看出，在设计水位和加大水位工况下均是底肋的抗裂可靠指标最大，中梁的抗裂可靠指标最小，边梁的抗裂可靠指标居中。《水利水电工程结构可靠性设计统一标准》(GB 50068—2018)[13-33]对于水工结构正常使用极限状态的目标可靠度没有明确的规定，文献[13-7]按新老规范标定的渡槽抗裂可靠指标在 1～2，本节计算得到的边梁、中梁、底肋结构的抗裂可靠度指标为 1.3499～2.1130，相对来说具有较好的抗裂可靠性。另外，通过对设计水位与加大水位工况得到的可靠指标对比可以发现，水位变化对槽身结构抗裂可靠度的影响较为显著。

4. 槽身抗裂体系可靠度分析

考虑上述计算得到的主要受力构件的抗裂失效模式就是渡槽体系的主要抗裂失效模式，采用区间估计方法计算渡槽的体系可靠度。

针对一般界限法中存在的范围过宽的问题，Ditlevsen[13-34]提出了考虑主要失效模式相关性的窄界限范围公式。主要失效模式间的相关关系由式(13-5)计算：

$$\rho_{ij} = \frac{\sum_{k=1}^{n}\sum_{l=1}^{n}\rho_{x_k x_l} \left.\frac{\partial g_i}{\partial x_k}\frac{\partial g_j}{\partial x_l}\right|_{X^*} \sigma_{x_k}\sigma_{x_l}}{\sigma_{z_i}\sigma_{z_j}} \tag{13-5}$$

式中，X^*为验算点；g_i、g_j为失效模式的极限状态功能函数；x_k、x_l为基本变量；σ_{x_k}、σ_{x_l}为基本变量的标准差；$\rho_{x_k x_l}$为相关系数。

$$\sigma_{z_i} = \left(\sum_{k=1}^{n} \sum_{l=1}^{n} \rho_{x_k x_l} \frac{\partial g_i}{\partial x_k} \frac{\partial g_i}{\partial x_l} \bigg|_{X^*} \sigma_{x_k} \sigma_{x_l} \right)^{1/2} \tag{13-6}$$

$$\sigma_{z_j} = \left(\sum_{k=1}^{n} \sum_{l=1}^{n} \rho_{x_k x_l} \frac{\partial g_j}{\partial x_k} \frac{\partial g_j}{\partial x_l} \bigg|_{X^*} \sigma_{x_k} \sigma_{x_l} \right)^{1/2} \tag{13-7}$$

只要写出各失效模式的极限状态功能函数，就可用式(13-5)~式(13-7)求出它们之间的相关系数。设中梁、边梁、底肋的极限状态方程分别为$g_1(X)$、$g_2(X)$、$g_3(X)$，那么在设计水位和加大水位工况下得到的相关系数如表13-6、表13-7所示，由此采用体系可靠度的窄限公式得到的渡槽体系可靠度窄限解如表13-8所示。

表 13-6 设计水位工况主要失效模式相关系数
Tab. 13-6 Correlation coefficient of main failure modes at design water level condition

	$g_1(X)$	$g_2(X)$	$g_3(X)$
$g_1(X)$	1.0000		
$g_2(X)$	0.9998	1.0000	
$g_3(X)$	0.9711	0.9718	1.0000

表 13-7 加大水位工况主要失效模式相关系数
Tab. 13-7 Correlation coefficient of main failure modes under increasing water level condition

	$g_1(X)$	$g_2(X)$	$g_3(X)$
$g_1(X)$	1.0000		
$g_2(X)$	0.9997	1.0000	
$g_3(X)$	0.9733	0.9767	1.0000

表 13-8 窄界限法渡槽抗裂体系可靠度界限
Tab. 13-8 Reliability of anti-cracking system for narrow-boundary aqueduct

设计水位	加大水位
$0.0402 \leqslant P_f \leqslant 0.0419$	$0.0885 \leqslant P_f \leqslant 0.09717$

13.1.4 挠度可靠度

1. 基本变量

渡槽承受的主要荷载与抗裂分析相同，主要考虑水荷载和钢筋混凝土自重荷载两部分。自重荷载的变异性按照钢筋混凝土材料密度的变异性来考虑，水荷载通过计算不同工况反映其荷载变化。因此，考虑满槽工况作为一种最不利工况。各变量的取值详见表 13-9。

表 13-9 挠度可靠度分析基本变量统计参数
Tab. 13-9 Statistical parameters of basic variables for deflection reliability analysis

变量名称	单位	均值	变异系数
混凝土弹性模量 E_h	MPa	3.45×10^4	0.20
钢筋弹性模量 E_s	MPa	1.80×10^5	0.06
有效预应力 f_p	MPa	945	0.04
预应力钢筋面积 A_p	mm²	138	0.0125
钢筋混凝土的容重	kN/m³	25	0.10

2. 极限状态

参考相关规范[13-4]，渡槽的跨度 l_0=30m＞10m，由此得到短期组合和长期组合条件下的容许挠度分别为 l_0/500=60.0mm、l_0/550=54.5mm。渡槽挠度可靠度分析极限状态方程为

$$g(X) = 1 - \frac{\delta_{\max}}{[\delta]} \tag{13-8}$$

式中，[δ] 为容许挠度，mm；$\delta_{\max}$ 为由渡槽三维有限元方法得到的槽身跨中最大位移，mm；$g(X)$ 为由 SVM 方法拟合得到的渡槽跨中挠度反应极限状态方程。

3. 挠度可靠度分析

由于计算得到的挠度与容许挠度相比较小，这样直接采用原容许挠度进行可靠度分析得到的挠度可靠度过大，缺乏实际意义，而且得到的验算点也会出现部分变量取为负值的现象，使得计算结果不尽合理。为了对可靠度进行一个定性判断，将容许挠度降为 10mm 进行可靠度计算，得到的挠度可靠指标为 3.5343。

由于《水利水电工程结构可靠性设计统一标准》(GB 50199—2013)[13-33]对于水工结构正常使用极限状态的目标可靠度没有明确的规定，而《建筑结构可靠性设计统一标准》(GB 50068—2018)[13-35]规定，结构构件正常使用极限状态的目标可靠指标根据其可逆程度宜取 0~1.5。虽然水工建筑物有其特殊性，但建筑结构的目标可靠度也可以作为一个参照。由此可见，即使将容许位移降为 10mm 的水平，结构仍然具有很好的安全裕度。因此，渡槽的挠度可靠度可以得到定性的判断，即该大型预应力渡槽具有很小的竖向变形，具有很高的挠度可靠度。

13.1.5 讨论与结论

(1) 根据渡槽受力条件，采用实体预应力筋的分离式钢筋混凝土模型方法，建立了大型预应力渡槽槽身三维有限元模型。与预应力处理的等效节点力方法相比，实体力筋法能较好地模拟预应力荷载的方向和位置，计算精度较高。通过有限元分析，结合其他渡

槽设计方案,建议渡槽底板增加预应力钢筋。

(2)通过三维有限元分析,选择主要的受力构件——渡槽的边梁、中梁、底肋作为分析对象。运用有限元计算软件计算经验点,采用 SVM 方法重构极限状态方程,计算了选定受力构件的抗裂可靠指标。采用体系可靠度界限方法,对构件失效相关性和体系可靠度进行分析,得到渡槽抗裂体系可靠度的宽限解和窄限解。通过敏感性分析以及对比设计水位和加大水位工况的解发现,混凝土抗拉强度、混凝土变异性及水位变化对抗裂可靠度影响较大,而预应力钢筋截面面积变化和有效预应力的变化对抗裂可靠度影响相对较小。

(3)采用 SVM 方法拟合渡槽槽身的跨中挠度反应,计算了渡槽挠度可靠度。分析结果表明,沙河大型预应力渡槽具有很高的挠度可靠度。

(4)采用 SVM 方法对大型复杂结构进行可靠度分析,方便快捷,收敛快,有很好的适应性。

13.2 海塘结构可靠度

13.2.1 基本情况

钱塘江河口属强潮河口,外海潮波由口外从东南向西北传入杭州湾后,受喇叭形岸线的影响,急剧变形,高潮位抬高,低潮位降低,潮差加大。据史料记载,历年最大潮差为 9.58m。由于河床主要由细粉砂组成,在洪潮交互作用下,泥沙往返上下搬运,造成河床及塘前滩地冲淤幅度很大。根据经验,塘前滩地高程在钱塘江海塘稳定分析中起重要作用,而以往整体稳定可靠度分析文献中都没有将其作为随机变量考虑,采用均值一次二阶矩法[13-36]和简化 Bishop 法(以下简称 Bishop 法)的基本思想,结合钱塘江海塘的具体特点,引入塘前滩地高程 h 作为独立随机变量,对海塘整体稳定进行可靠性分析,并对影响海塘稳定可靠性的不确定因素的变异性进行敏感性检验[13-37]。

13.2.2 基本方法

(1)采用分层 0.618 优选法[13-38]确定最危险滑动面。

(2)选定基本随机变量。抗剪强度指标:黏聚力 c、内摩擦角 φ、土的容重 γ、孔隙水压 u 及强度发挥系数 a 和渗透压力等物理参数。同一性质土的 c、φ、γ 具有很好的相关性,u、a 可作为独立的随机变量处理[13-39]。由于塘前河床的冲刷高程对海塘整体稳定性影响很大,这是钱塘江河口的海塘不同于其他江堤的重要地方,本节增加了塘前滩地高程 h,并把它作为一个独立的随机变量来处理。

(3)采用均值一次二阶矩法。由于海塘整体稳定的功能函数 $Z = g(x_1, x_2, \cdots, x_n)$ 往往是基本随机变量 $x_i (i=1,2,\cdots,n)$ 的复杂函数,为简便计算,把它在 μ_{x_i} (x_i 的均值点)处进行泰勒级数展开,并取其一次项作为近似值,即

$$Z \approx g(\mu_{x_1}, \mu_{x_2}, \cdots, \mu_{x_n}) + \sum_{i=1}^{n}(x_i - \mu_{x_i})\frac{\partial g}{\partial x_i}\bigg|_{x_i \neq \mu_{x_i}} \qquad (13-9)$$

相应的均值和方差为

$$\mu_Z = g(\mu_{x_1}, \mu_{x_2}, \cdots, \mu_{x_n}) \tag{13-10}$$

$$\begin{aligned}\text{Var}(Z) &= \sum_{i=1}^{n}\sum_{j=1}^{n}\frac{\partial g}{\partial x_i}\bigg|_{x_i=\mu_{x_i}}\frac{\partial g}{\partial x_j}\bigg|_{x_j=\mu_{x_j}}\cdot \text{Cov}(x_i, x_j) \\ &= \sum_{i=1}^{n}\sum_{j=1}^{n}\frac{\partial g}{\partial x_i}\bigg|_{x_i=\mu_{x_i}}\frac{\partial g}{\partial x_j}\bigg|_{x_j=\mu_{x_j}}\rho_{x_i,x_j}\sqrt{\text{Var}(x_i)\cdot\text{Var}(x_j)}\end{aligned} \tag{13-11}$$

在海塘整体稳定分析中，安全系数为

$$F = \frac{M_R}{M_S} \tag{13-12}$$

式中，抗滑力矩 M_R 和滑动力矩 M_S 是基本随机变量的函数，它们也是随机变量。研究表明[13-40]，M_R 和 M_S 的概率分布函数取对数正态分布时，可满足海塘稳定分析的精度要求。

取海塘整体稳定的功能函数为

$$Z = \ln\frac{M_R}{M_S} = \ln M_R - \ln M_S \tag{13-13}$$

其可靠指标可按式(13-14)进行计算：

$$\beta = \frac{\ln\left(\dfrac{\mu_{M_R}}{\mu_{M_S}}\sqrt{\dfrac{1+\delta_S^2}{1+\delta_R^2}}\right)}{\sqrt{\ln\left[(1+\delta_R^2)(1+\delta_S^2)\right]}} \tag{13-14}$$

式中，$\delta_R = \sqrt{\text{Var}(M_R)}/\mu_{M_R}$，$\delta_S = \sqrt{\text{Var}(M_S)}/\mu_{M_S}$，它们分别为 M_R 和 M_S 的变异系数。因此，只要根据已知条件求得相应的 μ_{M_R}、$\text{Var}(M_R)$ 及 μ_{M_S}、$\text{Var}(M_S)$，就可求得 β。

(4) 计算 M_R 和 M_S 的数学期望和方差。Bishop 法分析海塘整体稳定的安全系数公式为

$$F = \frac{\sum_{i=1}^{n}M_{Ri}}{\sum_{i=1}^{n}M_{Si}} = \frac{\sum_{i=1}^{n}[bc_i + (W_i - u_i b)\tan\varphi_i]\dfrac{1}{m_{ai}}}{\sum_{i=1}^{n}(W_i\sin\alpha_i)} \tag{13-15}$$

式中，下标中 i 表示有 i 个土条；W_i 为土条自重；c_i 为黏聚力；u_i 为孔隙水压；φ_i 为摩擦角；$m_a = \cos\alpha_i + a_i\sin\alpha_i\cdot\tan\varphi_i$；$b$ 为每条土条的宽度(取等宽)。

对于任一土条 i：

$$\mu_{M_S} = \mu_W \sin\alpha = \mu_\gamma \mu_V \sin\alpha \tag{13-16}$$

$$\text{Var}(M_S) = \mu_V^2 \sin^2\alpha \text{Var}(\gamma) + (\mu_\gamma b \cdot \sin\alpha)^2 \text{Var}(h) \tag{13-17}$$

当土条处于塘前滩地范围内时，需加上式(13-17)的第二项。

$$M_R = \frac{1}{m_a}[bc + (W-ub)\tan\varphi] = M_{R1} + M_{R2} + M_{R3} \tag{13-18}$$

式中，$M_{R1} = \frac{1}{m_a}bc$；$M_{R2} = \frac{1}{m_a}W\tan\varphi$；$M_{R3} = -\frac{ub}{m_a}\tan\varphi$。则

$$\mu_{M_R} = \frac{1}{\mu_{m_a}}(b\mu_c + \mu_W \mu_{\tan\varphi} - b\mu_u \mu_{\tan\varphi})$$

由 $M_{R1} = M_{R1}(c,\varphi,a)$、$M_{R2} = M_{R2}(\gamma,\varphi,a)$、$M_{R3} = M_{R3}(\varphi,u,a)$ 及参数 γ、c、φ 之间的相关性，分离独立变量可得

$$\begin{aligned}\text{Var}(M_R) =\ & \text{Var}(M_{R1}) + \text{Var}(M_{R2}) + \text{Var}(M_{R3}) + \text{Var}(M_h) \\ & + 2\big[\text{Cov}(M_{R1},M_{R2}) + \text{Cov}(M_{R2},M_{R3}) + \text{Cov}(M_{R3},M_{R1})\big] + \text{Var}(M_a)\end{aligned} \tag{13-19}$$

式中，

$$\text{Var}(M_{R1}) = \left(\frac{\partial M_{R1}}{\partial c}\right)^2 \text{Var}(c) + \left(\frac{\partial M_{R1}}{\partial \varphi}\right)^2 \text{Var}(\varphi) + 2\frac{\partial M_{R1}}{\partial c}\frac{\partial M_{R1}}{\partial \varphi}\rho_{c,\varphi}\sqrt{\text{Var}(c)\cdot\text{Var}(\varphi)}$$

$$\text{Var}(M_{R2}) = \left(\frac{\partial M_{R2}}{\partial \gamma}\right)^2 \text{Var}(\gamma) + \left(\frac{\partial M_{R2}}{\partial \varphi}\right)^2 \text{Var}(\varphi) + 2\frac{\partial M_{R2}}{\partial \gamma}\frac{\partial M_{R2}}{\partial \varphi}\rho_{\gamma,\varphi}\sqrt{\text{Var}(\gamma)\cdot\text{Var}(\varphi)}$$

$$\text{Var}(M_{R3}) = \left(\frac{\partial M_{R3}}{\partial \varphi}\right)^2 \text{Var}(\varphi) + \left(\frac{\partial M_{R3}}{\partial u}\right)^2 \text{Var}(u)$$

$$\text{Var}(M_h) = \left(\frac{\mu_{\tan\varphi}}{\mu_{m_a}}\cdot\mu_\gamma b\right)^2 \text{Var}(h)$$

当土条处于塘前滩地范围内时，该项为零；

$$\text{Var}(M_a) = \left[\frac{(b\mu_c + \mu_W\mu_{\tan\varphi} - b\mu_u\mu_{\tan\varphi})\cdot\sin\alpha\cdot\mu_{\tan\varphi}}{\mu_{m_a}^2}\right]^2 \text{Var}(a)$$

$$\begin{aligned}\text{Cov}(M_{R1},M_{R2}) =\ & \frac{\partial M_{R1}}{\partial c}\frac{\partial M_{R2}}{\partial \gamma}\rho_{c,\gamma}\sqrt{\text{Var}(c)\cdot\text{Var}(\gamma)} + \frac{\partial M_{R1}}{\partial c}\frac{\partial M_{R2}}{\partial \varphi}\rho_{c,\varphi}\sqrt{\text{Var}(c)\cdot\text{Var}(\varphi)} \\ & + \frac{\partial M_{R1}}{\partial \varphi}\frac{\partial M_{R2}}{\partial \gamma}\rho_{\varphi,\gamma}\sqrt{\text{Var}(\varphi)\cdot\text{Var}(\gamma)} + \frac{\partial M_{R1}}{\partial \varphi}\frac{\partial M_{R2}}{\partial \varphi}\text{Var}(\varphi)\end{aligned}$$

$$\text{Cov}(M_{R2}, M_{R3}) = \frac{\partial M_{R2}}{\partial \gamma} \frac{\partial M_{R3}}{\partial \varphi} \rho_{\gamma,\varphi} \sqrt{\text{Var}(\gamma) \cdot \text{Var}(\varphi)} + \frac{\partial M_{R2}}{\partial \varphi} \frac{\partial M_{R3}}{\partial \varphi} \text{Var}(\varphi)$$

$$\text{Cov}(M_{R3}, M_{R1}) = \frac{\partial M_{R3}}{\partial \varphi} \frac{\partial M_{R1}}{\partial c} \rho_{\varphi,c} \sqrt{\text{Var}(\varphi) \cdot \text{Var}(c)} + \frac{\partial M_{R3}}{\partial \varphi} \frac{\partial M_{R1}}{\partial \varphi} \text{Var}(\varphi)$$

若不计各土条之间的相关性，总和各土条的 μ_{M_R}、$\text{Var}(M_R)$ 及 μ_{M_S}、$\text{Var}(M_S)$，进一步可求得海塘整体稳定的可靠指标 β。

13.2.3 案例分析

根据上述基本理论，编制了海塘整体稳定可靠度分析的计算程序 SLP99.FOR 应用于钱塘江某海塘，海塘及土层剖面图如图 13-6 所示，计算参数如表 13-10 所示。塘前滩地平均高程为 2.0m，$p=1\%$ 高程为 0.1m，$p=0.2\%$ 高程为 -1.5 m。计算时假定各土层参数的相关系数分别为 $\rho_{\gamma,c}=0.7$、$\rho_{\gamma,\varphi}=0.5$、$\rho_{c,\varphi}=-0.7$，取塘前滩地高程的标准差为 4.38m，并考虑两种不同的水位组合：

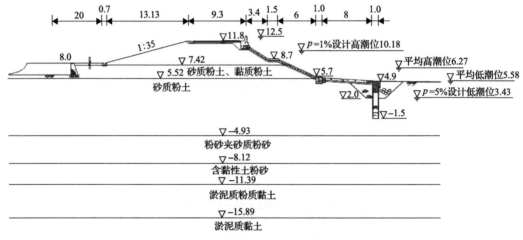

图 13-6 海塘及土层剖面图（单位：m）

Fig. 13-6 Seawall and soil profile

表 13-10 各土层物理力学性质指标

Tab. 13-10 Index of physical and mechanical properties of each soil layer

土层名称	$\gamma/(\text{kN/m}^3)$	c/kPa	$\varphi/(°)$
1 粉性土素填土	18.4(0.061)	8.4	20.09
2 砂质粉土，黏质粉土	19.2(0.026)	8.4(0.160)	21.07(0.032)
3 砂质粉土	19.7(0.013)	8.4(0.202)	23.59(0.038)
4 粉砂夹砂质粉砂	19.7(0.028)	9.8(0.262)	23.52(0.074)
5 含黏性土粉砂	19.0(0.020)	9.1(0.196)	21.98(0.085)
6 淤泥质粉质黏土	18.2(0.023)	12.6(0.245)	16.73(0.257)
7 淤泥质黏土	17.6(0.132)	14.7	12.53

注：表中数字表示变量的均值(变异系数)。

(1)外江水位由 10.18m 降至平均低潮位 5.58m，内水位取地下水位 6.50m。
(2)外江水位由平均高潮位 6.27m 降至 20 年一遇低潮位 3.43m，内水位取地下水位 6.50m；

塘前滩地高程分别取 3.0m、2.0m、0.1m、−1.5m，计算结果如表 13-11 所示。

表 13-11　海塘整体稳定安全系数、可靠指标及失效概率
Tab. 13-11　Overall stability safety factor, reliability index and failure probability of seawall

工况	h/m	安全系数 F		β	P_f
		瑞典法	Bishop 法		
水位组合(1)	3.0	1.62	1.77	5.52	1.7×10^{-8}
	2.0	1.53	1.65	5.34	4.8×10^{-8}
	0.1	1.38	1.45	4.83	6.9×10^{-7}
	−1.5	1.26	1.33	4.07	2.4×10^{-5}
水位组合(2)	3.0	1.50	1.62	5.18	1.1×10^{-7}
	2.0	1.40	1.53	4.91	4.6×10^{-7}
	0.1	1.25	1.33	4.22	1.2×10^{-7}
	−1.5	1.13	1.18	3.22	6.4×10^{-4}

为研究各因素对海塘整体稳定可靠性的影响，对这些因素(主要是各变量的变异性)逐一进行敏感性检验。以水位组合(2)、塘前滩地高程的均值取 1.5m 为例，此时用瑞典法和 Bishop 法求得的安全系数分别为 1.36、1.47。检验分 5 步进行，步长为随机变量原标准差(或相关系数)的倍数，分析结果如图 13-7 所示。当在水位组合(2)、塘前滩地具有相同方差 29.9m^2 时，随着塘前滩地均值的提高，海塘整体稳定可靠指标的变化如表 13-12 所示。

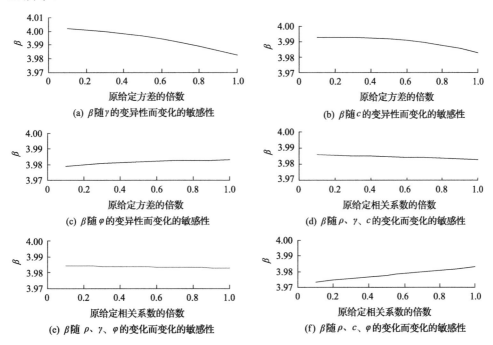

(a) β 随 γ 的变异性而变化的敏感性
(b) β 随 c 的变异性而变化的敏感性
(c) β 随 φ 的变异性而变化的敏感性
(d) β 随 ρ、γ、c 的变化而变化的敏感性
(e) β 随 ρ、γ、φ 的变化而变化的敏感性
(f) β 随 ρ、c、φ 的变化而变化的敏感性

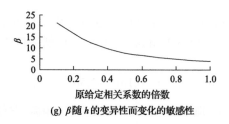

(g) β 随 h 的变异性而变化的敏感性

图 13-7　各因素变异性对可靠指标影响的敏感性分析

Fig. 13-7　Sensitivity analysis of factors variability on reliability index

表 13-12　不同滩地高度的海塘整体稳定的安全系数及可靠指标

Tab. 13-12　Overall stability safety factor and reliability index of seawall with different beach height

h/m	安全系数 F		β
	瑞典法	Bishop 法	
3.0	1.50	1.62	4.148
2.0	1.40	1.53	3.931
0.1	1.25	1.33	3.369
−1.5	1.13	1.18	2.559

表 13-13 给出了在水位组合(2)、塘前滩地高程的均值为 1.5m 且变异系数不变时，随着内摩擦角均值的变化，其整体稳定的安全系数和可靠指标的变化情况。

表 13-13　不同内摩擦角的海塘整体稳定安全系数及可靠指标

Tab. 13-13　Overall stability safety factor and reliability index of seawall with different friction angle

原摩擦角均值的倍数	安全系数 F		β
	瑞典法	Bishop 法	
0.1	0.45	0.50	−8.287
0.3	0.75	0.85	−1.579
0.5	1.06	1.13	2.191
0.7	1.36	1.47	3.983
0.9	1.68	1.82	4.616
1.1	2.05	2.22	4.628

13.2.4　讨论与结论

(1)根据 1994 年颁布的《水利水电工程结构可靠度设计统一标准》（GB 50199—1994）[13-26]，对于重要的水工结构物，要求的目标可靠指标 $\beta_T \geqslant 4.20$，在塘前滩地高程均值 2.0m、标准差 4.38m 时最小 β 值为 4.91，满足规范要求。

(2)在具有相同标准差的情况下，随着塘前滩地高程（均值）的降低，整体稳定安全系数要减小，可靠指标也减小。

(3)按各基本随机变量及其相关系数变异性对海塘整体稳定可靠指标影响的显著性，可将这些因素分为三类：第一类是塘前滩地高程 h，最为敏感；第二类是容重 γ、黏聚力 c、黏聚力和内摩擦角的相关系数 $\rho_{c,\varphi}$ 及内摩擦角 φ，比较敏感；第三类是容重与黏

聚力的相关系数 $\rho_{\gamma,c}$ 及容重与内摩擦角的相关系数 $\rho_{\gamma,\varphi}$，最不敏感。

(4)对海塘结构的整体稳定性进行了敏感性分析，发现影响海塘整体稳定性最主要的三个变量是塘前滩地高程均值、方差和土体的内摩擦角均值。

参 考 文 献

[13-1] 赵国藩. 高等钢筋混凝土结构学[M]. 北京: 机械工业出版社, 2005.

[13-2] 中华人民共和国住房和城乡建设部. 混凝土结构设计规范(2015 年版)(GB 50010—2010)[S]. 北京: 中国建设工业出版社, 2011.

[13-3] 梁兴文, 王社良, 李晓文. 混凝土结构设计原理[M]. 北京: 科学出版社, 2003.

[13-4] 中华人民共和国国家能源局. 水工混凝土结构设计规范(DL/T 5057—2009)[S]. 北京: 中国电力出版社, 1997.

[13-5] 宋玉普. 新型预应力混凝土结构[M]. 北京: 机械工业出版社, 2006.

[13-6] 赵国藩, 金伟良, 贡金鑫. 结构可靠度理论[M]. 北京: 中国建筑工业出版社, 2000.

[13-7] 夏富洲, 姬晓辉, 刘川顺. 渡槽槽身结构抗裂可靠度分析[J]. 中国农村水利水电, 2000, (3): 14-16.

[13-8] 李正农, 吴红华, 楼梦麟. 渡槽结构抗风可靠度分析方法[J]. 武汉理工大学学报, 2002, 24(9): 48-51.

[13-9] 吴建国, 金伟良, 张爱晖, 等. 基于马氏链样本模拟的渡槽结构系统可靠性分析[J]. 水利学报, 2006, 37(8): 985-990.

[13-10] 程卫帅, 贾超, 陈进. 矩形渡槽槽身可靠度的敏感性分析[J]. 水力发电, 2004, 30(3): 36-39.

[13-11] 贾超, 刘宁, 陈进, 等. 澧河段梁式渡槽桩承载力极限状态可靠度分析[J]. 水利水运工程学报, 2004, (1): 53-56.

[13-12] 贾超, 刘宁, 陈进, 等. 南水北调中线工程渡槽结构风险分析[J]. 水力发电, 2003, 29(7): 25-29.

[13-13] 雷杰, 金伟良, 张爱晖. 下承式桁架拱渡槽的结构可靠度分析[J]. 水利水电科技进展, 2005, 25(1): 37-40.

[13-14] 赵文华, 陈德亮, 颜其照, 等. 渡槽[M]. 北京: 水利电力出版社, 1984.

[13-15] 竺慧珠, 陈德亮, 管枫年. 渡槽[M]. 北京: 中国水利水电出版社, 2005.

[13-16] 江见鲸, 陆新征, 叶列平. 混凝土结构有限元分析[M]. 北京: 清华大学出版社, 2005.

[13-17] 赵平, 刘作秋, 陈文义, 等. 大型渡槽上、下部整体三维有限元动力分析[J]. 华北水利水电学院学报, 1997, 8(1): 36-38.

[13-18] 彭华, 孟勇, 游春华. 大型上承式桁架拱渡槽的三维有限元分析[J]. 武汉大学学报(工学版), 2005, 38(5): 45-49.

[13-19] 高小翠, 彭琳. 大型预应力混凝土箱式渡槽有限元分析[J]. 中国农村水利水电, 2003, (5): 53-55.

[13-20] 赵瑜, 赵平. 大型预应力混凝土箱形渡槽结构三维有限元分析[J]. 长江科学院院报, 1999, 16(2): 17-20.

[13-21] 吴京, 孟少平. 预应力混凝土极限抗弯承载力计算的等效荷载法[J]. 工业建筑, 1999, 29(9): 24-28.

[13-22] 周威, 郑文忠. 预应力等效荷载计算的通用方法及其简化[J]. 哈尔滨工业大学学报, 2005, 37(1): 49-51, 83.

[13-23] 钱家欢. 土力学[M]. 南京: 河海大学出版社, 1988.

[13-24] 高大钊. 土力学可靠性原理[M]. 北京: 中国建筑工业出版社, 1989.

[13-25] 中华人民共和国建设部. 建筑地基基础设计规范(GBJ 7—1989)[S]. 北京: 中国计划出版社, 1989.

[13-26] 国家技术监督局, 中华人民共和国建设部. 水利水电工程结构可靠度设计统一标准(GB 50199—1994)[S]. 北京: 中国标准出版社, 1994.

[13-27] 长江水利委员会. 南水北调中线工程规划[M]. 武汉: 水利部长江水利委员会, 2001.

[13-28] 河南省水利勘测设计有限公司. 沙河渡槽规划、设计资料[M]. 郑州: 河南省水利勘测设计有限公司, 2006.

[13-29] Al-Hanhy A S, Frangopol D M. Reliability-based design of prestressed concrete beams[J]. Journal of Structural Engineering, 1994, 120(11): 3156-3177.

[13-30] Al-Harthy A S, Frangopol D M. Reliability assessment of prestress concrete beams[J]. Journal of Structural Engineering, 1994, 120(1): 180-199.

[13-31] Al-Harthy A S, Frangopol D M. Integrating system reliability and optimization in prestressed concrete design[J]. Computers & Structures, 1997, 64(1): 729-735.

[13-32] 金伟良, 唐纯喜, 陈进. 基于 SVM 的结构可靠度分析响应面方法[J]. 计算力学学报, 2007, 24(6): 713-718.

[13-33] 中华人民共和国住房和城乡建设部. 水利水电工程结构可靠性设计统一标准(GB 50199—2013)[S]. 北京: 中国计划出版社, 2014.

[13-34] Ditlevsen O. Narrow reliability bounds for structural systems[J]. Journal of Structural Mechanics, 1979, 7(4): 453-472.

[13-35] 中华人民共和国住房和城乡建设部. 建筑结构可靠性设计统一标准(GB 50068—2018)[S]. 北京: 中国建筑工业出版社, 2018.

[13-36] 吴世伟. 结构可靠度分析[M]. 北京: 人民交通出版社, 1990.

[13-37] 王卫标. 钱塘江海塘风险分析和安全评估研究[D]. 杭州: 浙江大学, 2005.

[13-38] 张乃良. 最优化方法[M]. 济南: 山东大学出版社, 1995.

[13-39] 何广讷, 杨斌. 海堤地震稳定性的概率分析[J]. 海洋工程, 1995, (1): 62-69.

[13-40] Yong R N, Alonso E, Tabba M M, et al. Application of risk analysis to the prediction of slope instability[J]. Canadian Geotechnical Journal, 2011, 14(4): 540-553.

第 14 章

边坡结构可靠度

边坡是一种为了保证路基稳定、在路基两侧做成的具有一定坡度的坡面结构。本章基于随机场局部平均理论，利用土性参数空间相关模型，给出土质边坡二维滑弧和三维滑面上土性参数局部平均方差的离散化计算方法。结合几何可靠度分析方法和 Bishop 法，建立基于随机场局部平均理论的土质边坡可靠度分析方法，运用编制的程序分析土性参数相关距离对边坡稳定可靠度的影响。

边坡稳定问题是岩土工程研究的主要问题之一。实际工程的边坡稳定分析中采用较多的是安全系数方法。传统的安全系数分析方法简便、直观，广泛运用于边坡稳定问题的设计和计算中。但是，安全系数方法不能反映边坡的介质特性、孔隙水压力和荷载等的不确定性，由此可靠度方法被引入边坡稳定分析中。

在进行可靠度分析时，碰到较多的是变量本身具有的变异性[14-1]和变量之间具有相关性的情况[14-2]，这些可以通过传统的可靠度方法进行处理。然而，岩土参数具有随机性和结构性的特征[14-3]，该特征是导致岩土参数具有不确定性的根源。也就是说，土性参数变量除具有本身的变异性及变量间的相关性外，由于受成因、剥离、风化及地质作用的影响，它还是明显的空间相关结构，即具有空间自相关性。因此，在对边坡进行稳定可靠性分析时，不仅需要考虑土性参数的随机性，还需要考虑其结构性。

在边坡稳定的可靠度分析中，根据土性参数的空间相关特征，科学合理地求出岩体参数空间相关的统计特征，对更准确地进行边坡安全性评价具有重要的意义。岩土参数的结构性需要采用随机场理论进行描述。本章采用随机场局部平均理论，利用土性随机场空间相关模型，导出土质边坡二维滑弧和空间三维滑面上土性参数的方差折减系数离散化计算式。为反映土性空间相关结构对边坡稳定问题可靠度分析的影响，结合几何可靠度分析方法和二维、三维 Bishop 法，建立基于随机场局部平均理论的边坡指定二维滑弧和三维滑面可靠度分析方法，并对相关距离的取值对可靠指标的影响进行分析。

14.1 土性参数随机场

随机过程 $X(t_0,\omega)$，$t_0 \in T$，当 T 中元素 t 是向量时，称 X_T 为随机场(random field)[14-4]。若 t 用空间位置参数向量 $\boldsymbol{u}=(x,y,z)$ 代替，$X(u_i)$ 代表场域集内某一点的土性参数指标，那么 $X(\boldsymbol{u})$ 即土性参数随机场。位置向量可以包含一个、两个、三个分量，相应的随机场 $X(\boldsymbol{u})$ 即一维、二维或三维随机场。随机场的三维概率分布函数为

$$F_n(x_1,x_2,x_3;u_1,u_2,u_3) = P\{X(u_1) \leqslant x_1, X(u_2) \leqslant x_2, X(u_3) \leqslant x_3\} \\ = \int_{-\infty}^{x_1}\int_{-\infty}^{x_2}\int_{-\infty}^{x_3} f(x_1,x_2,x_3;u_1,u_2,u_3)\mathrm{d}x_1\mathrm{d}x_2\mathrm{d}x_3 \tag{14-1}$$

式中，$f(x_1,x_2,x_3;u_1,u_2,u_3)$ 为随机场的概率密度函数。

与随机过程一样，虽然可以用随机场的分布函数族来描述随机场的概率特性，但由于确定随机场的分布函数族往往是很困难的，在实际分析中多研究随机过程的数字特征，以反映随机场的统计特性。

一个随机场若任意移动位置坐标，其所有的联合概率分布函数保持不变，则该随机场为均匀随机场或严格齐次随机场[14-5]。如果随机过程有

$$E(X(t)) = m = \text{constant} \tag{14-2}$$

对于任意的 τ，可以表达为

$$\text{Cov}(X_t, X_{t+\tau}) = R(\tau) \tag{14-3}$$

仅依赖于 τ，则该随机过程为宽平稳过程(wide sense stationary process)[14-6]。由于 Vanmarcke[14-7]提出的土性剖面的随机场模型实质就是用齐次正态随机场(即高斯平稳齐次随机过程)去模拟土性剖面，要求用该模型分析的数据在数学意义上应符合平稳随机场的条件。土体性质的空间分布是否具有平稳性和各态历经性是随机场方法能否应用于岩土工程中的关键。闫澍旺等[14-8]根据塘沽某较均匀土层所取得的大量静力触探试验结果，对静力触探数据的平稳性和各态历经性进行了分析，提出将随机过程 $X(t)$ 中的时间变量 t 向空间域 u 上推广，参数 t 用空间位置参数 u 代替，可以得到空间随机场 $X(u)$ 的观点。

14.2 土性参数的空间相关性模型

在可靠度分析中，土性参数的空间相关性常常用相关函数来表示。Vanmarcke[14-7]采用的土性参数空间相关函数主要有单指数、双指数、三角形函数、二次自动回归模型、指数余弦、指数正弦等几种。在这些相关函数中，指数余弦相关函数能较好地反映相关两点在距离增大到一定程度呈现负相关的情况。对于高斯平稳随机过程，马尔可夫过程的自相关函数是单指数型的。结合随机有限元方法对随机场相关结构描述所采用的相关模型情况，将主要相关模型表达式分列如下[14-5]：

(1) 非协调阶越型。

$$\rho(\tau) = \begin{cases} 1, & |\tau| \leqslant \theta \\ 0, & |\tau| > \theta \end{cases} \tag{14-4}$$

(2) 协调阶越型。

$$\rho(\tau) = \begin{cases} 1, & |\tau| \leqslant \theta/2 \\ 0, & |\tau| > \theta/2 \end{cases} \tag{14-5}$$

(3) 三角型。

$$\rho(\tau) = \begin{cases} 1 - \dfrac{|\tau|}{\theta}, & |\tau| \leqslant \theta \\ 0, & |\tau| > \theta \end{cases} \tag{14-6}$$

(4) 指数型。

$$\rho(\tau) = \exp\left(\dfrac{-2|\tau|}{\theta}\right) \tag{14-7}$$

(5) 二阶自回归模型。

$$\rho(\tau) = \left(1 + 4\dfrac{|\tau|}{\theta}\right)\exp\left(-4\dfrac{|\tau|}{\theta}\right) \tag{14-8}$$

(6) 高斯型。

$$\rho(\tau) = \exp\left(-\frac{\pi\tau^2}{\theta^2}\right) \tag{14-9}$$

以上各式中，$\rho(\cdot)$ 为相关函数；τ 为取样间距；θ 为相关距离。

土性的空间变异性比较复杂，针对不同地区、不同的土类、不同的土性指标，其自相关可能有各种形式，且不规则，再加上钻探工具、测试手段带来的变异性，根据土性实测值计算得到的自相关曲线可能不单独符合任何一种典型模型，而是几种模型的组合。因此，在对土性参数的空间结构进行描述时，有必要进行去粗取精，尽量以最简单的模型拟合实际的相关函数曲线。相比较而言，单指数型和余弦指数型是两种便于采用、近似程度较好的模型[14-9]。

对于以上岩土的空间相关模型，其唯一待定系数为相关距离 θ，它可以由实测资料来拟合。对于指数型相关函数，其水平相关系数和竖直相关系数是可以分离的，因此可以分开进行模拟。在土性相关函数模拟的过程中，首先需要将随机过程离散化，得到离散随机过程样本，一般取样为等间距，得到对随机过程离散采样的随机序列样本，然后由式(14-10)计算相关函数值，采用最小二乘法可以得到相关模型参数相关距离 θ。

$$\hat{\rho}(\tau) = \frac{\sum_{n=0}^{N-1}\left[(X_{n\tau}-\bar{X})(X_{(n+1)\tau}-\bar{X})\right]}{\sum_{n=0}^{N}\left[(X_{n\tau}-\bar{X})^2\right]} \tag{14-10}$$

式中，τ 为取样点间距；N 为总取样数；X 为观测值；$\bar{X}$ 为观测值均值。

14.3 滑动面上随机场局部平均计算模型

在许多情况下，土工的行为或功能往往取决于土工所涉及范围内土性参数的空间平均特性，也就是说，许多土工极限状态取决于土性的空间平均。例如，摩擦桩的承载能力极限状态依赖于平均摩阻力，而非桩土接触面的某点摩阻力达到极限值时桩就开始失效。边坡稳定性也并不受非常小的局部强度区域影响，因为它们得到了其周围区域的强度补偿，这样当考虑较大区域强度时，虽然岩土上点与点之间的强度是变化的，但局部弱区的强度也会趋于平均值[14-10]。在边坡稳定的可靠性分析中，关心的也是分条或条柱滑面上各条块单元的整体特性和平均强度特性，边坡稳定的可靠性通常由滑面上的局部平均强度特性控制，因此需要研究岩土性质的空间变化和局部平均特性。在可靠度分析中，一般只用到随机变量的前两阶矩，即均值和方差。采用平稳齐次随机场来描述土性参数，随机场的均值不发生变化，即

$$\bar{X}_T = E(X_T(\boldsymbol{u})) = E(X(\boldsymbol{u})) = \bar{X} \tag{14-11}$$

14.3.1 二维滑弧的平面问题

一维情况下，协方差在局部 T 上的积分为

$$I_T = \int_{-T}^{T} (T - |t_1|) \text{Cov}(T - |t_1|) dt_1$$
$$= 2\int_{0}^{T} (T - \tau)\text{Cov}(\tau) d\tau \tag{14-12}$$

相关函数与协方差间的关系为

$$\rho(u_1 - u_2) = \frac{\text{Cov}(X(u_1), X(u_2))}{\sigma_X(u_1)\sigma_X(u_2)} \tag{14-13}$$

对于平稳齐次随机场，令 $\tau = |u_1 - u_2|$，式(14-13)可以表述为

$$\rho(\tau) = \frac{\text{Cov}(\tau)}{\sigma_X^2} \tag{14-14}$$

将式(14-14)代入式(14-12)，可得

$$I_T = 2\int_{0}^{1} (T - \tau)\text{Cov}(\tau) d\tau$$
$$= 2\int_{0}^{T} (T - \tau)\rho(\tau)\sigma_X^2 d\tau \tag{14-15}$$
$$= 2\sigma_X^2 \int_{0}^{T} (T - \tau)\rho(\tau) d\tau$$

线性系统在局部 T 上的平均 $X_T(t)$ 与局部 T 上的积分 $I_T(t)$ 具有如下关系式：

$$X_T(t) = \frac{1}{T} I_T(t) \tag{14-16}$$

则在平面区域 $T_1 \times T_2$ 上的局部平均为

$$X_{T_1T_2}(t_1, t_2) = \frac{1}{T_1T_2} I_T(t_1, t_2) \tag{14-17}$$

则根据式(14-15)～式(14-17)得到局部平均方差为

$$\sigma_I = \sigma_X^2 \times \frac{2}{T^2} \int_{0}^{T} (T - \tau)\rho(\tau) d\tau \tag{14-18}$$

定义岩土性质参数 $X(t)$ 在局部 T 上的平均 $X_T(t)$ 的方差为

$$\sigma_T^2 = \sigma_X^2 \Gamma(T) \tag{14-19}$$

式中，σ_X^2 为随机变量的原始方差；$\Gamma(T)$ 为在 T 上的方差折减系数，对于一维问题，有

$$\Gamma(T) = \frac{2}{T^2}\int_0^T (T-\tau)\rho(\tau)\mathrm{d}\tau$$
$$= \frac{1}{T^2}\int_0^T\int_0^T \rho(t_1-t_2)\mathrm{d}t_1\mathrm{d}t_2 \qquad (14\text{-}20)$$

Varnmarcke 建议采用式(14-21)求解方差折减系数：

$$\Gamma(T) = \begin{cases} 1, & T \leqslant \theta \\ \dfrac{\theta}{T}, & T > \theta \end{cases} \qquad (14\text{-}21)$$

式中，θ 为相关距离，定义如下：

$$\begin{aligned}\theta &= \lim_{T\to\infty} T\,\Gamma(T) \\ &= \lim_{T\to\infty} T \times \frac{1}{T^2}\int_0^T\int_0^T \rho(t_1-t_2)\mathrm{d}t_1\mathrm{d}t_2 \\ &= \lim_{T\to\infty} \frac{1}{T}\int_0^T\int_0^T \rho(t_1-t_2)\mathrm{d}t_1\mathrm{d}t_2 \\ &= \lim_{T\to\infty} \int_0^T \left(1-\frac{\tau}{T}\right)\rho(\tau)\mathrm{d}\tau \\ &= 2\int_0^\infty \rho(\tau)\mathrm{d}\tau \end{aligned} \qquad (14\text{-}22)$$

由式(14-22)可以看出，该式在一定程度上忽略了相关函数具体形式对局部平均的影响，是近似处理计算式。为更好地描述土性随机场的局部特性，由式(14-20)得到空间的二维滑弧 L (图 14-1)上的方差折减系数为

$$\Gamma(L) = \frac{1}{L^2}\int_0^L\int_0^L \rho(l_1,l_2)\mathrm{d}l_1\mathrm{d}l_2 \qquad (14\text{-}23)$$

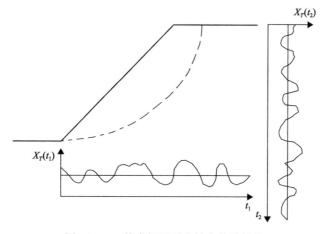

图 14-1 二维空间滑弧土性参数随机场

Fig. 14-1 Random field of soil parameters of two-dimensional space sliding surface

将式(14-23)离散求解，弧段间的相关性用弧段中点间的相关性表示，这样当滑弧分段数足够多时将具有足够的精度。离散求解表达式为

$$\Gamma(L) = \frac{1}{L^2} \sum_{i=1}^{n} \sum_{j=1}^{n} \Delta l_i \Delta l_j \rho(x_{i0}, y_{i0}, x_{j0}, y_{j0}) \tag{14-24}$$

式中，Δl_i、Δl_j 为边坡稳定分析的条分法第 i 条和第 j 条弧段长度；n 为总的条分块数；相关函数 $\rho(x_{i0}, y_{i0}, x_{j0}, y_{j0})$ 为第 i 块和第 j 块空间滑弧中间点 (x_{i0}, y_{i0}) 和 (x_{j0}, y_{j0}) 的相关系数，可以采用不同的相关模型描述。

由于指数型相关模型的横向和竖向相关结构可以分开表示，如图 14-1 所示，其相关模型参数便于模拟获取，且能较好地反映土性参数空间相关特点。因此，本节采用指数型相关模型进行描述，相关函数表达式为

$$\begin{aligned}\rho(x_i, y_i, x_j, y_j) &= \exp\left[-2\left(\frac{|x_{i0} - x_{j0}|}{\delta_H} + \frac{|y_{i0} - y_{j0}|}{\delta_V}\right)\right] \\ &= \exp\left(\frac{-2|x_{i0} - x_{j0}|}{\delta_H}\right) \exp\left(\frac{-2|y_{i0} - y_{j0}|}{\delta_V}\right)\end{aligned} \tag{14-25}$$

式中，δ_H、δ_V 为水平方向和竖直方向的相关距离。

将式(14-24)和式(14-25)代入式(14-19)得到二维滑弧上离散的局部平均方差计算式，即

$$\begin{aligned}\sigma_T^2 &= \sigma_X^2 \Gamma(T) \\ &= \frac{\sigma_X^2}{L^2} \sum_{i=1}^{n} \sum_{j=1}^{n} \Delta l_i \Delta l_j \exp\left(\frac{-2|x_{i0} - x_{j0}|}{\delta_H}\right) \exp\left(\frac{-2|y_{i0} - y_{j0}|}{\delta_V}\right)\end{aligned} \tag{14-26}$$

14.3.2 三维滑面的空间问题

将式(14-19)扩展到二维平面随机场 $(T_1 \times T_2)$，有

$$\sigma_{T_1 T_2}^2 = \sigma_X^2 \Gamma(T_1, T_2) \tag{14-27}$$

其中，方差折减系数为

$$\Gamma(T_1, T_2) = \frac{1}{(T_1 T_2)^2} \int_0^{T_1} \int_0^{T_1} \int_0^{T_2} \int_0^{T_2} \rho(\alpha_1 - \alpha_2, \beta_1 - \beta_2) d\alpha_1 d\alpha_2 d\beta_1 d\beta_2 \tag{14-28}$$

则对于三维滑坡体(图 14-2)的空间三维滑面 S 上的方差折减系数可以由如下曲面积分表示：

$$\Gamma(S) = \frac{1}{S^2} \int\int_S \rho(s_1, s_2) ds_1 ds_2 \tag{14-29}$$

第 14 章 边坡结构可靠度

由于空间滑弧的边界不规则等原因,式(14-29)的解析求解十分困难。结合三维边坡稳定分析的条分法对空间滑弧面进行划分和离散,以条块中点处的统计特征值代表整个条块的统计特征值,由式(14-29)可以得到如下离散化的计算式:

$$\Gamma(S) = \frac{1}{S^2} \sum_{i=1}^{n} \sum_{j=1}^{n} \rho(x_{i0}, y_{i0}, z_{i0}, x_{j0}, y_{j0}, z_{j0}) s_i s_j \tag{14-30}$$

式中,S 为空间滑弧的面积;s_i、s_j 分别为条分法第 i 块和第 j 块空间滑弧的面积;$\rho(x_{i0}, y_{i0}, z_{i0}, x_{j0}, y_{j0}, z_{j0})$ 为第 i 块和第 j 块空间滑弧中间点 (x_{i0}, y_{i0}, z_{i0}) 和 (x_{j0}, y_{j0}, z_{j0}) 的相关系数。当分条数目足够大时,该式将有较好的精度。一般而言,在三维空间中,水平方向和竖直方向的空间变异性是不同的,如图 14-2 所示,所以本节采用如下指数型相关模型描述土性参数的空间相关性:

$$\rho(x_{i0}, y_{i0}, z_{i0}, x_{j0}, y_{j0}, z_{j0}) = \exp\left[-2\left(\frac{\sqrt{(x_{i0}-x_{j0})^2 + (y_{i0}-y_{j0})^2}}{\delta_H} + \frac{|z_{i0}-z_{j0}|}{\delta_V}\right)\right] \tag{14-31}$$

式中,δ_H、δ_V 为水平方向和竖直方向的相关距离。

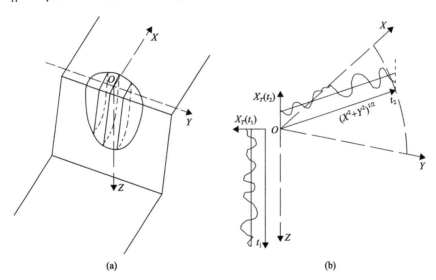

图 14-2 三维空间滑面土性参数随机场

Fig. 14-2 Three-dimensional spatial sliding surface soil parameters random field

将式(14-30)和式(14-31)代入式(14-27)得到滑坡体三维滑面 S 上的局部平均方差为

$$\begin{aligned}\sigma_S^2 &= \sigma_X^2 \gamma(S) \\ &= \frac{\sigma_X^2}{S^2} \sum_{i=1}^{n} \sum_{j=1}^{n} s_i s_j \exp\left[-2\left(\frac{\sqrt{(x_{i0}-x_{j0})^2 + (y_{i0}-y_{j0})^2}}{\delta_H} + \frac{|z_{i0}-z_{j0}|}{\delta_V}\right)\right]\end{aligned} \tag{14-32}$$

式(14-26)、式(14-32)中各条块的滑弧长度和滑面面积在边坡稳定分析的条分法中已经计算出来,各滑弧和滑面的中点也可以方便地确定,因此增加的计算量较少。由于在两式的推导过程中没有涉及与滑面空间形状相关的限制条件,它们对各种不同形式的滑弧或滑面均适用。

14.4 边坡稳定极限状态方程

土坡稳定问题是一个超静定问题,计算时需要引入假定条件加以简化,不同的假定条件可以得到不同的极限平衡方程。目前常用的安全系数方法有费仑纽斯普通条分法(Fellenius ordinary)、毕肖普法(Bishop's simplified)、詹布法(Janbu's simplified)和斯宾塞法(Spencer)等,这些方法都是以提出者的名字命名的。不同的方法考虑的平衡条件也不同,二维条件下各种计算方法考虑的力和力矩平衡条件详见表14-1[14-11]。文献[14-11]对二维平衡计算方法计算模式的不确定性进行了研究,结果表明,以严格平衡条件的斯宾塞法为标准值进行比较,费仑纽斯普通条分法、毕肖普法、詹布法的计算误差在可接受范围之内。

表 14-1 条分法边坡二维静态稳定平衡计算方法考虑平衡条件对比表

Tab. 14-1 The comparison table of two-dimensional static stability equilibrium calculation method of slope with slice method considering equilibrium conditions

计算方法	力的平衡		转动平衡
	X方向	Y方向	
费仑纽斯普通条分法	√		√
毕肖普法	√		√
詹布法	√	√	
斯宾塞法	√	√	√

在边坡稳定分析的过程中,人们认识到边坡滑坡体是三维发育的,发展边坡稳定分析的三维平衡计算方法成为一种必然选择。土坡稳定分析的三维理论模型一般是基于二维极限平衡分析方法所得到的经验加上必要的假设条件推导得到的。在二维平衡计算法的基础上,边坡稳定的极限平衡方法逐渐发展出三维普通条分法、三维简化毕肖普法、三维简化詹布法和三维斯宾塞法等几种。上述边坡二维和三维平衡计算方法中,普通条分法、简化毕肖普法因为计算方便、精度满足实用要求,在二维和三维土坡稳定的确定性分析和非确定性分析中广泛使用。为简便起见和保持足够的计算精度,本节采用毕肖普法建立二维和三维平衡方程。

14.4.1 二维极限状态方程

毕肖普法采用圆弧滑裂面假定,与普通条分法相比,它考虑了土条两侧的水平方向作用力。毕肖普法土坡安全系数计算见式(14-33),土坡模型如图14-3所示[14-12]。

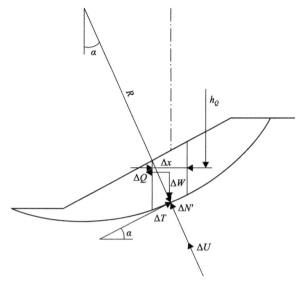

图 14-3 边坡稳定分析二维毕肖普法示意图

Fig. 14-3 Two-dimensional diagram of Bishop slice method for slope stability analysis

$$F = \frac{\sum_{i=1}^{N}[c_i\Delta x_i + \Delta W_i(1-r_u)\tan\phi]/[\cos\alpha_i(1+\tan\alpha\tan\phi_i/F)]}{\sum_{i=1}^{N}\Delta W\sin\alpha_i} \tag{14-33}$$

式中，N 为滑动土体的分条数；ΔW 为土条重量；Δx 为土条宽；r_u 为孔隙水压力系数，$r_u = \dfrac{u}{\Delta W/\Delta x}$，$u$ 为孔隙水压力；α 为土条底面倾斜角；c 为有效黏聚力；ϕ 为有效内摩擦角。

式(14-33)中令 $F=1$，得到如下毕肖普法二维极限状态方程：

$$G(W,c,u,\phi) = \sum_{i=1}^{N}[c_i\Delta x_i + \Delta W_i(1-r_u)\tan\phi_i]/[\cos\alpha_i(1+\tan\alpha_i\tan\phi_i)] - \sum_{n=1}^{N}\Delta W\sin\alpha_i \tag{14-34}$$

14.4.2 三维极限状态方程

毕肖普条分法的三维模型由 Hungr 和 Mcdougall[14-13]首先提出，其条块受力示意图如图 14-4 所示。

三维毕肖普法的边坡安全系数为

$$F = \frac{\sum_{i=1}^{n}[(W_i - u_iA_i\cos\gamma_{zi})\tan\phi_i + c_iA_i\cos\gamma_{zi}]/m_{\alpha i}}{\sum_{i=1}^{n}W_i\sin\alpha_{yi}} \tag{14-35}$$

式中，n 为条分法分条块数；W_i 为条块分层土体的重量；A_i 为条块滑面面积；α_{yi} 为 y 轴与滑动方向的夹角；γ_{zi} 为滑面的法线与 z 轴的夹角。

$$m_{\alpha i} = \cos\gamma_{zi}\left(1 + \frac{\sin\alpha_{yi}\tan\phi_i}{F\cos\gamma_{zi}}\right) \tag{14-36}$$

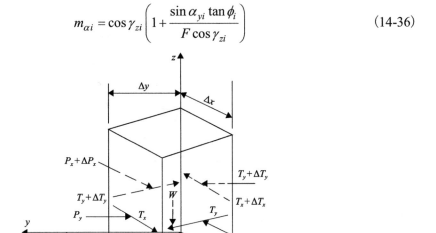

图 14-4　三维毕肖普法分条示意图

Fig. 14-4　Slice diagram of three dimensional Bishop method

空间滑面假定为对称的椭球面，即

$$\frac{x^2}{a^2} + \frac{(y-y_0)^2 + (z-z_0)^2}{b^2} = 1 \tag{14-37}$$

式中，a 为沿 x 轴方向的轴长；b 为沿 y 轴和 z 轴方向的轴长；(x_0, y_0) 为中心滑弧的圆心点坐标。

式(14-35)中令 $F=1$，考虑到 $\sum_{i=1}^{n} W_i \sin\alpha_{yi} \geqslant 0$，得到基于三维简化毕肖普法的土坡稳定的极限状态方程如下：

$$G(W, u, c, \phi) = \sum_{i=1}^{n}\left[\frac{(W_i - u_i A_i \cos\gamma_{zi})\tan\phi_i + c_i A_i \cos\gamma_{zi}}{\cos\gamma_{zi} + \sin\alpha_{yi}\tan\phi_i}\right] - \sum_{i=1}^{n} W_i \sin\alpha_{yi} \tag{14-38}$$

14.5　基于随机场局部平均的可靠度模型

结合以上推导，采用可靠度计算的几何方法[14-14,14-15]，建立基于随机场局部平均理论的指定边坡滑面的二维、三维可靠度分析过程。

(1)对土坡进行空间几何划分，建立如式(14-34)或式(14-38)的边坡稳定极限状态方程。

(2)计算土性参数的方差折减系数，由式(14-26)或式(14-32)计算土性参数局部平均方差。

(3)将相关随机变量 $\boldsymbol{X}$ 映射成独立正态随机变量 $\boldsymbol{Y}_e$。

(4)将独立正态随机变量 $\boldsymbol{Y}_e$ 转化为标准正态随机变量 $\boldsymbol{Y}$。

(5)求极限状态方程的梯度 $\partial G/\partial \boldsymbol{Y}$。

(6)求迭代移动方向 $\alpha = -\dfrac{\partial G/\partial \boldsymbol{Y}}{\|\partial G/\partial \boldsymbol{Y}\|}$。

(7)计算 $\boldsymbol{Y}^{k+1} = \left[(\boldsymbol{Y}^k)^{\mathrm{T}}\alpha + \dfrac{G(\boldsymbol{Y}^k)}{\partial G/\partial \boldsymbol{Y}^k}\right]\alpha$，由 $\boldsymbol{X}$ 与 $\boldsymbol{Y}$ 的变换关系求得新的迭代点 X^{k+1}。

(8)计算可靠指标 $\beta = \sqrt{\boldsymbol{Y}^{\mathrm{T}}\boldsymbol{Y}}$。

(9)判断 $\left|G(X^{k+1})\right| < \varepsilon_1$，$\left|\beta^{k+1} - \beta^k\right| < \varepsilon_2$（$\varepsilon_1$、$\varepsilon_2$ 为给定精度）是否满足，若满足则计算结束，得到可靠指标和设计点，若不满足则返回步骤(3)继续迭代。

14.6 土性参数相关性对可靠度的影响

14.6.1 单一材料边坡算例

单一材料边坡[14-16]如图 14-5 所示，土性参数变量如表 14-2 所示，采用遗传算法得到不考虑土性参数空间相关性的二维土坡最小可靠指标为 2.1512，对应的圆心点坐标为 (17.063, 16.472)，滑弧的半径为 16.732m。三维椭球滑面以上述二维临界滑弧为中心滑弧，取固定的轴长比 $\eta = a/b = 0.8$，a、b 的物理意义见式(14-37)，该指定滑面不考虑土性参数空间相关性的三维可靠指标为 2.8893。黏聚力 c 和摩擦系数 $\tan\varphi$ 取相同的相关模型，采用不同的相关距离计算土坡的二维和三维可靠指标，考察可靠指标随相关距离的变化规律(相关距离比值 $\xi = \delta_V/\delta_H$)，计算结果如图 14-6 和图 14-7 所示。

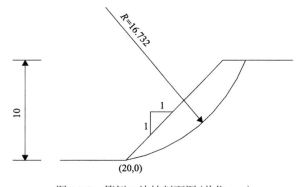

图 14-5　算例 1 边坡剖面图(单位：m)

Fig. 14-5　Slope profile of case 1

表 14-2 单一材料边坡土性参数指标

Tab. 14-2 Soil parameters index of single material slope

变量	均值	方差	变异系数
c	18.0kN/m²	3.6kN/m²	0.2
$\tan\varphi$	tan30°	0.0577	0.1
γ	18.0kN/m³	0.9kN/m³	0.05
r_u	0.2	0.02	0.1

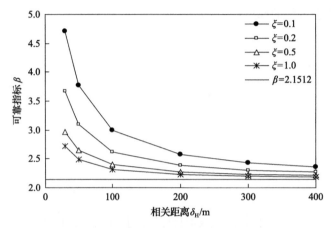

图 14-6 二维可靠指标随相关距离的变化

Fig. 14-6 Change of two-dimensional reliability index with correlation distance

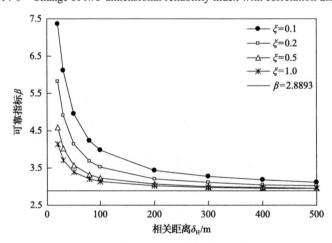

图 14-7 三维可靠指标随相关距离的变化

Fig. 14-7 Change of three-dimensional reliability index with correlation distance

14.6.2 多层材料边坡算例

非均质边坡如图 14-8 所示,各层土体的容重均为 19.5kN/m³,其他材料特性如表 14-3 所示。变量 c 与 $\tan\varphi$ 不仅具有空间相关性,而且互相之间还具有相关性。文献[14-17]得到最小二维安全系数为 1.398,对应的临界滑面为 y_0=34.267m,z_0=42.911m,R=18.516m。

以上述滑弧为中心滑弧，三维椭球滑面的轴长比取 $\eta = a/b = 0.8$[14-18]，得到该指定滑面不考虑土性参数空间相关性的三维可靠指标为 4.9157。采用不同的相关距离 ($\xi = \delta_V/\delta_H$) 计算土性参数黏聚力 c 和摩擦系数 $\tan\varphi$ 在三维滑面上的局部平均方差，得到该指定边坡的三维可靠度计算结果，如表 14-4 所示。

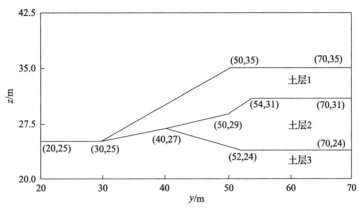

图 14-8　边坡断面图

Fig. 14-8　Slope section diagram

表 14-3　多层材料边坡土性参数指标

Tab. 14-3　Soil parameters index of multi-layer material slope

土层编号	黏聚力 c/kPa		摩擦系数 $\tan\varphi$		变异系数
	均值	标准差	均值	标准差	
1	0	0	0.781	0.10	0
2	5.3	0.7	0.424	0.05	0.1
3	7.2	0.2	0.364	0.05	0.3

表 14-4　三维边坡可靠指标计算结果

Tab. 14-4　Table of 3D slope reliability index calculation results

ξ	δ_H/m			
	30	50	70	100
0.1	7.9774	6.6914	6.1175	5.6705
0.2	6.9887	6.0352	5.6184	5.3007
0.3	6.6078	5.7891	5.4353	5.1682
0.5	6.2755	5.5796	5.2818	5.0585
0.7	6.1240	5.4860	5.2140	5.0104
1.0	6.0063	5.4142	5.1622	4.9740

14.6.3　算例结果分析

由图 14-6、图 14-7、表 14-4 可以看出：

(1) 二维和三维可靠度计算结果表明，考虑土性参数的空间相关性，边坡稳定的可靠指标比不考虑空间相关性的情况有所增加，这说明不考虑土性参数空间相关性将过高估计边坡的失效概率。

(2) 随着土性参数随机场相关距离的增加，土坡的二维和三维可靠指标呈现下降的趋势，并向不考虑空间相关性的二维和三维可靠指标逼近。这是因为随着相关距离的增加，对应的方差折减系数变小，土性参数的方差趋近于原始方差，使得极限状态函数的方差变大，从而使得可靠指标减小，并向不考虑空间相关性的三维可靠指标逼近[14-19]。

14.7 算　　例

14.7.1 单层土坡算例

对于本章采用的边坡三维可靠度分析算例模型，取土性参数黏聚力和摩擦系数的相关模型的水平相关距离 δ_H 为 30m，竖向相关距离取 $\delta_V = \delta_H$，基于遗传算法计算得到的三维可靠指标为 3.6893，$(y_0, z_0, y_a, \eta) = (18.7536, 24.4028, 19.9221, 1.5007)$，由此得到边坡的三维滑坡体宽度 $L_0 = 18.65$，$P_f = \Phi(-\beta_{3D}) = 1.1244 \times 10^{-4}$。定长边坡的体系可靠度计算如表 14-5 所示。由表可以看出，边坡长度分别为 100m、200m、500m 时，边坡的体系失效概率分别为 0.602730×10^{-3}、0.120510×10^{-2}、0.301002×10^{-2}；随着边坡长度的增加，边坡的体系失效概率增加较快。

表 14-5　土坡体系可靠度计算
Tab. 14-5　Reliability calculation of soil slope system

L/m	k	$P(k)$	$\sum_{n=1}^{k} P(n)$
100	1	0.602548×10^{-4}	0.602548×10^{-3}
	2	0.181642×10^{-8}	0.602730×10^{-3}
	3	0.365046×10^{-12}	0.602730×10^{-3}
200	1	0.120437×10^{-2}	0.120437×10^{-2}
	2	0.726129×10^{-8}	0.120510×10^{-2}
	3	0.291861×10^{-11}	0.120510×10^{-2}
500	1	0.300548×10^{-2}	0.300548×10^{-2}
	2	0.453010×10^{-6}	0.301001×10^{-2}
	3	0.455209×10^{-9}	0.301002×10^{-2}
	4	0.343063×10^{-13}	0.301002×10^{-2}

14.7.2 南水北调中线某渠道边坡算例

某须水河段（设计桩号 II59+000~II80+000）的某挖方渠道边坡[14-19]如图 14-9 所示。地面高程为 134.00m，渠底高程为 114.00m，渠道设计水位 121.10m，地下水位 106.70m。土体为层状结构，从上到下依次为黄土状中粉质壤土、重粉质壤土、砂岩和黏土，各层土体的物理力学性质参数详见表 14-6，各参数均满足正态分布。由于建立土性参数空间相关模型需要更多的岩土参数指标试验值,完全依靠分析取得比较困难。根据前人的研究成果,本算例水平相关距离取 50m,竖向相关距离取水平相关距离的一半,只考虑同一土层内的相关性,采用遗传算法得到的三维可靠指标为 2.9576,滑坡体宽度为 16.55m。定长边坡的体系可靠度的计算过程详见表 14-7。由表可知,计算得到 50m、100m、500m、1000m 长边坡的体系可靠度分别为 0.004674、0.009327、0.045790、0.089591。

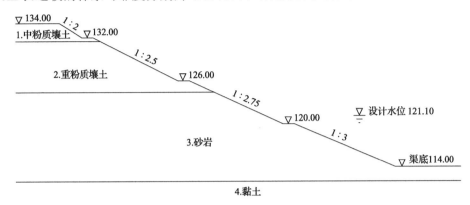

图 14-9 某渠坡断面图

Fig. 14-9 Section map of main canal slope

表 14-6 土体物理力学性质指标

Tab. 14-6 Index of soil physical and mechanical properties

编号	土层名称	$f = \tan\varphi$	$c/(kN/m^2)$	$\gamma/(kN/m^3)$	$\gamma'/(kN/m^3)$
1	中粉质壤土	0.3640(0.1253)	15(0.275)	19.2(0.026)	10.5(0.023)
2	重粉质壤土	0.2680(0.0622)	20(0.210)	19.6(0.028)	10.1(0.018)
3	砂岩	0.5317(0.1748)	5(0.221)	21.3(0.017)	11.6(0.030)
4	黏土	0.2868(0.0792)	12(0.243)	19.8(0.019)	10.4(0.024)

注:表中数字为变量的均值(变异系数)。

表 14-7 某土坡体系可靠度计算

Tab. 14-7 Reliability calculation of soil slope system

L/m	k	$P(k)$	$\sum_{n=1}^{k}P(n)$
50	1	0.004663	0.004663
50	2	0.000011	0.004674
50	3	0.000000	0.004674
100	1	0.009283	0.009283
100	2	0.000043	0.009327
100	3	0.000000	0.009327
500	1	0.044709	0.044709
500	2	0.001047	0.045756
500	3	0.000033	0.045789
500	4	0.000001	0.045790

续表

L/m	k	$P(k)$	$\sum_{n=1}^{k} P(n)$
1000	1	0.085325	0.085325
	2	0.003998	0.089323
	3	0.000250	0.089572
	4	0.000018	0.089590
	5	0.000001	0.089591

参 考 文 献

[14-1] 徐建平, 胡厚田. 边坡岩体物理力学参数的统计特征研究[J]. 工程学报, 1999, 18(4): 382-386.

[14-2] 李猛, 王复明, 乐金朝. 相关变量下边坡稳定可靠度的蒙特卡罗模拟[J]. 河南科学, 2004, 22(1): 76-79.

[14-3] Phoon K, Kulhawy F H. Characterization of geoteehnical variability[J]. Canadian Geotechnical Joumal, 1999, 36(4): 612-624.

[14-4] 马振华, 刘坤林, 陆璇. 现代应用数学手册: 概率统计与随机过程卷[M]. 北京: 清华大学出版社, 2000.

[14-5] 武清玺. 结构可靠性分析及随机有限元法: 理论、方法、工程运用及程序设计[M]. 北京: 机械工业出版社, 2005.

[14-6] 林元烈. 应用随机过程[M]. 北京: 清华大学出版社, 2002.

[14-7] Vanmarcke E H. Probabilistic modeling of soil profiles[J]. Journal of Geotechnical Engineering, 1977, 103(11): 1227-1246.

[14-8] 闫澍旺, 贾晓黎, 郭怀志, 等. 土性剖面随机场模型的平稳性和各态历经性验证[J]. 岩土工程学报, 1995, (3): 1-9.

[14-9] 周小文, 包承纲. 土性随机过程线性模型与相关函数[J]. 长江科学院院报, 1996, (4): 33-37.

[14-10] 潘家铮. 建筑物的抗滑稳定和滑坡分析[M]. 北京: 水利出版社, 1980.

[14-11] Husein Malkawi A I, Hassan W F, Abdulla F A. Uncertainty and reliability analysis applied to slope stability[J]. Structural Safety, 2000, 22(2): 161-187.

[14-12] 钱家欢. 土力学[M]. 南京: 河海大学出版社, 1988.

[14-13] Hungr O, Mcdougall S. Two numerical models for landslide dynamic analysis[J]. Computers & Geosciences, 2009, 35(5): 978-992.

[14-14] 佟晓利, 赵国藩. 一种与结构可靠度分析几何法相结合的响应面方法[J]. 土木工程学报, 1997, (4): 51-57.

[14-15] 唐纯喜, 金伟良, 陈进. 结构失效面上的复合蒙特卡罗方法[J]. 浙江大学学报(工学版), 2007, 41(6): 1012-1016.

[14-16] Bhattacharya G, Jana D, Ojha S, et al. Direct search for minimum reliability index of earth slopes[J]. Computers & Geotechnics, 2003, 30(6): 455-462.

[14-17] 谢谟文, 蔡美峰. 信息边坡工程学的理论与实践[M]. 北京: 科学出版社, 2005.

[14-18] 陈祖煜. 土质边坡稳定分析 原理·方法·程序[M]. 北京: 中国水利电力出版社, 2003.

[14-19] 唐纯喜, 金伟良, 陈进. 基于遗传算法的土坡三维可靠度分析[J]. 岩石力学与工程学报, 2007, (S2): 4164-4169.

第 15 章

施工期的人为影响分析

建筑结构施工过程中，人为错误是造成施工期结构失效的重要原因之一。本章分析混凝土结构施工期中人为错误发生的规律，采用 HRA 方法模拟施工期混凝土结构和模板支撑体系人为错误发生及其对结构参数的影响，提出人为错误影响下施工期钢筋混凝土可靠度分析模型，对比无人为错误和有人为错误影响下施工期结构体系可靠性，为施工质量检查和质量控制提供科学依据。

建筑结构的施工过程是人-机交互作用的过程，不能把人自身独立于整个系统之外，应把人为因素(human factors)也作为系统的一部分处理。工作环境(工作区域的大小、照明条件、通风条件、温湿度、噪声、提供的工具、管理水平等)、人的行为特征(专业知识水平、工作技能与经验、身体条件、工作态度和动机、情绪变化等)和任务的复杂性等因素都直接影响人的行为可靠性。众多建筑事故的调查结果[15-1]表明，大多数事故是由人为错误引起的。因此，可以通过建立混凝土结构和模板支撑体系施工过程中人为错误发生及其影响的模拟模型，分析人为影响下施工期钢筋混凝土结构的可靠性[15-2]。

15.1 人为影响的可靠性分析

15.1.1 无人为影响的参数

施工过程中人为错误影响是指所有不满足有关规范、规程与规定要求的行为和结果。无人为错误影响时，结构构件的实际尺寸与设计要求偏差的主要原因是测量、加工误差以及浇筑混凝土后导致模板变形等。无人为错误影响的构件尺寸服从正态分布，其偏差应在有关施工规范要求的范围内。取国内有关调查统计参数作为无人为错误影响时构件尺寸分布参数[15-3]，并进行与规范允许偏差相对应的截尾处理，有关参数的施工偏差见表15-1[15-4]。

表 15-1 无人为错误时构件几何尺寸分布
Tab. 15-1 Geometric size distribution of components when nobody is wrong

项目	μ_{Ω_a}	δ_{Ω_a}	最大允许偏差
截面高度、宽度	1.0	0.02	−5mm, +8mm
混凝土保护层厚度	0.85	0.3	−5mm, +8mm

无人为错误的混凝土强度服从正态分布，取混凝土的施工配制强度作为无人为错误影响的强度均值，混凝土配制强度 $f_{cu,0}$ 表示为[15-5]

$$f_{cu,0} = f_{cu,k} + 1.645\sigma \tag{15-1}$$

式中，$f_{cu,k}$ 为设计的混凝土强度标准值；σ 为混凝土强度标准差，标准差的取值应以施工单位近期统计值为依据。据有关统计资料反映，当前我国施工单位实际平均水平的标准差如表15-2所示[15-6]。

表 15-2 混凝土强度标准差
Tab. 15-2 Standard deviation of concrete strength

混凝土强度等级	C10~C20	C25~C40	C45~60
σ /(N/mm^2)	4.0	5.0	6.0

无人为错误模板支撑体系的搭设按规范要求设置剪刀撑、扫地杆，所有部位的扣件拧紧力矩均达到40N·m。

15.1.2 施工中存在的人为错误影响

由于施工过程和作业环境的复杂性，建筑施工过程中存在大量的人为错误。本章主要考虑以下施工中常见的人为错误：①混凝土强度不足；②漏放或少放钢筋；③多放钢筋；④过早拆模；⑤支撑不设置扫地杆；⑥支撑不设置剪刀撑；⑦模板底部水平杆与立杆的扣件拧紧力矩不足；⑧支撑的纵、横向水平杆与立杆的扣件拧紧力矩不足。上述错误是由施工技术人员计算错误、技术人员与施工操作人员之间信息传递错误和施工人员操作马虎等因素造成的。

15.1.3 人为错误率与人为错误影响程度及其分布

1) 人为错误率

某项任务人为错误出现的可能性可以用人为错误率 P_E 表示，即

$$P_E = \frac{N_E}{N} \tag{15-2}$$

式中，N_E 为该任务出现错误操作的次数；N 为执行该项任务的总次数。不同操作者在执行同一任务时的错误率不同，且相同操作者执行某特定任务时的错误率也不是常数，因此人为错误率应视为服从某一概率分布的随机变量。

由于对数正态分布广泛应用于人的可靠性分析中对人为错误率的描述[15-7]，本章采用对数正态分布描述人为错误率的分布模型，其分布参数反映了由于不同能力、个性、工作环境以及影响任务完成的其他造成错误发生的随机性。平均人为错误率 $\tilde{m}_0$ 可以通过调查数据或相关文献获得，并将此估计值作为人为错误率对数分布模型的中值。而表示人为错误率分布离散程度的参数 σ 很难通过调查获取，为此定义错误系数 EF 以确定参数 σ，EF 的表达式为

$$EF = \sqrt{\frac{\Pr(F_{90th})}{\Pr(F_{10th})}} \tag{15-3}$$

式中，$\Pr(F_{90th})$ 和 $\Pr(F_{10th})$ 分别对应于 90%和 10%的错误率分布值[15-8]。

人为错误率对数分布的标准差 σ 为

$$\sigma = \frac{\ln EF}{1.2817} \tag{15-4}$$

在无其他准则的情况下，参照 Stewart[15-9] 给出的正常条件下核电站操作错误系数估计准则(表 15-3)，来估计错误系数 EF 的取值。

2) 人为错误影响程度

一旦发生错误，将人为错误造成的参数偏离设计要求的相对值表示为人为错误影响程度 m_E，即

表15-3 错误系数的估计准则
Tab. 15-3 Estimation criterion of error coefficient

平均人为错误率估计值 $\tilde{m}_0$	错误系数 EF
<0.001	10
0.001~0.01	3
>0.01	5

$$m_E = \frac{x_E - x_m}{x_m} \times 100\% \qquad (15\text{-}5)$$

式中，x_E 和 x_m 分别为无人为错误和有人为错误发生时的参数值。由于人为错误发生机制的复杂性和不确定性，人为错误程度也是服从某一概率分布的随机变量。对人为错误影响程度随机变量的描述目前尚无比较有代表性的模型，本章采用对数正态分布描述人为错误影响程度的分布模型，其平均估计值 λ_{BE} 和最大估计值 λ_{UB} 分别为对数正态分布的中值和对应于90%的分布值[15-10]。λ_{BE} 和 λ_{UB} 均通过调查数据获取，其中 λ_{BE} 为所有被调查者经历过的人为错误平均程度的统计平均值，λ_{UB} 为所有被调查者经历过的人为错误最大程度的统计平均值。人为错误影响程度对数正态分布的标准差 σ_{m_E} 表示为

$$\sigma_{m_E} = \frac{\ln(\lambda_{UB} / \lambda_{BE})}{1.2817} \qquad (15\text{-}6)$$

3）建筑结构施工中的人为错误率和人为错误影响程度分布

建筑结构施工过程中的错误包括混凝土结构构件施工中发生的错误和模板支撑体系搭设中发生的错误。假设现行混凝土结构规范中混凝土构件截面高度、厚度和有效高度的统计分布包含了人为错误的影响，可将其直接用于人的可靠度分析中，不进行截尾处理[15-11]。而放置钢筋、混凝土浇筑强度、拆模操作中人为错误的发生率和影响程度均来自文献[15-9]、[15-10]和[15-12]，如表15-4所示。通过对搭设模板支撑体系过程中的人为错误进行现场调查，发现经常发生的错误有不设置剪刀撑、不设置扫地杆、扣件的拧紧力矩不足等。

表15-4 人为错误率及其影响程度分布参数
Tab. 15-4 Distribution parameters of human error rate and its influence degree

错误代码	错误类型	平均人为错误率 $\tilde{m}_0$	错误系数 EF	平均人为错误影响程度 λ_{BE} /%	最大人为错误影响程度 λ_{UB} /%
E1(a)	钢筋放反方向导致钢筋面积减小	0.0077	3		
E1(b)	其他原因导致钢筋面积减小	0.0154	5	−14.6	−52.9
E2	钢筋面积增加	0.012	5	11.3	39.8
E3	混凝土强度降低	0.22	5	−12.3	−43.5
E4	混凝土板厚度错误	正态分布：平均值=标准值，变异系数=0.02			

续表

错误代码	错误类型	平均人为错误率 $\tilde{m}_0$	错误系数 EF	平均人为错误影响程度 λ_{BE} /%	最大人为错误影响程度 λ_{UB} /%
E5	柱尺寸错误	正态分布：平均值=标准值，变异系数=0.02			
E6	混凝土保护层厚度错误	正态分布：平均值=0.85 倍标准值，变异系数=0.3			
E7(a)	过早拆模(施工周期 5 天)	0.0175	5	−20.0	−44.0
E7(b)	过早拆模(施工周期 7 天)	0.0374	5	−21.4	−40.0
E7(c)	过早拆模(施工周期 10 天)	0.0396	5	−22.0	−43.3

15.1.4 施工中人为错误的模拟

在施工现场获取人为错误数据比较困难，只能通过对施工中人为错误进行模拟得到人为错误发生及其对结构主要参数影响的定量数据，为考虑施工过程中人为错误的结构可靠性分析提供依据。采用人的可靠性分析(human reliability analysis，HRA)方法[15-7]模拟人为错误，建立人为错误发生与影响模型。HRA 方法用事件树(event tree)方法进行逻辑描述，并结合 Monte Carlo 数值模拟技术分析事件树。它是许多复杂系统人为错误影响分析的常用方法，如核电站的系统可靠性分析、电子系统的系统可靠性分析等，其主要优点是可以将一个复杂的系统分解为一系列简单任务。Stewart 等[15-9,15-11]、徐茂波[15-12]曾多次应用 HRA 方法分析人为错误对混凝土结构构件可靠度的影响。

利用事件树描述整个施工过程，首先将建筑施工过程分解为依次发生的多个任务，然后将每个任务及其结果表示为事件树的节点和分枝。所有任务均有可能出现两种结果，即操作成功(错误)和操作不成功(出现错误)。如图 15-1 所示的一个由两个操作 1 和 2 构成的任务，图中 $S_i(i=1, 2)$ 表示操作 i 成功，$F_i(i=1, 2)$ 表示操作 i 失败。应该注意的是，如果一个错误发生，则可能引发多个错误后果(即事件树的分枝)。因此，事件树具有多个分枝，即多条可能的路径，得到多个不同的最终结果，最后结合 Monte Carlo 数值模拟

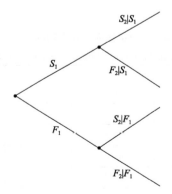

图 15-1 人为错误事件树

Fig. 15-1 Human error event tree

技术分析事件树。换言之，若将从事件树开始执行直到结束运行称为一次试验，则经过多次试验，经历事件树上所有可能路径，以考虑所有人为错误组合，从而计算施工期结构的可靠度。

将施工中的人为错误按钢筋混凝土结构和模板支撑体系施工中出现的人为错误分别进行模拟。

1) 钢筋混凝土结构施工过程中人为错误模拟

若已知人为错误率和人为错误影响程度的分布，则可以模拟人为错误。表15-4中错误代码 E3 和 E7 的模拟过程如图 15-2 所示。文献[15-11]给出了错误代码 E1(a)、E1(b) 和 E2 的模拟过程，如图 15-3 所示，图中 x_2 为另一个方向钢筋的面积，因此表 15-4 中未列出错误代码 E1(a) 的平均人为错误影响程度 λ_{BE} 和最大人为错误影响程度 λ_{UB}。

图 15-2 和图 15-3 中 x_{min} 和 x_{max} 为受人为错误影响的参数最小值和最大值。显然，人为错误发生后，钢筋面积、混凝土强度、拆模时间的最小值为 0。板受力钢筋的最小间距为 70mm，所用钢筋最大直径为 16mm，因此受人为错误影响的混凝土板的钢筋面积最大值为按间距 70mm、直径 16mm 布置对应的面积。

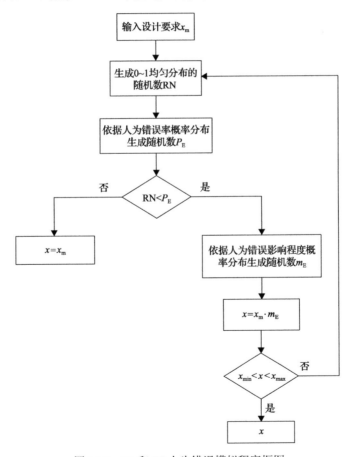

图 15-2 E3 和 E7 人为错误模拟程序框图

Fig. 15-2 Human error simulation program block diagram of E3 and E7

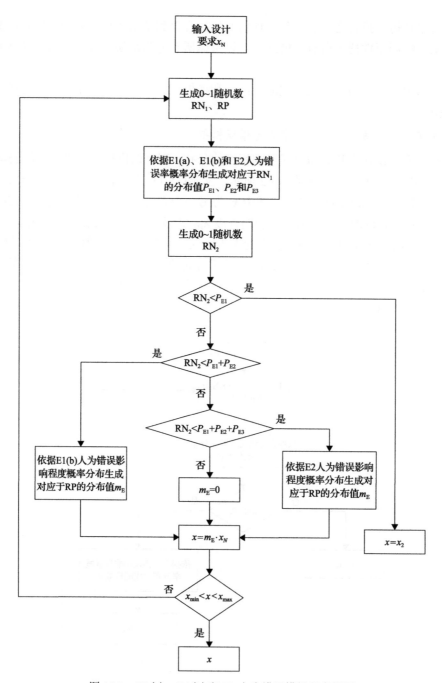

图 15-3 E1(a)、E1(b)和 E2 人为错误模拟程序框图

Fig. 15-3 Human error simulation program block diagram of E1(a), E1(b) and E2

RN 为均匀分布随机数，RP 为均匀分布随机百分位数

2) 模板支撑体系施工过程中人为错误模拟

调研施工过程中模板支撑体系出现的错误，常见的错误如下：

E8：不设置剪刀撑。

E9：不设置扫地杆。

E10：模板底部水平杆与立杆的扣件螺栓拧紧力矩与规范要求不符。

E11：支撑的纵、横向水平杆与立杆的扣件螺栓拧紧力矩与规范要求不符。

E8 和 E9 的人为错误率如表 15-5 所示，人为错误系数按表 15-3 取值，假设服从对数正态分布。E10 和 E11 对应的扣件螺栓拧紧力矩分布如表 15-6 所示。现场的实测统计表明，螺栓拧紧力矩的最大值为 90N·m，螺栓拧紧力矩的最小值为 0，因此对表 15-6 中的分布做截尾处理，然后对某算例进行人为错误影响分析。

表 15-5 E8 和 E9 的人为错误率
Tab. 15-5 Human error rate of E8 and E9

项目	错误率
设置扫地杆	0.45
设置剪刀撑	0.335
立杆垂直度	0.22
立杆接长方式	0.2

表 15-6 不同部位扣件螺栓拧紧力矩分布
Tab. 15-6 The distribution of tightening torque of bolts in different parts

统计参数	板底扣件	立横扣件
均值/(N·m)	43.15	18.79
标准差/(N·m)	15.84	16.65
分布	正态分布 $N(43.15, 15.84^2)$	指数分布 $EXP(18.79)$

对步距 1.7m、立杆间距 0.75m 的模板支撑分别计算不设置剪刀撑、不设置扫地杆、剪刀撑和扫地杆都设置和都不设置四种情况下，支撑的纵、横向水平杆与立杆的扣件螺栓拧紧力矩对模板支撑体系稳定承载力的影响，结果如表 15-7 所示，表中的数值为相应人为错误情况下对稳定承载力参数的影响程度。

表 15-7 不同人为错误对模板支撑体系稳定承载力影响程度
Tab. 15-7 Influence of different human errors on stability bearing capacity of formwork support system

方案	扣件螺栓拧紧力矩/(N·m)				
	20	30	40	50	60
无 E8 和 E9 发生	−0.111	−0.052	0	0.009	0.035
E8	−0.561	−0.488	−0.428	−0.418	−0.384
E9	−0.263	−0.242	−0.231	−0.227	−0.223
E8+E9	−0.693	−0.65	−0.619	−0.612	−0.597

对于除 20N·m、30N·m、40N·m、50N·m 和 60N·m 外的扣件螺栓拧紧力矩采用三次插值法，依照表 15-7 数值进行外推和内插，四种搭设情况下不同扣件螺栓拧紧力矩对

稳定承载力的影响模拟过程如图 15-4 所示。

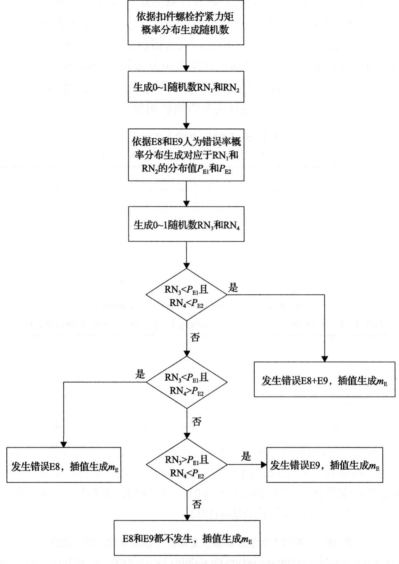

图 15-4 E8 和 E9 人为错误影响程度模拟程序框图

Fig. 15-4 Human error simulation program block diagram of E8 and E9

人为错误 E11 对模板支撑体系的扣件抗滑承载力产生影响，假设人为错误 E11 仅影响扣件抗滑承载力均值，不影响其变异性。通过扣件抗滑试验，研究扣件螺栓拧紧力矩 40N·m 时扣件抗滑承载力概率模型，并分析 20N·m、30N·m、50N·m 和 60N·m 情况下与 40N·m 情况下扣件抗滑承载力的差异，如表 15-8 所示。其他拧紧力矩对应的扣件抗滑承载力采用三次插值法确定，并采用 Monte Carlo 数值方法模拟不同扣件螺栓拧紧力矩对扣件抗滑承载力影响。

表 15-8 不同扣件螺栓拧紧力矩下扣件的抗滑承载力平均值

Tab. 15-8 Average value of skid resistance of fasteners under different bolt tightening torques

扣件拧紧力矩/(N·m)	抗滑承载力平均值 m/kN	比值 $m/m^{(40)}$
20	7.94	0.56
30	11.33	0.80
40	14.13	1.00
50	15.29	1.08
60	16.77	1.19

注：$m^{(40)}$ 为扣件螺栓拧紧力矩 40N·m 时直角扣件抗滑承载力平均值。

15.2 算 例

由于 Monte Carlo 法可以将系统可靠性的计算和人为错误发生及其对结构参数影响的模拟相结合，每一循环的计算可以视为一次计算机数值模拟试验。用 Monte Carlo 法计算人为错误影响下施工期结构体系可靠度的计算过程如图 15-5 所示。

一个十层无梁楼盖结构，层高 3m，柱网尺寸为 6000mm×6000mm，柱尺寸为 550mm×550mm，板厚 200mm；板和柱的混凝土强度等级为 C30，正弯矩钢筋采用 HPB235 级钢，负弯矩钢筋采用 HRB335 级钢。支座处配置钢筋面积 1214mm²/m，跨中处配置钢筋面积 808mm²/m。采用扣件式钢管模板支撑，钢管为 Φ48mm×3.5mm，立杆间距为 750mm，步距为 1700mm。考虑木龙骨对支撑刚度的影响，同时考虑到钢立杆的折旧影响，取支撑系统的截面刚度为 6.4×10^3kN/m[15-13]。

需要指出的是，由于规范提出模板支撑体系的稳定承载力计算过程中计算长度为

$$l_0 = h + 2a \tag{15-7}$$

式中，h 为步距；a 为支模架顶部横杆伸出立杆的长度，本例中 a 取 0。采纳规范计算结果的最大值作为支模架稳定承载力，因此按 15.1 节步骤采用 Monte Carlo 法计算稳定系数时，当计算长度系数 $\mu_j<1.0$ 时，按 $\mu_j=1.0$ 取值。

施工周期和混凝土强度对施工期混凝土板的安全性有较大影响，但对模板支撑体系的影响较小，而 El-Shahhat 等[15-14]和 Epaarachchi 等[15-15]已经详细研究了两者对施工期混凝土板可靠性的影响，因此本章采用 Monte Carlo 数值模拟方法计算以下情况下施工期结构体系可靠度：①三种支撑方案，即 3 层模板支撑(3S)、2 层模板支撑(2S)和 2 层模板支撑 1 层二次支撑(2S1R)；②不同施工活荷载统计参数，以研究支模方案和施工活荷载对施工期结构体系可靠度的影响。

由于研究对象是一个层高仅 3m 的结构，不考虑模板支撑体系施工过程中立杆接长、立杆垂直度等人为错误，仅考虑前面讨论的不设置剪刀撑、不设置扫地杆和扣件螺栓拧紧力矩等人为错误。为了研究人为错误的影响，分别计算有人为错误和无人为错误情况下三种支撑方案(3S、2S、2S1R)的系统失效概率，结果如表 15-9 所示。

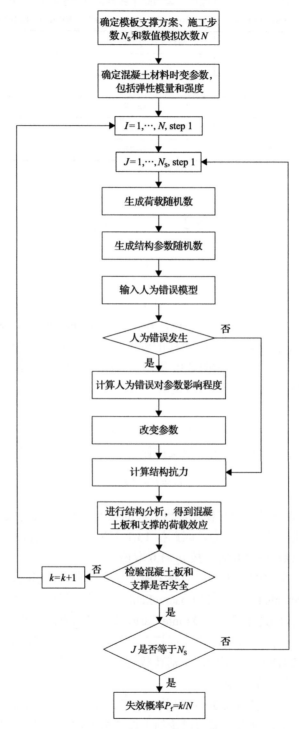

图 15-5 人为错误影响下施工期结构体系可靠度计算流程图

Fig. 15-5 Flow chart of structural system reliability calculation in construction period under the influence of human error

表 15-9 失效概率的比较

Tab. 15-9 Comparison of failure probability

项目	$P_f/10^{-2}$					
	2S		2S1R		3S	
	FE	E	FE	E	FE	E
模板支撑	0.66	5.23	0.66	5.16	0.87	5.80
混凝土板	1.23	3.42	0.69	2.90	0.52	2.53
整体结构	1.89	8.63	1.35	8.05	1.38	8.31

注：FE 表示无人为错误，E 表示有人为错误。

由表 15-9 可知，施工中人为错误对模板支撑体系和混凝土结构可靠性的影响十分显著。有人为错误和无人为错误条件下，三种支模方案的整体结构失效概率如图 15-6 所示。但是由于在实际施工过程中有检查验收环节，表 15-9 和图 15-6 中有人为错误影响下结构的失效概率比工程实际的失效概率偏大。经过检查，偏离正常值较大的人为错误将被查出并予以纠正，结构的失效概率将得到大幅度降低。

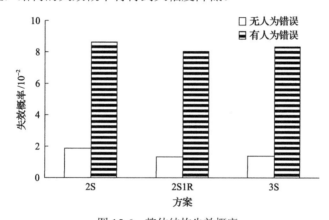

图 15-6 整体结构失效概率

Fig. 15-6 Failure probability of overall structure

人为错误影响下，模板支撑体系出现极少量的失稳破坏，绝大多数破坏是由扣件抗滑破坏导致的，而混凝土板的破坏主要是弯曲破坏。

由于模板底部水平杆的弯曲破坏主要受到立杆间距的影响，本节考虑的模板支撑体系施工过程人为错误不影响模板底部水平杆的弯曲失效概率。通过减小立杆间距，能有效降低水平杆的弯曲失效概率。

虽然人为错误 E8、E9 和 E11 对模板支撑体系的整体稳定性有显著影响，但是本例中模板支架的搭设方案按扣件抗滑承载力要求设计，而在无人为错误影响下，模板支撑体系的稳定承载力远高于要求值，在人为错误影响下，模板支撑体系仅出现极少量的失稳破坏。

人为错误 E10 对直角扣件抗滑承载力具有显著影响，与不发生人为错误相比，发生人为错误 E10 时模板支撑体系的失效概率有大幅增加。必须严格控制人为错误 E10 的发生，才能确保模板支撑体系乃至整个施工期结构的安全。

15.3　讨论与结论

(1) 在人为错误调查数据严重不足的情况下，数值模拟可作为补充数据的一个重要手段。基于现场调研、试验和稳定承载力研究，本章采用 HRA 方法模拟了施工期混凝土结构和模板支撑体系人为错误的发生及其影响。

(2) 考虑混凝土结构本身和模板支撑体系的主要失效概率，比较了有无人为错误影响下的施工期结构体系可靠度。结果表明，人为错误对施工期结构可靠性的影响很显著，必须采用有效的检查措施控制和减少施工过程中人为错误的发生率。

(3) 模板支撑体系施工过程中人为错误的研究表明，对多层建筑结构模板支撑体系而言，严格控制连接模板底部水平杆和立杆的扣件拧紧力矩是相当重要的。

参 考 文 献

[15-1] Williams H L. Reliability evaluation of the human component in man-machine systems[J]. Electrical Manufacturing, 1958, 4: 78-82.

[15-2] 袁雪霞. 建筑施工模板支撑体系可靠性研究[D]. 杭州: 浙江大学, 2006.

[15-3] Ellingwood B. Design and construction error effects on structural reliability[J]. Journal of Structural Engineering, 1987, 113(2): 409-422.

[15-4] 李继华, 林忠民, 李明顺, 等. 建筑结构概率极限状态设计[M]. 北京: 中国建筑工业出版社, 1990.

[15-5] 中华人民共和国住房和城乡建设部. 混凝土结构工程施工质量验收规范(GB 50204—2015)[S]. 北京: 中国建筑工业出版社, 2002.

[15-6] 钱瑞芳. 建筑结构质量检验与控制[M]. 北京: 中国建筑工业出版社, 1993.

[15-7] Swain A D, Guttman H E. Handbook of Human Reliability Analysis with Emphasis on Nuclear Plant Applications[M]. Washington D C: Nuclear Regulatory Commission, 1983.

[15-8] Apostolakis G. Data analysis in risk assessments[J]. Nuclear Engineering and Design, 1982, 71: 375-381.

[15-9] Stewart M G. A human reliability analysis of reinforced concrete slab construction[C]//Proceedings of the 6th International Conference on Structural Safety and Reliability(ICOSSAR'93), Innsbruck, 1993: 447-454.

[15-10] Stewart M G. A human reliability analysis of reinforced concrete beam construction[J]. Civil Engineering Systems, 1992, 9(3): 227-250.

[15-11] Epaarachchi D C, Stewart M Q. Human error and reliability of multistory reinforced concrete building construction[J]. Journal of Performance of Constructed Facilities, 2004, 17(2): 12-20.

[15-12] 徐茂波. 考虑施工期间人为错误的结构安全分析与控制[D]. 北京: 清华大学, 1998.

[15-13] 赵挺生. 高层建筑混凝土结构施工阶段安全性分析[D]. 上海: 同济大学, 2002.

[15-14] El-Shahhat A M, Rosowsky D V, Chen W F. Construction safety of multistory concrete buildings[J]. ACI Structural Journal, 1993, 90(4): 335-341.

[15-15] Epaarachchi D C, Stewart M G, Rosowsky D V. Structural reliability of multistory buildings during construction[J]. Journal of Structural Engineering, 2002, 128(2): 205-213.

第 16 章

混凝土结构耐久性的路径概率模型

钢筋锈蚀为氯离子扩散提供了快速通道,从而加速了裂缝的扩展,钢筋与混凝土之间的黏结性能急剧下降,导致混凝土结构的失效破坏。本章基于路径概率模型,考虑腐蚀过程初锈阶段和锈蚀扩展阶段受不确定性因素影响,分析并归纳氯盐、碳化及其共同作用下的概率预测模型,对结构给定服役时间内影响参数的概率分布形式和分布参数以及钢筋锈蚀率、裂缝宽度、承载力下降系数的无条件概率密度进行总结,同时将影响混凝土结构劣化的各种因素的空间变异性引入路径概率模型中,为预测服役混凝土结构失效破坏提供新方法。

混凝土结构在腐蚀环境下引起的钢筋锈蚀问题一直以来都是国内外学者广泛关注的问题[16-1]。钢筋锈蚀是导致混凝土结构抗力和可靠性退化的主要原因[16-2]，钢筋锈蚀会导致裂缝的产生，加速氯离子等腐蚀因素在混凝土内部的扩散和传播，进而导致结构抗力衰退、可靠度降低、服役时间大幅度降低。因此，对结构服役期间钢筋腐蚀程度的概率预测显得尤为关键。

混凝土结构在服役期间受很多不确定因素影响，根据钢筋锈蚀的损伤机理，可以将混凝土结构使用寿命分为四个阶段：钢筋钝化膜破坏、混凝土保护层锈胀开裂、混凝土裂缝宽度达到极限值、混凝土构件承载力下降到极限值。因此，掌握混凝土结构劣化机理、钢筋锈蚀程度、裂缝发展状况以及钢筋与混凝土之间黏结性能退化等规律，对混凝土结构剩余寿命预测和耐久性评估具有重要意义[16-3]。

已有学者研究发现，钢筋腐蚀过程可以分为两个阶段[16-2,16-4,16-5]：初锈阶段和锈蚀扩展阶段，这两个阶段受很多不确定性因素影响[16-2]。在钢筋初锈阶段，由于氯离子的扩散系数、混凝土表面氯离子浓度、临界氯离子浓度等具有很强的随机性，导致钢筋初锈时间也具有很强的随机性；而在钢筋锈蚀扩展阶段，由于腐蚀电流密度的随机性，锈蚀深度具有一定的随机性。因此，考虑这两个阶段的不确定性因素，对给定服役时间内影响参数的概率分布形式和分布参数以及钢筋锈蚀率的无条件概率分布进行总结综述，有利于预测服役混凝土结构钢筋锈蚀状况，为结构的修复和提升提供科学、可靠的理论依据。

16.1 路径概率模型

路径概率模型(path probabilistic model, PPM)的基本思路是在考虑了初锈阶段和锈蚀扩展阶段不确定因素影响之后，将钢筋锈蚀过程按照初锈阶段和锈蚀扩展阶段划分为一系列路径，根据贝叶斯概率求和公式求得所有路径下钢筋锈蚀率的无条件概率分布，如图16-1所示。图中，T_E为结构给定服役时间，t_c为钢筋发生初锈的时间，锈蚀扩展时间为$T_E - t_c$，$[0, t_c, T_E]$定义描述了$[0, T_E]$内一种可能的锈蚀路径，当T_E确定后，任意锈蚀路径$[0, t_c, T_E]$的钢筋锈蚀率都是时间t_c的函数，记为$f(\eta, t_c)$，η为钢筋锈蚀率。

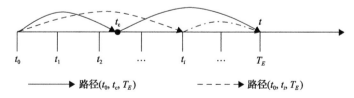

图 16-1 锈蚀路径模型

Fig. 16-1 Corrosion path model

如果进一步记$\rho(t_c)$为t_c时刻钢筋初锈的概率密度，则t_c时刻钢筋初锈的概率为$\rho(t_c)\mathrm{d}t$，根据贝叶斯概率公式，有

$$f(\eta, t_c) = f(\eta | t_c)\rho(t_c)\mathrm{d}t \tag{16-1}$$

式中，$f(\eta|t_c)$ 为 t_c 时刻发生初锈的条件下，钢筋锈蚀率的条件概率密度函数。$[0, T_E]$ 内可以定义许多条锈蚀路径。

现考虑 $[0, T_E]$ 内任意 n 个时间点，则有 n 条锈蚀路径 $[0, t_i, T_E]$ $(i = 1, 2, \cdots, n)$，只要 n 足够大，就可以包含 $[0, T_E]$ 内的所有锈蚀路径。当 t_i 发生初锈时，t_i 之前其他时刻钢筋不发生锈蚀，因此这些路径互斥，根据贝叶斯概率求和公式可得 t 时刻钢筋锈蚀率的无条件概率密度函数 $f(\eta)$ 为

$$f(\eta) = \sum_{i=1}^{n} f(\eta, t_i) = \sum_{i=1}^{n} f(\eta|t_i) \rho(t_i) \mathrm{d}t \tag{16-2}$$

式中，$f(\eta|t_i)$ 为 t_i 时刻发生初锈的条件下，钢筋锈蚀率的条件概率密度函数；$\rho(t_i)\mathrm{d}t$ 为 t_i 时刻钢筋初锈的概率：

$$\rho(t_i)\mathrm{d}t = P(t \leqslant t_i) - P(t \leqslant t_{i-1}) = F(t_i) - F(t_{i-1}) \tag{16-3}$$

式中，$F(t_i) = \int_0^{t_i} \rho(t) \mathrm{d}t$，为 t_i 时刻钢筋发生初锈的累积概率。

16.2 多重路径概率模型

16.2.1 基本概念

根据钢筋锈蚀引起的结构损伤机理，混凝土结构的使用寿命一般要经历四个阶段：钢筋钝化膜破坏、混凝土保护层锈胀开裂、裂缝宽度发展到极限值、结构承载力下降到极限值。因此，掌握氯离子在混凝土中的扩散机理、裂缝发展状况和钢筋与混凝土之间黏结性能的退化规律，对评估结构或构件的耐久性能和预测结构剩余使用寿命具有重要意义。

文献[16-6]在上述路径概率模型的基础上，将钢筋锈蚀过程划分为三个阶段：初始阶段、锈胀阶段、混凝土开裂后期(保护层锈胀开裂到结构或构件承载力下降到限值)，建立了预测钢筋锈蚀率、裂缝宽度、承载力退化的多重路径概率模型(multi-path probabilistic model, M-PPM)，如图 16-2 所示。图中，t_c 和 t_{cr} 分别为钢筋初锈时间和混凝土保护层开裂时间。对于服役混凝土结构，一共有三种情况：

(1) $t_0 < t < t_c$，钢筋未锈蚀。

(2) $t_c \leqslant t < t_{cr}$，钢筋锈蚀，混凝土保护层并未锈胀开裂。

(3) $t_{cr} \leqslant t \leqslant T_E$，混凝土保护层锈胀开裂。

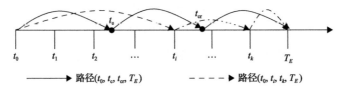

图 16-2 锈胀路径模型

Fig. 16-2 Corrosion-crack path model

本章以第三种情况建立模型，则锈蚀路径为$[0,t_c,t_{cr},T_E]$。由前节可知，$[0,T_E]$内可以定义许多条路径，考虑$[0,T_E]$内的任意n个时间点，对于任意初锈时刻$t_i(i=1,2,\cdots,n)$和保护层开裂时刻$t_k(k=i+1,i+2,\cdots,n)$，共有$\sum_{i=1}^{n}(n-i)$条锈蚀路径。

由式(16-2)可知，只要在服役时间内定义足够多的锈蚀路径，并且每一条路径的t_c和t_{cr}都是唯一确定的。因此，这些路径构成一组互斥事件，根据贝叶斯概率求和公式就能够计算出服役时间内钢筋锈蚀率、锈胀裂缝宽度、承载力下降系数的无条件概率密度函数$f(\eta)$、$f(w)$、$f(\alpha)$，即

$$f(\eta)=\sum_{i=1}^{n}f(\eta,t_i)=\sum_{i=1}^{n}f(\eta|t_i)\rho(t_i)\mathrm{d}t=\sum_{i=1}^{n}f(\eta|t_i)[F(t_i)-F(t_{i-1})] \qquad (16\text{-}4)$$

$$f(w)=\sum_{i=1}^{n}\sum_{k=i+1}^{n}f(w,t_i,t_k)=\sum_{i=1}^{n}\sum_{k=i+1}^{n}f(w|(t_i,t_k))\rho(t_k|t_i)\rho(t_i)\mathrm{d}t \qquad (16\text{-}5)$$

$$f(\alpha)=\sum_{i=1}^{n}\sum_{k=i+1}^{n}f(\alpha,t_i,t_k)=\sum_{i=1}^{n}\sum_{k=i+1}^{n}f(\alpha|(t_i,t_k))\rho(t_k|t_i)\rho(t_i)\mathrm{d}t \qquad (16\text{-}6)$$

式中，$F(t_i)$为任意时刻t_i钢筋发生初锈的累积概率；$f(w|(t_i,t_k))$、$f(\alpha|(t_i,t_k))$分别为t_i和t_k时刻确定的条件下，锈胀裂缝宽度和承载力下降系数的概率密度函数；$\rho(t_k|t_i)$为t_i时刻钢筋发生初锈的条件下，t_k时刻混凝土保护层开裂的概率密度函数。

随着混凝土结构服役时间的增长，研究锈蚀率或裂缝宽度时变特性时，可以考虑最大服役时间T_{E_m}，将其等间隔进行时间划分，时间间隔Δt为1年，那么共可以获得$\sum_{i=1}^{n}(T_{E_m}-i)$条锈蚀路径，这些路径初锈时间、锈胀开裂时间和开裂后期时间集合均为

$$K_m=\left\{i|i=1,2,\cdots,T_{E_m}-2\right\} \qquad (16\text{-}7)$$

因此，对于任意服役时间$T_{E_j}(j<m,j=1,2,\cdots,m)$，共有$\sum_{i=1}^{n}(T_{E_j}-i)$条锈蚀路径，这些路径初锈时间、锈胀开裂时间和开裂后期时间集合均为

$$K_j=\left\{j|j=1,2,\cdots,T_{E_j}-2\right\} \qquad (16\text{-}8)$$

由于$j<m$，则有

$$K_j\subset K_m \qquad (16\text{-}9)$$

因此，任意服役时间$T_{E_j}(j=1,2,\cdots,m)$的锈蚀路径都可以由最大服役时间定义的路径导出，只需要模拟T_{E_m}定义的所有路径。

16.2.2 氯盐侵蚀下的概率预测模型

钢筋混凝土梁在氯盐环境服役一段时间后,随着混凝土表面氯离子浓度的增大,当钢筋表面的氯离子浓度超过临界氯离子浓度时,钢筋表面钝化膜破坏,钢筋锈蚀。氯离子在混凝土中的运输方式主要有对流、电迁移、扩散等[16-5],通常认为非稳态扩散是主要运输方式,符合 Fick 第二定律,则 t 时刻距离混凝土表面 x 深度处的氯离子浓度表达式为[16-7]

$$C(x,t) = C_0 + (C_s - C_0)\left[1 - \mathrm{erf}\left(\frac{x}{2\sqrt{D_{\mathrm{Cl}}t}}\right)\right] \tag{16-10}$$

式中,$C(x,t)$ 为距混凝土表面距离为 x 处的氯离子浓度;C_0 为混凝土内部初始氯离子浓度,通常假定为零;C_s 为混凝土表面氯离子浓度,Val 和 Stewart[16-8]认为其分布参数与所处环境有关,建议按表 16-1 取值;D_{Cl} 为氯离子扩散系数,mm/s,Stewart 认为其与时间、温度、湿度、应力水平相关,在没有实测数据的条件下,可近似服从均值为 2×10^{-6}、变异系数为 0.450 的对数正态分布[16-9];$\mathrm{erf}(\cdot)$ 为标准正态分布的反函数。

表 16-1 混凝土表面氯离子浓度
Tab. 6-1 Chloride ion concentration on the surface of concrete

环境类型	均值/%	变异系数	分布类型
浪溅区	7.35	0.70	对数正态分布
近海岸环境	2.95	0.70	对数正态分布
距离海岸 1km	1.15	0.50	对数正态分布
正常大气环境	0.03	0.50	对数正态分布

当钢筋表面氯离子浓度达到临界氯离子浓度时,钢筋发生锈蚀,则混凝土中钢筋在任意时刻 t_i 发生初锈的累计概率 $F(t_i)$ 表达式为

$$F(t_i) = P(C_{\mathrm{cr}} < C(t_i)) \tag{16-11}$$

式中,C_{cr} 为使钢筋发生初锈的表面氯离子浓度阈值,具有很强的随机性,Stewart 建议其服从均值为 3.35%、变异系数为 0.375 的正态分布[16-4,16-8]。

16.2.3 混凝土碳化概率预测模型

混凝土碳化一方面生成了 $CaCO_3$,降低了孔隙率,提高了混凝土的密实度,阻碍了 CO_2 的扩散;另一方面降低了 $Ca(OH)_2$ 浓度和 pH,导致钢筋表面钝化膜的破坏,从而加速了钢筋锈蚀。混凝土碳化深度的变化主要是由自身和环境的变异性决定的[16-3],文献[16-4]、[16-10]和[16-11]在考虑多种影响因素作用下,给出了碳化经验实用模型:

$$X = k\sqrt{t} = 2.56 K_{\mathrm{mc}} k_j k_{\mathrm{CO}_2} k_p k_b \sqrt[4]{T}(1-\mathrm{RH})\mathrm{RH}\left(\frac{57.94}{f_c} - 0.76\right)\sqrt{t} \tag{16-12}$$

式中，k 为碳化系数；K_{mc} 为计算模式不确定变量；k_j 为角部修正系数；k_{CO_2} 为 CO_2 浓度影响系数；k_p 为浇筑面修正系数；k_b 为工作应力影响系数；T 为环境温度，℃；RH 为环境相对湿度，%；f_c 为混凝土立方体强度标准值，MPa，具有一定的随机性，服从正态分布，具体分布情况如表 16-2 所示[16-12]。

表 16-2 混凝土立方体抗压强度标准值分布

Tab. 16-2 The distribution of standard value of compressive strength of concrete cube

项目	混凝土强度等级									
	C15	C20	C25	C30	C35	C40	C45	C50	C55	C60
标准值/MPa	22.86	28.33	33.75	39.29	21.54	50.00	55.83	60.91	67.27	72.00
变异系数	0.21	0.18	0.16	0.14	0.13	0.12	0.12	0.11	0.11	0.10

工程中用 1%酚酞溶液测定混凝土的 pH，混凝土表面到钢筋处 pH 逐渐升高，根据 pH 的变化情况，将混凝土的碳化情况分为三个部分：完全碳化部分、部分碳化部分和未碳化部分，假定部分碳化区为线性变化[16-4]，如图 16-3 所示。其中 pH 变化范围为 8.5～12.5，当 pH 达到 11.5 时，钢筋表面钝化膜破坏，钢筋开始发生初锈[16-3]。蒋利学和张誉[16-13]分析了环境相对湿度、水灰比、碳化时间、水泥用量、CO_2 浓度等因素对部分碳化区长度的影响，给出了部分碳化区长度的计算模型，即

$$X_h = 1.017 \times 10^4 (0.7 - RH)^{1.82} \sqrt{\frac{R_{WC} - 0.31}{C}} \text{ (mm)} \tag{16-13}$$

式中，R_{WC} 为水灰比；C 为水泥用量，kg/m^3；RH 为环境相对湿度，当 RH＞75%时，可以忽略部分碳化区长度。

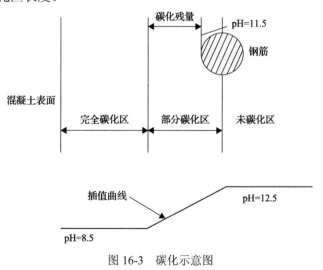

图 16-3 碳化示意图

Fig. 16-3 Carbonization diagram

根据部分碳化区 pH 的碳化曲线，就可以得到 pH=11.5 到完全碳化区前端长度为

$$X_1 = \frac{11.5-8.5}{12.5-8.5}X_h = 0.75X_h \tag{16-14}$$

因此，由式(16-13)和式(16-14)可得，在碳化环境下，混凝土中钢筋在任意时间 t_i 发生初锈的累计概率 $F(t_i)$ 表达式为

$$F(t_i) = P(X_c < X_1 + X(t_i)) \tag{16-15}$$

式中，X_c 为混凝土保护层厚度，mm；$X(t_i)$ 为钢筋初锈时完全碳化区长度，mm。

16.2.4 碳化和氯离子共同作用下的概率预测模型

研究表明，氯离子在混凝土中的扩散受很多因素的影响，包括荷载、裂缝、碳化等。本节主要对碳化对氯离子扩散行为的影响进行总结，并提出碳化和氯离子共同作用下的概率预测模型。

已有研究发现[16-14~16-16]，碳化对氯离子有两方面的影响：一方面，碳化产物降低了混凝土的孔隙率，提高了密实度，阻碍了氯离子在混凝土中的传输；另一方面，碳化释放的结合氯离子导致碳化前端自由氯离子变多，浓度增加，加速了氯离子的扩散。

Glass 和 Buenfeld[16-17]对混凝土中自由氯离子的研究发现，在混凝土内部碱性较低、pH 较低的情况下，钢筋表面钝化膜比较薄弱，氯离子浓度较低时也能诱发钢筋表面锈蚀。金伟良和王晓舟[16-3]、倪国荣[16-4]通过对宁波沿海地区混凝土工程检测发现了同样的现象，有些混凝土结构中钢筋表面的氯离子浓度较低，混凝土碳化深度很浅，钢筋表面却产生了大面积锈蚀现象。因此，氯离子和氢氧根离子浓度的比值成为影响钢筋锈蚀的一个重要参数。根据钢筋表面的 pH 推导出了 pH 与临界氯离子浓度的函数关系式，其变化曲线如图 16-4 所示。

$$\lg C_{cr} = 0.79\text{pH} - 9.78 \tag{16-16}$$

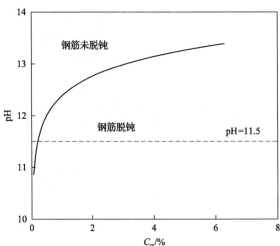

图 16-4 pH 与临界氯离子浓度关系曲线

Fig. 16-4 Curve of pH value and critical chloride concentration

从图 16-4 中可以看出，pH 与临界氯离子浓度之间存在正相关关系，临界氯离子浓

度随着 pH 的增加而增大。文献[16-3]和[16-4]假定氯离子与二氧化碳在混凝土中的扩散行为互不影响。因此，在混凝土碳化和氯离子侵蚀环境下，只要有一种条件满足要求，即钢筋表面氯离子浓度达到临界氯离子浓度或者钢筋表面 pH 达到 11.5，就可以认为钢筋产生锈蚀，则碳化和氯离子共同作用下，混凝土中钢筋在任意时间 t_i 发生初锈的累计概率 $F(t_i)$ 表达式为

$$F(t_i) = P\big(C_{cr} < C(t_i) \bigcup X_c < X_1 + X(t_i)\big) \tag{16-17}$$

16.2.5 钢筋锈蚀扩展

钢筋发生初锈后，锈蚀扩展时间为 $T_E - t_c$，宋志刚等[16-2]认为钢筋锈蚀扩展阶段锈蚀率的概率密度即为 $f(\eta|t_c)$，具体计算过程如下：

假定钢筋锈蚀为均匀锈蚀，则锈蚀率的计算过程为

$$\eta = \frac{\Delta A_s}{A_s}, \quad A_s = \frac{\pi d^2}{4}, \quad \Delta A_s = \frac{\pi d^2}{4} - \frac{\pi(d-2\Delta d)^2}{4} \tag{16-18}$$

式中，ΔA_s 为已经锈蚀的钢筋面积，mm^2；A_s 为钢筋初始面积，mm^2；d 为钢筋直径，mm；Δd 为钢筋锈蚀深度，mm。

根据式(16-18)可以得到锈蚀率与锈蚀深度的关系为

$$\eta = \frac{\sqrt{4\pi}\Delta D}{\sqrt{A_s}} - \frac{\pi \Delta D^2}{A_s} \tag{16-19}$$

式中，ΔD 可以按照经验公式求得[16-2]，即

$$\Delta D = \int_0^{T_E - t_i} \lambda(t) dt \tag{16-20}$$

式中，$\lambda(t)$ 为混凝土保护层开裂前钢筋腐蚀速度，mm/a，根据文献[16-8]和[16-18]可以得到 $\lambda(t)$ 的表达式为

$$\lambda(t) = 0.0116 i_{corr}(t_c) \tag{16-21}$$

式中，i_{corr} 为钢筋腐蚀电流密度，$\mu A/cm^2$；t_c 为锈蚀时间。Vu 和 Stewart[16-18]根据 Liu 等数据发现了腐蚀电流密度随着时间的增长而降低的规律，从而建立了腐蚀电流密度的经验公式：

$$i_{corr}(t_c) = i_{corr}(1) \cdot 0.85 t^{-0.29} \tag{16-22}$$

式中，$i_{corr}(1)$ 为钢筋初锈时的腐蚀电流密度，在温度为 20℃、相对湿度为 75%的典型环境中，与混凝土水灰比和保护层厚度有关，其经验公式为[16-18]

$$i_{\text{corr}}(1) = \frac{37.8(1-R_{WC})^{-1.64}}{X_c} \tag{16-23}$$

式中，$R_{WC} = \dfrac{27}{f'_c + 13.5}$，$f'_c$ 为混凝土圆柱体抗压强度标准值，MPa[16-18,16-19]，$f'_c = 0.79 f_c$，f_c 是混凝土立方体抗压强度标准值，MPa。

由此可以得到钢筋锈蚀深度的经验表达式为

$$\Delta D = \int_0^{T_E-t_c} \lambda(t) \mathrm{d}t = \frac{0.5249}{X_c}\left(1 - \frac{27}{f'_c + 13.5}\right)^{-1.64}(T_E - t_c)^{0.71} \tag{16-24}$$

16.2.6 保护层开裂和裂缝宽度确定

钢筋锈蚀率和裂缝宽度之间的关系采用 Vidal 等[16-20]提出的预测钢筋截面损失的新模型来表示，则混凝土锈胀开裂后的裂缝宽度为

$$w = K(\Delta A_{\text{cr}} - \Delta A_{\text{s}}) \tag{16-25}$$

$$\Delta A_{\text{s}} = A_{\text{s}}\left\{1 - \left[1 - \frac{8}{d}\left(7.53 + 9.32\frac{X_c}{d}\right) \times 10^{-3}\right]^2\right\} \tag{16-26}$$

$$\Delta A_{\text{cr}} = \pi\left(4x_c d - 16x_c^2\right) \tag{16-27}$$

$$\eta_{\text{cr}} = \Delta A_{\text{cr}} / A_{\text{s}} \tag{16-28}$$

式(16-25)~式(16-28)中，ΔA_{cr} 为保护层开裂时的临界钢筋锈蚀面积，mm^2；K 为修正系数，取 0.0575；x_c 为蚀坑深度，mm；d 为钢筋直径，mm；η_{cr} 为保护层开裂时的临界锈蚀率。

16.2.7 锈蚀混凝土构件承载力

基于已有的设计计算理论，对锈蚀混凝土矩形截面梁抗弯承载力 M_c 和抗剪承载力 V_c 分析采用如下计算模型[16-21~16-27]：

$$M_c = k_s \alpha_1 f_c b x (h_0 - 0.5x) \tag{16-29}$$

$$x = \frac{A_{\text{sc}} f_{\text{yc}}}{\alpha_1 f_c b} \tag{16-30}$$

$$k_s = \begin{cases} 1, & w \leqslant 0.5\text{mm} \\ (1.1 - 0.09d/10)(1.12 - w/9.4), & 0.5\text{mm} < w \leqslant 2.0\text{mm} \\ 0.7 \sim 0.8, & w > 2.0\text{mm} \end{cases} \tag{16-31}$$

$$f_{yc} = \begin{cases} f_y, & \eta \leqslant 5\% \\ (1-1.077\eta)/(1-\eta) \cdot f_y, & 5\% < \eta \leqslant 12\% \\ (1.10-1.91\eta)/(1-\eta) \cdot f_y, & 12\% < \eta < 60\% \end{cases} \quad (16\text{-}32)$$

$$V_c = \begin{cases} 0.7\beta f_c b h_0 + 1.25 \dfrac{A_{vc} f_{yc} h_0}{s} & \text{(一般受弯梁)} \\ \dfrac{1.75}{\lambda+1}\beta f_c b h_0 + \dfrac{A_{vc} f_{yc} h_0}{s} & \text{(集中荷载作用的独立梁)} \end{cases} \quad (16\text{-}33)$$

$$\beta = \begin{cases} 1.0, & \eta \leqslant 10\% \\ 1.17-1.7\eta, & \eta > 10\% \end{cases} \quad (16\text{-}34)$$

$$A_{sc} = (1-\eta) A_s \quad (16\text{-}35)$$

$$A_{vc} = (1-\eta) A_v \quad (16\text{-}36)$$

$$L_M = \frac{M_0}{M_c} \quad (16\text{-}37)$$

$$L_V = \frac{V_0}{V_c} \quad (16\text{-}38)$$

式(16-29)~式(16-38)中，k_s 为协同工作系数；α_1 为受压区混凝土矩形应力图所表示的应力与混凝土抗压强度设计值的比值；f_y、f_c 分别为钢筋屈服强度和混凝土立方体抗压强度标准值，MPa；h_0、b 分别为截面有效高度和有效宽度，mm；f_{yc} 为锈蚀钢筋的名义屈服强度，MPa；A_{sc}、A_{vc} 分别为锈蚀纵筋和箍筋剩余面积，mm^2；β 为考虑钢筋锈蚀引起混凝土抗剪强度降低的影响系数；M_0、V_0 分别为未锈蚀钢筋混凝土梁的抗弯和抗剪承载力；L_M、L_V 分别为梁抗弯、抗剪承载力降低系数。

基于路径概率模型的 Monte Carlo 数值模拟流程如图 16-5 所示。

16.3 任意点的路径概率模型

基于路径概率模型的可靠度分析方法，将混凝土属性的空间变异性引入路径概率模型中，从分析导致结构或构件性能劣化差异的原因着手，找出关键参数的随机空间变异特性，结合累积二项分布计算模型建立结构或构件任意点的失效概率与整体面失效概率之间的关系，并根据预测结果，将面域的失效概率和范围作为维修方法和成本计算的重要参考依据，有助于制定经济、合理和有效的维修决策。

前面所讲的路径概率模型通常描述整体或系统，而一个结构或者整体可以划分为若干构件或区域，构件或区域又可以分为若干单元，它们所表现出的局部变异性却难以很好地描述。因此，实际应用中也应该根据构件或区域的变量在不同方向的波动特性将其

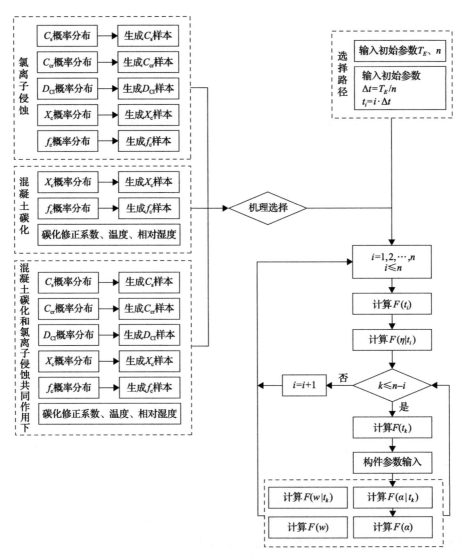

图 16-5 模拟流程图

Fig. 16-5 Simulated flow diagram

离散为一维或二维模型(图 16-6),用于准确描述随机变量的空间分布特性。根据随机域的波动范围确定单元的尺寸,使得每一个单元在统计意义上处于相对独立,其性能劣化状态服从一定的概率分布。考虑到混凝土的渗透性和理想的各向同性随机域假定,采用 0.5m×0.5m 的单元尺寸,需要注意的是,单元只是一个概念意义上的独立体。实际的结构既可以是连续的(一根梁或一堵墙上的单元划分),也可以是离散的。

一个整体内某一比例的单元达到特定耐久性极限状态的概率可以用下面这个式子表达[16-28]:

$$P(\Delta(t) \geqslant n/N) = P\left(\bigcup_{i=1}^{K_{N,n}} \bigcap_{j=1}^{m_i} \{g_j(X,t) \leqslant 0\}\right) \tag{16-39}$$

式中，n 为构成临界比例单元的数量；N 为总的单元数；$K_{N,n}$ 为区域内不同单元组合数量占临界比例单元数量的百分比；m_i 为第 i 个组合涉及的单元数；$g_j(X,t)$ 为第 j 个单元的极限状态方程。

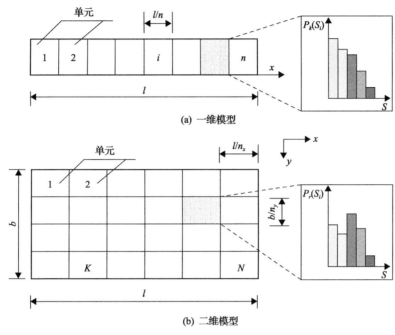

图 16-6 系统一维和二维离散模型

Fig. 16-6 Discretisation of system according to 1 and 2 dimensional model

上述参数的概率建模不仅应反映检测工作的随机性，还应反映单元之间参数概率特性的变异性。若在特定极限状态下(混凝土结构钢筋表面锈蚀或混凝土开裂面积达到某一限定值)，某一单元失效概率 $\theta(t)$ 的概率分布 $f(\theta(t))$ 已知，则在考察区域内，达到临界极限状态单元的比例 ψ_{CRIT} 的概率可由式(16-40)计算获得：

$$P(\Delta(t) \geqslant \psi_{\mathrm{CRIT}}) = 1 - \int_0^1 B(\psi_{\mathrm{CRIT}} N - 1, N, \theta(t)) f''(\theta(t)) \mathrm{d}\theta(t) \tag{16-40}$$

式中，$B(\psi_{\mathrm{CRIT}} N - 1, N, \theta(t))$ 为样本空间数 N 内 $\psi_{\mathrm{CRIT}} N$ 个样本失效的累积二项分布。$\theta(t)$ 可以用经验模型估计，并通过现场检测更新信息。对于服役期为 t 的结构，以氯离子侵蚀导致的钢筋锈蚀和混凝土开裂为例，$\theta(t)$ 即可定义为 t 时刻混凝土锈胀开裂的概率。

16.4 工 程 实 例

16.4.1 氯盐环境下的钢筋锈蚀

某大桥位于浙江省乐清市 104 国道，为钢筋混凝土预应力简支桥梁[16-23]，如图 16-7 所示。该桥服役时间为 16 年，大部分桥墩位于水中，桥墩截面采用的主筋为 $\Phi 22\,\mathrm{mm}$，

箍筋为 $\Phi 10\,\text{mm}$；盖梁主筋为 $\Phi 25\,\text{mm}$，箍筋为 $\Phi 12\,\text{mm}$。影响参数的概率分布形式和分布参数采用表 16-3 中的数据。各混凝土墩柱在浪溅、潮差区的锈胀裂缝宽度均在 0.2～0.4mm，统计数量如图 16-8 所示。

图 16-7 某大桥结构

Fig. 16-7 Bridge structure

表 16-3 计算参数及分布类型

Tab. 16-3 Calculate parameters and distribution types

参数类型	单位	均值	变异系数	分布类型	来源
C_s	kg/m³	7.35	0.7	对数正态	Val 和 Stewart[16-8]
D_{Cl}	mm²/s	2×10⁻⁶	0.45	对数正态	Val 和 Stewart[16-8]
X_c	mm	35.2/29.8	0.060/0.066	对数正态	检测值
C_{cr}	kg/m³	3.35	0.375	对数正态	Val 和 Stewart[16-8]
f_c	MPa	29.9	0.064	对数正态	检测值

注：表中斜杠前后分别为桥墩浪溅区及盖梁部位检测值。

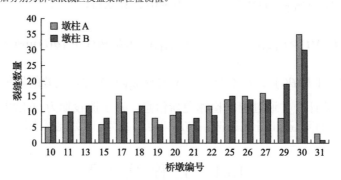

图 16-8 墩柱裂缝数量统计图

Fig. 16-8 Statistic number of cracks in piles

根据表 16-3 分析数据预测桥墩、盖梁钢筋锈蚀程度和锈胀裂缝宽度在不同时段的概率分布，并估计构件钢筋锈蚀样本及开裂样本百分比，如图 16-9～图 16-12 所示。

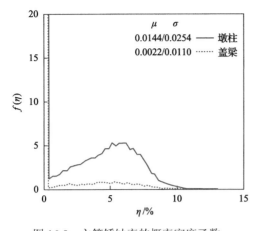

图 16-9 主筋锈蚀率的概率密度函数

Fig. 16-9 PDF of corrosion rate of main rebars

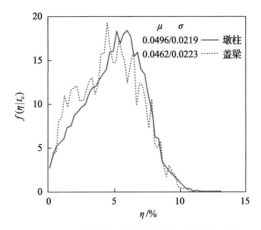

图 16-10 主筋锈蚀率的条件概率密度函数

Fig. 16-10 CPDF of corrosion rate of main rebars

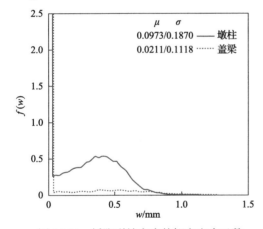

图 16-11 锈胀裂缝宽度的概率密度函数

Fig. 16-11 PDF of corrosion-induced crack width

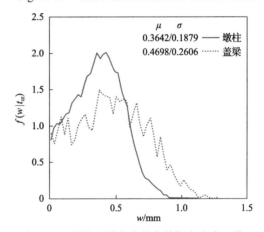

图 16-12 锈胀裂缝宽度的条件概率密度函数

Fig. 16-12 CPDF of corrosion-induced crack width

从图 16-9 可知，约有 28%的钢筋样本发生锈蚀。而根据图 16-8 检测统计结果，若以发生大面积网裂(顺筋裂缝接近纵筋数量)的 30 号桥墩的锈胀裂缝条数 35 作为每个桥墩的取样数，则桥墩样本共有 35×64=2240 个，而开裂样本共计 367 个，则约有 16.4%(<28%)的样本开裂。从钢筋锈蚀概率大于混凝土锈胀开裂概率的角度考虑，预测结果是合理的。从图 16-9 还可以发现，盖梁的钢筋锈蚀率(5%<25%)明显低于浪溅区的桥墩，也是合理的。对大桥桥墩及上部结构的抽样氯离子含量检测表明，桥墩混凝土中氯离子含量较高，会诱发钢筋锈蚀，而上部结构氯离子含量较低，对钢筋锈蚀的影响程度不确定。由图 16-10 可知，平均锈蚀率可达 5%左右。由图 16-11 可知，发生开裂的样本占 25%(<28%，合理)，但锈蚀样本与开裂样本比较接近，也说明钢筋锈蚀已经较严重。实际检测到的开裂样本(16.4%)比预测样本(25%)小的原因可能有：①检测样本统计有遗漏；②模型参数取值的偏差及模型本身的误差；③其他不确定因素的干扰。

对于检测到的裂缝宽度样本分布应属于条件概率问题。对桥墩裂缝宽度的统计分析，得到均值为0.34mm，标准差为0.16。从锈胀裂缝宽度的条件概率密度函数图16-12来看，均值、标准差分别为0.3642和0.1879，与检测值基本吻合。

进一步分析了桥墩浪溅区10~24年内每隔两年的钢筋锈蚀率及裂缝宽度的概率分布情况，结果如图16-13和图16-14所示。显然，随着服役时间的增加，锈蚀率及裂缝宽度均呈现增大的趋势，变异性也随之增大。如果以20%的开裂样本达到0.5mm作为结构需要维修的耐久性极限状态，则该桥服役14年（即检测前2年）就应该采取维修措施。因此，对所有发现裂缝的桥墩，特别是钢筋锈蚀严重的网裂部位混凝土，如果裂缝宽度超过限值甚至保护层已经剥落，必须立刻采取维修措施，工程修复设计中采用外包高性能钢筋混凝土。对于未发现裂缝或裂缝微小的混凝土桥墩，在维修资金充足的条件下，建议进行耐久性防护，如采用防腐涂料。

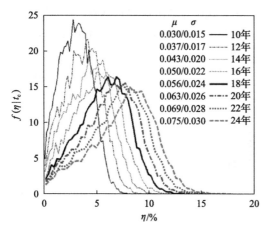 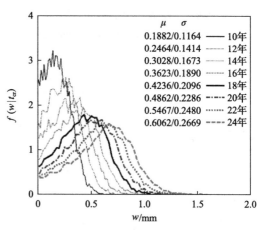

图16-13 主筋锈蚀率的条件概率密度函数的时变特性

Fig. 16-13 Time-dependent CPDF of corrosion rate of main rebar

图16-14 锈胀裂缝宽度的条件概率密度函数的时变特性

Fig. 16-14 Time-dependent CPDF of corrosion-induced crack width

16.4.2 碳化和氯盐侵蚀共同作用下的钢筋锈蚀

清港桥位于浙江省台州市泽楚线上，是一座T型简支桥梁，如图16-15所示。该桥建于1968年，服役时间为36年。检测发现，该桥存在严重的耐久性问题。主要病害为：①T梁底面与侧面混凝土保护层大块剥落露筋，裂缝普遍存在；②桥墩盖梁顶部T梁搁置点上局部混凝土截面破损；③桥面未设伸缩缝，相邻梁板端头相互挤压破损。现场对孔的检查共发现了70多条宽度大于0.2mm的裂缝，并有28处混凝土保护层剥落。T梁裂缝主要为垂直裂缝，并且大部分都是贯穿整个腹板的长裂缝，最大宽度为2mm；观察的所有梁底均出现水平裂缝和混凝土大面积剥落，箍筋和主筋外露，锈蚀严重。

氯离子含量检测结果表明，该桥整体上氯离子含量不高，基本在0.2%以内，处于诱使钢筋锈蚀的临界阶段。混凝土的氯离子扩散系数约在$1.67\times 10^{-9}\text{cm}^2/\text{s}$以内，混凝土的密实性良好。对所取混凝土芯样的碳化深度测试表明，部分构件炭化较严重。因此，该桥受碳化和氯离子侵蚀共同作用。由于氯离子含量较低，钢筋锈蚀如此严重，进一步分析发现,混凝土碳化和氯离子侵蚀共同作用是钢筋提前脱钝、加速锈蚀的原因所在。影响参数的概率分布形式和分布参数采用表 16-4 中的数据。

图 16-15 清港桥

Fig. 16-15 Qing-gang bridge

表 16-4 分析计算参数

Tab. 16-4 Input data of analysis

参数类型	单位	均值	变异系数	分布类型	来源
C_s	kg/m³	2.95	0.7	对数正态	Val 和 Stewart[16-8]
D_{Cl}	mm²/s	0.167×10⁻⁶	0.45	对数正态	检测值
X_c	mm	15		常数	检测值
C_{cr}	kg/m³	3.35	0.375	对数正态	检测值
d_s	mm	2Φ20		常数	设计值
d_v	mm	Φ6@200		常数	设计值
f_y	MPa	365	0.05	对数正态	设计值
f_c	MPa	25	0.15	对数正态	检测值
T	℃	20		常数	气象调查
RH	%	75		常数	气象调查
C_{CO_2}	%	0.03		常数	气象调查

为了便于比较,考虑以下两种情况,即单一氯离子侵蚀作用和氯离子侵蚀与混凝土碳化共同作用,估计致锈临界氯离子浓度、钢筋锈蚀时间、混凝土锈胀开裂时间、检测时刻钢筋锈蚀率及裂缝宽度的概率密度函数,如图 16-16~图 16-22 所示。

从图 16-16 可以看出,在单一氯离子侵蚀条件下,临界氯离子浓度是一个时不变的随机变量,均值为 3.5%。而当考虑氯离子侵蚀与混凝土碳化共同作用时,随着碳化的推进,临界氯离子浓度的变化是一个随机过程,并且概率密度函数随时间的增长逐步向纵轴靠近和攀升。表明临界氯离子浓度随着钢筋表面混凝土 pH 的降低而降低，符合图 16-4 的规律，正是由于碳化的同步效应，在服役 15 年后，钢筋锈蚀样本已达到 95% 以上(图 16-17)。加上混凝土保护层过薄，混凝土随之锈胀开裂(图 16-18)，但对于单一氯离子侵蚀作用，钢筋锈蚀进展缓慢，钢筋样本的大量锈蚀和混凝土的大面积开裂将出现在结构服役 40 年和 50 年以后。主筋锈蚀率也表现出同样的特点，即氯离子侵蚀和混凝土碳化共同作用下钢筋锈蚀充分发育，而单一氯离子侵蚀作用下锈蚀率普遍很小(图 16-19)。即使对于已锈蚀的样本，氯离子侵蚀和混凝土碳化共同作用下的钢筋锈蚀更充分，95% 的锈蚀样本锈蚀率均在 20% 以上(图 16-20)。同样的特点也体现在裂缝宽度上(图 16-21)，95% 的混凝土裂缝宽度在 2mm 以上(图 16-22)，从工程经验角度已经可以导致混凝土保护层剥落。事实上，实际工程验证了现场 T 型梁底面与侧面混凝土保护层大块剥落露筋，裂缝普遍存在的调查结果。

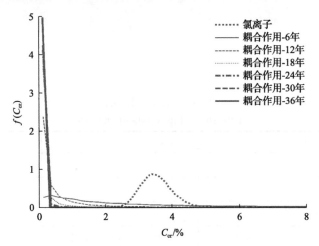

图 16-16　临界氯离子浓度的概率密度函数

Fig. 16-16　PDF of critical chloride concentration

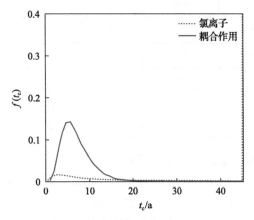

图 16-17　钢筋锈蚀时间的概率密度函数

Fig. 16-17　PDF of time to corrosion initiation of main rebars

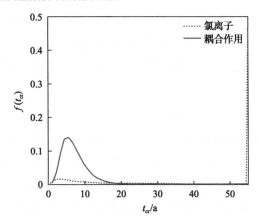

图 16-18　混凝土锈胀开裂时间的概率密度函数

Fig. 16-18　PDF of time to crack initiation of concrete

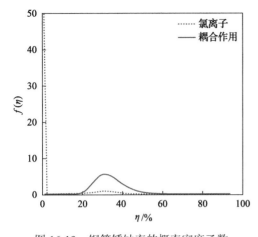

图 16-19 钢筋锈蚀率的概率密度函数

Fig. 16-19 PDF of corrosion ratio of rebars

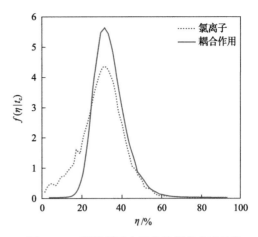

图 16-20 钢筋锈蚀率的条件概率密度函数

Fig. 16-20 CPDF of corrosion ratio of rebars

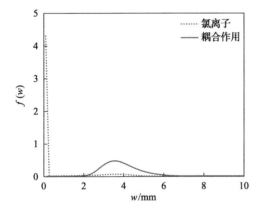

图 16-21 锈胀裂缝宽度的概率密度函数

Fig. 16-21 PDF of corrosion-induced crack width

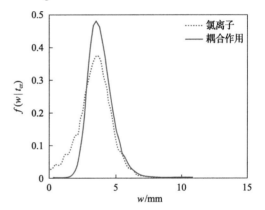

图 16-22 锈胀裂缝宽度的条件概率密度函数

Fig. 16-22 CPDF of corrosion-induced crack width

参 考 文 献

[16-1] 金伟良, 赵羽习. 混凝土结构耐久性[M]. 北京: 科学出版社, 2014.

[16-2] 宋志刚, 金伟良, 刘芳, 等. 钢筋锈蚀率概率分布的动态演进模拟[J]. 浙江大学学报(工学版), 2006, 40(10): 1749-1754.

[16-3] 金伟良, 王晓舟. 基于锈胀开裂路径的混凝土构件耐久性能概率预测模型及应用[J]. 建筑结构学报, 2011, 32(1): 95-104.

[16-4] 倪国荣. 公路混凝土桥梁结构耐久性概率预测、评估方法和软件系统[D]. 杭州: 浙江大学, 2006.

[16-5] 杨慧, 何浩祥, 闫维明. 考虑碳化和氯离子累积效应的梁桥时变可靠度[J]. 哈尔滨工业大学学报, 2019, 51(6): 71-78.

[16-6] 王晓舟. 混凝土结构耐久性能的概率预测与模糊综合评估[D]. 杭州: 浙江大学, 2009.

[16-7] 田俊峰, 潘德强, 赵尚传. 海工高性能混凝土抗氯离子侵蚀耐久寿命预测[J]. 中国港湾建设, 2002, (2): 1-6.

[16-8] Val D V, Stewart M G. Life-cycle cost analysis of reinforced concrete structures in marine environments[J]. Structural Safety, 2003, 25(4): 343-362.

[16-9] Reddy B, Glass G K, Lim P J, et al. On the corrosion risk presented by chloride bound in concrete[J]. Cement and Concrete Composites, 2002, 24(1): 1-5.

[16-10] 于留洋. 钢筋混凝土结构耐久性退化的不确定性模型与可靠度分析[D]. 哈尔滨: 哈尔滨工业大学, 2015.
[16-11] 牛荻涛, 陈亦奇, 于澍. 混凝土结构的碳化模式与碳化寿命分析[J]. 西安建筑科技大学学报(自然科学版), 1995, 27(4): 365-369.
[16-12] 刘天英, 刘同华, 张伟利, 等. 中美标准的混凝土和钢筋强度指标对比[J]. 电力勘测设计, 2019, 31(6): 7-13.
[16-13] 蒋利学, 张誉. 混凝土部分碳化区长度的分析与计算[J]. 工业建筑, 1999, 29(1): 4-7.
[16-14] 杨蔚为, 郑永来, 郑顺. 混凝土碳化对氯离子扩散影响试验研究[J]. 水利水运工程学报, 2014, (4): 93-97.
[16-15] 牛荻涛, 孙丛涛. 混凝土碳化与氯离子侵蚀共同作用研究[J]. 硅酸盐学报, 2013, 41(8): 1094-1099.
[16-16] 许晨, 王传坤, 金伟良. 混凝土中氯离子侵蚀与碳化的相互影响[J]. 建筑材料学报, 2011, 14(3): 376-380.
[16-17] Glass G K, Buenfeld N R. Chloride-induced corrosion of steel in concrete[J]. Progress in Structural Engineering and Materials, 2000, 2(4): 448-458.
[16-18] Vu K A T, Stewart M G. Structural reliability of concrete bridges including improved chloride-induced corrosion models[J]. Structural Safety, 2000, 22(4): 313-333.
[16-19] 杨思昭, 王宪杰, 董艳秋, 等. 一般大气环境下锈蚀钢筋混凝土梁的时变可靠度分析[J]. 计算力学学报, 2020, 37(4): 504-510.
[16-20] Vidal T, Castel A, François R. Analyzing crack width to predict corrosion in reinforced concrete[J]. Cement and Concrete Research, 2004, 34(1): 165-174.
[16-21] 惠云玲, 李荣, 林志伸, 等. 混凝土基本构件钢筋锈蚀前后性能试验研究[J]. 工业建筑, 1997, 27(6): 14-18.
[16-22] 田瑞华, 颜桂云, 孙炳楠. 锈蚀钢筋混凝土构件抗剪承载力的试验研究与理论分析[J]. 四川建筑科学研究, 2003, (3): 36-38.
[16-23] 金伟良, 赵羽习. 锈蚀钢筋混凝土梁抗弯强度的试验研究[J]. 工业建筑, 2001, 31(5): 9-11.
[16-24] 肖长永, 杜志云, 郭超, 等. 锈蚀钢筋混凝土梁受弯承载力的计算分析[J]. 湖北工业大学学报, 2013, (1): 25-27.
[16-25] 牛荻涛, 卢梅. 锈蚀钢筋混凝土梁正截面受弯承载力计算方法研究[J]. 建筑结构, 2002, 32(10): 14-17.
[16-26] 赵羽习, 金伟良. 锈蚀箍筋混凝土梁的抗剪承载力分析[J]. 浙江大学学报(工学版), 2008, 42(1): 19-24.
[16-27] 中华人民共和国建设部. 混凝土结构设计规范(GB 50010—2002)[S]. 北京: 中国建筑工业出版社, 2002.
[16-28] Faber M H, Straub D, Maes M A. A computational framework for risk assessment of RC structures using indicators[J]. Computer-Aided Civil and Infrastructure Engineering, 2006, 21(3): 216-230.

附录 从事工程结构可靠度理论与应用研究方向的研究生名单及其论文列表

序号	作者	论文题目	学位类型	合作/指导教师	完成年份
1	庄一舟	建筑结构抗震可靠性及极端波浪对海洋导管架平台作用的模型试验研究	博士后	金伟良 龚晓南	1998
2	张立	海洋导管架平台结构疲劳可靠性研究	博士后	金伟良	2000
3	张燕坤	海洋导管架平台体系可靠度分析	博士后	金伟良	2001
4	吴剑国	跨流域长距离调水工程的结构系统可靠性和风险分析研究	博士后	金伟良	2005
5	徐方圆	复杂环境下混凝土桥梁结构长期服役性能研究	博士后	金伟良	2017
6	郑忠双	极端环境下海洋结构物随机响应分析及动力可靠性研究	博士	金伟良	2001
7	宋志刚	基于烦恼率模型的工程结构振动舒适度设计新理论	博士	金伟良	2003
8	龚顺风	海洋平台结构碰撞损伤及可靠性与疲劳寿命评估研究	博士	金伟良	2003
9	喻军华	岩质高边坡开挖与支护过程分析	博士	金伟良 尚岳全	2003
10	张恩勇	海底管道分布式光纤传感技术的基础研究	博士	金伟良	2004
11	沈照伟	基于可靠度的海洋工程随机荷载组合及设计方法研究	博士	金伟良	2004
12	宋剑	海洋平台结构在偶然灾害作用下的可靠性研究	博士	金伟良	2005
13	王卫标	钱塘江海塘风险分析和安全评估研究	博士	金伟良 韩曾萃	2005
14	刘德华	超长距离分布式光纤传感技术及其工程应用	博士	金伟良 宋牟平	2005
15	袁雪霞	建筑施工模板支撑体系可靠性研究	博士	金伟良	2006
16	邵剑文	海底管道的健康监测系统与评估研究	博士	金伟良	2006
17	吴钰骅	海底管道-流体-海床相互作用机理和监测技术研究	博士	金伟良	2007
18	唐纯喜	长距离输水工程的关键结构体系可靠度研究	博士	金伟良	2007
19	何勇	随机荷载作用下海洋柔性结构非线性振动响应分析方法	博士	金伟良	2007
20	党学博	深水海底管道S型铺设设计理论与计算分析方法研究	博士	金伟良	2010
21	崔磊	深水半潜式平台疲劳分析及关键节点的疲劳试验研究	博士	金伟良	2012
22	叶谦	深水浮式平台整体承载能力和可靠度分析方法研究	博士	金伟良	2013
23	解学营	结构可靠度在海洋工程中的应用	硕士	金伟良	1997
24	徐晓红	结构可靠度计算方法及其程序设计	硕士	金伟良	1998
25	胡勇	建筑结构抗台风灾害作用的可靠性分析和评价	硕士	金伟良	1998
26	张亮	钢筋混凝土结构的碳化、锈蚀和可靠性	硕士	金伟良	1999
27	陈海江	海洋平台结构的时变构件可靠度分析	硕士	金伟良	2000

续表

序号	作者	论文题目	学位类型	合作/指导教师	完成年份
28	王锐	海洋石油管线浮式施工分析及其程序设计	硕士	金伟良 邹道勤	2000
29	罗宏	海洋平台结构可靠度评估的环境数据分析和重要度分析	硕士	金伟良 李海波	2001
30	李小武	基于 NASTRAN 的结构可靠度计算系统研究	硕士	金伟良	2001
31	朱俊民	海洋平台结构焊接管节点强度和疲劳可靠性分析	硕士	邵永治 金伟良	2001
32	刘世美	工程结构可靠度分析软件系统 STRAS 的可靠性测定	硕士	金伟良	2001
33	孙茂廉	薛家岛抗风浪网箱结构设计	硕士	金伟良	2001
34	李卓东	核工业厂房乏燃料运输容器坠落基准事故状况下的水池动力参数研究分析	硕士	金伟良	2002
35	付超	岩质高边坡开挖与支护分析	硕士	金伟良	2002
36	廖作才	岩质高边坡稳定性评价	硕士	金伟良	2002
37	唐纯喜	中小流域设计洪水计算理论研究及其软件开发	硕士	金伟良	2003
38	李显金	新型建筑模板的研究与应用	硕士	金伟良	2003
39	李志峰	边坡工程中的爆破过程分析	硕士	陈鸣 金伟良	2003
40	孙容	考虑空间效应的桩-土-结构共同作用的分析	硕士	邹道勤 金伟良	2003
41	雷杰	某预应力排水渡槽结构设计及可靠度分析研究	硕士	金伟良	2003
42	李骏嵘	海底管道的可靠度设计方法及施工程序编制	硕士	邹道勤 金伟良	2004
43	付勇	海底管线断裂疲劳评估及软件开发	硕士	金伟良	2004
44	方韬	离散单元法的研究及其在结构工程中的应用	硕士	金伟良	2004
45	张明轩	混凝土结构工程施工质量调查研究	硕士	金伟良	2004
46	鲁征	扣件式脚手架及模板支架施工期安全性研究	硕士	金伟良	2005
47	刘鑫	扣件式钢管支架计算分析及其程序开发	硕士	金伟良	2005
48	钱晓斌	行走作用下结构振动的响应谱分析方法及人群作用分析	硕士	金伟良	2005
49	王建华	跨流域调水工程输水渠坡稳定的风险分析	硕士	金伟良	2005
50	王盛	南水北调中线工程水工建筑物系统可靠度研究	硕士	张爱晖 吴剑国 金伟良	2005
51	倪伟健	火灾作用下海洋平台结构失效机理和风险评估	硕士	陈鸣 金伟良	2006
52	沈志名	钱塘江堤防混凝土结构耐久性分析	硕士	赵羽习 金伟良	2006
53	叶玮	卷管式铺管法和海底管道管外光纤黏结的研究	硕士	金伟良 房晓明	2006
54	傅翼	海底管道分布式光纤传感系统布设方案研究	硕士	金伟良	2006
55	袁泉水	海底管道检测维修工程管理和健康监测系统	硕士	金伟良	2006

续表

序号	作者	论文题目	学位类型	合作/指导教师	完成年份
56	黄伟	钢质模板支架分析软件系统的开发与应用	硕士	金伟良	2007
57	周俊	深水海底管道S型铺管形态及施工工艺研究	硕士	金伟良 龚顺风	2008
58	江亦海	深水浮式平台局部承载能力及可靠度研究	硕士	金伟良 何勇	2008
59	梁振庭	深水海底管道铺设受力性能分析	硕士	金伟良 龚顺风	2008
60	林多	沿海低层房屋抗台风可靠性研究	硕士	金伟良	2009
61	袁林	深海油气管道铺设的非线性屈曲理论分析与数值模拟	硕士	金伟良 龚顺风	2009
62	谢洪波	公路现浇混凝土桥梁碗扣式钢管支模架设计与分析	硕士	金伟良 陆耀忠	2010
63	徐龙坤	深海浮式平台局部结构可靠度分析与优化设计	硕士	金伟良 何勇	2010
64	邓欢	深水海底管道铺设的非对称屈曲及失稳机理研究	硕士	龚顺风 金伟良	2011
65	陈源	深海油气管道的屈曲传播及其控制	硕士	龚顺风 金伟良	2011
66	胡狄	Spar平台扶正过程运动响应和结构强度分析	硕士	金伟良	2012
67	徐伽南	基于子模型技术的海洋张力腿平台结构疲劳分析	硕士	金伟良 何勇	2012

名 词 索 引

A

安全性 3

B

不确定性 3
不完备性 26
并联体系 100
白色系统 29
边坡 307
Breitung 方法 51
Borges 过程 143
BP 神经网络 32

C

参数不确定性 26
串联体系 100
传递函数 33
重现期 130
乘同余法 73
穿越率 127
穿越分析法 153
抽样区域 87
Cauchy-Schwary 不等式 77

D

对偶抽样技巧 75
动态作用 177
迭代快速 Monte Carlo 法（IFM） 83
渡槽 287
多重路径概率模型 342

E

二次二阶矩方法 51

F

反变换法 74
风险函数 126
分层抽样法 6
峰值叠加法 153
复合重要抽样法 6
非时变可靠度转化法 127
浮动式-深水半潜式平台 189
Ferry Borges-Castanheta 规则 157

G

功能函数 13
概率可靠度 177
广义同余法 73
固定作用 177
改进数值模拟方法（IISM） 83
固定式导管架平台 189
工程结构设计分项系数 160
概率密度函数 13

H

荷载调整系数 182
荷载与荷载组合方法 8
回归支持向量机 34
灰色理论 29
混合同余法 73
灰色系统 29
黑色系统 29
海洋平台 187
灰度的数字表述 30
Hasofer 组合方法 155

J

极限状态方程　13
节点替代(模拟荷载)方法　115
阶梯函数　153
截尾型分布函数　82
具有对偶抽样技巧 IISM 法(AIISM)　83
静态作用　177
故障树　8
经济优化法　178
结构的事件树　98
校准法　178
结构的失效图　99
结构设计的极限状态　179
截断枚举法　115
Jaynes 最大熵原理　56
JCSS 组合规则　9

K

可靠度　4
客观不确定性　26
快速积分方法　4
控制变数法　79
可靠性　12
可变作用　177
失效概率　13
可动作用　177
可靠指标　14
宽平稳过程　310

L

隶属函数　28
路径概率模型　341
Laplace 型积分　54
Laplace 渐近方法　53

M

模糊不确定性　26
模糊子集　27

目标可靠度　177
Monte Carlo 法(随机抽样法、概率模拟法或统计试验法)　71

N

耐久性　179
耐久性极限状态　183

O

偶然作用　177

P

平方和平方根(SRSS)法　156
疲劳寿命　139
谱密度　136
P-H 法　64

R

人工神经网络　32
人为因素　327
人为错误率　328
人为错误影响程度　328
瑞利分布　138
人的可靠性分析　328
R-F(Rackwity & Fiessler)方法　61
Rosenblatt 变换　62

S

塑性理论　100
数值模拟方法　5
上限定理(机动条件)　100
随机变量　13
随机不确定性　26
随机过程的样本函数　123
随机函数　13
随机过程　13
时变可靠度　123
时不变可靠度　71
水准Ⅰ——半概率设计法　176

水准Ⅱ——近似概率设计方法 176
水准Ⅲ——全概率设计法 176
上穿率 154
事故类比法 178
设计验算点 47
适用性 179
舍选抽样法 74
随机升举力模型 213
SORM 4
$S\text{-}N$ 模型 139
Shannon 熵 31
SMO 算法 36

T

体系可靠度 8
条件期望抽样技巧 75
随机场 309
条件组合体系 103
Turkstra 组合规则 151

V

V 空间 85

W

物理不确定性 25
物理综合法 117
网络概率估算技术(PET) 95
Wen 组合方法 155

X

响应面方法 65

相关抽样法 79
系统不确定性 26
下限定理(静力条件) 100
响应曲面 110
修正的 P-H 法 65
系统的可能性 116
X 空间 47

Y

一次二阶矩方法 135
有效模式法 99
验算点法 47
永久作用 177
有效样本区域 87

Z

重要抽样法 83
最佳平方逼近方法 59
知识不确定性 25
最大似然点 77
主观不确定性 26
重要抽样区域 87
置信系数 89
增量加载方法 115
支持向量机 34
重要性系数 182
中心点法 45
桩-土计算模型 190
最大熵法 55
Zedeh 记号 28